애견 질병학

김남중 · 김옥진 · 송승희 · 윤기영
이철호 · 장환수 · 황학균 공저

머 리 말

이 책의 바탕이 된 '애견질병 대백과' 가 비로소 출간된 것은 1997년의 일입니다. 그 당시 서점에 진열되었던 개 의학서적은 거의 간단한 내용의 소책자 뿐으로, 개를 가족의 일원으로 생각하고 생활하는 분들의 요구나 필요에 부합하는 것이라고 생각할 수 없었습니다.

저자 또한 현재 주인에게 버림받은 개 네 마리와 열 한 마리의 고양이와 함께 생활하고 있었기 때문에 정말로 실용적인 동물의학서를 필요로 하고 있었습니다.

그래서 저널리스트와 편집자, 번역자 집단인 필자의 팀은 다른 어떤 서적보다도 자세하고 새로운 내용의, 신뢰할 수 있는 개 의학서를 제작하기로 결심했습니다.

이 책의 집필진은 현재 제일선에 있는 동물의학 전문가 수의사 등의 사람들입니다. 또 편집 팀은 동물의학에 대해서는 일본보다 훨씬 더 앞서있는 유럽과 미국의 새로운 정보를 대량으로 입수했습니다.

이렇게 동물의학서로서는 전례에 없는 많은 전문가의 노력과 비용, 게다가 거의 10개월이라는 시간을 들여서 완성된 것이 '애견질병 대백과' 였습니다. 그것은 처음에 목표로 한 내용을 충분히 만족시킬만한 것으로 초판으로 발행된 책은 개와 생활하는 사람들에게 도움을 주었습니다.

하지만 이렇게 많은 독자에게 지지를 받았음에도, 다양한 사람들의 눈으로 보면 아직 불충분한 기술이나 누락된 부분이 적지 않았습니다. 독자들에게만 그러한 지적을 받은 것이 아니라 필자 자신도 중요한 부분임에도 불구하고 충분히 설명하지 않았던 항목을 몇 군데 발견하게 되었습니다.

이번에 쓴 '애견 질병학' 은 내용에 보다 완벽을 기하였습니다.

이 책이 개를 비롯한 모든 동물들에게 애정과 책임감을 가진 많은 사람들의 손에 들어감으로서 그들의 인간관계에 조금이라도 깊은 애정을 만들 수 있다면, 이 책의 완성에 전력을 다해 주신 분들에게 감사의 말씀을 드립니다.

2006년 2월

Contents

제 1 장 가정에서의 질병과 부상진단

제2장 개의 현대병

제3장 버려진 개 · 학대 · 동물실험

제4장 개 주인이 생각해야 할 것

제5장 개가 걸리기 쉬운 질병

Contents

제6장 심장의 질병

제7장 호흡기의 질병

제8장 소화기 질병

Contents

제 9 장 비뇨기에 생기는 병

제 10 장 생식기에 생기는 병

제11장 뇌와 신경에 생기는 병

제12장 암(종양)

Contents

제16장 기 생 충

제17장 피부병

Contents

제19장 귀 질환

제20장 이빨과 구강의 질환

Contents

제21장 마음의 병

제22장 외상 · 화상 · 열사병

제23장 중 독

제24장 애완동물 질환의 검사

*개의 건강(1)

오줌과 변

오줌과 변은 건상상태를 그대로 반영한다. 오줌의 색이 짙거나 피가 섞여 나오고 양과 횟수가 많고, 배뇨를 할 수 없는 등의 경우는 질병의 조짐이다. 변의 이상도 마찬가지로 병의 신호이다. 변 중에 기생충이 있는지도 주의한다.

이물질을 삼켰다

개는 모든 것에 흥미를 보이며 입 속으로 넣는다. 이쑤시개, 바늘, 못 등이 목에 걸리면 매우 위험하다. 산책 도중에 이러한 것들이 털에 달라붙어 개가 입으로 떼어내려다가 삼키는 경우가 있다.

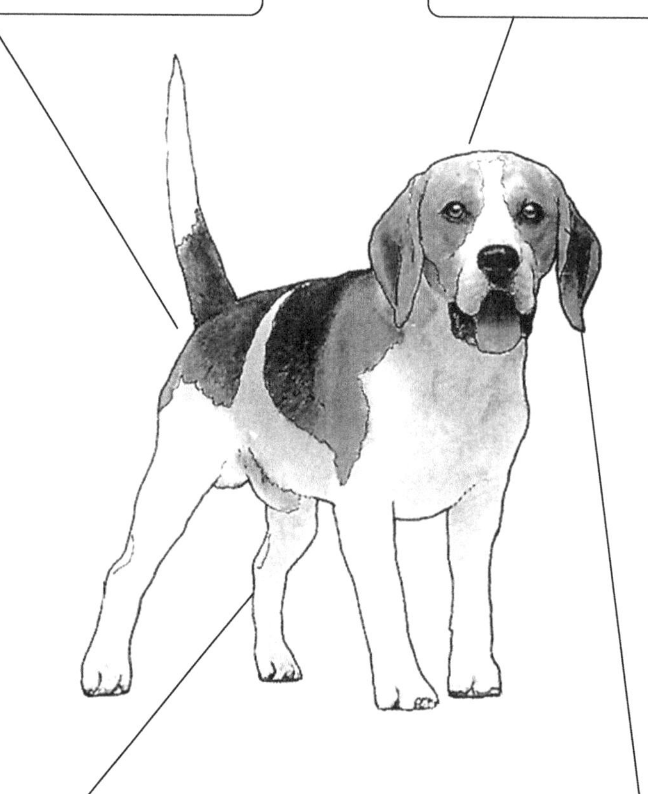

다리

몇 백 년에 걸쳐 인위적으로 교배를 시킨 순종 개는 뼈의 구조가 종종 이상하다. 관절장해가 생기기 쉽기 때문에 걸음걸이에 이상이 없는지 평소에 체크한다. 등뼈에 상처를 입어 척추가 휘면 걸음걸이가 이상해진다.

귀

자주 머리를 흔들고 귀를 긁거나 냄새 나는 분비물이 나오는지 체크한다. 귀에 이물질이 들어갔는지, 귀 진드기가 기생하고 있지 않은지 살펴본다. 특히 귀가 쳐져있고 털이 긴 개는 귀질병에 걸리기 쉽기 때문에 주의한다. 흰 개나 노견은 종종 귀가 들리지 않는 경우가 있다.

입과 치아

가정에서 기르는 개의 대부분이 4~5세까지 치주질환에 걸린다. 구취가 나거나 잇몸이 빨갛게 되는 것이 그 신호이다. 방치해두면 충치가 되어 빠지게 된다. 침을 많이 흘릴 때는 치주질환 외에 이물질을 삼켰거나 혀에 상처가 난 경우를 생각할 수 있다.

털과 피부

계속해서 피부를 긁는 것은 이나 벼룩이 기생하기 때문이다. 이를 방치해 두면 상처가 염증이 된다. 피부의 염증, 탈모 등은 다양한 질병의 증상을 나타낸다. 털을 너무 많이 핥는 것도 질병의 징조이다.

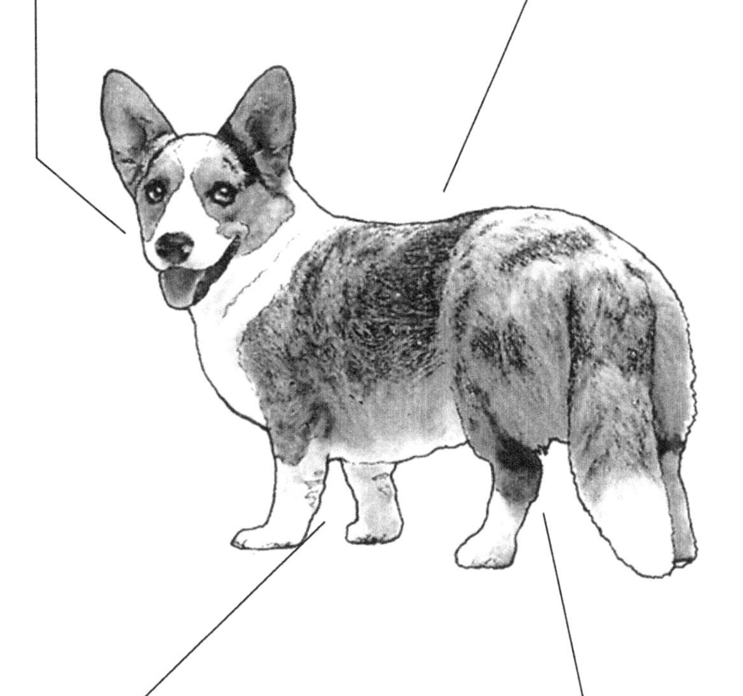

소화기

산책 중에 풀을 먹고 나중에 뱉어도 이상은 없다. 하지만 몇 번이고 고통스러워하면서 구토를 하거나 분출하듯이 구토를 한다면 심각한 질병을 의심할 수 있다. 이틀이 지나도 낫지 않는 설사나 심한 변비도 위험신호가 된다. 식욕이 없는 날이 지속되면 이것 역시 질병일 가능성이 있다.

생식기와 유선(♀)

발정기를 수 차례 반복한 암컷일수록 심각한 생식기 질병에 걸리기 쉬워진다. 유선을 만졌을 때 고통스러워 하면 유선염을, 외음부에서 고름 상태의 분비물이 나오면 자궁 축농증을 의심해야 한다. 종종 유선이나 외음부를 체크하도록 한다.

*개의 건강(2)

뇌 · 신경

발작이나 경련을 일으키면 뇌질환을 의심해야 한다. 손발경련이나 마비를 일으키거나 걸을 때 비틀거리면 척수 등의 신경에 이상이 있을 가능성이 있다.

눈과 코

눈곱이 많이 끼면 병이 있다는 징조이다. 가벼운 이상으로 주인이 안약을 넣는 경우라도 사람들이 사용하는 안약을 사용해서는 안 된다. 콧물이 많이 나올 때, 콧등이 건조할 때, 고름이나 피가 섞인 콧물이 나올 때는 병이 있다는 신호이다.

호흡기

기침이나 재채기가 멈추지 않을 때는 병일 가능성이 있다. 목이나 기관지가 세균에 감염되어 심한 기침이 나오는 경우도 있다(켄넬코프). 심장에 심장사상충이 기생해도 기침이 나와서 호흡이 힘들어 진다. 늙고 작은 개는 심장병이나 기관허탈이 되기 쉬워서 기침이 나와 호흡이 거칠고 빨라진다.

중독

개는 호기심이 강하기 때문에 독물을 삼키는 경우가 종종 있다. 페인트나 살충제, 쥐약, 부동액, 아스피린(진통제) 등을 삼키면 심각한 중독이 된다.

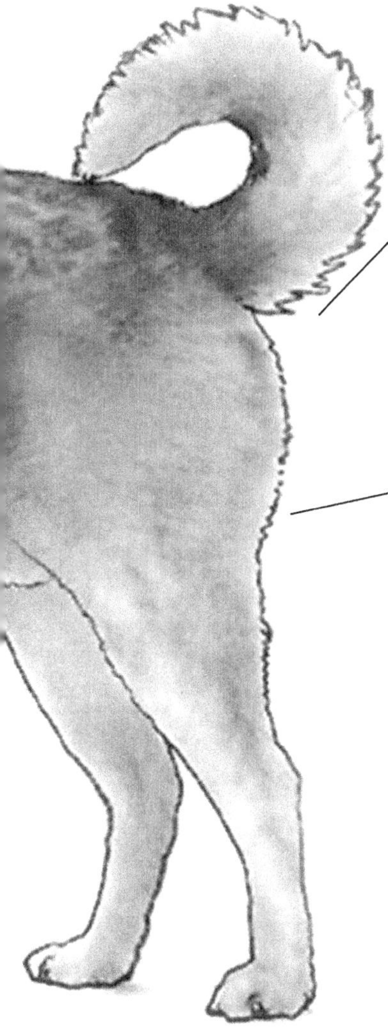

물린 상처

개가 산책 중에 다른 개나 뱀, 벌 등을 만나면 상대를 공격하다가 반대로 물리거나 쏘이는 경우가 있다. 털에 덮혀서 상처가 잘 보이지 않을 때도 크게 부상을 입거나 뱀이나 벌 등의 독소에 노출될 수 있다.

생식기(♂)

음경이 노출되어 있거나 고환이 한 개 밖에 없는(또는 두 개 다 없는) 경우 등은 선천적으로 이상이 있는 것으로 치료가 필요하다. 생식기를 통해 병에 걸리는 경우도 있다. 이상한 분비물이 나오는지 가끔씩 체크해 보자.

내부 기생충

내부 기생충이 있으면 변에 섞여 나오거나 설사가 계속되고, 항문 주위에 흰 실밥, 또는 흰 씨 같은 것이 생기는 등의 증상이 보여진다. 개가 항문을 자주 핥는 경우도 있다. 심장에 심장사상충이 기생하면 기침이 나와서 호흡이 곤란해지고, 방치해 두면 개는 죽게 된다.

제1장 가정에서의 질병과 부상 진단

제1장 가정에서의 질병과 부상진단

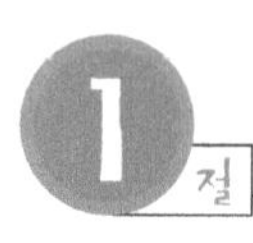

보호자의 책임

개는 사람과 같이 말로 자신의 신체 이상을 호소할 수 없다. 따라서 개에게 이상이 보이면 우선 보호자나 가족이 그 이상에 신경을 써야 한다. 개 보호자나 가족은 자신들이 돌보고 함께 생활하는 개의 건강상태에 대해 누구보다도 잘 알고 있을 것이다. 예를 들어 건강할 때에는 어떤 음식을 얼마나 먹는지, 물은 어느 정도 마시는지, 매일 어느 정도 운동하면 좋은지, 걸음걸이가 어떠한지 등에 대해서이다. 평소에는 건강하던 개의 행동이나 외견에 변화가 일어나면 그것은 이상을 호소하는 메시지이다. 병에 걸렸다, 상처를 입었다, 이물을 삼켰다, 데었다, 정신적인 불안이나 긴장으로 고통받고 있다는 등은 개에게 뭔가 문제가 일어났다고 생각해야 한다. 함께 생활하고 있는 개의 건강상태나 생명에 있어서는 보호자에게 100퍼센트 책임이 있다. 말을 들을 수 없는 개는 질병이나 부상에 있어서 아기와도 같다. 보호자는 항상 개의 건강상태에 주의를 기울여 사람과 개가 함께 즐거운 생활을 할 수 있도록 해야 한다.

2절 참을성 강한 개

여기서는 개에게 비교적 걸리기 쉬운 질병과 일상생활 가운데서 자주 접하는 부상의 '증상'을 살펴보도록 하자.

개의 질병이나 부상의 증상은 언뜻 보면 그다지 크게 걱정하지 않아도 된다고 생각하는 경우가 적지 않다. 그것은 개에게만 한정된 것이 아니라 동물이 일반적으로 고통을 잘 참고 견디며, 또 병이나 부상의 괴로움을 말로 호소할 수 없는 나약한 입장에 있기 때문이기도 하다. 동물이 자연계에서 살아갈 때는 병에 걸리거나 상처를 입고 쓰러지면 곧 죽음의 위험에 직면하게 된다. 때문에 그들이 매우 심각한 증상이라도 참고 행동하며 한계가 와서 움직일 수 없게 되면 불과 2, 3시간 후에는 급사해 버리는 경우도 있다.

즉 동물의 병이나 부상은 언뜻 보기에는 가벼워 보여도 실제로는 심각한 상태에 처한 경우가 많다. 때문에 증상의 원인이 확실하고 가정에서 쉽게 치료할 수 있는 경우 외에는 반드시 동물병원에 데리고 가서 수의사에게 진찰을 받아야 한다. 질병이나 부상은 빨리 발견할수록 치료의 효과도 높일 수 있으며 회복도 빨라지고(치료비도 경감된다), 개의 고통을 절감할 수 있다.

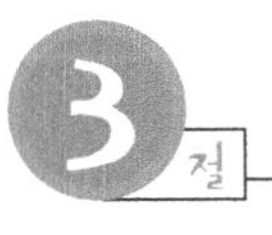

기운이 없다

■ 주요 원인

질병 / 부상 / 정신적인 침울 / 선천성 심장 질환 / 간장의 질병 / 만성 신부전 / 종양 / 내분비 질환 / 내부 기생충 / 중독

어딘가 몸의 상태가 나빠지면 사람과 마찬가지로 개도 행동이나 표정에 바로 징조가 나타난다. 기운이 없는 것처럼 적극적으로 반응하지 않는다, 별로 움직이려하지 않는다, 산책을 해도 아래쪽을 바라보며 힘겨운 듯이 걷는다, 좋아하는 음식을 주어도 먹으려 하지 않는 경우 등이다. 평상시에 건강하던 개가 한 가지라도 이러한 행동의 변화를 보일 때는 어떠한 질병에 걸렸다든지, 또는 부상을 입었을 가능성이 있다. 때로는 개가 정신적, 정서적으로 침체되어 기운이 없는 경우도 있다. 보호자에게 냉대를 받거나 집에 새로운 개나 고양이가 와서 가족의 관심을 빼앗아 가는 경우, 또는 다른 개와 싸움을 했는데 져서 마음에 상처를 받는 등의 원인으로 침울하게 되는 경우도 있다.

하지만 이같은 이유는 비교적 드물며, 기운을 잃을 만한 이유는 질병이나 부상에 관련된 것이라고 생각할 수 있다. 따라서 개가 이러한 변화를 보일 때에는 가볍게 생각하고 방치해 두지 말고, 그 원인을 찾아내야 한다.

이와 같은 상황에서는 단순히 기운이 없는 것만이 아니라 식욕이 없다, 열이난다, 콧물이 난다, 침을 흘린다, 구토 증상을 보인다, 설사를 한다, 몸을 떤다, 몸의 일부를 빈번하게 핥는다, 호흡이 이상하다 등 뭔가 증상이 동시에 나타날 가능성이 있다. 따라서 이들 증상에서 원인을 추측할 수도 있다. 동물이 기운을 잃는 것은 모든 병적인 상태나 부상 등이 있을 경우 공통적으로 가지는 가장 일반적인 신호이다. 때문에 개가 기운이 없는데 원인이 확실하지 않을 때는 수의사에게 진찰받고 우선 원인을 확실히 알아내야 한다.

4절 구토를 한다

■ 주요 원인

심장사상충 / 소화기 질병 / 요독증 / 급성신부전 / 신염 / 자궁축농증 / 사고에 의한 두부 강타 / 복부의 종양 / 악성 림프종 / 당뇨병성 질병 / 전염병 / 내부기생충 / 이물 섭취 / 중독 / 과식

개는 산책 도중에 종종 도로변에 있는 풀을 먹고 그것을 나중에 토해내는 경우가 있다. 또 필요 이상으로 많은 양의 음식을 무리하게 먹거나 맛이 강한 것을 먹고 토하는 경우도 있다. 이것은 병이 있는 것이 아니라 오히려 개가 몸을 정상적으로 유지하기 위한 생리현상이라 말할 수 있다. 하지만 이같은 이유가 없음에도 구토를 하면 이것은 병이나 중독의 신호라고 봐야 한다. 특히 하루 중에 몇 번이고 토를 하거나(혹은 구토 증상을 보이거나), 구토 내용물 중에 피나 이상한 물질이 섞여 있는 경우, 유해한 약물이나 이물질을 삼켜서 구토를 한 경우는 심각하고 급성 질병일 가능성이 있다. 구토 증상의 원인으로 우선 생각할 수 있는 것은 위나 장의 질병이다. 하지만 그밖에도 전신적인 질병이나 신경계의 이상 등이 원인이 되어 구토를 일으킬 수 있다. 앞서 말했듯이 생리현상으로서의 구토를 하는 경우에 개는 고통스러워 하지 않고 먹은 것을 그대로 배출해 낸다. 이러한 때에 개는 구토한 후에 아무 일 없었다는 듯이 건강하게 행동한다. 하지만 이 같은 현상이 매일 반복되면 영양섭취 부족으로 쇠약해질 가능성이 있다. 또 음식물을 반사적으로 토해낼 때는 거대식도증 등의 병에 걸릴 수 있으며, 토한 물질이 기관지에 들어가면 오연성 폐렴에 걸릴 위

험이 있다. 이러한 상태에서 복부나 흉부, 또는 횡격막 근육전체를 손상시켜 괴로워하거나 구토를 할 때는 급성 질병일 가능성이 있다. 이러한 구토를 계속 하거나 구토물 안에 피가 섞여 있을 때에는 긴급상황이라고 생각해야 한다. 심한 구토를 일으키는 원인에는 여러 가지가 있다. 예를 들면 과식이나 이물(플라스틱, 돌, 꼬챙이, 딱딱한 뼈 등)을 삼키거나 이물에 의해 장폐색을 일으켰을 때도 구토 증상을 보이며, 복부가 확장되거나 식욕이 없어진다. 그 외에도 위궤양, 위확장 등이 구토를 일으키는 원인이 되기도 한다. 이것들은 모두 긴급 치료를 해야 한다. 일반적으로 위염전이나 장폐색이 원인인 경우는 긴급 수술이 필요하며, 한발 늦으면 쇼크사로 죽는 경우도 많다. 덧붙여 위염전은 개가 과식을 한 직후에 과격하게 운동을 하면 발생하기 쉽다는 사실에 주의해야 한다. 또 전염병이 원인이 되어 구토가 일어나기도 한다. 파보바이러스 전염병(전염성장염), 디스템퍼, 렙토스피라병, 전염성 간염 등에 감염되면 개는 기운을 잃고 심하게 구토를 하거나 설사를 한다. 토한 것이나 설사변에 피가 섞이는 경우도 있는데, 이때 긴급 치료가 필요하다. 그 외 신장의 활동이 악화되어 요독증을 일으키거나 자궁축농증이 진행되거나 교통사고 등으로 두부를 강하게 맞은 경우, 중독을 일으킨 경우 등에도 개는 구토 증상을 보인다. 어떠한 경우에도 심한 구토 증상이란 심각한 병이나 부상의 징조이므로 수의사에게 진찰을 받아야 한다. 그 때에는 개의 구토 증상에 대해 수의사에게 가능한 정확히 설명해야 한다.

5절 설사를 한다

■ **주요 원인**

위와 장의 질병 / 췌장병 / 간장의 질병 / 전염병 / 디스템퍼 / 파보바이러스 전염병 / 개 전염성 간염 / 렙토스피라병 / 내부 기생충 / 복부의 종양 / 중독 / 과식 / 정신적 쇼크

사람과 마찬가지로 개 또한 특별히 병이 아니라도 설사를 하는 경우가 있다. 우유를 마시면 설사를 하는 개(성견)도 있는데 이것은 성장한 개에게는 우유 속의 유당성분을 소화하는 효소가 부족하기 때문이다. 그밖에도 음식물이 맞지 않는 경우(식물

불내성, 식물 알러지) 혹은 한번에 많은 음식을 먹은 경우에도 설사를 할 수 있다. 또 기생충이 많거나 만성 췌장염에 걸린 경우, 정신적인 쇼크를 받은 것도 설사의 원인이 된다. 가벼운 설사 증상은 하루 정도 금식시키거나 간을 맞춘 죽처럼 소화가 잘 되는 먹을 것과 지사제를 주면 다음 날이면 치료되는 경우도 있다. 회복되면 설사의 원인을 찾도록 한다. 또 바이러스나 세균에 감염되어 병이 되는 설사도 있다. 때로는 설사와 동시에 열이 나는 경우도 있는데, 체온을 재서 39.5도 전후보다 높으면 그럴 가능성을 의심해 보아야 한다. 감기와 같은 전염병이라도 설사는 2일 이상 계속되며, 물같은 변이나 타르변(소장이나 대장의 출혈 때문에 변이 조콜릿 색 또는 검은 색이 되어 질퍽해 진다)이 나온다. 이같은 설사와 함께 구토 증상을 동반하는 경우에는 심각한 전염병에 걸렸을 가능성이 있다. 살모넬라균에 의한 식중독, 파보바이러스 전염병, 개 전염성 장염 등이다. 전염병에는 긴급 치료를 요한다. 식중독이나 파보바이러스 전염병일 때는 장 전체에 심한 염증이 생긴다. 렙토스피라병이나 디스템퍼도 심한 설사와 구토를 일으키는 경우가 있다. 며칠 동안 계속되는 설사와 구토가 발생했을 때에 방치해 두면 개의 생명이 위험해진다. 가정에서는 손을 쓸 수 없으므로 수의사에게 재빨리 치료를 받아야 한다.

6절 출혈이 있다

■ **주요 원인**

교통사고에 위한 부상 / 일상적인 부상 / 이물을 삼킴 / 열사병 / 귀출혈 / 급성 신염 / 급성 위염 / 위궤양 / 출혈성 위장염 / 항문의 질병 / 종양 / 비뇨기의 질병 / 생식기 질병 / 발정

개가 출혈을 하면 원인이 무엇이든 긴급한 사태로 인식해야 한다. 우선 어디에서 피가 나오는 지를 알아야 한다. 이것에 따라 원인을 어느 정도 예측할 수 있기 때문

이다. 출혈장소는 몸의 내부와 외부로 나눌 수 있다. 체내에서 출혈이 일어날 경우는 혈액이 개의 입이나 코, 구토물, 혹은 변이나 오줌에 섞여 나온다. 개가 교통사고를 당해서 쓰러져서 입이나 코에서 피가 날 경우에는 입안이나 내장이 심하게 손상되었을 가능성이 있다. 만약 개가 내장이 손상되었을 때에 당황하여 안고 들어 움직이게 되면 부상이 더 심해지게 되어 죽음으로 연결될 위험이 있다. 이와 같은 상황일 경우에는 개를 가까운 안전한 장소로 살짝 이동시키고 수의사를 불러야 한다. 피를 토하거나 구토물에 피가 섞이거나 혈액이 섞인 침을 흘릴 경우는 내장이 손상되었거나 입안의 어딘가가 이물질에 찔렸거나 심각한 간장병에 걸렸을(이 경우는 2~3일 이내에 사망할 가능성이 크다) 가능성과 심각한 내장 종양에 걸렸다고 생각할 수 있다. 개가 토한 피의 색에 따라 출혈 장소를 어느 정도 예측할 수 있다. 밝은 색의 선명한 피라면 폐에서의 출혈, 검은 빛의 색이라면 위에서 나오는 것이라고 생각하면 된다. 피를 많이 흘렸을 때는 수혈이 필요한 경우도 있다. 설사를 하고 혈변이 나올 때에는 간장병 등의 심한 질병일 가능성이 있다. 또 항문에서 피가 나는 경우에는 항문선이 세균에 감염되어 염증이 일어난 것일 수도 있다. 오줌에 피가 섞여 있거나 요도에서 출혈이 일어날 때에는 생식기나 비뇨기의 질병이라고 생각할 수 있다. 또 암캐의 유선에서 출혈이 일어나면 세균감염을 의심해야 하며, 이때에는 새끼 개에게 수유를 즉시 중단해야 한다. 한편 개 몸의 외부에서 출혈이 일어날 경우에는 대부분이 부상에 의한 것이다. 작은 상처가 생겨 출혈이 일어날 때에는 보호자가 소독을 해 주면 자연스럽게 낫는 경우도 있다. 하지만 피부가 찢어지거나 내장이 노출된 경우, 골절이 됐을지 모를 경우에는 상황이 다르다. 그 때는 즉시 수의사에게 데리고 가서 치료를 받아야 한다. 상처 이외의 원인, 예를 들어 개가 피부암에 걸렸을 때도 혈액이나 화농성 삼출물이 섞인 체액이 흘러나오는 경우도 있다. 개는 매우 종양에 걸리기 쉬운 동물로 일반적으로 나이가 많은 개에서 많이 볼 수 있다. 종종 개의 두부나 목부위의 털을 반대로 쓰다듬으며 피부에 이물이 없는지 체크를 하면 종양을 조기에 발견하여 심각해지기 전에 수의사에게 진단을 의뢰할 수 있다.

7절 변비가 있다

■ **주요 원인**

전립선 비대 / 척추 이상 / 하반신의 부상 / 칼슘의 과잉섭취 / 갑상선기능저하증 / 항문 주변의 털이 뭉침 / 항문낭염 / 골반 골절 / 섬유질 과잉섭취 / 선천적인 항문폐쇄 / 부적절한 배변 환경

개도 음식물이나 생활 환경에 따라 변비에 걸리기도 한다. 그 밖에도 병이 직접 · 간접적인 요인이 되어 변이 나오지 않는 경우도 있다. 전자의 예로는 항문 주위의 털이 뭉쳐 항문을 가리게 되어 변이 나오지 않는 경우이다. 특히 털이 긴 개는 평소에 항문 주위의 털을 벗어주거나 많이 긴 털을 적당히 잘라 줄 필요가 있다. 또 섬유질 음식물이 장에 좋다고 생각해서 고구마나 양배추 등을 매일 주면 오히려 과다한 섬유질에 의해 변비가 되기도 한다. 뼈나 음식물에 붙은 모래 등을 많이 섭취한 경우도 변이 굳어져서 장 속을 지나기 힘들어진다. 신경이 예민한 개는 배변하기 힘든 환경에 놓이면 변비가 생기기도 한다. 개가 주위에 신경 쓰지 않고 마음 편히 배변을 할 수 있도록 배려해야 한다.

도저히 배변을 하지 못하고 괴로워하는 개가 있을 때는 수의사가 관장을 하거나 마취를 시키고 변을 끄집어 내는 경우가 있다. 보호자가 평소부터 개의 건강상태나 생활 환경에 신경을 쓰면 이들을 원인으로 하는 변비는 문제가 되지 않는다.

변비는 여러 가지 병에 의해 일어난다. 항문낭이 닫혀 있거나 세균에 감염되거나, 전립선이 비대해져서 대장이 압박당할 때나, 척추에 이상이 생기거나 골반이 골절되었을 때, 하반신에 부상을 입었거나 갑상선기능저하증에 걸린 경우 등이다. 선천적인 이상으로 새끼개가 항문이 닫혀서 태어나는 예도 있다.

변비(배변곤란)는 원인이 심각한 경우가 많기 때문에 가볍게 보지 말고 수의사의 진단을 받도록 한다.

오줌에 이상이 있다

■ 주요 원인

심장사상충 / 심부전 / 방광염 / 요도 결석 / 자궁축농증 / 전립선의 이상 / 복부의 종양 / 당뇨병 / 요도 손상 / 양파중독

변 상태로 건강 상태를 가늠할 수 있는 것처럼 오줌 또한 개의 신체적 이상을 바로 알려 준다. 보호자가 개가 건강할 때의 소변 횟수나 색을 알아두면 변화가 일어났을 때에 금방 눈치챌 수 있을 것이다. 개가 가끔 소변을 보거나 소변을 누는 모습을 보이지 않을 때는 방광염이나 요도 결석, 전립선의 이상을 의심해야 한다. 이 때에는 수시로 물을 먹이고 배뇨 자세를 반복시킨다. 특히 결석이 요도를 막으면 오줌이 부분적 혹은 전혀 나오지 않아서 개가 매우 고생을 하기 때문에 즉시 동물병원에 데리고 가서 진단을 받아야 한다. 오줌이 전혀 나오지 않으면 개는 2~3일 동안 고통스러워한 후 사망한다.

또 오줌을 누는 횟수나 양이 매우 많을 때에는 만성 신부전, 당뇨병, 자궁축농증(암컷), 요도 손상 등의 가능성이 있다. 오줌에 혈액이 섞여 있거나 오줌이 탁한 경우에는 방광염, 방광 결석, 급성 심장사상충증, 양파 중독 등을 의심해야 한다.

오줌에 피가 섞이거나 동시에 탈수나 쇼크 증상(잇몸이 창백해지거나 호흡의 리듬이 매우 빨라지고 불안한 자세로 돌아다니거나 혹은 녹초가 되어 늘어져 있는 등)을 일으켰을 때는 긴급 치료를 해야 한다.

9절 호흡이 이상하다 / 기침을 한다

■ 주요 원인

심장의 질병 / 심장사상충 / 호흡기의 질병 / 목 · 기관지의 이물질 / 신장의 질병 / 암 / 켄넬코프 / 내부 기생충 / 중독 / 부상(흉강의 출혈 등)

평소와는 달리 호흡이 거칠거나 가쁘고 얕은 숨을 쉬며 기침을 하면 심각한 병일 가능성이 있다. 호흡의 이상 중에 가장 긴급한 경우는 상처를 입어 흉강 내부에 피가 뭉쳐서 호흡하기 힘든 상황일 때이다. 이물이 목에 걸리거나 늑골이 골절되면 통증때문에 호흡이 얕아진다. 폐, 심장, 신장 등의 질병, 혹은 중독이라도 호흡은 얕아지고 빨라진다.

기침도 며칠 계속될 때에는 호흡기나 심장의 질병이라 생각할 수 있다. 밤이 되어 기침을 잘 한다면 기관지허탈이나 폐수종일 가능성이 있으며 마른기침을 하루 종일 하면 기관지염, 켄넬코프, 인두염, 편도선염 등이 원인일지도 모른다.

가래가 낀 것 같은 기침을 할 경우에는 폐렴, 기관지염, 폐의 종양, 종양, 심장사상충증, 기생충병에 걸렸을 가능성이 있다.

또 선천적인 이상으로 시추, 퍼그, 페키니즈 등처럼 주둥이가 짧은 개(단두종)는 나이를 먹을수록 코를 심하게 골다가 결국에는 호흡곤란을 겪게 된다.

개가 운동을 하거나 흥분을 한 후 몇 분간 호흡이 거친 것은 정상이지만, 그 이상으로 이상한 호흡을 하면 심각한 병이나 부상을 의심하고 수의사의 진단과 치료를 받아야 한다. 이 경우도 역시 개의 상태가 언제부터 이상해졌는지, 어떤 때에 특히 증상이 심해지는지 등을 수의사에게 정확히 전달하도록 한다.

열이 난다

■ **주요 원인**

기관지염 / 폐렴 / 요도 감염증 / 감염증 / 열사병/ 중독 / 염증성 질병

건강한 개가 가만히 있을 때의 체온(평열)은 38.3~39.2℃도 이다. 운동을 하거나 흥분한 직후에 체온은 일시적으로 상승하지만, 이 이상으로 체온이 높아지면 다른 전염병 질환에 걸렸거나 상처를 입어 염증을 일으켰거나 혹은 중독이 되었다고 볼 수 있다.

개가 평소보다 기운이 없고 식욕도 감퇴하고 보호자나 가족이 불러도 즉각 반응하지 않거나 힘없이 걷는 것 같으면 열이 나고 있는 것인지도 모른다.

개의 평열은 사람보다 다소 높기 때문에 발열하면 40도 전후가 되는 경우가 많아서 이마나 귀에 손을 대 보면 평소보다 체온이 높음을 알 수 있다.

요즘에는 디지털식 체온계가 시판되고 있기 때문에 항문에 넣어 정확한 체온을 잴 수 있다. 개전용 체온계(인체용 체온계를 유용할 수 있다)를 준비해 두는 것이 좋다.

다양한 전염병이나 염증, 중독 외에도 열사병에 걸렸을 때도 발열은 일어난다. 한여름에 그늘이 없는 곳에 개를 놔 두거나 주차한 차안에 개를 가둬두면 개는 열사병에 걸리게 된다.

호흡이 빨라지고 거칠어지며 침을 흘리면 상당히 위험한 상태이다. 체온이 41도를 넘으면 급격한 탈수증세를 보이면서 사망할 우려도 있다. 만약 죽음을 모면했어도 뇌에 장해를 입을 수도 있다.

여기서 잊지 말아야 할 것은 질병에 의한 발열은 병의 조짐으로 병 그 자체는 아니라는 점이다. 해열제를 사용해 일시적으로 열을 내릴 수는 있어도 그 원인인 병을 찾아서 치료하지 않으면 위험한 상태로 빠질 수 있다.

11절 경련을 일으킨다 / 떤다

■ 주요 원인

요독증 / 뇌나 신경의 이상 / 내분비의 이상 / 광견병 / 디스템퍼 / 파상풍 / 저혈당증 / 불안 · 공포 · 한기 / 저체온증 / 중독 / 심한 통증

개가 수시로 부들부들 떨 때가 있는네 이것은 질병의 증상인 경우와 또 그 이상의 원인에 의한 경우도 있다. 개는 매우 강한 불안이나 공포에 떨면 사람과 마찬가지로 몸을 떨며 멈추지 못하는 경우가 있다. 심하게 흥분하거나 크게 놀란 경우도 마찬가지이다. 비교적 작은 개는 천둥소리를 들으면 두려운 나머지 전신을 떨며, 때로는 거의 광란 상태가 되어 마치 심장병에 걸린 개가 발작했을 때와 같은 상태가 되기도 한다. 이 같은 때에는 비록 보호자가 아니더라도 개를 안고 말을 걸며 안심시키면 개는 서서히 침착해진다.

개는 추울 때도 떤다. 특히 어릴 때부터 집 안에서 생활하던 개는 갑자기 추운 밖으로 나가면 몸을 떨며 체온을 상승시키려고 한다.

경련은 고통의 증상을 나타내는 경우도 있다. 배나 등이 아플 때에는 전신을 흔든다. 또 경련과 같은 동작이 멈추지 않고 계속 될 때에는 저 체온증(심각한 병이나 부상 등으로 몸이 쇠약해지고 체온이 내려간 위험한 상태), 중추신경계의 이상, 저혈당증, 요독증, 내분비의 이상, 중독, 큰 상처에 의한 쇼크 증상 등이 보여진다.

정신적인 이유나 일시적인 추위로 떨 경우에는 안심시키거나 따뜻하게 해 주면 된다. 하지만 계속 떨고 있거나 이상한 경련증세를 보이면 시급히 수의사에게 진찰을 받아야 한다.

걸음걸이가 이상하다

■ 주요 원인

소뇌의 장애 / 뼈의 종양 / 골절 / 탈구 / 고관절형성부전 / 레그퍼세스병 / 무릎 인대파열 / 내이염 / 전정염 / 부상

개가 한쪽 다리를 들어올리거나 무리하게 당기는 등 걸음걸이에 이상을 보이는 경우가 있다.

흔히 산책이나 운동 중에 식물의 가시나 날카롭게 꺾인 나뭇가지 등이 발 안쪽을 찌르거나, 금속이나 유리 파편을 밟아 발을 베인 상처 등이 생길 수 있다. 높은 곳에서 떨어지거나 교통사고로 다리가 골절되거나 관절을 손상시키는 것이 원인이 되는 경우도 있다. 발 안쪽을 보고 이물질에 찔렸거나 발이 조금 베인 것을 확인했을 경우에는 소독을 해주면 하루 이틀 만에 치료가 된다. 하지만 상처가 크고 심하게 출혈이 일어날 때에는 시급히 수의사에게 진찰을 받고 봉합 등의 처치를 받아야 한다. 또 외상은 없지만 다리를 들고 걸을 때에는 골절이나 탈구 외에 선천적인 관절의 이상(고관절형성부전)이나 레그퍼세스병(LCPD), 인대 파열 또는 뼈의 종양 등을 의심할 수 있다. 이 들은 긴급사태이기 때문에 즉시 동물병원에 데리고 가야 한다.

13절 탈수증을 보인다

■ **주요 원인**

급성 위염 / 설사 / 급성 신부전 / 신염 / 심각한 전염병 / 열사병 / 구토

몸을 구성하고 있는 조직은 체액에 둘러싸여 있다. 체액은 거의 물로 되어 있으며, 그 중에 전해질이나 단백질, 또한 영양소와 노폐물이 포함되어 있다. 몸이 정상상태로 있기 위해서는 체액 중의 이들 성분의 균형이 항상 일정하게 유지되어야 한다. 동물이 병에 이환되면 체액 중의 물을 많이 소실하는데, 이것을 탈수증이라고 한다. 개의 몸에서는 오줌이나 변, 침, 콧물, 숨쉴 때 수증기 형태로 항상 물을 잃고 있다. 개가 병에 걸려 토하거나 설사를 해서 많은 물과 전해질(주로 나트륨)을 잃으면, 개는 탈수를 일으킨다. 발열을 일으킬 때에는 몸은 보다 많은 물을 필요로 하기 때문에 탈수가 일어나기 쉬워진다.

탈수가 일어나면 개의 피부는 탄력성을 잃어버려서 피부를 들어올려도 금방 원상태로 돌아가지 않으며, 입이나 눈의 점막이 건조해지는 증상이 나타난다. 이들 증상이 나타나는 것은 소실된 체액이 체중의 몇 퍼센트를 넘었을 때이다.

탈수가 더 심해져서 체중의 10% 이상의 체액을 잃으면 개는 쇼크 상태(입안이나 눈 주위가 창백해지고 늘어져서 움직이지 않는다)가 되어 갑자기 죽게 될 위험이 있다.

탈수상태가 가벼울 때 발견하면 입으로 직접 스포츠 음료나 설탕을 조금 녹인 물 등을 먹이고(보통 물을 급하게 주면 체내의 전해질 균형이 흐트러져, 오히려 탈수증상이 심각해진다), 혹은 물방울 등으로 수분과 영양분을 보충해 주면 회복하는 경우도 있다.

탈수는 개의 생명이 위험하다는 신호이다. 질병 이외에도 여름에 주차중인 차에 가둬두거나 그늘이 없는 곳에 풀어 두면 단시간에 탈수증세를 일으킬 수 있으므로 주의해야 한다.

14절 침을 많이 흘린다

■ 주요 원인

소화기 질병 / 간질 / 구강 종양 / 광견병 / 디스템퍼 / 렙토스피라병 / 치주염 / 구내염 / 큰 상처 / 이물섭취 / 열사병 / 중독 / 식도염 / 식도경색 / 멀미

피부에 땀을 흘리게 하는 한선이 거의 없는 개는 더울 때에는 입으로 침을 흘리면서 수분의 양이나 체온을 조절한다. 특히 아랫 입술이 쳐진 견종은 평소에 침을 자주 흘린다. 하지만 침을 평소보다 이상하게 많이 흘리거나 침에 혈액이 섞여 있거나 냄새가 심할 때에는 심각한 병이나 부상을 당했다고 생각할 수 있다.

침을 심하게 흘리고 입 냄새도 심하며 식욕도 거의 없고 기침이나 발열까지 일으키면 구강이나 치아 주위의 질병(치주염, 구내염 등), 혹은 소화기의 질병, 바이러스나 세균에 의한 전염병(디스템퍼, 렙토스피라병) 등을 생각할 수 있다.

다양한 증상이 동시에 나타나면 심각한 병에 걸렸을 가능성이 높다고 말할 수 있다. 침을 많이 흘리고 구토 증상도 보인다면 식도염이나 식도 경색(뼈 등이 목에 걸렸을 때 갑자기 식도가 닫혀버리는 경우) 등의 위험한 증상일 가능성이 있다. 이들은 긴급사태라고 말할 수 있다. 중독이나 탈 것을 타고 멀미를 일으켰을 때도 평소보다 침을 많이 흘린다.

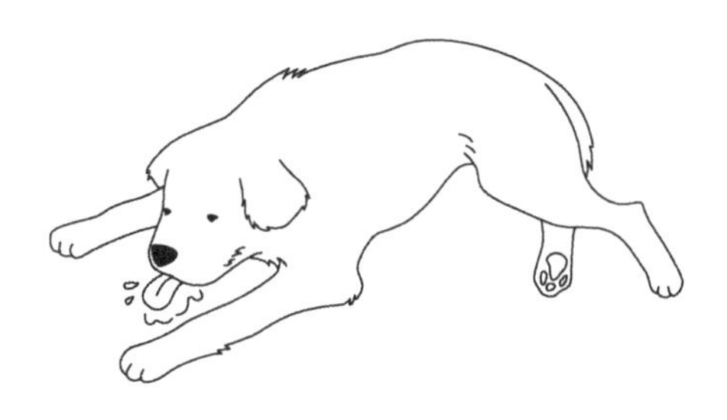

15절 다리에 마비가 온다

■ 주요 원인

추간판허니아 / 목뼈의 이상 / 척추의 손상

오랫동안 척추에 무리한 힘을 가하는 것 같은 생활을 해온 개나, 사고로 등을 치인 개는 하반신 혹은 전신 마비가 일어나는 경우가 있다. 이것은 척추의 뼈와 뼈 사이에 끼어 있는 추간판이 눌려서 빠져나와(추간판허니아) 그 부분이 신경(척수)이나 거기에서 갈라진 말초신경을 압박해서 일어나는 매우 심한 고통을 주는 심각한 증상이다.

극히 가벼운 허니아는 절대 안정을 취하면 곧 증상이 사라지는 경우도 있다. 하지만 이보다 심하면 개는 뒷다리 혹은 네발 모두가 고통스러워지며 몸을 움직일 수 없게 된다.

그리고 추간판허니아가 심할 때에는 점차 전신이 마비되어 움직일 수 없게 되며, 고통도 느낄 수 없게 된다. 이 같은 경우에는 수술로 추간판이 튀어나온 부분을 제거하여 척수의 압박을 없애주면 일상생활이 가능해 질 수도 있다.

추간판허니아는 일반적으로 닥스훈트처럼 몸이 길고 다리가 짧은 개가 나이를 먹거나 심한 운동을 반복하면 걸리기 쉽다. 또 무리하게 고개를 빼거나 급하게 계단을 오르내리면 목(경추)의 추간판허니아가 발생될 가능성이 높아진다. 허니아는 유전적인 원인이 많다고 말하는 전문가도 있다. 교통사고 등으로 척수가 손상되었을 때에도 다리가 마비되는 경우가 있다.

16절 심하게 가려워 한다

■ 주요 원인

간장의 질병 / 신장의 질병 / 농피증 / 기생충에 의한 피부병 / 알러지에 의한 피부병 / 과민증 / 샴푸가 맞지 않음

개가 몸의 일부를 빈번하게 긁거나 핥고, 또는 뒷다리로 계속 할퀴며 때로는 바닥이나 벽에 비비는 등의 동작을 하는 경우가 있다. 결국에는 그 부분의 피부는 빨갛게 부어 오르게 된다. 이것은 심한 가려움이 가라앉지 않기 때문으로, 피부가 염증을 일으키거나 빨갛게 부어오를 경우에 개는 가려움과 통증을 동시에 경험하게 된다.

원인으로 우선 생각할 수 있는 것은 피부에 기생하는 이나 벼룩 등과 모낭충이나 개옴과 같은 외부 기생충의 존재이다. 또 습진이 생겨서 피부가 헐거나 털이 빠져서 한층 더 악화될 수 있다. 그 외에도 먼지나 꽃가루를 마셔서 알러지성 발진이 일어나서 긁거나, 목욕을 할 때 사용한 샴푸나 비누가 피부와 맞지 않은 경우도 생각할 수 있다. 외부적인 원인 만이 아니라 신장이나 간장의 질병에 걸려서 피부가 과민해지는 경우도 있다. 피부병은 회복하는 데 시간이 걸리며 가정에서 아무 약이나 발라서 오히려 악화되는 경우도 적지 않다. 또 심하게 긁어서 피부가 헐었을 때에는 치료가 힘들어진다. 개가 심하게 가려워하면 빨리 수의사를 찾아가서 원인을 찾아내어 치료하고 동시에 개의 생활환경에서 원인을 제거해야 한다.

17절 살이 빠졌다 / 쪘다

■ 주요 원인

비만 / 심장의 질병 / 위장의 질병 / 췌장의 질병 / 종양 / 당뇨병 / 쿠싱증후군 / 내부기생충 / 갑상선기능저하증 / 중성화 수술 / 운동부족 / 영양실조

사람처럼 개도 체중의 변화는 건강상태를 알 수 있는 바로미터라고 할 수 있다. 생활환경이 그다지 바뀌지 않았는데도 개가 갑자기 살이 빠지거나 찌면 그것은 병이 원인이라고 볼 수 있다. 특히 식욕이 있는데도 살이 빠지는 것이 문제이다. 심장병, 당뇨병, 장염, 장내 기생충 등을 생각할 수 있다. 식욕이 없어서 체중이 감소된 경우에는 뭔가의 만성 질병에 걸렸을 가능성이 있다. 췌장 질환이나 소장의 질병에 걸리면 종종 구토를 하거나 설사를 한다. 발열이 계속되거나 종양이 생겨도 영양섭취가 나빠서 체중이 감소되기도 한다. 의외로 많은 것이 영양실조이다. 개가 살이 찌고 너무 크면 안 된다고 생각하고 먹을 양을 줄여서 영양적으로도 단백질이나 지방분을 거의 주지 않으면 필요량의 영양분을 섭취하지 못한 개는 영양실조에 걸리게 되어 심각하게 살이 빠지게 된다. 이것은 질병에 대한 저항력과 체력을 저하시켜 오히려 질병에 걸리게 된다. 반대로 개가 살이 쪄도 문제이다. 7~8세 이상의 큰 개나 중간 정도의 개가 갑자기 살이 쪄서 움직임이 둔해지고 털이 빠져서 피부가 보이게 되면 갑상선호르몬 분비가 나빠졌다고 생각할 수 있다(갑상선기능저하증). 또 건강하지만 물을 자주 마셔서 배가 부풀기 시작하면 부신의 질병(쿠싱증후군)을 생각할 수 있다. 이 모든 경우에는 수의사에게 진찰을 받아야 한다.

칼로리 섭취량이 많은데도 운동부족으로 살이 찐 경우에는 그때는 건강해도 점차 심장이나 사지에 부담을 주어 여러 가지 질병에 쉽게 걸리게 된다. 척추나 요골, 늑골(가슴 양쪽)이 잘 만져질 수 없을 정도로 지방이 붙어 있으면 확실한 비만이다. 적당한 운동과 먹이로 건강할 때의 체중으로 돌려 놓아야 한다.

18절 물을 자주 마신다

■ 주요 원인

신부전 / 방광염 / 자궁축농증 / 당뇨병 / 쿠싱증후군 / 요도 손상 / 갑상선기능항진증 / 탈수

개는 건강할 때에도 격한 운동 직후나 염분이나 당분을 많이 섭취한 후에는 물을 많이 마신다. 또 수분이 많은 음식을 먹는 개보다 건조한 개 사료를 주식으로 하는 개가 물을 많이 마신다. 하지만 물을 너무 자주 마신다면 질병을 의심해야 한다. 호르몬 분비의 이상에 의한 질병(갑상선기능항진증, 쿠싱증후군, 요도 손상 등), 혹은 비뇨기의 질병(방광염, 신부전 등), 당뇨병일 가능성이 있기 때문에 동물병원에 데려가야한다. 암컷 노견이 자궁축농증에 걸리면 역시 물을 많이 마시게 된다. 젊었을 때 불임수술을 받아두면 이 병은 걸리지 않는다. 설사나 구토를 반복할 때에는 체내에서 수분이 대량으로 빠져나가 탈수증에 걸리기 쉽기 때문에 이 때 역시 물을 자주 찾게 된다. 이 경우는 설사와 구토의 원인을 찾아서 치료해야 한다.

19절 털이 빠진다

■ 주요 원인

쿠싱증후군 / 탈모증 / 기생충에 의한 피부병 / 벼룩 알러지 / 모낭충증 / 옴 / 링웜 / 호르몬성 피부염 / 정소의 종양 / 털갈이

개는 초여름 경에 눈에 띄게 털이 빠진다. 이것은 기온의 상승에 반응하여 동모가 빠지는 것으로(털갈이), 병은 아니다. 이 외의 계절에도 개 털(사람도 고양이도 마찬

가지이지만)은 항상 조금씩 빠지며, 그 후에 새로운 털이 나면서 정상 상태를 유지한다. 특히 개털은 모근에 있는 피지선에서 분비되는 지방에 덮여 이것으로 털도 피부도 보호받고 있는 것이다. 하지만여름 이외의 계절에 전신의 털 또는 몸 일부의 털이 비정상적으로 빠진다면 피부병, 호르몬 분비의 이상, 혹은 외부 기생충의 기생 등을 생각 할 수 있다.

피부병에는 다양한 원인을 생각할 수 있는데, 탈모와 동시에 다른 증상이 나타나는 경우도 적지 않다. 원인을 찾아 내어 적절하게 치료를 하려면 수의사의 진료를 받아야 한다.

처음에는 양쪽 귀의 털이 적어지기 시작하면서 점차 사지를 뺀 거의 온몸의 털이 좌우 대칭으로 빠지는 경우에는 호르몬 분비의 이상(쿠싱증후군)을 생각할 수 있다. 부분적인 탈모가 일어날 때에는 우선 모낭충, 개 옴, 벼룩알러지성 피부염 등을 생각할 수 있다. 직경 몇 밀리미터에서 몇 센티의 원형 또는 타원형의 탈모가 일어나는 것은 진균에 감염된 것(링웜)이다. 급성 습진으로 허리나 옆구리 배에 주먹만한 크기의 탈모가 생기고 피부가 습진에 걸리는 경우도 있다. 탈모의 원인을 발견하지 못하고 방치해 두면 만성화되거나 증상이 악화되기 때문에 빨리 수의사의 진찰을 받아야 한다.

20절 눈꼽이나 눈물이 나온다

■ 주요 원인

각막염 / 결막염 / 건성각결막염 / 안검내반증 / 안검외반증 / 체리아이 / 유루증 / 속눈썹 / 전염병 / 전신적 질환

개에게 있어서 눈은 매우 중요한 감각기관이다. 하지만 개의 눈은 지면에 가까운 곳에 있기 때문에 모래나 먼지가 들어가기 쉽고, 머리의 위치가 높은 사람보다 훨씬 불리한 조건을 가지고 있다. 때문에 눈에 병이 걸리거나 상처를 입을 가능성도 높다고 할 수 있다. 눈꼽이 끼는 것은 주로 안구 표면의 각막이 상처를 입거나 염증이 생기거나(각막염) 또는 쌍꺼풀 안쪽의 결막에 이물질이 있는(결막염) 등의 이유에서이다. 속눈썹(푸들이나 코커스파니엘에게 매우 많다)이나 뭔가의 전염병에 걸려도

눈꼽이 끼는 경우가 있다. 눈꼽이 검고 건조해서 눈가에 붙어 있기만 하면 크게 걱정할 것이 없지만, 고름과 같은 황색 물질이 낄 경우에는 병을 의심해 보아야 한다. 결막염이나 각막염, 알러지 증상 등의 경우에는 눈꼽이나 눈물 외에 눈이 빨갛게 충혈되거나 눈이 가려워서 앞발로 수시로 긁기도 한다. 눈물이 멈추지 않는 원인으로는 눈의 표면으로 흐른 눈물을 콧구멍으로 흘러내리는 누관이 막히는 병(유루증)을 생각할 수 있다.

평소에는 가려져서 거의 보이지 않는 순막(제3안검)이 부풀어서 눈의 안쪽으로 노출되기 시작하면(체리아이) 눈에 다른 병이 있거나 혹은 전신적인 병의 징조라고 봐야한다.

그밖에도 안구의 표면이나 내부가 하얗게 변하거나 눈이 붓고 안구가 상처를 입어서 피가 흐르는 등 개는 다양한 질병과 상처를 입을 수 있다. 눈은 매우 미세한 기관이기 때문에 보호자가 진단하거나 치료를 하는 것은 곤란하다. 문제가 생겼을 때는 수의사에게 진료를 반드시 받아야 한다.

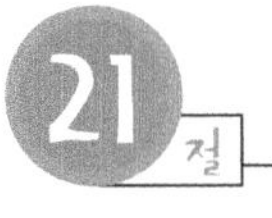

눈에 상처를 입었다 / 안구가 돌출한다.

■ 주요 원인

각막 열상 / 안구탈출 / 교통사고에 의한 부상 / 개끼리의 씨움 등

개는 종종 다른 개를 만났을 때 흥분하고 싸움을 한다. 특히 낯선 수컷끼리 만나면 거의 예외 없이 싸우려고 한다. 이 때 양쪽 개가 싸우지 못하게 보호자가 통제를 하면 좋겠지만, 만약 끈이 끊어져서 서로 달려들게 되면 한쪽 또는 양쪽개는 상처를 입고 때로는 피를 많이 흘리게 된다. 반드시 주의를 해야 할 것이 눈의 상처(각막 손상 등)이다. 특히 시추나 페키니즈와 같이 눈이 크고 노출된 개는 싸움의 흥분이나 충동으로 안구가 튀어나오는 경우도 있기 때문이다(안구 탈출). 이것은 긴급 사태이기 때문에 빨리 수의사에게 연락을 해야 한다.

이러한 종의 개는 평소에 흥분하지 않도록 하고, 또 밖에서 다른 개와 싸우지 않도록 충분히 주의해야 한다. 보호자가 훈련을 시킨다고 머리를 세게 때리는 것만으로도 안구가 나오는 경우도 있다. 만일 이 같은 사고가 일어나면 깨끗한 물에 적신

부드러운 타올로 눈을 감싸고 시급히 수의사에게 데려가서 응급처치를 해야 한다.

이러한 처치가 늦으면 안구의 적출, 과다 출혈이나 쇼크 상태에 의해 죽음으로 연결될 수 있다.

22절 머리를 세게 흔든다 / 귀를 긁는다

■ 주요 원인

외이염 / 외이도의 이물 / 귀진드기

귀는 매우 예민한 부분이다. 특히 개의 귓구멍은 복잡하고 사람의 귀보다 통기성이 좋지 않다. 때문에 외이염 등의 질병이 잘 일어난다. 개가 머리를 빈번히 회전하며 떨거나 뒷발로 귀를 긁으면 귀 내부에 이상이 생겼다고 봐야 한다.

다양한 원인을 생각할 수 있는데, 그 중의 하나는 귀 안에 벌레나 나무 열매 등의 이물이 들어간 것이다. 개가 갑자기 심하게 머리를 흔들면 그것이 원인일 지도 모른다. 벌레나 나무 열매가 귓구멍으로 들어갔을 때에 섣불리 귀를 파면 위험하기 때문에 수의사에게 데려가서 제거해야 한다. 자주 머리를 흔들거나 귀를 긁는다면 귀진드기가 있거나 세균이나 진균에 감염 되어 외이염을 일으킨 것이라고 생각할 수 있다. 겨울에 매우 추운 지역에서는 특히 귀가 긴 개나 강아지는 귀에 동상이 걸려 계속 긁다가 결국에는 염증이 일어나는 경우도 있다. 어쨌든 개의 귀를 가끔씩 체크해서 탈지면이나 면봉으로 부드럽게 긁어주면서 청결을 유지하도록 한다.

열사병에 걸렸다

■ **주요 원인**
열사병

개는 열사병에 걸리기 쉬운 동물이다. 열사병은 개의 생명과도 관련된 긴급한 사태이다.

개의 피부에는 한선이 없기 때문에 더울 때 땀을 흘려서 식힐 수가 없다. 체온이 상승했을 때 몸을 식히는 유일한 방법은 입으로 격하게 호흡하는 것이다. 하지만 이것은 체온을 내리는 데는 그다지 효과가 좋지 않다. 때문에 그늘이 없는 땡볕에 두거나 차에 가둬두면 개는 쉽게 열사병에 걸린다. 개의 열사병을 방지하려면 다음과 같은 3가지 사항에 주의해야 한다.

1) 창이 닫힌 차에 개를 가둔 채 쇼핑 등을 하러 개를 두고 나가서는 안 된다. 아주 짧은 시간이라고 생각해노 대낮의 차안은 금방 수십도 이싱으로 온도가 상승하고, 환기도 부족하여 개는 열사병에 걸리게 된다.
2) 더운 여름날에 환기와 냉방을 하지 않은 방에 가둬두고 외출해서는 안 된다.
3) 불독처럼 찌그러진 얼굴을 한 개, 살이 찐 개, 또 심장병이 있는 개는 원래 호흡에 문제를 안고 있다. 이 같은 개는 더운 날에 한층 더 열사병이나 호흡곤란에 걸리기 쉽기 때문에 환기와 온도조절에 특히 주의해야 한다.

만약 개가 열사병에 걸리면 침을 매우 많이 흘리고 입에서 거품이 나는 상태를 보인다. 또 호흡이 거칠어지고 혀를 늘어뜨리기도 한다. 이런 현상이 심할 때에는 혀나 입술이 치아노제와 같이 청자색으로 변하며, 체온이 매우 올라간다. 이것은 개에게 극히 위험한 상태이다. 이는 생명이 위급하고 대뇌에 장해를 입었다는 신호이기도 하다.

만약 이 같은 상태의 개를 발견하면 즉시 물을 먹이거나 물에 적신 타올을 두부와 몸에 대는 등의 응급처치를 한 후 수의사에게 데려가 치료를 받아야 한다.

이 같은 사태가 되지 않도록 보호자는 애견을 차안이나 좁은 방, 또는 직사광선 아래에 방치하지 않도록 주의해야 한다.

24절 쇼크 상태가 되었다

■ **주요 원인**

심부전 / 감염증 / 알러지 반응 / 부상에 의한 출혈과다 / 이물을 삼킴 / 열사병 / 중독

개가 쇼크 상태를 보이면 긴급한 상태이다. 쇼크 상태란 말이 종종 잘못 쓰여지고 있는데, 심장혈관계에 큰 이상이 생겨서 몸 전체에 산소가 충분히 공급되지 않는 상태를 말한다. 쇼크 상태를 일으키는 가장 큰 원인은 대량 출혈이다. 하지만 심한 전염병에 걸리거나 강한 알러지 반응이 나타났을 때도 개는 쇼크 상태를 보인다.

다음과 같은 징조가 보이면 애견이 쇼크 상태를 일으켰다고 보면 된다.

1) 개가 기운을 잃고 움직이려 하지 않고 불러도 반응하지 않는다. 이 상태를 방치해 두어 상태가 악화되면 의식을 잃을 위험이 있다.
2) 고열이 나고 호흡이 거칠다.
3) 맥박이 빠르고 점차 약해진다. 방치해 두면 맥이 멈출 우려가 있다.
4) 모세혈관의 혈류가 저하한다. 이것을 체크하려면 손가락으로 개의 잇몸을 잠시 세게 누른 다음 뗀다. 하얗게 된 잇몸의 색이 1~2초만에 빨간 색으로 돌아오면 정상이지만, 금방 혈색이 돌아오지 않으면 쇼크 상태라고 생각하면 된다.
5) 체온이 심하게 내려갔을 때 피부나 발 안쪽을 만지면 차가운 것을 알 수 있다. 항문으로 체온계를 넣어 보면 정상 체온 이하로 내려가 있다.

개가 차에 치여 부상을 입고 쇼크 증상을 보일 때에는 지혈 등의 긴급처치를 하고 가능한 움직이지 않도록 하여 빨리 수의사에게 데리고 가서 치료를 해야 한다. 동물병원에 데리고 가려고 움직일 때에는 개의 몸을 무리하지 않는 자세로 눕히거나 수평이 되도록 안고 이동한다.

쇼크 상태를 일으킨 개를 방치해 두면 곧 죽음을 맞게 된다.

치아노제

■ 주요 원인
심장의 질병 / 폐렴 / 부상에 의한 출혈 / 열사병 / 저체온증 / 이물을 삼킴 / 중독 / 추위

입술이나 혀가 청색 또는 청자색이 되는 증상으로, 개가 이 같은 증상을 보이면 위급한 상황이다. 이것은 혈액 중에 산소가 극단적으로 부족하다는 신호이다. 원인은 무언가의 충격으로 심장이 내보내는 혈액의 양이 감소되었다거나, 열사병에 걸려 반대로 심한 추위를 느끼게 되었다거나, 체온이 떨어졌다(저체온증)거나, 폐렴을 일으켰다거나, 큰 상처로 출혈이 컸다고 생각할 수 있다. 이것은 개의 생명에 관계된 응급 상태로 보호자가 할 수 있는 일은 거의 없으며 즉시 수의사에게 진찰을 받아야 한다.

알아두면 좋은 응급처치

■ 응급처치 방법

사고나 중독을 일으켰을 때 호흡이 정지되거나 심장이 멈추는 긴급 상태가 발생한다.

이런 경우 가까운 병원으로 옮기든지 왕진을 의뢰함과 동시에 그 자리에서 응급수단인 인공호흡을 한다. 이러한 긴급사태가 일어나기 쉬운 사고로는 물에 빠졌다든지, 교통사고, 감전사고 등이 있고, 독극물을 마셨거나 중병으로 쇼크 상태 때도 심장과 호흡이 멈추는 일이 있다.

심장이 멈추면 곧바로 뇌에 산소공급이 이루어지지 않아 사망에 이르지만 수 분 내로 다시 심장이 움직이면 살아날 가능성이 있다.

• **심장마사지**

가슴에 귀를 대어 심장이 멈춘 것 같으면 즉시 심장마사지를 시작한다.

앞다리의 무릎 바로 뒤에 (당신의) 한 쪽 손의 손목을 꽉 누르고 그 위에 다른 한 손을 올린 후 머리 쪽을 향해 세게 누르면 내부의 혈액이 개의 머리 쪽을 향해 흘러나온다.

심장에서 혈액이 나오려면 상당히 강한 힘이 필요하다. 늑골이 부러진다 하더라도 생사의 갈림길에 놓여있으므로 어떻게 해서든지 심장을 움직여야 한다. 특히 대형견의 경우는 자신의 체중을 전부 실어서 해야 된다. 1초 간격으로 5~6회 실행한 뒤, 다음 항목에서 말하는 인공호흡을 하고 심장마사지와 인공호흡은 수의사가 도착할 때까지 계속해서 진행한다.

• **인공호흡의 방법**

개의 호흡이 정지했을 때, 인공호흡의 방법은 사람과 같다. 먼저 양손으로 개의 입을 막고 (당신의) 입을 개의 코에 대고 세게 불어넣고 심장마사지와 번갈아 가면서 한다.

앞서 말한 바와 같이 심장마사지와 인공호흡은 수의사가 올 때까지 계속해야한다. 도중에 그만두면 살아날 수 있었던 개도 그 시점에서 사망한다.

• **물에 빠진 개를 살리는 방법**

개들은 보통 헤엄치기를 좋아하지만 해변이나 급류에서 도중에 지쳐 물을 먹고 빠지는 경우가 있다(이런 곳에서 헤엄을 못하게 하는 것이 중요). 물에 빠진 개를 밖으로 데리고 나와 양쪽 다리를 잡아서 거꾸로 들고 흔들어 물을 토하게 한다. 그래도 의식이 안 돌아오고 호흡이 멈춰있으면 인공호흡과 심장마사지를 시작한다.

제2장 개의 현대병

제2차 세계대전 후 일본이나 유럽은 같은 시기에 전쟁의 황폐에서 일어서 선진 공업국가로서 사회적, 경제적으로 안정을 맞았다.
특히 1960년대 이후 일본은 커다란 경제발전을 이루어 오늘날에 이르게 되었다.
그 동안 식생활과 주거 환경이 크게 변한 결과, 사회에서는 적리 등의 전염병이나 결핵으로 죽는 사람은 줄어 들었지만 다른 한편에서는 암이나 당뇨병이 늘어나기 시작했다.
현대사회를 상징하는 이들 질병은 종종 현대병이라고 불린다.
사람과 가까이서 생활하고 있는 개에게도 현대병이라고 말해도 무방할 것이다.
요즘 개도 현저하게 평균수명이 늘어남과 동시에 질병의 종류도 증가하고 있다.
종양이나 당뇨병, 치주질환, 그리고 심장병 등이 그것이다.

제2장 개의 현대병

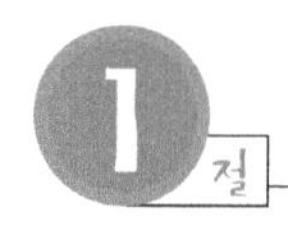

1절 개의 식생활

1 널리 애용되는 도그 푸드

경제적으로 안정된 사회에서는 무엇보다도 먹을 것에 대한 불안이 없어지고 식생활이 다양화된다. 사람과 밀착되어 생활하는 개에게 인간의 식생활의 변화가 큰 영향을 주는 것은 당연하다고 할 수 있다. 한 가지는 현재 도그 푸드라는 개 전용 음식물이 보급되고 있다는 것, 다른 한 가지는 사람에 비해 편식을 하기 쉽다는 사실이다.

도그 푸드라고 하면 개의 영양생리를 고려하여 만든 것처럼 생각하기 쉽지만, 그러한 것만 있지는 않다. 사람이 먹는 음식물과 거의 다르지 않은 것과 영양의 균형이 잡히지 않는 것도 있다. 우리나라에서 도그 푸드는 1960년대부터 조금씩 사용되었다. 동물이 필요로 하는 에너지 중 각 음식물이 차지하는 비율을 에너지 충족률이라고 한다. 개의 도그 푸드 에너지 충족률은 37~38%로 미국의 90%에 비하면 아직 낮은 수준이다. 하지만 이전에 비하면 확실히 증가한 것이며, 그 지식도 점차 필요로 하기 시작했다.

도그 푸드 중에는 종합 영양식이라고 기재된 것이 있다. 이것은 도그 푸드 공정거래협의회의 기준에 합격한 것으로 그 푸드와 물만으로도 균형잡힌 기본적인 식생활을 할 수 있다. 그 외의 것은 그것 만으로는 영양이 불충분한 부식으로 생각하면 된다. 일반적으로 시장에서 팔고 있는 것은 레귤러 푸드라고 말한다. 이것에 비해 품질이 높은 프리미엄 푸드라는 것이 있다. 이것은 가격이 다소 비싸고 판매 장소도 프로 숍이라고 불리는 애견 숍이나 동물병원에서만 구할 수 있다. 레귤러 푸드와 프리미엄 푸드는 품질의 차가 꽤 크기 때문에 가능하면 프리미엄 푸드를 사용하는 것이 좋다.

개는 연령에 따라 필요로 하는 영양소가 다르기 때문에 강아지용 성견용, 노견용 등 연령별 푸드가 있다. 또한 운동량이 많은 개를 위한 고칼로리 푸드도 있다. 질병에 걸렸을 때는 증상에 맞는 처방식이라는 것이 있다. 보통 모든 동물병원에서 다양한 종류의 처방식을 판매하고 있다.

도그 푸드는 드라이, 세미 모이스쳐, 웨트(통조림)로 크게 나눌 수 있다. 웨트나 드라이는 단순히 웨트에서 수분을 뺀 것이 드라이가 아니라 재료나 성분에 있어서도 차이가 있다.

일찍이 대형견의 드라이가 주로 이용되었지만 최근에는 소형견을 위한 웨트 이용이 늘어나고 있다.

2 영양균형이 잡힌 사료

도그 푸드는 결코 이상적인 음식물이 아니다. 하지만 문제가 있기는 해도 편리한 것임에는 틀림없다. 도그 푸드의 보급에 따라 개의 수명은 확실히 늘어났다. 식생활이 풍요로워진 지금도 사람이 구지 먹을 것을 만들어 주기보다 도그 푸드로 건강한 식생활을 보내는 경우도 있다.

도그 푸드를 사용하지 않는 사람은 옛날처럼 남은 음식을 이용하는가 하면 사람들이 먹는 고기를 개를 위해 준비하는 사람들이 늘고 있다. 특히 작은 개는 먹는 양이 적고 경제적인 부담이 거의 없기 때문에 이러한 경향이 강해지는 듯하다.

이 경우 영양의 균형을 생각해서 고기를 사용한다면 문제는 없다. 하지만 대부분의 경우는 그렇지 못하고 개에게 좋아하는 고기만 골라줘서 편식하는 개로 만들고 있다. 대부분의 도그 푸드는 사람이 이용할 수 없는 잉여 재료를 원료로 한다. 음식물의 효과적인 이용이라는 시점에서 보면 바람직하다고 말할 수 있다. 품질이 보증된 것이라면 영양균형에도 특별한 문제는 없다.

더욱 바람직한 것은 가정에서 남은 음식 즉 잔반이다. 상식을 조금 동원하면 개에게 잔반도 훌륭한 먹거리가 될 수 있다. 개도 사람과 마찬가지로 단백질, 지방, 탄수화물의 3대 영양소를 필요로 한다.

개가 좋아하는 것만 주면 개는 균형 잡힌 영양을 섭취할 수 없게 된다. 만약 개에게 제대로 된 음식물을 챙겨 줄 자신이 없다면 품질이 좋은 도그 푸드를 주는 것이 좋을지도 모른다.

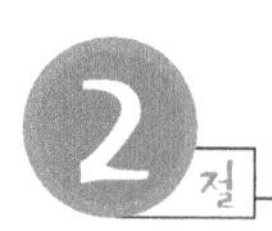

2절 편식이 치주질환의 원인

1 칼슘부족이 치주질환을 일으킨다

실내에서 생활하는 거의 모든 작은 개는 5~6세가 되면 치주질환(치주염)에 걸린다. 치주질환이란 치아 주위에 염증이 생기는 질병으로, 심해지면 잇몸이 붓는 경우도 있다.

치주질환에 걸리는 원인의 하나는 칼슘의 부족이다. 체내에 칼슘이 부족하면 몸은 칼슘의 저장고인 뼈에서 칼슘을 빼내어 간다. 그 때문에 성장기에 칼슘이 더 필요한 때에 칼슘 부족으로 병에 걸려 다리가 굽는 것이다. 성견에게는 다리에 이상이 생기는 경우가 적고, 대개 턱에 영향이 나타난다. 턱뼈에서 칼슘이 빠져나와 치아를 지탱하는 뼈가 약해져서 뼈와 치아 사이에 틈이 생긴다. 이렇게 되면 치아 주변에 음식물 찌꺼기가 쉽게 끼기 때문에 세균이 번식하게 되어 치주질환에 걸리게 되는 것이다. 치태도 늘어나서 치석이 생긴다. 개는 사람의 충치처럼 에나멜질이 침범하는 경우는 드물지만, 치육이나 치근부가 침범되어 치아가 떠서 심할 때는 치아가 빠지는 경우도 있다.

2 고기를 많이 먹으면 칼슘부족

개 체내에 칼슘이 부족한 것은 음식물 안에 칼슘이 절대적으로 부족하거나 음식물 안에 인이 너무 많아 체내의 칼슘이 소실되기 쉬워지기 때문이다.

종합 영양식이라고 표시된 도그 푸드는 보통 과다하다고 할 수 있을 정도의 칼슘을 함유하고 있기 때문에 칼슘을 특별히 더 줄 필요는 없다. 큰 개를 레귤러 푸드로 키울 때 칼슘과 비타민 D를 주면 오히려 해가 되기도 한다. 왜냐하면 이것들이 너무 많게 되면 몸은 칼슘을 배출하려고 하기 때문이다.

실내에서 기르고 있는 개의 식생활 문제는 보통 고기를 너무 많이 주는 데 있다. 요즘 개의 음식물로 즐겨 사용하는 것은 닭가슴살이나 소고기의 살코기 부분이다. 놀랄만한 사실은 살코기만을 주는 극단적인 예도 적지 않다는 것이다. 하지만 이들

정육이라는 근육은 인이 많고 칼슘은 극단적으로 적은 대표적인 음식물이다. 이러한 고기만 먹으면 칼슘의 양이 애초부터 부족한 데다가 인을 많이 배출할 때에 더 많은 칼슘을 소실하게 된다.

정육 중에서도 닭고기를 보면 같은 가슴살이라도 부위에 따라 맛과 성분에 차이가 있다. 간장이나 신장 등의 내장육은 더욱 더 차이가 난다. 하지만 그것을 이용하는 지식이나 기술이 거의 없기 때문에 개에게 주는 사료에 있어서도 영양이 편중되기 쉽다. 나아가서는 "개는 육식" 이란 불완전한 지식과 경제적인 풍요가 개의 편식을 조장한다.

또한 육식은 부드럽고 턱뼈를 자극시키지 않으므로 치주질환을 일으키는 다른 하나의 요인이 되기도 한다. 만약 영양의 균형을 생각한 후에 육식을 중심으로 삼는다면 가끔 드라이 푸드같이 치아를 사용하게 하는 음식물을 주거나 치아에 자극을 줄 수 있는 껌 등을 줄 필요가 있다.

만성 치주질환은 심장병(승모판폐쇄부전)의 원인이 될 가능성도 있다. 만성적인 치아의 세균감염에 면역반응이 일어난 결과 승모판이 변성했다는 설이다.

어쨌든 치주질환은 심장 등 몸의 다른 부분에도 영향을 줄 수 있기 때문에 각별한 주의가 필요하다.

3절 비만은 질병의 예비군

1 보호자가 살찌면 개도 비만이 된다

비만은 병이라고 말할 수 없지만 질병의 예비군이라는 사실에는 의심의 여지가 없다. 사람은 자신이 비만이라고 생각해도 그것이 질병이라고 생각하는 사람은 적을 것이다. 하지만 비만인 사람의 대부분은 건강상 마른 것이 좋다고 느낄 것이다. 미적인 문제 때문에 살을 빼고 싶어하는 사람도 있겠지만 일반적으로 우리들은 건강한 사람들과 동물을 아름답다고 생각할 것이다.

최근에는 개에게도 비만이 늘어나고 있다. 개의 종별 표준체중이 있지만, 몸에 따라서도 차이가 있다. 몸통을 만져서 늑골이 느껴지지 않는다면 비만이라고 생각하면 된다. 주의해야 할 것은 개가 비만이라도 보호자의 3분의 1은 그렇게 생각하지 않고 있다는 점이다.

비만이 되는 원인은 음식을 너무 많이 먹거나(칼로리 과잉 섭취), 무언가의 이유로 대사율이 저하되어 몸에 필요한 칼로리양이 감소했기 때문이다. 후자의 이유로 개에게 가장 많이 보여지는 예는 암컷이 불임수술을 한 결과 여성 호르몬이 분비되지 않게 된 것이다. 그 결과 암컷은 운동량이 저하되어서 전과 같은 양의 음식을 주면 과잉 칼로리가 된다.

불임수술을 받은 개는 꽤 높은 확률로 비만이 된다. 사람은 나이를 먹으면서 대사율이 저하되어 비만이 되는 경우도 있지만 개는 소수인 듯 하다.

또 실내에서 생활하는 대부분의 개는 운동이 부족하다. 방안의 온도가 대체로 일정하기 때문에 몸의 열이 발산되지 않아 칼로리의 소비량이 적어진다. 게다가 사람들과 접촉하는 기회가 많기 때문에 무심코 먹을 것을 주어서 과식을 하게 될 위험성을 가지고 있다.

동물의 몸에는 본래 필요한 만큼의 에너지를 취하는 조절기능이 있는데, 이 기능이 저하되어 과식을 하게 되는 일이 자주 있어서 병적으로 살이 찌는 예도 볼 수 있다. 그것만이 아니라도 개는 가축화된 동물이기 때문에 이 기능은 그 정도로 높지 않다.

가축화의 특정은 일반적으로 에너지 섭취를 조절하는 능력이 저하되어 칼로리양이 늘어나 대형화되는 것이다. 개를 포함해서 가축은 비만이 되기 쉬운 동물이라고 생각해야 한다.

이 조절능력의 저하는 물론 보호자의 영향이라 할 수 있는데, 특히 보호자가 비만이면 개가 비만이 되기 쉽다는 것은 수의사들이 일치한 견해이다. 비만인 사람은 대체로 먹는 것을 좋아해서 자신이 기르는 개가 먹는 것을 보면 즐거움을 느낀다. 때문에 종종 먹이 외에도 간식을 주어서 개가 먹으면 칭찬하는 경우가 많다.

개는 칭찬 받는 것을 매우 좋아한다. 훈련을 시킬 때 마음이 통하면 칭찬하는 것만으로 효과를 얻을 수 있을 정도이다. 때문에 개는 먹으면 칭찬받는다고 알게 되어, 식욕이 없을 때에도 보호자가 주는 것은 다 먹고 과식을 하게 된다.

역시 개의 비만은 주인에 의해 만들어진다고 말해도 좋을 것이다.

2 비만은 다양한 질병의 원인

비만인 개는 무거운 체중으로 관절 등에 부담을 갖게 된다. 때문에 관절병이나 추간판허니아에 걸리기 쉽게 된다.

또 간장에 지방이 붙으면 간장의 활동이 저하된다. 나아가서 피하에 쌓인 지방은 열의 발산을 방해하기 때문에 더위에 약해진다. 비만에 만성 심장병이 겹치면 심장에 부담이 가서 더위에 거의 대응하지 못하게 된다. 피부도 약해지며 습진이 일어나기 쉬워진다.

물론 사람과 마찬가지로 당뇨병에도 걸리기 쉬워 진다. 실제로 비만인 개 중 10%가 당뇨병이라고 한다.

또 병을 치료할 때 마취를 하게 되면 지방 가운데 마취제가 분해되어 잘 들지 않게 되고, 투여하는 양이 늘어나서 호흡에도 부담을 주어서 마취의 위험성이 높아진다.

3 개의 건강을 유지하기 위해서는 엄하게

비만 치료로는 사람과 마찬가지로 칼로리를 적당히 섭취하고, 운동을 해서 칼로리를 소비하도록 한다.

또 지방, 단백질, 탄수화물의 3대 영양소는 개도 사람과 같기 때문에 고칼로리의 지방분은 삼가하도록 한다. 단 약간 다른 점은 개나 고양이는 사람 이상으로 지방질이 많은 음식을 좋아한다는 것이다. 그리고 결정적으로 다른 것은 사람은 대부분의 경우 자신이 비만임을 자각하고 치료를 하려 한다는데 비해 개는 자신이 비만이라는 사실을 거의 의식하지 않는다는 점이다.

개는 자발적으로 다이어트에 협력하지 않는다. 개가 먹지 않는다고 해서 계속 다른 것을 주는 습관을 들이면 다이어트를 시작해도 개는 자신이 좋아하는 것이 나올 때까지 몇 일이고 참고 기다린다.

개의 다이어트가 잘 이루어지지 않는 것은 보호자가 마음이 좋기 때문이기 보다 마음이 약해서이다. 개의 비만을 치료하려면 마음을 강하게 해야 할 필요가 있다. 하지만 마음을 강하게 먹고 애완동물을 엄하게 대하면 애완동물과 생활하는 즐거움이 줄어들기 때문에, 보호자에게는 무척 어려운 일이라 할 수 있다.

4 건강한 감량을 위해서는

체중을 줄이려면 보통 칼로리를 줄여야 하지만 지금 먹고 있는 것의 양을 그대로 줄이는 것은 그다지 좋지 않다. 개가 항상 공복감을 느끼게 되기 때문에, 칼로리는 줄어도 몸이 필요로 하는 비타민이나 미네랄의 양이 부족해진다.

건강하게 감량을 하기 위해서는 칼로리는 자제하고 비타민 · 미네랄을 풍부하게 섭취해야 한다.

낮은 칼로리 양으로 공복감을 채우기 위해서는 보통 섬유질 등의 소화가 되지 않는 것을 섞는데, 섬유질이 많으면 맛이 없어서 개는 잘 먹지 않는다. 개인적으로 칼로리 북을 사용해 메뉴를 생각하는 것도 좋지만 그에 필요한 일반인을 위한 개 전용의 영양에 관한 책은 드물다.

그래서 각자가 메뉴를 생각하는 것보다는 시판되고 있는 저 칼로리 식을 이용하는 것이 좋다. 거의 모든 동물병원에서 저칼로리 식이 사료가 시판되고 있다.

감량의 방법은 여러 가지가 있지만 어쨌든 개 스스로가 비만을 치료하고자 하는 일은 없기 때문에, 보호자가 강제로 사료 관리를 해야 한다.

사람도 개도 감량을 할 때에 우선 목표 체중을 정하는데, 이때 무리하게 표준체중에 맞추려고 해서는 안 된다. 개의 비만 상태를 인지하고 조금 살이 붙은 것 같은 정도로 체중의 목표를 두는 것이 서로가 쉽게 다이어트를 할 수 있을 것이다.

감량 방법은 단기간에 행하는 경우와 장기간에 걸쳐 실시하는 경우가 있는데, 개의 성질이나 가정환경에 맞추어 천천히 실시하는 방법을 권하고 있다. 개의 감량에는 가족 전원의 협력이 필요하며, 그 중 한 사람이라도 약해지면 원활히 진행될 수 없다.

감량을 할 때는 시작할 때의 체중을 재고, 일주일 간격으로 성과를 확인한다. 일주일 후에 체중이 감소하지 않았다면 뭔가 잘못된 원인이 있는 것이므로, 그 이유를 수의사와 보호자가 함께 생각해야 한다.

하지만 이럴 때에 종종 놀랄 만한 이야기를 듣게 된다. 예를 들어 도그 푸드의 양은 정해진대로 주면서, 가족이 식사를 할 때 사람들이 먹는 것을 주거나 간식을 꼬박꼬박 챙겨준다는 것이다. 개의 입에 들어가는 칼로리가 있는 음식물은 모두 도그 푸드와 같은 것이다.

감량을 할 때에 먹이의 횟수는 하루 2~3회로 늘려서 공복감을 없애도록 한다.

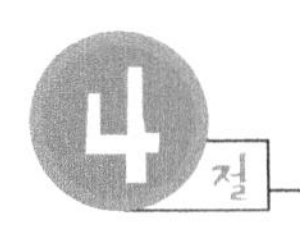

늘어나는 암

1 불임 수술을 받으면 유방암에 걸리지 않는다.

종양이나 암이란 세포가 한없이 증식하는 것을 말한다.

애완동물을 소중히 하는 여러 나라에서는 당연한 일이지만 애완동물의 수명은 늘고 있다. 나이가 많은 사람들에게 암연령대라는 말을 사용하고 있는데, 이 말은 애완동물에게도 해당되며 수명의 연장은 종양을 증가시키게 되었다.

하지만 많은 수의사들은 개의 종양 증가에는 수명 이외에도 개의 생활환경이나 펫푸드의 식품첨가물이 영향을 준다고 생각하고 있다.

음식물에 대해 말하자면 대부분의 개는 일생에 걸쳐 계속 가공식품을 먹게 된다. 때문에 사람에 비해 산화된 음식물이나 식품첨가물을 많이 먹는 것도 사실이다.

가장 흔한 예는 암컷의 유선암(유방암)이다. 이 암에 걸리기 쉬운 견종도 있는데 실내견이라 불리는 말티즈, 요크셔테리어, 포메라이언 등의 개에게서 많이 보인다. 친자 형제에게 계속해서 발생하는 경우도 많아 유전적 소질이 의심되는 한편, 같은 환경에서 생활하고 있다는 점에서 생활환경에 원인이 있다고 생각할 수도 있다.

개의 유방암은 다른 장기 예를 들면 폐 등으로의 전이는 쉽게 일어나지 않는다. 종양이 생겨도 개의 유선 10개(혹은 8개)를 전부 절제하면 암으로 사망하는 일은 적다. 사람의 유방암은 동물성 단백질이나 지방을 많이 섭취한 사람에게 많이 보이기 때문에 유럽형 종양이라고 한다. 출산력이 없는 사람에게 많이 나타나서 여성 호르몬이 관여된다고 생각할 수 있지만 그 메카니즘은 아직 확실히 밝혀지지 않았다. 개의 유방암은 불임수술을 시행해서 난소를 제거한 개에게는 발생하지 않는다.

최근에는 동물 중에 소형견이나 고양이에게도 유방암이 늘어나고 있다는 점에서 먹이 중 동물성 식품이 증가하고 있으며 산화된 식품을 먹는 일이 많아졌다는 것을 알 수 있다.

예전에는 암의 종류나 부위, 개의 연령 등을 생각하여 보호자나 수의사가 모두 수술을 망설이는 일이 많았지만, 지금은 15세를 넘어서 장수하는 개도 있어서 적극적인 치료를 실행하는 경우가 많아졌다.

2 말이 통하지 않는 개를 위해

자각 증상을 호소하지 못하는 개에게서 위나 간장 등 보이지 않는 기관의 암을 발견하는 것은 쉽지 않아서 말기가 되어서 진찰을 받는 경우가 많다. 피부와 같은 몸의 표면에 나는 종양도 털 속에 감춰진 예가 많기 때문에, 만지는 습관이 없으면 알 수 없다.

또 발견을 해도 암이라고 생각하지 못하는 경우가 많다. 유방암 등은 암이 한번 크게 나고 나서야 병원을 찾는 경우도 드물지 않다. 보호자는 말이 통하지 않는 개를 대신해 평상시 몸 상태에 신경을 써야 한다.

3 비만에서 당뇨병으로

현대병이라고 하면 우선 당뇨병을 들 수 있는데, 개의 질병 중에는 결코 많지 않다. 하지만 당뇨병이 현대를 특정하는 병이라는 사실도 틀림없다.

당뇨병은 당의 대사를 돕는 인슐린이라 불리는 호르몬이 부족해져서, 오줌 안에 당이 섞여 나오는 병이다. 그 원인으로는 유전적인 원인을 포함해 몇 가지가 있는데, 음식물이 관계하고 있는 것도 사실이다.

우선 당분은 인슐린의 분비를 촉진시키기 때문에 당분이 많은 음식을 자주 먹으면 췌장의 인슐린을 생산하는 세포를 피로하게 만든다. 또 과식을 하면 지방이 많이 붙어서 비만이 되는데, 비만은 인슐린에 대한 세포의 감수성을 저하시켜 세포가 당을 대사하기 어렵게 한다.

현대인들의 식습관도 개의 당뇨병을 증가하게 하는 원인의 하나이다. 현재 대부분의 현대인들은 매일 같은 식사를 하면 질린다는 이유로 매일 음식의 내용을 바꾼다.

그와 마찬가지로 개의 먹이도 가끔씩 바꿔주는 사람도 있다. 그 결과 개는 스스로 먹이의 양을 조절하는 능력을 잃는 경우가 많아서 비만이나 당뇨병에 쉽게 걸리게 된다.

우리 사회와 개의 이상행동

1 개에게 무관심한 사회

개의 이상행동을 병으로 취급하는 것에 의문을 가지는 사람도 있을 것이다. 그 이상이란 뇌와 같은 곳에 기질적인 변화를 동반하지 않는 경우가 대부분이며, 또한 이상한 행동과 정상적인 행동 사이에 선을 긋기가 어렵기 때문이다.

나아가서는 개의 유전적인 성질이 원인이 될 때도 있지만 보호자가 훈련에 실패함으로써 개가 이상한 행동을 보이는 경우도 있다(그 경우에는 보는 시점을 달리하면 보호자가 사회에 적응하지 못했기 때문에 개가 피해를 받았다고도 말할 수 있다).

이상 행동이란 개가 소속한 사회(사람을 포함해서)가 받아들이지 못하는 개의 행동으로 그 개가 사회에 적응하지 못한다는 것을 의미한다. 예를 들면 이상하게 으르렁댄다, 가족에게 공격적인 자세를 취한다, 낯선 사람을 위협한다, 주인을 떠나면 불안해 한다, 부적절한 장소에서 배설을 하는 경우를 들 수 있다.

선진공업사회라 불리는 유럽이나 일본은 비슷한 가치관과 사회관을 가지고 있다. 때문에 그곳에 사는 개들도 나라는 달라도 비슷한 행동을 요구받는 것은 당연하다. 하지만 일본과 유럽에서는 동물과의 관계가 역사적으로 크게 다르다(다음 페이지의 칼럼을 참조). 때문에 일본과 유럽에서는 개를 기르고 훈련시키는 방법이 완전히 다르다.

유럽 사회가 개를 더 엄하게 훈련시키는 경향이 있다. 일본은 개를 관용적인 눈으로 보지만 실제로는 무관심한 사회이다. 그 가장 좋은 예는 많은 집단주택에서 개를 기르는 것을 허용하지 않고 있다는 사실이다. 자신이 소유한 주택에서 개와 함께 살 수 없는 곳은 일본 외에는 없을 것이다.

이것은 많은 현대인이 사람과 개가 함께 사는 것을 이해하지 못하기 때문이라 할 수 있다. 이 같은 사회에서는 개를 사회에 적응시키려는 의식이 길러지지 않는다. 그 대표적인 예가 강아지를 매매하는 시스템이다.

사람들은 강아지는 애견 숍에 진열된 것을 사오는 것이라고 생각하는 사람이 많다. 실제로 애견 숍에서는 강아지의 대부분이 생후 2개월 전후에 어미를 떠나서 가게 앞의 진열 케이스로 들어간다. 심한 경우에는 노점에 진열하기도 한다. 유럽에서는 이러한 강아지 매매는 상상할 수 없다.

이러한 매매 시스템은 개의 성질을 무시하고 강아지의 마음에 큰 상처를 남기는 일이다. 어릴 때에 어미 개나 형제와 함께 살지 못하면 건전한 정신으로 성장하기 힘들다. 어릴 때 가족을 떠난 개가 성장한 후 문제행동을 일으키는 예를 많이 볼 수 있다.

2 보호자의 행동이 개를 불안정하게 한다.

그럼 현대 사회에서 개는 어떻게 살아가고 있을까? 일률적으로 말할 수는 없지만 흔히 볼 수 있는 것이 자식과 부모라는 가족구성으로 길러지는 경우이다.

전형적인 예는 부친과 모친은 모두 일이나 가사로 바쁘고 아이들도 학원 때문에 자유시간이 적어서 가끔 산책을 하는 정도로 거의 돌보지 않는다. 경제적으로는 여유가 있어도 시간적으로는 여유가 없는 생활이 현재 우리사회의 특징이다. 이런 사회에서 방치된 개는 이상행동을 일으키기 쉬워진다.

한 가지 더 흔히 볼 수 있는 예는 노령 부부가 자식들이 독립한 후에 쓸쓸함을 달래기 위해 기르는 경우로 이때에는 개에게 극단적으로 관대해진다. 마치 손자를 대하는 것과 같아서 제대로 훈련시키지도 못한다. 이 같은 가정에서 사는 개는 생활하기 힘들다.

현대 가족 안의 인간관계를 보면 옛날 가정에서 볼 수 있었던 부친을 정점으로 하는 종형 조직은 사라지게 되었다. 예전 가정에서는 아버지만 돈을 벌었기 때문에 부친을 정점으로 하는 종형 가족에 아무런 의문도 가지지 않았다. 지금은 많은 어머니들이 일을 해서 경제력이 있기 때문에 아버지의 힘이 상대적으로 저하되고 평등한 관계가 생겼다.

개는 집단에서 사냥을 하는 동물이기 때문에 리더를 정점으로 종형 사회를 만든다. 사람의 가정에 들어가면 사람 가족을 포함해서 하나의 무리를 만들고 리더를 정한다. 개에게 확실한 리더가 없는 집단은 있을 수 없다. 만약 현대 사회에서 흔히 보이는 가정처럼 확실한 리더가 없는 집단에 들어가면 개는 정신적으로 불안정한 상태가 된다.

일본인과 개

일본과 유럽은 기본적인 문화배경이 크게 다르다. 그것이 일본과 유럽에서 사람과 개가 함께 살아가는 방식이 다른 하나의 큰 이유이다.

문화 배경은 수렵문화와 농경문화로 나눌 수 있는데, 거의 모든 민족이 수렵 · 채집문화에서 농경문화로 이동하기 때문에 이 분류는 그다지 의미가 없다.

일본이 다른 나라들에 비해 특수한 점은 오키나와를 제외하고는 먹기 위한 가축을 기르지 않는다는 사실이다

이같이 특이한 식문화를 가진 사회에서는 당연히 동물과의 관계도 다른 나라들과는 달랐다. 동방에서는 말, 서방에서는 소의 사육이 성했는데, 기본적으로는 모두 농경용으로 쓰이고 있었다. 죽어도 사람이 먹지 않고 오히려 정중하게 장례를 하는 경우가 많았다.

그럼 개는 어땠을까? 수렵 채집이 생활의 중심이었던 조몬 시대에는 사냥의 파트너로서 소중히 취급받아서 사람과 함께 매장되었다. 하지만 생활의 중심이 밭으로 옮겨진 야요이 시대부터 개는 사람에게 잡아 먹히고 사람과 묻히는 일도 적어졌다.

그 후 사냥은 지배계급의 독점적 게임이 되어 예외적으로 산중에서 생활하는 극히 일부의 사람만이 할 뿐 서민과는 무관한 것이 되었다. 사냥개 등도 적어서 현대인의 동물관에 영향을 주지 못했다.

하지만 개가 없었던 것은 아니다. 예를 들어 에도 시대에는 소비 도시인 에도에 많은 개가 살고 있었으며, 도시에서 나오는 폐기물을 의지하며 생활했다.

그러한 개는 스스로의 힘으로 생활을 했고 자신이 사는 동네 안을 세력권으로 삼았다. 그 주인들도 당연히 개를 기른다는 의식이 거의 없이, 수상한 사람이 오면 공격해서 물리쳐 줄 편리한 동물 정도로 생각했다

유럽에서는 사냥개 외에도 다양한 개가 농장 등에서 사역용으로 길러지고 있다.양을 지키고 관리하는 목양견이 그 대표적인 예이다. 하지만 사회에서는 양 목장 같은 것도 없어서 목양견도 필요 없었다. 늑대나 여우 대책용, 혹은 족제비 방어용 개도 기르지 않았다.

일본에서 대부분의 경우 개는 단지 사람의 주위에 있는 존재일 뿐이었다. 이 끈끈하지 않은 관계가 개를 가정 안에 가두는 현대사회에서 문제를 일으키고 있다.

▲ 현대에는 많은 가정에서 개를 기르고 있다.

제3장 버려진 개 · 학대 · 동물실험

현재 우리 주위에서는 1,000만 마리가 넘는 개가 사람과 함께 생활하고 있다.
하지만 한편에선 일부의 주인들이 이사 등의 개인적인 사정으로 개를 버리거나 새끼 강아지를 물가나 숲에 버리는 예가 계속되고 있다.
우리들은 개와 어떻게 살아가야 할지 진지하게 생각해 보아야 할 것이다.

제3장 버려진 개 · 학대 · 동물실험

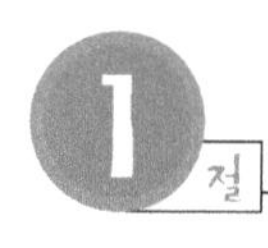

버려진 개의 문제

우리사회에서 버려진 개의 수는 매년 증가하고 있다.

이렇게 버려진 개들 중에는 운 좋게도 맘 좋은 사람에게 보호받는 예는 적으며, 대부분의 개는 매정한 인간들에게 귀나 다리를 절단 당하는 비참한 일을 당하거나 교통사고로 죽고, 또는 쇠약해져 죽기도 한다. 하지만 드물게 오래 살아도 상당히 가혹한 날들이 기다리고 있다. 이들 불행한 개들을 없애려면 철저한 불임 · 거세 수술을 근본책으로 삼을 수밖에 없다.

특히 이웃 일본에서는 동물에 관한 새로운 법률이 시행되었다. 「동물애호 및 관리에 관한 법률」(이하 "동물애호법")이다.

이 법률은 "보호자의 책임"을 크게 묻고 있으며 보호자에게 다음과 같은 책임이 있다 고 말하고 있다.

1) 동물을 키우면서 남에게 피해를 주지 않도록 배려할 것.
2) 기르고 있는 동물을 적절히 사육관리 · 건강관리를 할 것. 또한 보호자는 사람과 동물 사이에서 감염하는 병(인수 공통전염병)에 대해 이해하고, 자신이 기르는 동물에 대해 개체 식별을 할 수 있을 것.
3) 태어나서 버려지는 불행한 생명을 없게 하고 사육능력을 넘어선 동물을 늘게 함으로서 열악한 사육환경이 되는 것을 방지하기 위해 불임 · 거세 수술을 하도록 노력할 것.

그리고 만약 동물을 버리는 행위(유기)를 한 자에게는 30만엔 이하의 벌금을 징수하게 되어 있다.

개나 고양이는 야생동물이 아니다. 따라서 인간이 돌보지 않으면 살아갈 수가 없다. 그들을 사람과 함께 살아온 역사가 길어 소위 생물의 자연도태의 조직에서 밀려 나온 상태이다.

갓 태어난 강아지는 눈을 뜨지 않아도 우리들과 같은 생명이다. 하나의 생명을 잔혹하게 죽이는 것보다 불임 · 거세 수술을 해서 불행한 생명을 만들지 말도록 해야 한다. 그리고 태어난 강아지에게 평생의 무사와 행복을 보장하는 일이 그들에 대한 인간의 책임일 것이다.

1 보호자의 "중도포기"

현재 버려진 개 중에는 원하지 않았는데 생겨서 버려진 개들과 잘 길러왔지만 복잡한 사정으로 버려진 개가 있다.

후자의 주인에 의한 "중도포기"의 이유와 사정은 거의 보호자에게 책임이 있으며 개에게는 아무런 책임이 없다.

개를 돌보는 것을 포기한 사람들이 늘어나는 가장 많은 이유는 이사이다. 전근이나 회사의 도산, 이혼 등 사정은 다양하다. 하지만 그 이유의 대부분이 단독 주택에서 아파트나 맨션으로 옮기게 되었는데 그곳에서는 개나 고양이를 기르기가 쉽지 않기 때문이다.

현재 집단주택은 예전처럼 보호자가 단독주택을 구입할 때까지의 일시적인 주거지가 아니다. 집단주택이 "평생의 주거지"가 되고 또 도래하고 있는 고령화 사회를 인식하여 국민의 마음이 풍요로운 생활을 고려한다면 획일적으로 동물과의 생활을 금지하는 것이 아니라 보호자의 책임을 명확히 하는 규칙을 만들고 사육을 인정한 후에 보호자의 지속적인 개발을 도모하는 것이 앞으로 우리사회가 지향해야 할 모습일 것이다.

2 버려진 개의 말로

앞으로 이사나 전근을 갈 사람들은 개를 절대로 내버려두지 않도록 하자. 그들은 당신들의 소중한 가족이며 당신들과 함께 생활하는 것 외에는 살아갈 방법이 없다. 만약 개를 놔두고 이사를 한다면 남겨진 그들을 기다리고 있는 운명은 다음과 같다.

1) 동물을 싫어하는 사람에게 학대받는다.
2) 포획되어서 살처분 당한다.
3) 실험동물용으로 팔려 비참한 죽음을 맞는다.
4) 굶어죽거나 사고를 당해 죽는다.

지금까지 함께 살아온 개의 대부분은 보호자가 사라진 후 이같은 결말을 맞는다. 그들을 이같은 불행에 처하게 하는 것은 보호자의 동물에 대한 애정과 책임 및 사회적 책임으로 결정된다.

이사를 할 때는 반드시 데려간다는 생각이나 자신이 없는 사람은 "처음부터 키우지 않는 것도 애정이다"라는 것을 이해해야 한다.

3 개의 "문제행동"

다음으로 개 사육을 포기한 이유로 든 것은 개의 "문제행동"이다.

이전에는 많은 개 보호자가 개를 단지 집을 지키는 존재로만 생각했었다(지금도 그같이 학대적인 취급을 받고 있는 개도 적지 않다). 이 같은 시대에는 개가 짖어도 보호자는 중대한 문제로 인식하지 않았을 것이다. 하지만 지금은 주택사정도 달라져서 개는 정원 안 구석에서 거실 밖, 그리고 집안으로 생활공간을 넓혀가며 가족과 공동생활을 하게 되었다.

이렇게 되자 지금까지는 그다지 신경쓰지 않았던 으르렁대는 소리나 파괴 행동도 종종 문제가 되었다. 보호자가 그 개의 성질이나 매일 필요한 운동량 등을 잘 이해하지 못하면 문제행동은 한층 더 심각해 진다.

예를 들어 운동량이 많은 개에게 늘 개 목걸이를 채워서 집안에 가둬두면, 그것은 개에게 큰 스트레스가 되어서 계속 으르렁대거나 발작적으로 사람을 무는 문제를 일으키게 된다.

이같은 행동은 그 개에게 원래 문제가 있는 것이 아니라 보호자가 그 개를 잘 이해하고 개의 바람직한 리더의 역할을 해야 하는데 그렇지 못했기 때문이다.

더 거슬러 올라가 보면 개를 키우기 전에 그 종견의 성질이나 생활방식 등에 대해 가족 간에 충분히 대화를 나누고 자신의 가정에는 어떤 개가 맞는지를 생각하지 않았다고 말할 수 있다. 단순히 혈통이 좋다든가 새끼 강아지를 보고 "귀여우니까" 라고 하면서 안이한 선택을 하면 나중에 문제가 일어나게 된다.

성장한 개가 문제 행동을 보이면 새로운 주인을 찾는 것도 힘들어진다. 혈통이 어떠냐는 문제가 아니다. 모든 개는 고등의 포유류로서의 지능과 감정을 가지고 있기 때문에 보호자의 사정으로 상품이나 물건처럼 취급해서는 안 된다.

4 고령자의 파트너였던 개가 남겨졌을 때

최근 늘어나는 문제로 혼자 살던 고령자가 입원이나 사망했을 때, 함께 살던 고양이나 개가 남겨지는 경우가 있다.

이러한 문제가 행정기관에 통보되는 예가 매년 늘고 있으며, 상담을 받는 동물보호단체가 늘어나고 있다. 하지만 앞으로의 고령화 사회를 생각하면 이 문제는 갈수록 커질 것이다. 이미 민간단체가 각각에 대응할 수 있는 범위를 넘어서고 있는 실정이다. 바로 지금이 지역사회의 문제로서 자치단체와 동물보호단체, 그리고 지역주민이 함께 고민해서 대응할 수 있는 새로운 시스템을 만들어 내야 할 시기일 것이다.

2절 개의 "도살처분" 문제

지금까지 말한 버려진 개의 문제와 "도살처분 문제"는 서로 떼어놓을 수 없다. 현재 전국에서 매년 약 15만 마리의 개가 자치단체에 의해 "처분" 되고 있다.

양도를 희망하는 사람들에게는 보호자의 강습회를 3회 정도 실시하고, 면접에서 자격이 있다고 판단된 사람에게 개를 양도한다. 그 중에는 사고나 문제행동을 일으켜서 양도가 어려운 개도 있다.

때문에 개의 사회복귀를 위한 체크 항목을 작성하거나 재훈련을 하는 등 다양한 노력을 기울여야 한다. 새로운 보호자에게는 "훈련 교실"에 참가할 것을 권하고 있다. 연간 15만 마리의 개가 도살처분되고 있는 현실을 조금이라도 개선하기 위해서는 보호자는 물론, 개와 관련되는 모든 사람들이 올바른 의식을 기초로 다음과 같은 대책 을 실천해야 한다.

1) 개의 불임 · 거세수술을 철저히 하여 태어나서 버림받는 생명이 없게 한다.
2) 개를 키우고자하는 사람은 무슨 일이 있어도 개의 행복과 쾌적한 생활환경을 확보하고, 함께 살아갈 각오가 있는지를 가족끼리 충분히 상의한다.
3) 개 보호자가 된 사람은 적절한 훈련과 건강관리에 힘쓰고 잘 돌봐준다.

또 개와 함께 살고 싶다거나 개 보호자로서의 책임도 수행할 수 있다고 생각했을 때에는 개를 수용하고 있는 자치단체 시설이나 동물보호 단체에 문의하면 된다. 개를 이해하는 당신의 손길을 기다리고 있는 개가 많이 있다.

이렇게 최선을 다해 노력을 했는데도 그들의 생명을 구할 수 없을 때는 그들을 진정한 의미의 안락사가 바람직하다. 죽음을 기다리는 것들에게 결코 고통이나 공포를 주지 않는 환경을 준비해야 한다.

3절 동물학대

동물학대가 세계 각지에 존재하는 것은 사실이다.

일본에서는 2000년 12월 14일 개정안이 국회를 통과하여 새로운 법률로서 "동물애호 및 관리에 관한 법률"이 성립되었다.

새로운 "동물애호법" 제27조에는 "애호동물을 살상하면 1년 이하의 징역 혹은 100만엔 이하의 벌금. 먹이나 물을 주지 않아 쇠약하게 만들 경우에는 30만엔 이하의 벌금. 유기하면 30만엔 이하의 벌금"이라고 되어 있으며, 이들 행위에는 경찰이 대응한다.

일반적으로 "동물학대"라고 하면 동물을 죽이거나 상처입히는 경우를 생각하는 사람이 많으며 매스컴 보도도 그러한 사례에 편중되는 듯하다. 하지만 동물학대는 더 폭이 넓으며 다음과 같은 2가지 행위를 포함한다.

1) 행위를 가함으로 동물에게 고통을 주는 것.
2) 행위를 태만히 함으로서 동물에게 고통을 주는 것.

이것이 고의든 무지에 의해 일어난 경우든 이 법률이 벌하는 대상이 된다. 유럽의 법률에서는 "동물보호법"이나 "형법"가운데 학대의 정의와 금지행위로서 "동물을 대상으로 한 정신적 및 신체적인 학대"가 세세하게 기록되어 있으며, 일반국민 들의 동물복지에 관한 의식도 높아서 어떤 행동이 학대에 해당하는지 잘 알고 있다. 가장 일상적으로 일어나고 있는 학대가 2)의 "행위를 게을리 하는" 학대이다.

예를 들면

1) 먹이나 물을 주지 않아 몸을 쇠약하게 만든다.

2) 털이 뭉쳐져서 펠트 상태가 되게 한 채로 방치한다.

3) 분뇨로 가득한 곳에서 사육한다.

4) 거의 몸을 움직일 수 없을 정도의 비좁은 우리에 가둔다.

5) 병에 걸려도 치료하지 않고 방치한다 등등.

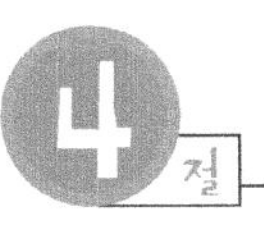

4절 동물실험과 개

의학이나 수의학만이 아니라 심리학과 환경학, 그 외에 다양한 분야에서 동물이 실험에 사용되고 있다. 또한 새로운 제품의 안전성을 확인하는 실험 등에도 동물들의 생명이 희생되고 있다.

실험대로 보내지는 동물로 개나 고양이도 예외는 아니다. 토끼의 눈에 시험액을 넣고 눈에 궤양이 생기는 모습을 보는 드레이즈 테스트의 사진을 본 적이 있는 사람이 적지 않을 것이다.

유럽의 많은 나라에서는 동물실험을 법으로 규제하였고, 영국에서는 동물실험을 실시하려면 연구자와 실험 시설, 실험계획 등이 인가를 받아야 한다. 또 실험에 제공되는 동물도 인가를 받은 특정한 시설에서 번식 · 사육된 동물에 한하며, 국가의 사찰관이 실험 시설과 번식 시설을 둘러본다.

우선 가능한 한 동물실험을 대체할 수 있는 방법(대체법)을 찾고 동물실험을 피할 수 없다면 희생되는 동물들을 줄여서 공포와 고통이 없는 방법으로 책임감을 가지고 실험을 실시하도록 하며, 법률에 의해 동물실험을 엄하게 규제 · 감독해야 한다.

정부나 자치단체, 그리고 일반 국민이 동물의 생활이나 생명에 어떻게 대응하는가는 그 나라의 문화를 알 수 있는 바로미터라 할 수 있다.

제4장 개 보호자가 생각해야 할 것

노견의 관리

처음 만난 날부터 수 년에서 수 십년의 세월이 지나면 애견은 점차, 때로는 급속하게 노화되어 간다.
개는 사람보다 훨씬 빨리 일생을 보내기 때문에 수명도 그만큼 짧다.
그 때문에 아무리 건강한 개라도 대개 보호자보다 먼저 죽음을 맞이하게 된다.
보호자는 애견이 나이들어 가면서 약해지고 다양한 질병에 괴로워하며,
결국에는 죽게 된다는 것을 생각해야 한다.

제4장 개보호자가 생각해야 할 것

건강할 때의 개는 보호자에게 생활의 모든 부분에서 보살핌을 받고 때로는 말썽을 일으키기도 하지만, 날마다의 생활을 함께 하는 보호자에게 큰 즐거움을 준다.

개는 항상 정직하고 솔직하다. 보호자가 행복해 보일 때는 그 모습을 민감하게 느끼고 발 주위를 돌며 함께 기뻐하기도 하고, 보호자의 표정 변화를 읽으려고 진지한 눈빛을 보내기도 한다. 또 보호자가 슬픔에 잠겼을 때에는 자신의 일처럼 생각하며 사람과 감정을 함께 하려고 한다.

하지만 보호자와 애견 사이의 애정이나 신뢰관계가 아무리 깊더라도 함께 할 수 있는 시간은 사람들처럼 길지 않다. 개들은 점차 나이를 먹어 가면서 건강상 여러가지 문제를 보이며 행동에도 변화를 보인다.

보호자는 그런 날이 올 것을 미리 예측하여 그 때에 애견을 돌보는 방법, 질병을 알수 있는 방법 등을 알아두어야 한다.

1절 개의 노화는 어떻게 알 수 있나?

1 대형견일수록 빨리 노화된다.

1. 개의 노화는 몇 살 정도에 시작될까?

일반적으로 말하면 개는 몸이 클수록 빨리 늙으며 몸이 가장 큰 종류의 개는 수명이 가장 짧다고 한다. 예를 들어 세인트버나드같이 체중이 65kg이나 되는 거대한 개는 겨우 5~7세에 노화가 시작되고, 평균 7~10세에 일생을 마치게 된다. 이것보다 체중이 조금은 덜 나가지만 역시 대형견에 속하는 골든 리트리버, 그레이하운드, 아키다견, 그레이트덴 등의 수명도 짧아 10~12년이다. 그들은

8~9세가 되면 확실하게 노화가 되는 것을 볼 수 있다.

한편 체중이 2~5kg 이하의 아주 작은 소형견인 치와와나 말티즈, 포메라이언, 닥스훈트 등은 가장 수명이 길어서 10~12세 전후가 되어야 비로소 노화가 시작되며 건강상태가 좋으면 평균수명이 15세 전후 때로는 17~20세 가까이까지사는 개도 있다(이것은 체중이 비슷한 고양이의 수명과 거의 같다).

많은 품종의 체중은 이 초대형견과 초소형견 사이에 있기 때문에, 노화가 시작되는 나이나 평균수명도 거의 이것들의 중간 수준이다.

2. 개의 노화 징조

개가 태어난 해를 모를 경우 개의 나이를 정확히 알 수 있는 방법은 없다. 개만이 아니라 동물은 일반적으로(사람도 그렇지만) 몸의 상태를 보고 정확한 나이를 안다는 것은 거의 불가능하다.

하지만 개의 경우 노화가 시작되고 있는지를 알 수 있는 방법이 있다. 모든 개에게서 볼 수 있는 노화현상은 털의 변화와 활동에너지의 저하이다. 어릴 때는 풍성하고 윤기있던 털이 노화되면서 조금씩 빠지게 된다. 그리고 장시간의 운동이나 산책을 싫어하게 되며(특히 이른 아침이나 추운 날, 비가 올 때는 산책을 꺼려한다) 식욕이 감퇴하고 가족이나 주위의 사물에 대한 흥미나 반응이 조금씩 둔화된다. 점프를 하듯이 건강하게 계단을 오르내렸는데, 어느 순간 천천히 계단을 오르내리고 있는 것을 발견하게 된다. 또한 대낮에도 자는 시간이 길어지게 된다.

몸에 나타나는 증상으로는 우선 콧등에 난 수염이나 귀 주위의 털이 백발이 된다. 그리고 전신의 근육이 탄력을 잃고 체력이 쇠하고 있다는 것을 알 수 있다. 항상 같은 양의 식사를 해도 살이 쪘는데 노화가 진행되자 반대로 식사를 해도 살이 빠지는 등의 체중의 변화가 일어난다.

거의 대부분의 개가 노화현상의 한 가지로 난청을 겪게 된다. 단기간에 전혀 들리지 않게 되는 개도 많다. 지금까지 이름을 부르면 반사적으로 돌아보거나 보호자의 옆으로 달려가던 개가 불러도 좀처럼 반응하지 않게 되면 난청이 시작되었다고 생각하면 된다. 최근 생물이 몸의 나이를 먹으면 왜 노화되는가에 대한 원인이 유전적 수준으로 조금씩 해명되고 있다. 그렇게 연구가 진행되면 사람도 개도 지금보다 훨씬 오래 살게 하는 방법을 찾을지도 모른다. 하지만 노화현상은 개만이 아니라 사람을 포함한 모든 동물이 가진 공통의 문제로 이른바 숙명이라 할 수 있다.

보호자는 애견의 노화를 알게 되면 전처럼 말을 듣지 않는다던지, 편식이 심해졌다던가, 움직임이 둔해졌다고 해서 화를 내지 말고, 약해진 애견을 대하는 태도를 바꿔야 한다. 그들의 노화상태에 맞추어서 운동이나 먹이의 내용을 바꾸는 것은 가족의 일원으로서의 애견에 대한 최소한의 애정일 것이다.

또 노견에게는 어리고 건강한 개와는 다른 장점도 있다. 밤중에 시끄럽게 해서 주인을 수면부족에 시달리게 하지 않는다, 낮에도 조용히 있는 시간이 많기 때문에 돌보지 않아도 된다, 항상 보호자 옆에 있으려고 하지 않으며, 다른 동물이나 사람에게 거의 반응하지 않는다거나 가구를 긁거나 구두를 물어뜯지 않는다는 점이다. 이것들은 애견이 정말로 안정된 가족의 일원이 되는 연령이 되었다는 것도 의미한다.

우리는 나이를 먹고 약해진 애견이나 남은 생명이 얼마 남지 않은 개들이 가진 장점을 인식해야 한다.

2절 노견이 걸리기 쉬운 질병

개가 나이를 먹어서 약해지는 노화현상을 완전히 멈추게 할 수는 없다. 그래도 항상 개의 건강을 체크하여 서서히 약해져 가는 개의 입장에 서서 무리없는 식사와 운동, 생활환경 등에 배려를 하는 것만으로도 개는 보다 건강한 말년을 보낼 수 있다. 하지만 개가 질병에 걸리면 문제는 다르다. 노견이 걸리기 쉬운 질병을 단순한 노화현상으로 보고 지나치거나 경시해서는 안 된다. 그것은 병에 걸려 괴로워하는 고령자를 보고 "나이를 먹었으니 병에 걸려도 좋다"고 생각하는 것과 같다.

사람과 똑같이 개도 나이를 먹으면서 다양한 질병을 얻게 된다. 자세한 증상이나 치료요법은 동물병원에서 수의사에게 상담을 받아야 하지만 그 전에 먼저 보호자가 건강했을 때의 애견의 상태와 어떻게 다른지를 발견해야 한다.

항상 애견의 식욕이나 행동, 걸음걸이, 하루 동안 시간을 보내는 방법 등을 관찰하는 보호자라면 어떠한 변화가 일어나면 즉시 알아차릴 것이다.

식욕이 없다, 걸음걸이가 이상하다, 운동 후의 호흡이 전보다 거칠다, 몸의 어딘가를 수시로 의식한다, 얼굴이나 피부에 변화가 보인다, 배뇨·배변할 때의 모습에 이상이 있다 등의 극히 일반적인 변화에 신경만 써도 다양한 질병의 징후를 발견할 수 있다.

나이를 먹은 애견에게 이상을 발견했을 때는 보호자가 자택에서 할 수 있는 응급처치가 있다면 그것을 하고 그 이상의 진단이나 치료는 수의사에게 의뢰하도록 한다. 노견이 걸리는 질병은 중대한 것이 많아서 보호자가 바르게 진단하거나 치료하기 힘들기 때문이다.

1 시력의 감퇴, 청력의 감퇴

개는 나이를 먹으면서 생기는 시력과 청력의 감퇴를 피할 수 없다. 개는 귀가 안 들리게 되고 눈이 안 보이게 됐을 때에는 주위의 소리나 움직임에 대해 강한 불안을 느끼게 된다. 보호자나 가족은 애견의 그러한 상태를 충분히 이해하고 사고 등의 위험이 일어나지 않도록 주변 환경에 배려를 해야 한다.

예를 들면 오랫동안 살아서 익숙해진 방의 가구 등의 배치를 갑자기 바꾸면 시력을 잃은 애견이 새로 배치한 기구에 부딪혀서 부상을 입는 경우가 있다. 가능한 한 몸으로 익힌 상태를 유지시켜 주는 배려가 필요하다.

또 시력이 약해져도 귀가 들리는 경우는 낯선 소리에 민감해져서 불안감이 강해진다. 특히 다른 동물의 기척에는 강한 불안감을 보이게 된다.

귀가 멀어진 경우에는 큰 소리로 이름을 부르지 말고 몸을 가볍게 두드리는 등의 방법으로 애견에게 보호자의 의사를 전달하도록 하면 커뮤니케이션을 꾀할 수 있다.

2 피부 가려움증, 피부병, 피부암

개는 원래 피부가 약해서 여러 가지 병에 걸리기 쉽다. 특히 노견이 되면 피부가 건조해서 단단하고 두꺼워지기 때문에 가려움증이 생기기 쉽다. 거기에다 이나 벼룩 등이 기생하여 가려움증이 더 심해지면 개는 안절부절 못하면서 하루 종일 피부를 긁어서, 그 결과 피부에 심한 상처가 생겨 출혈하거나 염증이 일어나기도 한다. 애견에게 그 같은 증상이 계속되면 개 자신만 괴로운 것이 아니라 옆에 있는 보호자나 가족도 예민해져서 애견을 싫어하게 될 수도 있다.

하지만 보호자는 피부질환의 원인을 잘 몰라서 무턱대고 샴푸를 하거나 하면 오히려 악화될 수도 있다. 수의사에게 원인을 묻고 치료법을 받으면서 생활상의 주의점을 함께 들어 둘 필요가 있다.

최근 공기 중의 오염물질 등으로 피부에 이상이 일어나는 경우가 있다. 이것은 반드시 새로운 화학물질에 의한 환경오염 만이 원인이라 할 수 없으며 개의 면역력이 저하하면 원래 자연계에 존재하는 비병원성 세균에 의해서도 피부질환이 일어난다(알러지성 피부염).

또 개는 여러 동물 중에서 나이를 먹으면서 피부에 다양한 종양이 생기는 동물이다. 한 보고에서는 모든 동물 중에서 개가 가장 악성종양(암)이 생기기 쉽다고 말했다. 노령의 개에게서 피부암이 잇달아 발견되는 예는 드물지 않다. 애견이 나이를 먹어 가면 두부나 얼굴, 목 주위 등에 종양이 생기지 않았는지 종종 털을 들추면서 체크를 하도록 한다. 가끔 그루밍(빗으로 털을 빗는 것)을 하면 이상을 발견하기 쉽다.

3 발톱의 이상

노견의 발톱은 쉽게 무르는데다 매우 빨리 자란다. 또 몸이 약해져서 산책이나 운동량이 감소하게 되면 발톱이 줄지 않게 돼서 한층 더 길어진다. 이렇게 자란 발톱으로 몸을 긁으면 상처를 입은 피부가 염증을 일으키거나 발톱이 자라 안쪽으로 휘어서 자신의 발로 들어가는 경우도 있다(어린 개라도 실내에서만 있게 하고 산책을 하지 않으면 발톱이 적당히 마모되지 않아서 같은 문제가 생긴다).

발톱의 이상은 다양한 문제를 일으키기 때문에 특히 개가 나이를 먹으면 자주 체크를 해서 손질을 해 주어야 한다.

4 당뇨병, 췌장염, 디스템퍼

노견만 그렇지는 않지만, 개의 몸이나 행동에 갑자기 이변이 일어났을 때에는 무엇인가의 중대한 질병에 걸렸을 가능성이 있다.

갑자기 먹이가 없어져서 2~3일 동안 식사를 하지 않는다, 설사나 구토가 하루 이상 계속된다, 갑자기 살이 빠져서 체중이 주는 등의 증상을 보이면 매우 중대한 병에 걸렸을 위험이 있다.

아주 짧은 기간 동안만 설사나 구토를 하는 것은 부적절한 먹이가 원인일지도 모른다. 개는 자주 여태껏 먹어 본 적이 없는 새로운 도그 푸드를 주면 토하거나 설사를 하기도 한다. 그 때는 음식을 주는 것을 중지하던지 평소에 잘 먹던 음식에 조금씩 섞어서 주면 서서히 몸이 적응해 간다. 하지만 설사가 24시간이상 계속될 경우에는 당뇨병, 췌장염 또는 디스템퍼일지도 모른다. 이것들은 시급히 수의사를 찾아가야 한다.

개가 토하는 것만이 아니라 휘청거리며 걷거나 매우 쇠약해졌을 경우에는 독물을 먹었을 가능성이 있다. 이것도 급히 병원을 찾아가야 한다.

건강하고 식욕이 왕성한 데 비해 살이 찌지 않는다 혹은 목이 말라 자주 물을 마시고 싶어하거나 자주 배뇨를 하면 당뇨병일 가능성이 있다. 이 때는 사람과 같은 증상으로 생각할 수 있듯이 동물병원에서 혈액검사를 받아야 한다.

[표 1] 먹이가 원인으로 일어나는 주요 질병

병 명	원 인
비 만	지방이 많고 칼로리가 높은 음식을 너무 많이 주었다.
당 뇨 병	지방질이 많고 섬유질이 적은 음식, 단 간식을 주었다.
신 장 병	독성물질이 포함된 음식으로 탈수증상이 계속된다.
요도결석	품질이 낮은 음식으로 탈수증상이 계속된다.
심 장 병	나트륨(염분)이 많이 함유된 음식을 주었다.

5 관절염

노견이 앉은 상태에서 가뿐하게 일어나지 못하는 경우 혹은 보행이 가벼워 보이지 않는다면 관절염을 의심해야 한다. 견종에 따라서는 선천적으로 관절에 이상이 있는 개도 적지 않다.

이 같은 문제를 가진 노견을 무리하게 운동을 시키거나 장거리를 산책시키면 증상은 더 악화된다. 이것도 보호자가 바르게 진단하거나 치료하는 것은 무리이기 때문에 수의사와 상담을 받아보는게 바람직하다.

6 골절

나이를 먹음에 따라 뼈나 관절도 쇠약해 진다. 뼈는 가늘고 물러서 골절을 일으키기 쉽다. 근육의 양이 감소하고 관절의 움직임도 딱딱해지기 때문에 단단한 바닥 위에서는 잘 잘 수 없다.

보호자나 가족은 노견을 높은 곳에서 점프시키거나 과격한 운동으로 뼈나 관절에 무리한 힘을 가하게 하지 않도록 배려야 한다. 노인과 함께 생활하는 경우와 마찬가지로 생각해야 한다.

급성췌장염

개가 걸리기 쉬운 중대한 병에 급성 췌장염이 있다. 이것은 췌장의 세포(단백질이나 지방을 소화하는 효소를 만들어 낸다)가 갑자기 염증을 일으키는 병으로, 개는 복부의 심한 통증 때문에 몸을 젖히며 괴로워한다.

급성 췌장염을 유럽에서는 흔히 "먼데이 모닝 디지즈(월요일 아침의 질병)"이라고 한다. 이것은 주말이 되면 많은 개가 인간의 생활에 맞추어 지방분이 많은 음식을 많이 먹어서, 그 결과 췌장이 너무 많이 움직이게 되고 염증을 일으키게 되는 것이다. 특히 중년기의 살이 오른 암컷이 이 병에 걸리기 쉽다고 한다.

이 병에 걸리면 개는 심한 통증으로 매우 괴로워하는 것만이 아니라, 심하게 설사를 하고 구토를 하기도 한다. 설사와 구토가 동시에 일어나면 탈수증세가 일어나 생명이 위험한 상태에 이르기 때문에, 시급히 수의사를 찾아가야 한다. 아마 수의사는 약을 처방하면서 하루 이상 먹을 것을 주지 말고 물도 최소한으로 주라고 충고할 것이다.

한번 췌장염에 걸리면 주위의 장기도 장해를 받아서 개는 쇠약해지는 것만이 아니라 다시 같은 질병을 일으킬 가능성이 높아지게 된다. 지방분이 많은 음식을 주지 않도록 해야 할 필요가 있다.

7 심장사상충증, 심장 · 폐 · 호흡기 질병

애견이 자주 기침을 하거나 조금만 걸으면 숨을 헐떡인다면 심장에 심장사상충이 기생하고 있던지 혹은 심장 · 폐 · 호흡기의 질병에 걸렸을 가능성이 높다.

나이가 든 개는 심장벽이 넓어지거나(심확대) 심장벽을 만들고 있는 근육의 섬유가 굵어져서(심비대) 호흡곤란이 일어나는 경우가 있다. 병이 진행되면 조금만 걸어도 실신해서 쓰러지는 등의 증상이 반복되게 된다.

이같은 증상에 대해 보호자가 할 수 있는 일은 생활상에서 무리를 가하는 일을 피하는 일 외에는 많지 않다. 수의사에게 진찰을 받고 투약을 해서 혈류를 개선시키는 등의 처치를 할 수 있지만 근본적인 치료법은 없는 듯하다.

8 요도의 이상

개가 나이를 먹으면 사람과 같이 요도도 약해져서 여러 가지 문제가 생기게 된다. 우선 신장의 움직임이 저하되기 때문에 배뇨의 횟수가 늘어난다. 신장의 활동을 가능한 한 정상적으로 유지하려면 양질의 단백질을 많이 함유한 먹이를 주고, 깨끗한 물을 충분히 마시도록 해야 한다.

또한 요관(신장에서 방광으로 소변을 운반하는 가는 관), 방광, 수컷의 경우는 전립선, 그리고 요도에 이상이 생기면 배뇨에 통증을 동반하게 되어 수시로 배뇨를 하는 요실금의 문제가 일어난다.

이러한 증상이 나타나면 수의사에게 진단이나 치료, 또 생활상의 충고를 들어야 한다. 하지만 애견이 나이를 먹더라도 가능한 한 이러한 증상으로 고통스러워 하지 않도록 평소에 적절한 먹이와 적당한 운동을 시켜야 한다.

9 중추신경계의 이상

애견이 같은 장소를 빙글빙글 도는 듯이 걷는다, 바뀐 것이 아무것도 없는데 계속 으르렁댄다, 겁이 많아지고 내향적으로 변하는 등의 행동이 보이면 뇌 · 신경계의 이상이 생겼을 가능성이 있다. 이같은 이상에 대해 보호자가 할 수 있는 치료는 거의 없기 때문에 즉시 수의사에게 데리고 가야 한다.

10 개가 죽을 때

가족의 일원인 개와 기쁨과 슬픔을 함께 한 보호자에게도 언젠가는 반드시 개와 영원히 헤어질 때가 온다.

인간의 수배에 달하는 속도로 나이를 먹는 개는 손바닥만한 작은 강아지 시기부터 빠르게 성장하여 보호자나 그 가족에게 한없는 기쁨을 주고 또 여러 가지 문제도 일으키면서 가족의 일원으로 살아간다. 그리고 마치 바람이 스쳐 지나가듯 짧은 일생을 마감하고 영원히 떠나는 것이다.

개와 함께 생활하는 보호자나 가족이 항상 생각하고 있어야 할 것이 있다. 그것은 개가 어느새 늙어서 사람의 가족을 두고 죽음을 맞이하는 날이 온다는 것이다.

만약 나이를 먹은 개가 점점 약해져서 마지막에는 아무것도 먹지 않고 마시지도 못하게 되는 것처럼 죽는다면 그것은 가장 평안하게 생명을 마치는 것이다. 하지만 언제나 그렇게 최후를 맞는다고는 할 수 없다.

개가 나이를 먹으면 인간이나 다른 동물 이상으로 다양한 질병을 일으키는 숙명을 안고 있다. 그리고 심한 고통과 호흡곤란이 계속되면 매우 고통스러워하게 된다. 또 애견이 큰 골절을 입거나 척수를 손상당하면 두 번 다시 일어나서 걸을 수 없게 되는 경우가 적지 않다.

이러한 상태가 되면 개 자신만이 아니라 옆에 있는 보호자나 가족도 고통스러운 나날을 보내게 된다. 그리고 계속 괴로워하던 개가 죽으면 남겨진 보호자는 개가 아파하던 모습을 몇 번이고 떠올리며 개가 살아있을 때 이상으로 슬퍼하는 경우도 있다. 개가 일생동안 보호자에게 매우 충실하면서 자신이 원하지 않는 삶을 살았기 때문에, 보호자에게는 그것이 더 괴로운 기억으로 남게 된다.

하지만 개가 죽은 후 보호자의 슬픔을 덜 수 있는 방법이 한 가지 있다. 그것은 죽음으로 가고 있는 개를 최선을 다해 돌보는 일이다. 숨을 거두는 마지막 순간까지 정성 들여 간호하면 개가 죽은 뒤에도 보호자는 그 사실을 겸허하게 받아들이게 된다.

자신이 개에게 최선을 다했다고 생각하면 더 애정을 가지고 잘 보살펴야 했었다는 자책이나 후회의 생각으로 괴로워하는 것은 덜하게 되고 개가 행복한 생애를 보냈다고 생각할 수 있게 된다.

문제는 병이 진행된 개가 매우 괴로워하고 더 이상 치료의 효과를 기대할 수 없는 경우이다. 유럽에서는 이러한 경우에 개를 고통에서 해방시키기 위해 안락사라는 선택을 하는 일도 적지 않다. 미국에서는 안락사시키는 것을 "개를 죽인다"라고 말하지 않고 "긴 잠에 들게 하다"라고 말한다.

하지만 가족의 일원으로 살아온 개에게 어떤 최후를 맞게 할 것인지 결단을 내리는 책임은 어디까지나 보호자에게 있다. 만의 하나라도 질병이나 부상을 입은 개를 아무데나 방치해두는 등의 잔혹한 행위를 해서는 안 될 것이다.

개의 안락사에 대하여

개와 생활을 하면 누구나 여러 가지 문제에 부딪히게 된다. 일반적으로 곤란한 문제는 개가 회복이 어려운 중대한 질병이나 큰 상처를 입었을 경우이다.

이 책에서 자세하게 설명했듯이 개가 치명적인 병에 걸리는 일은 드물지 않다. 또 교통사고 등으로 척수를 손상 당하고 하반신이 마비되는 등의 불행을 맞는 일도 있다. 이 같은 상태에 빠진 개가 살아간다는 것은 고통의 연속이다.

미국에서는 이러한 경우 종종 안락사를 실행한다. 개가 고통에서 해방되지 못하는 경우만이 아니라 개의 성격이 변해서 공격적으로 되거나 울음소리가 주위에 피해가 되고, 돌보는 일이 힘들어졌다는 이유로도 안락사를 실시하는 경우가 있다.

하지만 사회에서는 자신의 의지로 동물의 생명을 빼앗는데 저항감이 있다. 그 때문에 죽이는 것보다도 어딘가에 버리면 최후를 보지 않고 끝낸다, 혹시나 누군가가 보호해 줄지도 모른다는 안이한 생각을 하는 사람이 있다. 하지만 이것은 보호자의 엄연한 책임 회피이다. 현실적으로는 버려진 개의 대부분은 잔혹한 죽음을 맞이하기 때문이다.

만약 어떻게 손을 써도 괴로워하고 있는 개를 구해줄 수 없는 경우 보호자는 안락사를 생각할 수도 있다. 그래서 안락사가 어떠한 방법으로 실행되는지를 설명해 두려고 한다.

보호자가 개의 곤란한 상태에 대해 수의사에게 상담을 하면 수의사는 "편안하게 할 수도 있다"라고 말하며 안락사를 시사하는 경우가 있다. 그리고 만약 보호자가 그러한 충고를 받아들이면 보호자가 의사 또는 의뢰를 실행하여 수의사가 안락사를 실시한다(단 안락사를 거부하는 수의사도 적지 않다).

일반적으로 안락사를 실시하려면 마취약을 앞발의 정맥에 대량으로 주사한다. 그러면 개는 10초 만에 의식을 잃고 수 십 초가 지나면 심장이 정지한다.

하지만 사전에 이상한 분위기를 느끼고 불안해하는 개도 있다. 때문에 미리 안정제를 투여해서 불안을 없앤 후에 마취약을 처방하는 경우도 있다. 가능하면 수의사에게 왕진을 의뢰하여 개에게 익숙한 자택에서 안정된 상태로 처치를 하는 것이 개에 대한 마지막 배려일 것이다.

하지만 만약 안락사를 선택한다고 해도 보호자는 그 전에 그것이 남은 유일한 길인 지를 잘 생각하고, 가족과 함께 충분히 이야기를 나누어야 한다. 지금까지 기쁨과 슬픔을 함께 한 개를 죽이고 마음이 아프지 않을 사람은 없기 때문이다.

사람들은 흔히 "심한 병으로 괴로워한다면 죽는 것이 낫다"라고 말한다. 그리고 자신의 그러한 생각을 개나 고양이에게 적용시켜 안락사를 긍정적으로 생각하기도 한다.

하지만 사람들의 사고 방식은 반드시 동물들에게 적용되지 않는다. 왜냐하면 예를 들어 중병이 들어도 동물은 고통을 참고 끝까지 살려고 하기 때문이다. 그리고 결국 힘을 다했을 때 불과 1~2시간 사이에 숨을 거두는 일이 적지 않다. 동물들이 죽을 때에는 이렇게 미련을 두지 않는 듯 하다.

안락사에 대한 쉬운 답은 없다. 당신의 개가 고통스러워 하거나 죽음을 눈앞에 두었을 때 마지막 순간까지 애정을 가지고 보호하느냐 혹은 보호자의 애정으로서 그 고통에 종지부를 찍느냐는 것은 모두 보호자가 평소에 생각해 두어야 할 중요한 문제일 것이다.

노견을 위한 방

나이든 개나 병든 개에게는 조용하고 따뜻한 휴식처가 필요하다. 가족들의 목소리로 정신이 없고 텔레비전 등의 소리가 크게 나는 방은 약해진 개에게는 더욱 고통스러울 뿐이다. 여건이 허락되면 집 안에서도 가능한 한 조용하고 따뜻한 방을 선택해서 안락한 침상과 신선한 물, 영양가 높은 식사, 그리고 사용하기 편리한 화장실을 준비하도록 한다. 소형견의 경우는 적당한 크기의 상자를 이용하여 안에 깨끗한 큰 수건을 까는 것만으로 쾌적한 침상을 만들 수 있다. 대형견의 경우는 신생아용 보행기가 이상적인 침대가 된다. 목공을 잘하는 사람이라면 그것과 같은 크기의 간이침대를 만드는 것도 어렵지 않을 것이다. 그리고 침대에 모포를 깔아 두면 완벽한 애견의 휴식처가 완성된다.

제5장 개가 걸리기 쉬운 질병

견종별

우리나라에서 사육되고 있는 품종(견종)은 최근 매우 다양화되어,
평소에 자주 볼 수 있는 것 만해도 50종 이상에 달하고 있다.
개는 견종마다 원산지가 다르며, 또한 유전적인 계통도 다르다.
이것이 개의 본질적인 차이를 나타내며, 쉽게 걸리는 질병에 있어서도
견종마다 다른 특징을 보인다.
그래서 주요 견종이 쉽게 걸리는 질병을 일람표로 정리해 보았다.
표 중의 병명으로 증상을 알기 힘들다고 생각되는 것을 간단히 설명해 두었다.
또 많은 병에 대해 이 책에 자세히 설명을 해 두었으므로
많은 도움이 되리라 생각한다.

제5장 개가 걸리기 쉬운 질병

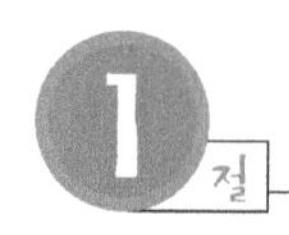

1절 잡종견

일반적으로 '잡종'이라 불리는 개는 실제로 본래의 개에 가장 가까운 모습을 하고 있다. 그 의미는 그들이야말로 순수한 개라는 말이 된다.

한편 '순수종'이나 '순종'이라 불리는 견종은 다양한 특징을 가진 개를 교배시켜 낳은 '잡종'끼리 몇 세대를 교배시켜 유전적으로 정형화된 것이다.

하지만 이 책에서는 사람들의 관습에 따라 견종의 호칭을 가지지 않는 개들을 잡종견이라 부르기로 한다.

잡종견은 몸의 크기나 형태, 귀의 모양, 털의 길이와 색, 성질 등이 중간 수준이며 극단적인 부분이 없다. 그들은 일반적으로 지능이 높고 성질이 좋으며, 몸은 균형이 잡혀 건강하다.

이것은 그들이 생물학적인 자연선택에 의해 태어났기 때문에, 순종개가 지닌 유전적 결함이 적은 가장 큰 이유로 보인다. 잡종견은 좋은 환경에서 사육되면 오래 살 수 있다.

견종별

아키다

대형견이기 때문에 뼈나 관절의 성장에 관련된 질병이 많다. 어린 개에게 안검내반증이 자주 보이는 것은 이 개의 눈이 작기 때문이기도 하며, 성장함에 따라 눈꺼풀이 바깥쪽으로 밀려나가 자연적으로 치유되는 경우도 있다. 포도막수막염은 아키타견에게 많이 일어나는 질병으로 원인은 밝혀지지 않았다.

수 명 10～14년

쉽게 걸리는 질병 허니아(배꼽돌출), 안검내반증, 진행성 망막위축, 관절형성부전, 갑상선기능저하증

잉글리쉬 세터

관절의 형성부전이 매우 많다. 꼬리를 다치기 쉬우며, 꼬리에서 피가 나면 치료하기 힘들다(넓은 개집이 필요). 1살을 넘으면 선천적인 대사이상으로 체내에 지방질이 쌓이기 쉬우며, 다양한 이상을 일으키는 원인이 되기도 한다. 나이를 들면 대부분이 백내장, 난청이 된다.

수 명 11년 전후.

쉽게 걸리는 질병 관절형성부전, 경련 발작, A형 혈우병, 선천성 난청, 백내장, 진행성 망막위축, 저혈당증, 농피증, 종양(악성 림프종)

웨스트 하이랜드 화이트 테리어(소형 테리어도 거의 공통)

레그 퍼세스병은 대퇴골 선단의 혈액순환이 불량하여 국소적으로 괴사되는 병이다. 발병하면 다리를 움직이기 힘들어져서 외과수술이 필요한 경우도 있다. 하지만 다른 종견에 비하면 비교적 쉽게 병에 걸리지 않는다. 아토피성 피부염(만성화되면 지루증으로 발전한다)이 잘 발생한다.

수 명 수명은 12~14년

쉽게 걸리는 질병 관절형성부전(레그퍼세스병이 되는 경우도 있다), 백내장, 각막염, 간장병, 난청

웰시 코기

목의 추간판허니아로 사지 또는 뒷다리의 마비가 오는 경우가 많다. 1~2세가 되면서 뇌의 이상에 의한 발작을 일으키기도 한다. 요도에 결석이 생기기 쉽다. 알러지는 비교적 적다. 노화현상은 10세 정도까지는 확실히 나타나지 않으며, 12~13세까지 산다. 하지만 노견이 되면 다양한 질병으로 고생하기 때문에, 유럽에서는 안락사로 죽음을 맞이하게 하는 예도 적지 않다.

수 명 12~13년

쉽게 걸리는 질병 경추증(목의 추간판허니아), 간질, 요도결석, 관절형성부전, 안구 탈출, 진행성 망막위축, 녹내장

카발리어 킹찰스 스패니얼

선천적 이상현상으로 종종 구개열이나 허니아 등이 많다. 선택적 교배를 통해 질환 발생이 줄어들고 있다.

수 명 13~15년

쉽게 걸리는 질병 당뇨병, 구개열, 허니아, 슬개골 탈구, 백내장, 심장병(승모판 폐쇄부전증 등)

코커스패니얼

백내장 등 눈의 질병에 걸리기 쉽고, 나이가 들면서 피부병, 치아 질환에 잘 걸리며 비만이 되기 쉽다. 하지만 비교적 쉽게 병에 걸리지 않는 견종.

수 명 14~15년

쉽게 걸리는 질병 백내장, 녹내장, 안검외반증 · 안검내반증, 지루성 피부염, 요도결석, 피부종양

콜리(러프 콜리 및 스무스 콜리)

스코틀랜드의 한랭지역에 기원을 두었기 때문에 여름의 강한 햇빛(자외선)에 약하다. 콜리 아이는 특히 러프 콜리에게 자주 발생하는 눈의 선천성 실환으로, 안내출혈이나 녹내장으로 발전할 수 있다. 그레이 콜리 증후군은 털의 색이 회색 또는 은색인 콜리에게 발생하는 선천적인 백혈구병으로, 어렸을 때 발병하여 다양한 증상을 일으키다가 마지막에는 사망한다.

수 명 10~14년(15년 이상을 산 예도 있다)

쉽게 걸리는 질병 간질, 난청, 허니아, 코의 일광성 피부염(콜리 노우즈), 동맥관개존증, A형 혈우병, 콜리 아이(시신경 형성장해), 그레이 콜리 증후군(열성유전)

골든 리트리버

관절의 형성부전은 매우 자주 발생한다. 노르웨이의 조사로는 약 30%가 관절형성부전이었다. 백내장에 걸릴 확률도 높다. 신경성 원인으로 피부를 긁어서 세균에 감염되거나 같은 곳을 심하게 핥아서 일어나는 급성 습진 피부염에 걸리기 쉽다. 더위에 약하다.

수 명 10~13년

쉽게 걸리는 질병 관절형성부전, 백내장, 진행성 망막위축, 아토피성 피부염, 심장질환(대동맥판하부협착), 털의 배열이상, 종양(골육종), 비만, A형 혈우병

셰틀랜드 시프 도그(=쉘티)

코의 피부염은 콜리의 경우와 같은 이유로 발생한다. 진행성 망막위축이나 백내장 등 눈의 질병에 걸리기 쉽다. 스위스의 연구로는 갑상선기능저하증에 걸리기 쉽다고 한다. 나이를 먹으면 관절염에 걸리기 쉽고, 사인의 대부분은 신장병 또는 종양이다.

수 명 14~15년(17세까지 사는 예도 있다)

쉽게 걸리는 질병 유전성 피부염, 코의 일광성 피부염, 백내장(열성유전), 갑상선기능저하증, 낙엽성 천포창, 원판상낭창

시추

얼굴이 평면이고 눈이 큰 개는 숙명적으로 눈의 질병에 걸리기 쉽다. 털이 안구에 상처를 내기 쉽고, 또 안구 중심부에 눈물이 고이기 힘들기 때문에 각막에 염증이 일어나는 경우가 많다. 또 두부에 충격을 가하거나 심하게 흥분하면 안구가 튀어나오기 때문에 평소에 주의할 필요가 있다. 소형견이지만 몸은 매우 완강하다.

수 명 12~14년

쉽게 걸리는 질병 신장의 장해(신피질저형성, 신형성부진), 안검내반증, 각막염(건성각결막염, 각막궤양), 진행성 망막위축, 알러지

시바견

몸은 균형이 잡히고 골격이 튼튼하다. 일부 견종에서 볼 수 있는 무리한 교배에 의한 선천적 이상은 거의 없다. 가끔 탈구가 일어난다. 인내심이 많지만 신생아 때는 추위에 약하기 때문에 동절기에 세심한 관리가 요구된다.

수 명 약 15년

쉽게 걸리는 질병 반사성 토출(자주 토하다가 습관성이 된다. 원인은 불명), 슬개골 탈구, 포도막 피부염증후군, 알러지

시베리안 허스키

견종의 차이에 따라 성장 속도가 매우 다르다. 어떤 종은 급성장기와 정체기를 반복하고, 다른 종은 성견이 되기까지 3년이 걸리는 경우도 있다. 생후 4개월 이후의 어린 개가 거의 먹지 않고 마르는 경우도 있다. 하지만 선천적 질환은 비교적 적은 편이다.

수 명 10~14년

쉽게 걸리는 질병 녹내장 · 백내장, 진행성 망막위축, 포도막염, 관절형성부전, 심실결손증, 간질

져먼 셰퍼드

유전성 질환이 매우 많다. 노르웨이의 조사로는 22%에서 관절형성부전을 보였다고 한다. 이것과 연관하여 척추의 이상도 많다. 만성 설사증을 보이기도 하며, 유전적인 원인에 의해 정서가 불안한 개체가 태어나 예측할 수 없는 행동, 공격성, 심하게 낯을 가리는 등의 현상을 보이기도 한다. 어릴 때부터 적절한 훈련을 실시하면 훌륭한 자질을 발휘한다.

수 명 약 12년

쉽게 걸리는 질병 간질, 백내장, 관절형성부전, 이상행동, 위장염, 골육종, 췌장

기능부전, 진행성 후구마비, 난청, 아토피성 피부염

세인트 버나드

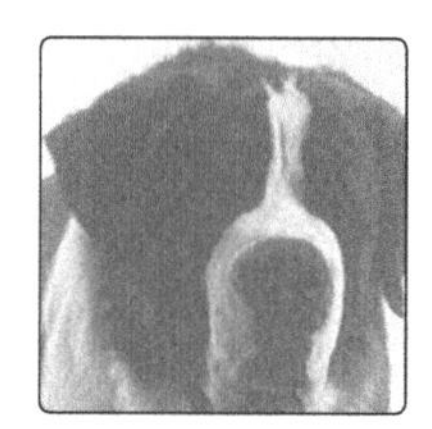

체구가 굉장히 크기 때문에 성장 호르몬의 과잉분비로 생후 2~3개월 동안은 체중이 급증하여, 골격에 과대한 스트레스를 주어 관절 형성 이상이 다발한다(먹이와 운동 관리가 필요). 눈이 많이 처져서 눈꺼풀의 내반 또는 외반이 병발할 수 있고, 척추 이상에 의해 사지 마비 및 노령화됨에 따라 난청 증상을 보이기도 한다. 좁은 집이나 맨션, 아파트에서의 생활은 이 견종에게는 부적당하다.

수 명 8~10년

쉽게 걸리는 질병 관절 형성부전, 안검내반증, 안검외반증, 악성 림프종, 간질

닥스 훈트(스탠다드 및 미니어쳐)

망막 이상 등 눈의 질환에 걸리기 쉽다. 안구가 전체적으로 줄어드는 소안구증이 다발하며, 백내장이나 망막박리를 합병하기도 한다. 이 견종에게 특히 위험한 질병은 몸의 길이가 길고 다리가 짧아 추간판허니아를 일으킨다. 3~6세에 다발하며 통증과 마비를 일으킨다. 또 당뇨병, 요도결석도 다발한다.

수 명 14~15년

쉽게 걸리는 질병 구개열 · 구순열 · 구강정체, 안검 외반증, 녹내장, 진행성 망막위축, 건성각결막염, 소안구증, 백내장, 추간판허니아, 골석화증, 당뇨병, 방광결석, 간질

달마티안

월트 디즈니의 만화 '101마리의 강아지'로 유명해진 이 견종은 요도, 또는 방광 내 결석이 생기기 쉽다. 그것도 1~12세의 모든 연령에서 일어난다. 흰 털의 가운데에 퍼지는 검은 반점은 피부에 색소 세포가 증가하기 때문으로 나이가 들수록 증가한다.

수 명 10~12년

쉽게 걸리는 질병 신결석, 난청, 아토피성 피부염, 녹내장, 요도감염증

차우차우

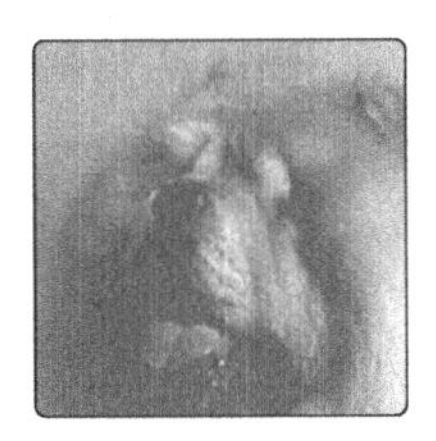

단두종에게 흔히 보여지듯이 연구개가 붓는 경우가 많으며, 심할 때에는 외과적 수술을 하지 않으면 운동을 할 때 실신을 할 우려가 있다. 뒷다리가 거의 곧은 골격 때문인지 관절형성부전이 매우 많다(한 조사에서는 40%가 이 이상을 가지고 있다고 한다). 무릎 관절의 형성부전도 적지 않다. 좋고 싫음이 심한 성격이며, 나이가 들면서 피부가 처져 눈이 보이지 않는 경우가 많다.

수 명 약 12년

쉽게 걸리는 질병 연구개노장, 구개열, 안구내반증, 기관형성부전, 관절형성부전, 피부염, 탈모(호르몬의 분비 이상)

치와와(단모종과 장모종)

가장 작은 견종으로 주의할 것은 두정골이 만나는 면 즉 천문이 열려있기 때문에 절대로 머리를 단단한 것으로 때리거나, 훈련을 할 때 머리를 타격해선 안 된다. 또 이 견종은 성견이 될 때까지 자주 저혈당증을 일으킨다. 이는 어릴 때에 살던 곳의 환경이나 다른 개와의 동거생활, 혹은 보호자가 바뀌었을 때의 강한 스트레스가 원인으로 보여진다.

수 명 약12년(20년 동안 산 예도 있다)

쉽게 걸리는 질병 수두증, 어깨 관절 및 무릎 관절의 탈구, 기관지 허탈, 건성각막염(드라이 아이), 저혈당증

도사견(도사투견)

마스티프, 불독, 져먼 포인터 등의 네 나라의 개와 교배를 해서 태어났는데, 마스티프보다 색이 짙다(영어 이름은 제페니즈 마스티프). 사회에서는 견종별 의학적 연구가 불충분하기 때문에 유럽의 마스티프 연구로부터 추측하면, 보호자가 몸을 크게 키우려고 먹을 것이나 영양분을 과다하게 주어서 비만이 되기 쉽고, 그에 의해 여러 가지 질병이 일어난다고 한다. 나이에 상관없이 장내에 가스가 쌓여서 심각한 증상을 일으키는 경향이 있다. 암컷은 1~2마리를 출산한 후에 약진통(자궁의 수축력을 잃는다)이 일어나기 쉽다. 나이를 먹으면 관절염, 신장병, 심장병 등이 생긴다.

수 명 9~10년

쉽게 걸리는 질병 비만, 관절의 형성이상, 안검외반증, 고창증, 심장질환

도베르만 핀셔

10세기 말에 독일에서 로트와일러, 핀셔 등의 교배로 태어나 세계적인 경찰견으로 활약해 온 이 종견은 종종 다리가 후들거리는 질병이 일어난다. 증상은 뒷다리가 완전히 마비되는 등 다양한 형태로 나타난다. 유럽에서의 연구로는 성장기의 단백질, 칼슘, 인의 과잉투여로 생기는 척추의 이상으로 추정하고 있다. 아래턱뼈의 이상증식, 난청, 신장병, 백반증 등도 쉽게 일어난다. 또 갑자기 죽는 경우도 있는데, 이것은 심장의 이상(심장을 움직이게 하는 자극전도계의 일부가 변성한다)으로 보여진다. 그밖에도 복잡한 교배로 태어난 견종에게 일어나기 쉬운 많은 질병을 일으킨다. 머리는 좋지만 으르렁대거나 무는 등 공격성이 강한 개도 있다. 특별한 환경과 훈련, 애정이 필요하며, 일반가정에서 사육은 부적당하다.

수 명 10~14년

쉽게 걸리는 질병 난청, 아래턱 외골증(아래턱뼈의 이상증식), 신장병, 백반증(멜라닌 색소의 결핍), 돌연사

뉴파운드랜드

운동량이 많고 물놀이를 좋아하지만, 밥을 먹은 뒤에 심하게 운동을 하면 위에 무리를 쉽게 받아 이상을 일으키기 쉽다. 이것은 가슴이 깊다는 신체적 특징 때문이다. 또 검고 두터운 털로 덮여있어서 추위에는 강한 반면에 더위에는 극단적으로 약하여 열사병에 걸리기 쉽다. 보호자에게 매우 충실하기 때문에 보호자가 바뀌면 정서적으로 불안증세를 보인다.

수 명 8~10년

쉽게 걸리는 질병 심장질환, 안검내반증, 관절형성부전, 위질환(위확장), 알러지, 열사병(여름철에 다발)

퍼그

긴 발톱을 가지고 있어서, 실내의 딱딱한 바닥 위를 달리는 생활을 하면 발목에 장해를 일으킨다. 선천적인 이상으로 구개열이나 구순열이 다발하며 구개가 부어오르면 먹이를 먹기 힘들어진다. 또 호흡곤란도 있어서 더위에 매우 약해진다. 털이 검은 퍼그는 슬개골의 탈구가 자주 병발한다. 요도결석은 다른 견종보다 비교적 많이 발생하는 편이다. 더위에 매우 약하지만, 충분히 건강관리를 하면 12~14세까지 살 수 있다.

수 명 12~14년

쉽게 걸리는 질병 구개열 · 구순열, 연구개노장, 슬개골탈구, 피부염, 안검외반증, 요도결석, 심장병, 관절염, 레그퍼세스병

비글

추간판허니아에 걸리기 쉽고, 척추가 휘는 증상에 의해 통증, 뒷다리마비 증세를 보이기도 한다. 백내장, 녹내장, 망막위축 등의 안구질환에 걸리기 쉽다. 간질(뇌의 질환)의 증상은 1세 이하에 나타나지만, 뇌파검사, MRI검사로 조기진단이 가능하다.

수 명 12~15년

쉽게 걸리는 질병 허니아, 요도파열, 추간판허니아, 백내장, 녹내장, 망막위축, A형 혈우병, 간질

비숑 프리제

슬개골탈구가 다발하며 간질도 이 종견에 매우 많다. 치석이 생기기 쉽고, 방치해두면 심장병 등 다른 병을 합병하기 때문에 주의깊은 치아관리가 필요하다.

수 명 16~17년

쉽게 걸리는 질병 간질, 슬개골탈구, 치석

푸들(미니어쳐 및 토이)

성격이 예민한 편으로 피부병, 알러지, 눈, 귀의 질환에 잘걸린다. 연골형성부전은 미니어쳐 푸들에게 많으며, 이로 인해 사지골격이 성장하지 못하고, 세계적으로 다양한 번식을 거쳐온 견종이라 여러가지 유전적 결함을 가진 것이 많다. 보편적으로 높은 지능과 사회성을 지니고 있으나 토이 푸들과 미니어쳐 푸들은 공격적인 성격을 보인다.

수 명 10~14년

쉽게 걸리는 질병 저혈당증, 기관허탈, 과민성 피부염, 간질, 백내장, 슬개골탈구, 안검내반증, 쿠싱증후군, 연골형성부전, 종양

불도그

구개열, 요관 위치의 이상(이소성 요관) 등 선천적인 질환이 많다. 얼굴과 몸에 깊은 주름이 많기 때문에 세균감염을 일으키기 쉽다. 주름 사이를 항상 청결하게 하여 약용 파우더를 발라 준다. 눈꺼풀의 내반 · 외반에 의한 혈루증, 각막궤양을 동반하기도

한다. 비공 협착으로 인한 호흡 이상은 성장을 저해하는 요인이 된다. 연구개가 심하게 종창되어 운동이나 흥분시 호흡곤란, 질식을 일으킬 우려가 있다(외과적 처치에 의해 완화될 수 있다).

수 명 8~10세(14세 정도까지 사는 경우도 있다)

쉽게 걸리는 질병 안검내반증·안검외반증, 연구개노장, 구개열, 이소성요관, 관절형성부전, 농피증, 피부염, 비공협착, 악성 림프종, 종양(비만세포종)

복서(져먼 불도그)

호르몬 이상의 질환과 심장질환에 걸리기 쉽다. 암에 걸릴 확률도 높으며, 중년 이하에 잇몸이 과잉으로 성장하여 입안에 암이 생겼다고 생각하기 쉽지만, 수술로 절제할 수 있다. 몸집이 크고 가슴이 깊은 개의 경향으로 식후에 바로 과격한 운동을 하면 위에 이상이 생길 수 있다. 나이를 먹으면 갑자기 노화한다.

수 명 8~9년(이보다 다소 오래 사는 것도 있다)

쉽게 걸리는 질병 치육과형성, 심장병, 추간판허니아, 각막궤양(각막염), 위확장, 쿠싱증후군, 방광결석(시스틴), 종양, 아토피성 피부염, 저프로트롬빈혈증(심각한 비출혈)

포메라니안

초소형견종의 공통적인 문제로 두정골이 열려 있으며 두부에 충격을 가해서는 안 된다. 슬개골탈구, 저혈당, 기관허탈 등의 문제를 가진다. 호르몬을 만드는 효소가 선천적으로 결핍되어 털이 빠지거나 피부가 검게 변하는 경우도 있다. 노령화되면서 치아, 심장, 신장이 약해진다.

수 명 15~16년

쉽게 걸리는 질병 치돌기형성부전(경추질환, 신경이상), 동맥관개존증, 저혈당증, 슬개골탈골, 기관허탈, 유루증, 호르몬 장해

말티즈

소형견종에게 공통으로 일어나는 질병으로 수두증, 저혈당증, 슬개골탈구가 매우 많다. 두정골이 만나는 곳인 천문이 열려 있어 머리를 단단한 것으로 때리면 안 된다. 안검내반증으로 인해 눈을 자극하여 눈물량이 증가될 경우 외과적 치료를 받아야 한다. 수컷은 잠복고환이 많으며노령화 될수록 치조가 약해져 염증이 생길 수 있다.

수 명 15년

쉽게 걸리는 질병 안검내반증, 치주질환, 외이염, 저혈당증, 수두증, 심장병, 슬개골탈구, 항문낭염, 비만

미니어쳐 핀셔

사타구니 부분에서 소장이 밀려나오는 서혜허니아가 다발한다. 대퇴골두의 혈액순환 장애로 인해 부분조직이 괴사되는 레그퍼세스병에 걸리기 쉽다. 색소결핍증이 코, 꼬리 등에 생기고 가슴에는 희고 큰 반점이 되어 나타날 수 있다.

수 명 약 12년

쉽게 걸리는 질병 어깨관절탈구, 서혜허니아, 레그퍼세스병, 피부질환, 피부색소결핍증

요크셔 테리어

다른 토이 견종과 마찬가지로 이 견종도 유아기 때에 흔히 저혈당증을 보이며 치명적일 수 있다. 슬개골탈구가 유전적으로 다발한다. 치돌기형성부전으로 인해 머리 또는 등의 통증에서 사지마비까지 신경장해를 보일 수 있다.

수 명 12~14년

쉽게 걸리는 질병 슬개골탈구, 치돌기형성부전, 건성각막염, 수두증, 간성뇌증, 레

그퍼세스병

래브라도 레트리버

인기있는 견종으로 백내장이 다발하며 망막위축, 망막형성부전(실명) 등의 안과 질환이 많다. 고관절 또는 어깨관절의 형성부전, 당뇨병, 피부암 등이 가장 많이 발생하는 견종 중의 하나이다. 근육 발육장애는 이 견종의 유전병으로 생후 3개월 정도에 보행이상이나 운동장애가 일어난다. 직장이나 자궁의 탈출도 많다.

수 명 10~12년

쉽게 걸리는 질병 백내장, 고관절 · 어깨관절의 형성부전, 피부암(흑색종양, 비만세포종), 거대식도증, 당뇨병, A형 혈우병, 근육 발육장애(dystrophy), 음식알러지, 간질, 직장탈 · 자궁탈

3절 기타 걸리기 쉬운 질병

■ A형 혈우병

혈액응고부전을 나타내는 선천적인 질환으로 가벼운 충격에도 피부, 점막, 관절, 근육 등에 출혈을 보이며 쉽게 멍이 든다.

■ 각막궤양(궤양성 각막염)

복서견에게 발생하는 각막궤양. 대부분이 불임수술을 한 암컷에서 발생.

■ 안검외반증 · 내반증

눈꺼풀이 외측 또는 내측으로 뒤집히는 이상현상. 각막이나 결막에 염증, 궤양을 일으킨다.

■ 기관허탈(Tracheal collapse)

기관의 탄성막이 탄력을 잃고 편평하게 눌려진 다음 다시 복구되지 않는 증상이며, 호흡곤란, 청색증을 보인다.

■ 근육 발육장애(Muscle dystrophy)

근육이 점차 줄어들어 근육을 형성하고 있는 섬유가 변성한다.

■ 갑상선기능저하증

호르몬성 장애시 신진대사가 저하되어 의기상실, 번식장애와 피부염 등의 이상이 일어난다.

■ 구개열 · 구순열

구개는 태아기에 양쪽이 완전히 융합하는데, 이 과정이 진행되지 않으면 틈이 생겨 구강과 비강이 연결되고 만다. 단두종에게 흔히 발생한다.

■ 고관절형성부전

고관절의 이상. 관골의 골두가 들어가는 부위가 완전하게 형성되지 않아 대퇴골두가 편평해져서 관골과 대퇴골 사이의 고관절 부위에 탈구가 생긴다. 이를 방치하면 대퇴골두가 괴사되는 증상으로 발전되며 후지파행, 통증의 증상이 나타난다.

■ 고창

소화기관에 가스가 과다하게 차 올라 팽창을 보인다. 위확장이나 위염전을 병발하기도 한다.

■ 치돌기형성부전(경추골 이상)

목의 두 번째 뼈(축추골)의 돌기가 선천적으로 불완전하게 형성되어 신경을 압박하는 경우 목의 통증, 사지의 마비 등 여러 신경증상이 일어난다.

■ 지루성 피부질환

피부가 기름져서 악취가 난다. 피부 및 피낭의 염증에 의해 기름 성분이 과다 유출되어 여드름, 각질을 보이며 악취가 난다.

■ 그레이 콜리 증후군

백혈구 안의 호중구가 주기적으로 감소한다. 생후 2~6개월에 발생하여 발열, 결막염 등이 일어나며 마지막에는 패혈증, 폐렴 등을 일으키며 사망한다.

■ 진행성 망막위축

빛에 대한 동공의 반응이 늦어지게 되어 야맹에서 실명에 이르게 된다.

■ 수두증

두부 안의 압력이 높아져 뇌질이 넓어진다. 어린 소형견에게 걸리기 쉬우며 스트레스로 저혈당증이 된다.

■ 잠복고환

고환이 음낭 안으로 내려오지 않고 복강내, 피부내에 머물러 있다.

■ 저혈당증

혈액 중의 포도당 농도가 낮아 경련이나 혼수상태를 일으키는 경우가 있다.

■ 동맥관개존증

심장의 선천적인 이상으로 대동맥과 폐동맥이 동맥관으로 연결되어 있어서 혈액이 비정상적으로 흐르게 되는 현상.

■ 농피증

피부에 화농성 세균이 과다 번식하여 피부질환을 유발한다.

■ 슬개골탈구

무릎뼈가 대퇴골과 경골 사이 관절의 중앙 정상 범위에서 내측 또는 외측으로 빠져 있는 상태로 심해지면 기립과 보행이 불가능하게 된다.

■ 배꼽허니아

배꼽이 탈락되면서 선천적으로 복막이 형성되지 못해 구멍이 생긴 것으로 이 부위로 내부 장기가 나왔다 들어갔다할 수 있으며, 허니아 크기가 크거나 내부장기가 돌출되어 다시 들어가지 않을 경우 수술적 치료가 요구된다.

■ 낙엽성 천포창

부스럼, 탈모 등이 생기는 자가면역성 질환이다.

■ 레그퍼세스병

대퇴골과 관골 부위의 고관절 부근의 혈액순환 불량으로 대퇴골두가 국소 괴사증상을 일으켜 썩어 들어가는 질환이다.

제6장 심장의 질병

개의 순환기 구조

심장은 전신에 혈액을 순환시키는 펌프 역할을 한다.
이 심장을 시작으로 혈액과 림프액을 옮기며 영양과 산소, 호르몬을 공급하고
이산화탄소 및 노폐물을 배출하는 역할을 하는 기관을 가리켜 순환기라고 한다.
순환기는 혈액을 순환하는 '심장 혈관계' 와 림프액을 순환시키는
'림프계' 로 되어 있다.
개의 경우 순환기 질병은 심장 질환이 대부분이다.
심장의 질환은 선천적인 원인도 있으나
전구증상이 나타나지 않아 초기 치료가 어렵다.

제6장 심장의 질병

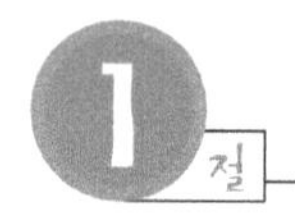

1절 개의 순환기 구조

1 심장과 혈관

혈관계의 중심은 심장이다. 심장은 혈액을 폐로 내보내어 거기서 산소와 이산화탄소를 교환시켜 산소를 가지고 있는 혈액을 전신에 순환시키는 상당히 중요한 역할을 하고 있다.

혈액은 펌프의 역할을 하고 있는 심장에서 동맥으로 흘러 들어간다. 두꺼운 대동맥에서 세동맥으로 보내져 말초의 가장 가는 모세혈관까지 조직에 산소 및 영양과 호르몬 등을 공급하고 이산화탄소와 노폐물을 받아들인다. 그 후에는 세정맥을 통과하고 대정맥을 통해 심장으로 다시 들어간다.

개의 심장은 사람의 심장과 같이 좌우 두 개의 심방과 심실로 되어 있다. 좌우 심방이 위에 위치하고 아래는 심실로 되어 있다. 좌우 심방은 심방중격에 의해 가로막혀 있으며 또 좌우 심실은 심실중격에 의해 가로막혀 있다. 심방과 심실의 내부는 방실구를 지나서 위아래로 통과할 수 있도록 되어 있다.

혈액은 심장을 어떤 순서로 순환되고 있는 것일까. 전신을 돌아오는 혈액은 두 줄기의 대정맥(전대정맥과 후대정맥)을 지나서 우심방에 들어간다. 다음에 우심방의 수축에 의해 삼첨판(우심 방실판막)이 열리고 우심실에 혈액이 흘러 들어간다. 이번에는 우심실이 수축하면 삼첨판이 닫히고 폐를 지나는 폐동맥의 입구인 폐동맥이 열리면서 혈액이 폐로 보내진다.

판막을 돌아 산소를 풍부하게 함유한 혈액은 폐정맥을 지나서 좌심방에 들어온다. 혈액이 가득 찬 우심방이 수축하면 승모판(좌심 방실판막)이 열리고 혈액은 좌심실로 보내진다. 좌심실의 근육은 우심실의 근육보다 두껍고 강하며, 좌심실에 보내진 혈액은 좌심실의 수축력에에 의해 전신으로 보내진다. 이때 승모판은 닫힌다.

이처럼 좌우의 심방과 심실은 네 개가 따로따로 움직이고 있는 것처럼 어긋나 보이지만 실제는 좌우의 심방과 심실이 균형있게 규칙적으로 움직이고 있다.

이러한 규칙적인 운동은 자극전도계라 불리는 특수한 심근섬유의 움직임에 의해 유지되며, 이 근육다발은 쉬지 않고 심장에 자극을 보낸다.

[그림1] 심장의 구조

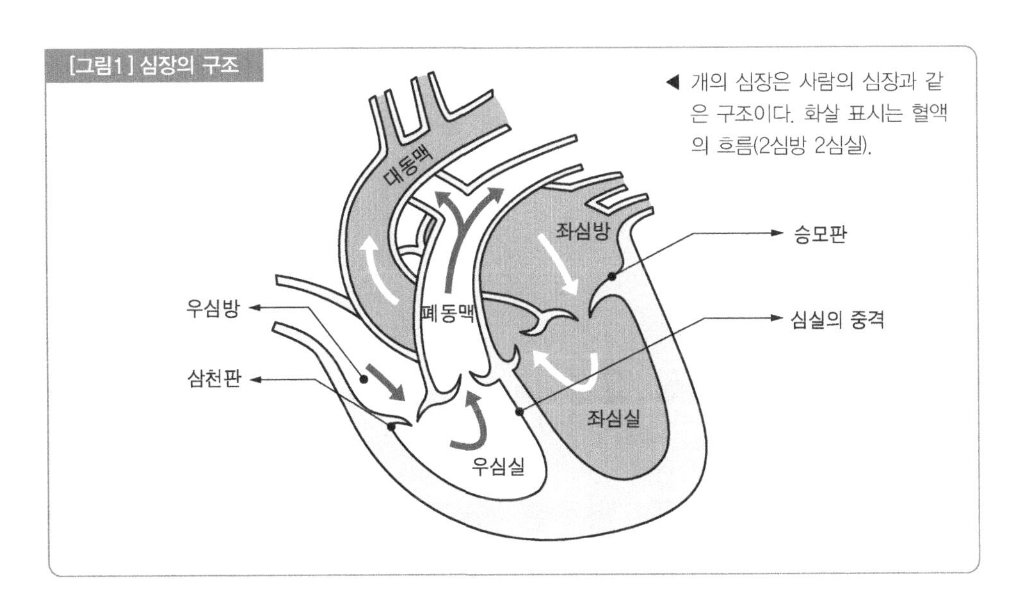

◀ 개의 심장은 사람의 심장과 같은 구조이다. 화살 표시는 혈액의 흐름(2심방 2심실).

[그림2] 혈액의 흐름

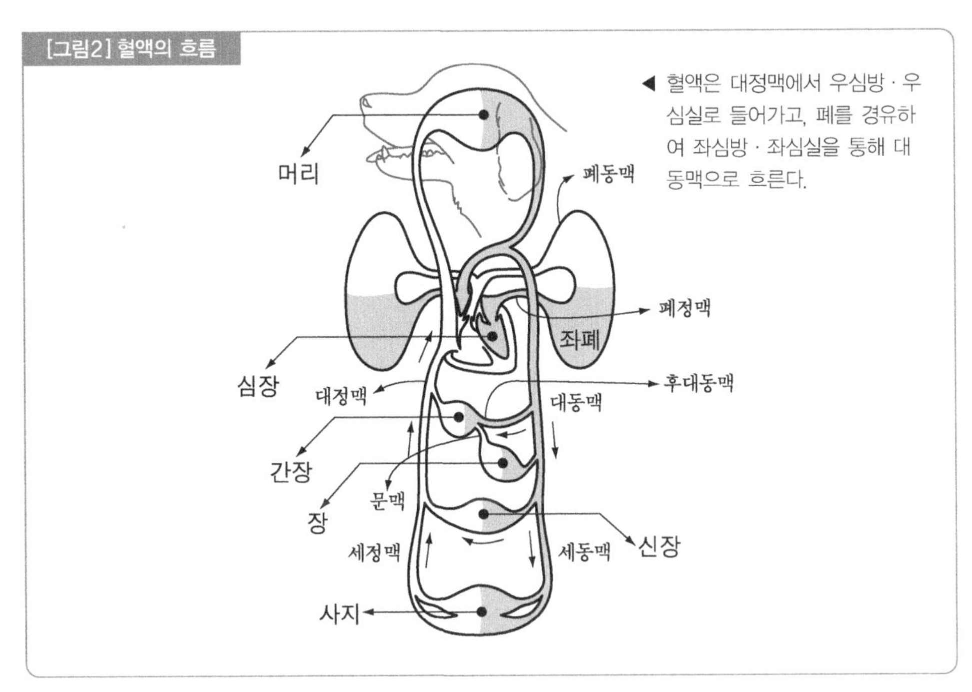

◀ 혈액은 대정맥에서 우심방 · 우심실로 들어가고, 폐를 경유하여 좌심방 · 좌심실을 통해 대동맥으로 흐른다.

2 림프계

림프계는 림프액을 순환시키는 기관으로, 심장과 같이 혈액을 강하게 순환시키는 펌프능을 가지고 있지 않다.

림프액은 모세혈관의 조직액이 모인 것으로 다양한 조직에 영양 등을 공급한 후 림프관에 모이며 다양한 기관의 압박이나 움직임에 의해 천천히 순환된다. 장소에 따라서는 림프공이나 림프절이 되어, 뇌관 등의 굵은 림프 본관으로 모인다. 이렇게 모인 림프액은 마지막에는 좌우 쇄골 아래에 흘러 정맥으로 유입되어 심장을 통해 전신으로 흐른다.

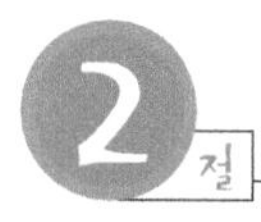

2절 후천선 심장 질병

1 심장사상충증

■ 심장에 마이크로 심장사상충이 기생한다.

개의 대표적인 심장병으로 심장사상충(Dirofilaria immitis)라는 기생충이 심장의 내부에 기생함으로써 호흡기계, 순환기계 및 비뇨기계에 여러 장애를 가져온다.

증 상

- 증상은 질병의 정도에 따라 다양하지만 가벼운 경우에는 심한 증상이 갑자기 나타나는 것은 드물다. 여름철 모기가 있는 계절에 심장사상충에 감염되어 몇 년이 지나서 증상이 서서히 나오는 경우가 많다.
- 증상이 가벼운 초기에는 가끔 기침을 하는 정도지만, 질병이 진행되어서 만성화되면 기침이 점점 심해진다. 음식을 토하는 것과 같은 자세로 아래를 향하고, 뭔가 목에 걸린 것처럼 캑캑거리며 기침을 한다. 기침 자극에 의해 토할 것 같거나 객혈하는 경우도 있기 때문에 처음에는 그 증상을 보았을 때에는 주의가 필요하다.
- 그 이외에 큰 증상의 하나는 복부에 물이 차는 복수가 있다. 복수가 많이 차지 않으면 조금 살이 찐 정도로 생각할 수 있지만, 병이 진행되며 많은 복수가 쌓이면 개의 움직임이 둔해진다. 복부와 흉부가 복수로 압박되기 때문에 식욕이

없어지고 호흡곤란이 생긴다.

- 질병이 진행되면서 식욕부진, 빈혈, 호흡곤란, 운동실조, 체중감소 등의 증상이 일어난다. 만성으로 진행된 후 치료가 들어가면 심장과 혈관속의 사상충들이 동시다발적으로 사망해 혈전증을 유발할 수 있으며, 치료중에 과다한 흥분, 또는 운동시 혈전증 발생률이 높아 사망의 원인이 되므로 주의를 기울어야 한다. 또한 만성에 이르면 간장, 신장 등의 장기가 손상된 상태이기 때문에 더욱 위험하다.
- 만성으로 방치시 갑작스런 발작증세와 함께 사망하는 경우가 종종 있다. 이를 급성 개 정맥증후군(베나카바신드롬)이라 한다.
- 갈색 또는 짙은 적색의 소변을 보는 경우도 있다.

원 인

- 심장사상충이 심장에 기생하여 발생하는 질병이다.
- 심장사상충증에 걸린 개를 모기가 문 다음 다시 정상 개를 물어서 감염된다. 성충은 개의 심장 안에 기생하며 마이크로심장사상충라고 하는 자충을 혈액으로 배출한다. 모기는 흡혈할 때 새끼벌레도 함께 삼켜 버린다.
- 모기의 체내에 어느 정도 발육한 자충은 모기가 다른 개를 흡혈할 때 전염된다.
- 전염된 자충은 2~3개월 사이 피부아래나 근육, 혹은 지방조직 안에서 발육하고 그 후 혈관으로 들어가 심장까지 이동하여 우심실과 폐동맥 주변에 달한 후

[그림3] 혈액의 흐름

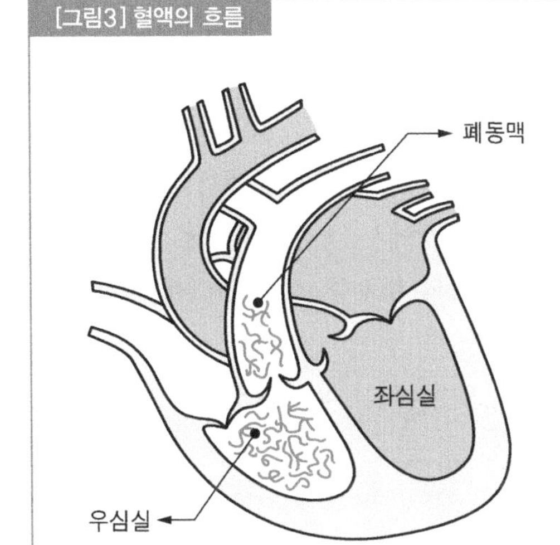

▲ 만성 심장사상충증. 심장사상충는 심장의 우심실과 폐동맥에 기생하며 혈액의 흐름을 방해한다.

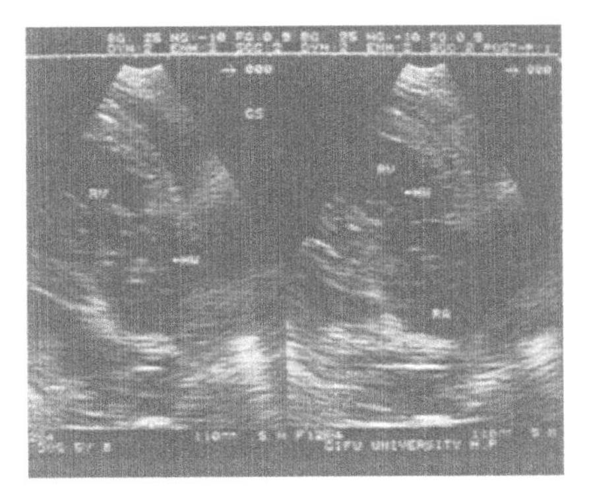

▲ 심장사상충증에 걸린 개의 심장 초음파 사진

거기서 3개월 정도 걸려 성충이 된다. 성충이 되면 두께 약 1mm, 길이 20cm 정도의 실 상태의 큰 벌레가 된다.

- 만성 심장사상충증은 우심실과 폐동맥에 기생하는 심장사상충이 우심실과 폐동맥에 직접 손상도 주고 다수의 성충이 실밥을 둥글게 만 것 같은 상태로 심장을 꽉 채워 혈액의 흐름을 방해해서, 불가역적인 심부전을 일으켜 사망에 이르게 한다(그림3).
- 급성 심장사상충증은 보통 심장사상충이 기생하고 있는 우심실을 넘어 우심방까지 이동함으로써 우심방과 우심실사이에 있는 삼천판이 잘 닫히지 않게 되어(폐쇄부전) 이 때문에 여러 가지 심각한 증상을 일으키게 된다.

심장 체크

개가 심장질환에 걸리면 심장박동에 이상이 나타난다. 가끔 애견의 심장을 체크하도록 하자.

개의 왼쪽 앞다리를 구부렸을 때 팔꿈치가 닿는 부분이 심장의 위치이다. 그곳에 손을 대면 박동을 느낄 수 있다. 건강한 개의 박동은 1분 동안 80~120회이다. 박동이 불규칙하거나 약해졌다 강해졌다 하는 경우에는 이상을 의심해야 한다. 살이 쪄서 잘 알 수 없는 경우에는 가슴에 귀를 대고 심장의 소리를 듣는다.

진단 · 치료 · 예방

진단방법

- 증상에서 1차 의심될 수 있고 심장사상충 예방약 투여 여부를 조사한다.
- 정확한 진단을 위해서 혈액을 채혈하여 현미경상에서 직접 마이크로심장사상충를 검출할 수 있다. 또 다른 방법으로 혈액중의 항체를 검사하는 래피드 키트 검사법이 있다.
- 청진하여 심잡음이 날 경우 의심할 수도 있으며, 또한 흉부 X선 검사, 심전도, 초음파진단 등이 병행된다.

치료방법

- 만성 심장사상충증의 경우는 약물 투여로 기침을 완화시키고, 복수가 차지 않도록 하는 등 내과적 대증치료법이 주를 이룬다. 간장과 신장장애가 있을 경우 이

치료가 필요하다.

- 복수가 너무 많이 차서 식욕을 잃으면 주사 바늘 등을 사용해 복수를 제거할 수 있다. 만성 사상충증일 경우 수술적 처치에 의해 심장사상충를 제거할 수 있다. 만성시는 혈전증과 그외 합병증 병발에 의해 사망할 위험이 높다는 것을 명심해야 한다.

예방방법

- 심장사상충증에 대해서는 치료법이 필요하기 전에 우선 예방해 두는 것이 가장 중요하다. 심장사상충증의 예방약은 보통 매년 모기가 나올 시기에 한 달에 한 번 먹이는 약과 매일 또는 하루걸러 먹이는 약의 두 종류가 있다. 단 이들 예방약은 이미 필라리라에 감염되어 혈액에 마이크로심장사상충이 있는 개에게 먹이면 부작용이 나타나는 경우가 있다. 따라서 모기가 나오는 계절이 오기 전에 혈액검사 또는 항체 래피드 키트검사로 심장사상충의 유무를 확인한 후에 예방약을 먹이도록 해야 한다.
- 만약 혈액검사로 마이크로심장사상충이 있다는 것이 확인되면 마이크로심장사상충를 없애고 나서 예방약을 처치하던지, 마이크로심장사상충이 있어도 부작용이 나지 않는 방법으로 예방을 해야 한다. 단지 이 경우는 다른 검사에 의해 큰 이상이 보이지 않는 경우를 전제로 한다.
- 심장사상충증은 최근에는 간단하고 확실한 예방법이 확립되고 또 개의 주거환경이 개선되는 경우도 있어서 지역에 따라 다발하는 경향이 있다.

2 심부전

■ 다양한 원인으로 일어나는 심장병

심장자체나 그 이외의 이상이 원인이 되어 심장에서 혈액을 박출하는 운동에 이상이 생긴다. 증상이 악화되거나 선천적인 이상일 경우 더욱 위험하다.

증 상

- 심부전의 증상은 합병증 경우 여부에 따라 다양하다.
- 호흡곤란 증상은 혀와 구강 점막이 보라색이 되는 치아노제(청색증)가 나타날 수 있다. 호흡곤란이 지속되면 편하게 숨쉬기 위해 양쪽 앞다리를 뻗치는 자세를

취하고 입을 벌려 숨을 헐떡인다. 때로는 심한 호흡곤란에 의해 발작을 일으키며 쓰러질 때도 있다.

- 기침은 처음에는 흥분하거나 운동했을 때만 나오지만, 심해질수록 목에 걸린 것처럼 헛기침을 하고 하루종일 기침을 할 수 있다. 이 외에 복수가 차거나 사지 말단 부위에 부종이 일어나는 경우도 있으며 식욕부진이나 원기소실, 구토 등의 증상이 일어날 수 있다.
- 이러한 증상이 어릴 때부터 나타나는 경우에는 성장이 지연되고 오래 살지 못하고 사망할 수 있다.

원 인

- 심부전이란 특정한 질병을 가리키는 것이 아니라 심장이 몸에 공급해야 하는 혈액을 정상적으로 내보내지 못함으로서 여러 가지 이상이 생기는 상태를 총칭하는 말이다.
- 따라서 이 때에 걸리는 심장병의 종류에 따라 증상도 다양하며 원인도 다르다. 심장판막의 이상에 의한 것, 심장 주위 혈관의 이상에 의한 것, 심장사상충증에 의한 것 등 다양한 원인을 생각할 수 있다. 또 심장 외의 혈관 이상, 사고에 의한 출혈, 다른 질병이 원인이 되어 일어나는 빈혈이나 혈액 질환 등이 이차적으로 심장에 부담을 주어 심부전 질병이 생기는 경우도 있다.

진단 · 치료

진단방법

- 심부전의 특징적인 증상, 심음청취, 전신적 검사를 근거로 진단할 수 있다.
- 하지만 몇 가지 원인이 관련하여 증상이 나타날 가능성도 있기 때문에 증상에 따라 심전도검사, X선 검사, 혈액검사 등을 실시해야 하는 경우가 있다. 초음파 진단이 필요하기도 하다.

치료방법

- 질병의 원인이나 심부전의 증상에 따라 강심제나 이뇨제 처치를 기본으로 내과요법을 실행한다.
- 상태가 안정될 때까지 다소 시간이 걸리기도 하며 장기간 또는 일년에 걸쳐 약을 먹어야 할 때도 있다. 치료와 동시에 운동을 제한해서 가능한한 흥분시키지 않고 조용히 생활하도록 해야 한다.

• 염분이 많은 음식은 심장에 부담을 주기 때문에 피하도록 한다. 최근에는 심장병에 걸린 개를 위해 만들어진 처방식도 있기 때문에 수의사의 지시에 의해 처방식을 먹이는 것이 권장된다.

3 승모판 폐쇄부전

■ 심장에 승모판이 잘 닫히지 않는다.

심장의 승모판이 닫히고 열리는 기능의 장애가 특징이다. 이 상태가 길게 지속되면 폐수종이나 호흡곤란을 초래한다.

증 상

• 이 질병은 나이를 먹으면서 서서히 진행된다. 소형견에게 자주 발병하며 빠른 경우에는 5, 6세에 증상이 나타나기도 한다.
• 초기에는 흥분시 가볍게 기침을 하는 정도지만 심해질수록 기침이 증가된다.
• 기침은 마른 헛기침을 하며 한밤중부터 아침에 걸쳐 멈추지 않고 계속할 수 있다.
• 만성화될수록 기침과 동시에 호흡곤란을 일으키거나 빈혈, 청색증 증세를 보이며 쓰러지는 경우도 있다.
• 호흡곤란에 의한 발작 증상은 생명에 위협이 오는 경우가 있기 때문에 주의가 필요하다.

원 인

• 승모판(좌심 방실판막)이 완전히 닫히지 않아서 일어나는 질환이다. 두 장의 판막인 승모판이 오랫동안 조금씩 두꺼워지면서 변형되어 잘 닫히지 않게 된다(폐쇄부전. 그림 4).
• 승모판은 가는 줄 상태의 힘줄에 의해 지탱해야 개폐되기 때문에 힘줄 또는 그것을 지지하는 유두근이라 불리는 근육의 이상에 의

[그림 4] 승모판폐쇄부전

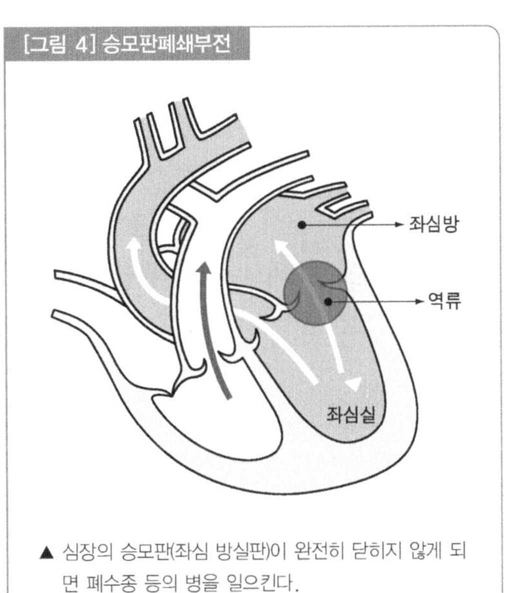

▲ 심장의 승모판(좌심 방실판)이 완전히 닫히지 않게 되면 폐수종 등의 병을 일으킨다.

해서도 병발할 수 있다.

- 승모판이 완전히 닫히지 않아서 좌심실에서 혈액을 밀어내려고 압력을 가했을 때 혈액은 본래의 흐름인 대동맥의 방향뿐만 아니라 좌심방으로 역류되어 폐에서 나오는 폐정맥의 흐름에도 영향을 주어 폐에도 부담을 주게 된다.
- 이 상태가 계속 되거나 승모판의 폐쇄부전이 심각해지면 폐는 울혈을 일으켜서 폐수종 상태가 심화되어 기침이나 호흡곤란을 일으키게 된다.

진단 · 치료

진단방법

- 심음을 청진하면 승모판폐쇄부전의 특징적인 심장 소리(심잡음)를 들을 수 있다. 그래서 그 결과와 개에게 보이는 여러 가지 질병을 종합하면 질병에 대한 효과적인 정보를 얻을 수 있다.
- X선 검사, 심전도, 초음파진단 등에 의한 좌심실의 비대(심비대)가 특징이다.

치료방법

- 치료는 강심제, 이뇨제 등을 병용한 내과적 치료법이 주를 이룬다. 판의 이상이나 심비대를 외과수술로 개선하는 것은 힘들기 때문에 증상을 완화시키기 위해 장기간 약을 복용해야 한다.

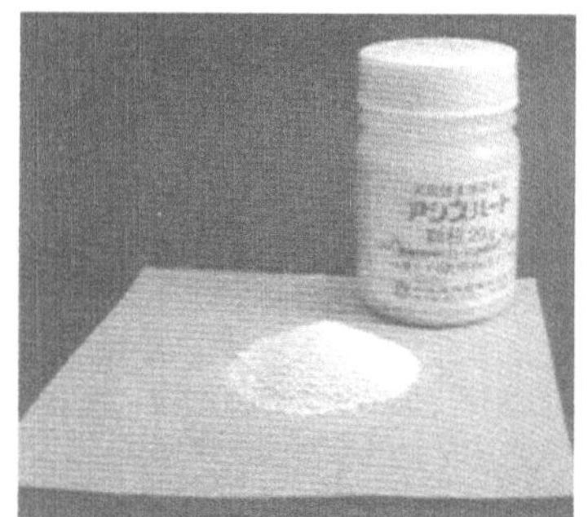

▲ 심장병에 걸린 개를 위한 영양 보조제.

- 가정에서는 되도록 개를 흥분시키지 말고 장시간 산책을 시키지 않는 것이 좋다. 먹이는 주식을 비롯하여 부식이나 간식에 염분이 많은 것을 피하는 것이 좋다. 최근에는 심장질환에 먹일 수 있는 처방식이 보급되어 있기 때문에 수의사에게 상담을 하도록 한다.

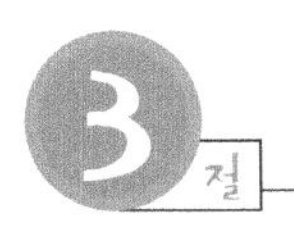

선천성 심장질병

1 심방중격결손증

■ 심장의 심방 벽에 선천적으로 구멍이 나 있다

심장의 두 심방 사이의 벽에 구멍이 나 있는 병이다. 비교적 많은 선천적 이상으로 특별히 심각한 증상이 나타나지 않는 경우도 있다. 하지만 심장사상충에 감염되면 문제가 된다.

증 상

- 뚜렷한 증상이 나타나지 않는 경우가 많다. 가벼운 호흡곤란 등이 일어나기도 하는데, 임상적으로 문제가 될 정도는 아니다.

원 인

- 이 질병은 심장의 우심방과 좌심방 사이의 벽(중격)에 구멍이 난 것이다. 난원공이라 불리는 이 구멍은 태아 때에는 뚫려 있지만, 보통은 태어난 후에 완전히 닫혀 중격을 형성한다. 하지만 이 병은 성장 후에도 구멍이 남아 있다.
- 그래도 심장의 나머지 장소가 정상이라면 혈액의 흐름에는 이상이 일어나지 않는 경우가 많고, 큰 장해가 될 확률은 적다.

진단 · 치료

진단방법

- 청진, X선 검사, 초음파진단, 또는 심전도 등으로 이상을 발견할 수 있다.

치료방법

- 증상이 없으면 치료를 할 필요는 없다. 단 이같은 이상을 가진 개에 심장사상충이 기생하는 경우 벌레가 난원공을 지나 우심방에서 좌심방으로 이동해 문제를 일으킬 수 있다. 따라서 이 같은 선천적인 이상을 발견한 경우에는 심장사상충 예방을 철저히 해야 한다.

2 심실중격결손증

■ 심장의 심실 벽에 선천적으로 구멍이 나 있다.

심장의 우심실과 좌심실 사이의 벽(심실중격)에 구멍이 나 있는 병으로, 이 때문에 심장비대가 일어나기도 한다.

증 상

- 구멍이 작고 증상이 가벼울 때는 확실한 증상이 나타나지 않을 경우가 있다. 하지만 구멍이 크면 호흡이 곤란해지거나 쉽게 피로해 지는 등의 증상이 생후 6개월 이전의 연령에 나타나며 그 때문에 발육장해를 일으키기도 한다.
- 또 심실중격의 결손으로 폐에 부담을 주기 때문에 폐수종 등을 일으켜서 마른기침을 할 수도 있다. 그 같은 증상이 몇 번이고 계속되면 다른 호흡기 질병에도 쉽게 걸리게 된다.

원 인

- 이 질병은 심실중격에 선천적으로 구멍이나 틈이 생긴 것이 원인이 된다(그림 5).
- 좌심실과 우심실은 본래는 다른 방이지만 사이에 있는 중격이라는 벽에 구멍이 나면 두 개의 심실은 이어진 방처럼 된다. 이 상태로는 원래 혈액을 밀어내는 힘이 강한 좌심실에서 우심실로 혈액이 흘러들어 간다. 또 그 여분의 혈액은 우심실에 있는 혈액과 섞여, 폐를 통해 좌심방과 좌심실로 흘러들어 간다. 이 결과 그곳에 부담을 주어 심장비대가 되고 여러가지 증상이 나타나게 된다.

[그림 5] 심실중격결손증

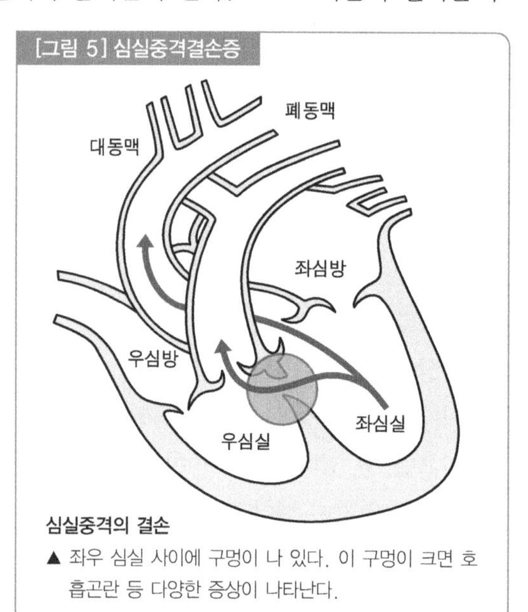

심실중격의 결손

▲ 좌우 심실 사이에 구멍이 나 있다. 이 구멍이 크면 호흡곤란 등 다양한 증상이 나타난다.

진단 · 치료

진단방법

- 청진기로 심잡음을 들을 수 있다. 흉부 X선 검사와 초음파검사를 실시한다.

치료방법

- 증상이 극히 가벼운 경우나 확실한 증상이 없으면 안정시키고 식이요법을 실시하는 등의 가정간호만으로도 충분하며 특별한 내과적 치료는 필요하지 않다.
- 확실한 증상을 보이면 그 증상에 따라 다른 심장질환과 같은 내과적 치료를 실시한다. 장기간 약을 먹여야 하는 경우도 있지만 심각한 증상이 없으면 안정된 상태로 생활해 갈 수 있다.

3 동맥관개존증

■ 동맥관이 닫히지 않는다.

정상적이라면 출생 후에 닫혀 있어야 할 동맥이 성장을 해서도 열려있는 선천적인 이상으로 발생하는 질병이다.

증 상

- 가벼운 경우에는 6세가 될 때까지 아무런 증상이 나타나지 않으며, 그 후 호흡곤란이 일어나거나 빈혈이나 운동 능력의 저하 등의 흔히 볼 수 있는 심부전 증상이 나타난다.
- 선천적인 이상이 심각한 경우에는 생후 1~2개월의 어린 나이에 심각한 호흡곤란과 원기소실, 식욕부진을 일으키며 더 심해지면 사망할 수도 있다.

원 인

- 이 질병은 본래 출생 전에는 통하지만 출생 후 바로 닫혀야 할 흉부 대동맥과 폐동맥을 연결하는 동맥관이 출생 후에도 닫히지 않고 남아 있기 때문에 일어난다(그림 6).
- 대동맥의 혈압은 폐동맥보다 높기 때문에, 이 같은 이상을 가진

[그림 6] 심실중격결손증

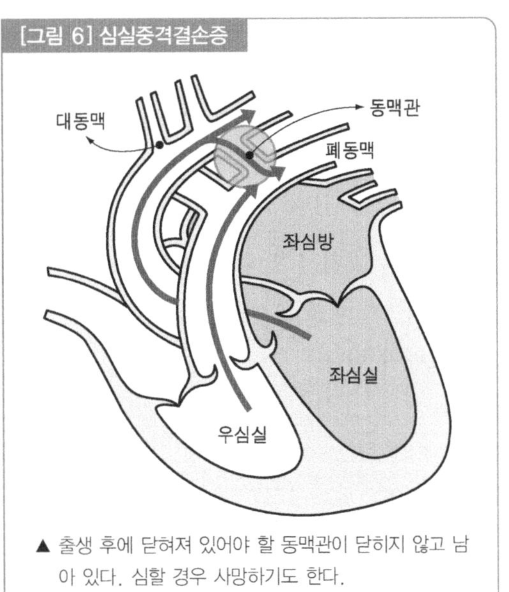

▲ 출생 후에 닫혀져 있어야 할 동맥관이 닫히지 않고 남아 있다. 심할 경우 사망하기도 한다.

개는 뚫려 있는 동맥관을 통해 필요없는 혈액을 대동맥에서 폐동맥으로 흘려, 폐를 통과하여 좌심실로 들어간다. 때문에 심실중격결손증에 걸렸을 때와 마찬가지로 좌심방과 좌심실에 불필요한 부담을 주게 되어, 다양한 질병을 일으킨다.

선천성 심장병

개가 심장에 선천적으로 이상을 가지고 태어나는 것을 선천성 심장병이라고 한다. 태어나자마자 확실한 증상이 나타나는 심각한 경우에는 오래 살기 힘들다. 또 성장기를 지나도 강아지와 같은 체격에서 크지 않는 경우도 있다.

하지만 이렇게 중대한 심장의 이상을 가진 것은 극히 드물다. 만약 선천적인 이상이 있어도 평소 생활에 거의 영향을 주지 않고 주인도 눈치채지 못하고, 개도 정상적으로 생활하는 경우가 대부분이다. 다른 질병의 검사로 우연히 심장의 이상이 발견되기도 한다.

진단 · 치료

진단방법

- 우연히 특징적인 잡음이 들려서 이 질병을 발견하는 경우가 있다. 심전도나 X선 검사, 초음파검사 등을 실시해서 더 정확한 진단을 할 수 있다.

치료방법

- 외과적 치료가 필요한 경우도 있다. 단 질병의 상태나 개의 건강상태에 따라서는 수술의 위험도가 높은 경우도 있으며, 또 수술을 해도 완전하게 치유되지 않는다.
- 증상을 경감하기 위해 대증요법과 심부전에 대한 내과적 치료를 병행하여 실시한다. 다른 호흡기의 증상이나 전신증상이 나타날 경우에는 그것들도 동시에 치료해야 한다.

4 폐동맥협착증

■ 폐에 혈액이 충분히 공급되지 않는다.

폐동맥의 근원부위가 선천적으로 좁아서 심장의 비대나 폐 혈압의 저하가 일어난 결과, 호흡곤란 등 심장질환에 있어 전형적인 증상이 나타난다.

증 상

- 질병의 정도에 따라 나타나는 증상이 다르다. 가벼운 경우에는 다른 건강한 개에 비해 쉽게 피로를 느끼게 되지만, 평생 거의 증상이 나타나지 않아 눈치채지 못하는 경우도 있다.
- 반대로 증상이 심각한 개는 생후에 바로 사망하는 경우도 있다. 그렇게까지는 심각하지 않아도 호흡곤란이나 운동을 싫어하는 등의 심장질환 증상을 보이며, 흥분을 하거나 조금만 운동을 해도 고통스럽게 숨을 쉬는 경우가 있다.
- 또 복수가 차고, 사지 말단 부종이 나타나기도 한다.

원 인

- 이 질병은 우심실에서 나오는 폐동맥의 근원과 그곳에 있는 폐동맥판막 부분이 선천적으로 협착되어 일어난다.
- 이같은 결함이 있으면 폐로 보내지는 혈액의 흐름에 장해가 생겨서 여러 가지 문제가 일어난다. 혈액의 출구가 좁기 때문에 우심실에는 항상 불필요한 혈압이 가중되어 결국에는 우심실이 비대해져서 수축력이 약해진다. 그 결과 폐동맥에는 충분한 양의 혈액이 흐르지 않고 폐의 혈압도 낮아지게 되어 앞에서 말한 것 같은 다양한 증상이 나타난다.

혈관이나 림프계의 질병

동맥경화 등의 혈관이나 림프계의 병은 개에게서는 흔히 볼 수 없다. 하지만 동맥염, 정맥염, 림프관염, 림프절염 등의 염증성 맥관의 질병은 종종 보여진다. 단 그것들이 단독으로 일어나는 경우는 적으며, 상처나 감염증, 전신적인 질병이 원인으로 이차적으로 발병하는 것이 대부분이다.

또 피부 아래에 림프액 등이 쌓여 부종을 일으키는 림프수종이라는 질병도 드물게 나타난다. 이것도 외과 수술이나 교통사고 후에 이차적으로 나타난다.

진단 · 치료

진단방법

- 심음을 들었을 때 잡음이 있으면 심장에 이상이 있다고 추정할 수 있다. 그리고 X선 검사나 심전도, 초음파진단 등으로 협착 장소나 정도를 조사하면 이 질병을 보다 확실히 진단할 수 있다.

치료방법

- 질병이 가볍고 증상도 확실히 나타나지 않는 경우에는 특별한 치료가 필요없다. 가벼운 증상이 나타나는 정도라면 내과적 치료만으로 치료할 수 있다. 하지만 증상이 심각하거나 검사를 통해 협착 정도가 심할 경우 외과적 치료가 필요하기도 하다.

5 Fallot 4징

■ 심장이 네 가지의 선천적인 이상을 가진다.

선천적으로 심장이 네 가지의 이상을 동시에 가지고 있어 산소를 충분히 함유하고 있는 혈액이 전신으로 순환되지 못한다. 이 때문에 다양한 증상이 나타난다.

증 상

- 선천적 이상의 정도에 따라 상태가 나타나는 모양은 조금씩 다르다. 주요 증상은 운동할 때에 호흡곤란이나 혀와 구강의 점막이 새파랗게 되는 청색증 증상이 일어나며 쉽게 피로해 한다. 빈혈 증상을 보이며 발작을 일으키며 쓰러지는 경우도 있다.
- 이러한 선천적 이상을 가지고 태어난 개는 이러한 증

[그림 7] 팔로사징

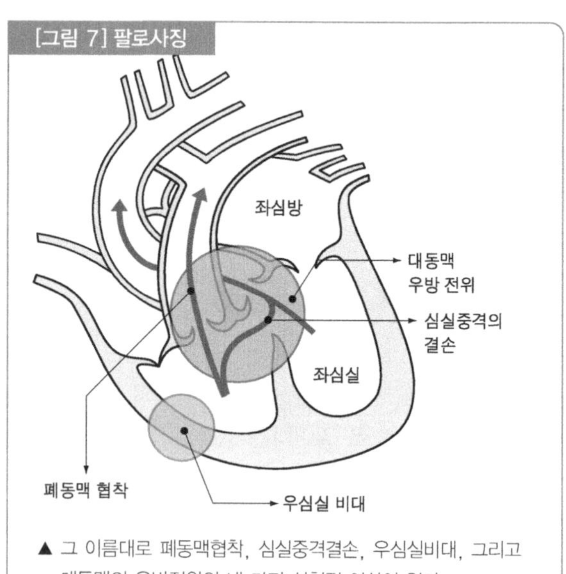

▲ 그 이름대로 폐동맥협착, 심실중격결손, 우심실비대, 그리고 대동맥의 우방전위의 네 가지 선천적 이상이 있다.

상들은 출생시부터 나타나며 발육부진을 보인다.

원 인

- 원인은 명확하지 않으나 Keeshound 견의 70% 정도가 유전적 이상을 보인다.
- 이 질병은 네 군데의 선천적인 심장 이상을 동시에 갖고 태어난다. 네 가지의 이상이란 폐동맥협착, 심실중격결손, 우심실비대, 그리고 대동맥의 우방전위이다(그림 7).
- 이것들을 조금 더 쉽게 말하면 우선 좌심실과 우심실 사이에 있는 벽에 구멍이 나 있으며(심실중격결손), 이 때문에 좌심실의 출구인 대동맥이 우심실 옆, 그것도 벽의 구멍 가까이에 나 있다(대동맥우방전위).
- 우심실에서 폐동맥으로의 출구가 좁아서 혈액이 잘 흐르지 못하며(폐동맥협착), 또 우심실이 확장되어(우심실 비대) 혈액을 내보내는 힘이 약한 상태이다.
- 이 같은 선천적 이상을 가진 심장은 우심실로 들어간 혈액이 실제로는 폐동맥에서 폐로 가서 산소를 얻어야 하는데, 좌심실의 출구에서 대동맥으로 흘러나오게 된다. 때문에 산소를 충분히 가지고 있지 않은 혈액이 내보내져 전신에 산소부족 현상이 일어난다.

진단 · 치료

진단방법

- 어린 나이에도 빈혈을 일으키는 개는 이 질병을 의심해야 한다.
- 심음청취시 잡음이 들리며, X선 검사, 심전도, 초음파검사 등으로 질병의 정도를 확인할 수 있다.

치료방법

- 저산소증 발작에 대한 대증요법으로 내과적 치료를 하며, 완치는 어렵다. 만약 만성빈혈과 발작을 반복한다면 그다지 오래 살지 못할 것이라고 생각해야 한다.

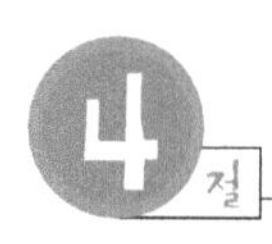

4절 혈액의 질병

1 용혈성 빈혈

■ 자가면역이 적혈구를 파괴한다.

원래는 자신의 몸을 지키기 위해 움직이는 면역기능이 자신의 혈액 중의 적혈구를 공격하여 손상시켜 혈관내에서 용혈되어 빈혈을 일으킨다. 정확한 명칭은 '자가면역성 용혈성 빈혈' 이라고 한다.

증 상

- 증상이 갑자기 나타나는 것이 이 질병의 특징이다. 기운이 없어지고 운동하는 것을 귀찮아하게 된다. 또 식욕이 없어지고 구토를 일으키는 경우도 있다. 빈혈이 심할 때에는 쉽게 피로해지며 조금만 운동을 해도 금방 호흡이 가빠지게 된다.
- 눈의 점막이나 치육의 색이 빈혈 때문에 핑크색에서 흰색으로 변하며, 때로는 황달을 합병할 수 있으며, 이 때는 황백색으로 변한다. 오줌의 색이 짙어지거나 오줌에 갈색이나 적갈색의 혈액이 섞인 듯한 색으로 변하기도 한다.

개의 혈액형과 수혈

사람이 혈액형을 가지듯이 개에게도 혈액형이 있다. 그 형은 엄밀하게는 13종류 이상이라고 하는데, 사회에서는 9종류로 분류하고 있다(국제적으로는 8종류).

개가 큰 부상을 입었을 때나 외과수술을 할 때 종종 수혈이 필요하게 된다. 하지만 사람처럼 수혈전에 혈액형을 조사하는 일은 거의 없다. 개의 63%가 CEA-1 또는 CEA-2 중 어느 하나의 적혈구 항원을 가지고 있으며, 37%는 그 어느 것도 가지고 있지 않은 것으로 알려져 있다. 수혈견 혈중의 항CEA-1항체가 일반적으로 낮기 때문에 첫 번째 수혈에서는 심한 부작용을 나타내는 경우는 드물다. 재수혈시에는 반드시 공혈견과의 교차적합검사를 실시하여야 부작용을 막을 수 있다.

원 인

- 직접적인 원인은 밝혀지지 않았지만, 자신의 적혈구에 대한 자가항체가 생산되어 적혈구 표면에 부착하여 항원항체반응을 일으켜 적혈구를 손상시키며 적혈구가

이물로 인식되어 망상내피계에서 빠르게 탐식되어 혈관 내에 용혈이 일어난다.

- 이 질병은 적혈구의 용혈이 한꺼번에 대량으로 일어나기 때문에 부족한 적혈구를 만드는 것이 불가능해져서 급성 빈혈이 일어나고 여러 가지 증상이 나타나는 것이다. 파괴된 적혈구는 황달을 일으키거나 혈뇨나 혈색소뇨 등을 보인다.

진단 · 치료

진단방법

- 눈의 점막이나 잇몸, 피부색 등을 봄으로써 빈혈이 일어나고 있는지를 쉽게 판단할 수 있다. 또 황달을 합병하는 경우에는 밝은 곳에서 주의깊게 점막을 관찰하면 황색을 띤 것을 알 수 있다. 요검사시 혈뇨를 관찰할 수 있다.
- 치료 전에 혈액검사를 실시하여 빈혈의 정도나 황달의 정도를 조사할 필요가 있다. 혈액 중에 적혈구에 대한 항체가 있는 것을 확인하기 위해 특수한 검사(Coombs' test)를 실시한다.

치료방법

- 빈혈 상태가 완전히 없어지기까지 1~2주 동안 지속적인 내과적 요법이 적용된다. 용혈이 일어나고 있는 시기에는 절대 안정해야 하며 필요시 산소공급을 한다. 증상이 심각하고 빈혈이 심한 경우에는 수혈을 한다. 혈액형이 적합한 수혈용 혈액을 검사하기 위해 공혈견과의 교차적합검사를 실시해야 한다.
- 내과적 요법을 실시하여 빈혈증상이 빨리 호전된다면 치유를 기대해 볼 수 있으나 빈혈이 개선되지 않으면 예후는 좋지 않다.
- 하지만 빈혈이 좀처럼 좋아지지 않을 수도 있는데, 그렇게 되면 치료의 효과를 기대할 수 없는 경우도 있다.

제7장 호흡기의 질병

개의 호흡기 구조

개의 호흡기 질병 중에 비교적 많은 것은
세균이나 바이러스의 감염에 의한 코나 목,
기관지의 염증이다.
개가 콧물을 흘리거나 자주 기침을 하면
이들 질병을 의심해 보아야 한다.

제7장 호흡기의 질병

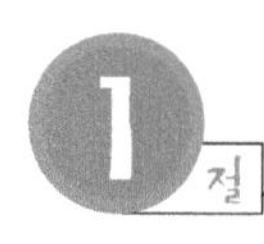

1절 개의 호흡기 구조

호흡기는 산소를 체내로 가져와서 불필요한 이산화탄소를 몸밖으로 배출시키는 중요한 역할을 한다. 공기를 받아들이는 입구인 비강을 시작으로 인두 · 후두를 지나서 기관, 기관지까지를 호흡기라 부른다.

이들 중 기관은 연골과 근육으로 이루어져 있으며, 개의 기관연골은 완전한 링 상태가 아니다. 그것은 링의 위 부분이 열려 있는 형태를 하고 있으며, 연골이 없는 이 부분은 근육이 다리를 놓는 형식으로 전체적인 관을 만들고 있다. 이것은 사람도 마찬가지이다.

기관에 좌우의 양쪽 주기관지로 갈라지며 엽기관지, 세기관지로 분리되어 폐까지 산소를 공급한다.

[그림 1] 혈액의 흐름

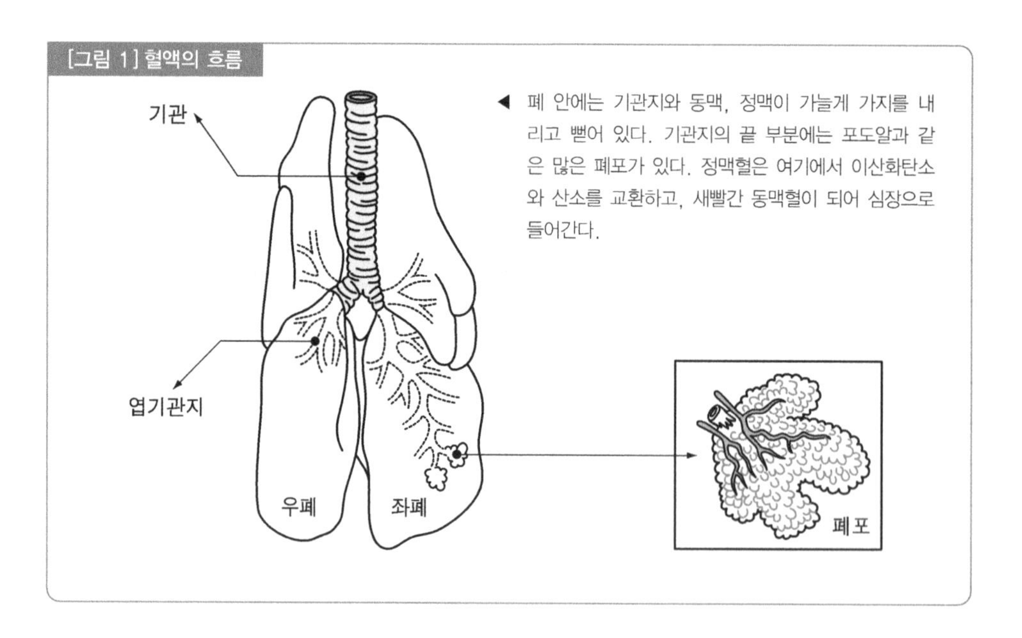

◀ 폐 안에는 기관지와 동맥, 정맥이 가늘게 가지를 내리고 뻗어 있다. 기관지의 끝 부분에는 포도알과 같은 많은 폐포가 있다. 정맥혈은 여기에서 이산화탄소와 산소를 교환하고, 새빨간 동맥혈이 되어 심장으로 들어간다.

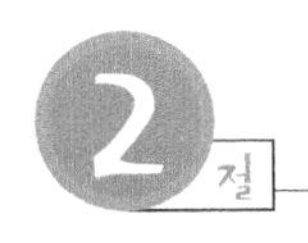

코의 질병

1 비염

코 안 점막에서 염증을 일으키는 질병이다. 바이러스나 세균의 감염, 혹은 외부로부터의 생리적 · 화학적인 자극으로 인해 발병한다.

증 상

- 증상이 가벼우면 물 같은 콧물이 조금 나오고, 말라서 코 주위에 달라붙는 정도이다. 재채기도 그다지 심하지 않고 가끔씩 나오는 재채기로 콧물을 흘리거나 가벼운 통증 때문에 코를 의식하고 수시로 긁는 정도이다.
- 하지만 이것이 심해지면 콧물이 진해지고, 고름과 같은 콧물을 흘리게 된다. 그렇게 되면 코의 외측도 헐게 되어, 개는 앞발로 코를 긁게 된다.
- 비염으로 코의 점막이 붓고 동시에 콧물이 나와서 비강이 좁아지면, 호흡이 곤란해져서 입을 벌린 채로 호흡을 하게 되거나 숨을 헐떡이게 된다.

원 인

- 우선 바이러스나 세균의 감염에 의한 것이라고 생각할 수 있다. 바이러스의 감염에는 디스템퍼에 의한 비염이 유명하다.
- 겨울의 건조하고 한랭한 기후에서는 비점막이 자극되어 세균감염이 쉽게 일어난다. 또 자극적인 냄새가 강하게 나는 약품이나 연기, 가스, 혹은 작은 이물 등이 들어가서 염증을 일으킬 수도 있다.
- 또한 비강 내부의 종양이나 사고에 의한 비강주위 골절 등의 외상이 원인이 되거나, 위턱 치근의 화농이나 치육염이 악화되어 비염을 일으키기도 한다. 또 사람에게 자주 문제가 되는 알러지도 개 비염의 원인 중 하나라고 할 수 있다.

진단 · 치료

진단방법

- 비염 그 자체의 진단은 증상으로 판단할 수 있다. 단 비염 이외의 증상이 동시에 나타났을 때에는 정확한 진단이 비염치료에 있어서 매우 중요할 수 있다.
- 디스템퍼와 같은 전염병은 비염을 특징적인 증상으로 나타나기 때문에, 우선 원

인이 되는 질병을 진단하는 것이 비염을 진단하는 방법이다.

- 진단을 확정하려면 나오는 콧물의 세균배양을 실시하거나, 혹은 X선 촬영으로 골절이나 종양 등의 유무를 확인할 필요가 있다.
- 지금까지 일반적이지 않았던 개의 알러지 검사도 최근에는 손쉽게 실시할 수 있게 되어, 앞으로는 알러지성 비염이 이전보다 쉽게 발견할 수 있을 것이다.

치료방법

- 코는 호흡기의 입구이며, 비염의 치료에만 국한되지 않으므로 전신 증상에 주의하여 실시해야 한다. 일반적인 내과적 요법 외에 흡입기에 의한 치료, 종양이나 외상에 대한 외과적 치료가 필요한 경우도 있다.

2 부비강염

비염을 방치해 두면 염증이 콧속의 부비강까지 퍼져서 심한 경우에는 축농증이 된다.

증 상

- 가벼운 경우에는 확실한 증상이 나타나지 않고 소량의 콧물이나 재채기가 나오는 정도로 그친다. 하지만 심해지거나 만성이 되면, 끈기가 있는 콧물을 흘리거나 재채기나 거친 호흡음을 내고, 또 호흡곤란 때문에 입을 벌리고 숨을 쉬게 된다.
- 콧물의 종류도 물 같이 묽은 콧물, 혈액이 섞인 듯한 고름같이 진한 콧물 등 다양하다. 코 위 부분이 부어서 만지면 부드럽게 부풀어 있거나, 단단하게 부은 경우가 있다.
- 환부에 통증이 있거나 결막염, 비염을 합병하여 눈꼽이나 눈물을 흘리고, 그 통증 때문에 얼굴을 긁는 경우도 있다.

원 인

- 부비강은 비강 속으로 이어진 공동으로, 내측은 점막으로 쌓여있다. 때문에 비염이 안까지 퍼지면 부비강에 염증을 일으켜 부비강염이 된다.
- 또한 부비강의 입구가 염증 때문에 좁아지거나 닫히면, 부비강 안이 화농하고 축농증 상태가 될 수도 있다.

• 부비강은 위턱과 안면골의 안에 있는 공동이기 때문에 위턱의 치아가 흔들려서 뿌리나 치육이 염증이나 화농을 일으키면, 그곳에서부터 위쪽의 비강을 향해 염증이 진행되어 부비강염이 되는 경우도 있다.

진단 · 치료

진단방법

• 진단에는 콧물의 배양이나 X선 검사, 또는 전신검사가 필요한 경우도 있다.

치료방법

• 전신 내과적 요법을 실시하고, 비강에 대해서는 상태에 따라 흡입기로 직접적인 치료를 병용한다. 치아나 치육염이 원인이라면 치아를 뽑거나 세정치료를 하도록 한다.
• 이같은 치료로 큰 효과를 보지 못했을 때에는 외과적인 처치를 실시하여 환부에 쌓인 고름이나 염증을 직접 세척한다. 튜브를 삽입해서 몇 번이고 배농을 해야 하는 경우도 있다.

[그림 2] 개 두부의 단면

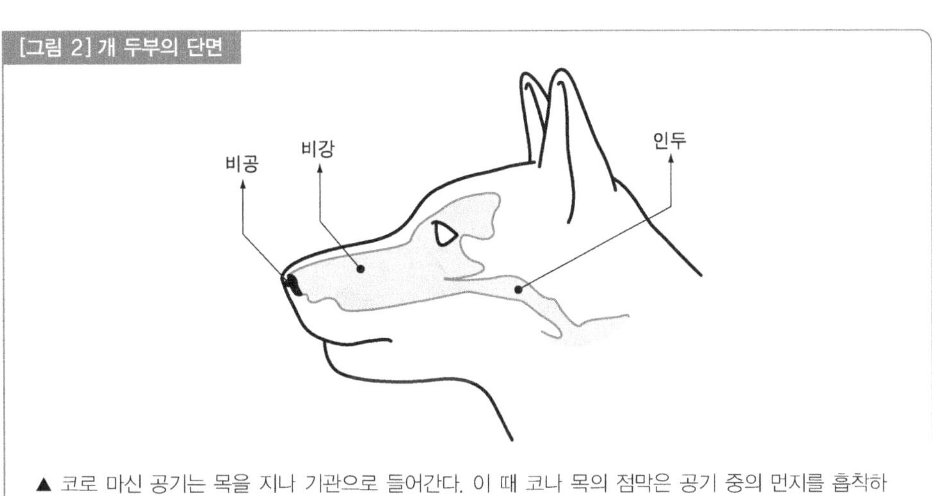

▲ 코로 마신 공기는 목을 지나 기관으로 들어간다. 이 때 코나 목의 점막은 공기 중의 먼지를 흡착하기 때문에 세균에도 감염되기 쉽다.

3 비출혈

얼굴에 상처를 입거나 혈액의 질병, 전염병 등이 원인이 되어 코에서 피가 나온다.

증 상

- 말할 것도 없이 코에서 출혈이 일어나는 것을 비출혈이라고 한다. 하지만 같은 비출혈이라도 원인이나 그 정도에 따라 출혈의 방식이 매우 다르다. 다량의 선혈이 급격하게 나오는 것, 몇 일에 걸쳐 조금씩 출혈이 계속되는 것 등 다양한 출혈의 형태가 있다. 그 출혈 방식이 진단의 기준이 되는 경우도 있기 때문에 주의깊게 관찰해야 한다.
- 출혈의 원인에 따라 통증을 동반하는 경우도 있다. 그 같은 경우에는 코를 의식하고 앞발로 긁거나 벽이나 지면에 코를 비빌 때도 있다. 코에 뭔가 닿는 것을 싫어하는 경우도 있다. 또 재채기나 기침 등의 증상이 나타날 때도 있다.
- 출혈이 원인으로 코의 내부가 막히면, 입을 벌리고 호흡을 하거나 숨을 헐떡이는 경우도 있다. 그 같이 거친 호흡이나 재채기, 기침 때문에 혈액이 밖으로 튀거나 앞발이나 뒷발로 몸을 긁어 피로 더렵혀서 코 이외의 장소에서 출혈하는 것으로 착각하는 경우도 있기 때문에 주의해야 한다.

원 인

- 원인이 비강에 있는 경우와 그렇지 않은 경우가 있다. 비강자체에 문제가 있는 경우에는 사고로 안면이나 그 주위에 타박상을 입거나 골절을 입거나 이물에 기인한다.
- 이차적으로는 악성종양, 상악의 염증, 감염, 알러지 및 혈액응고장해 등을 원인으로 해서 나타난다.
- 원인에 따라 출혈의 양상이 다르다. 외상을 입었을 때는 급격하게 많은 양의 선혈이 유출되

[그림 3] 비출혈

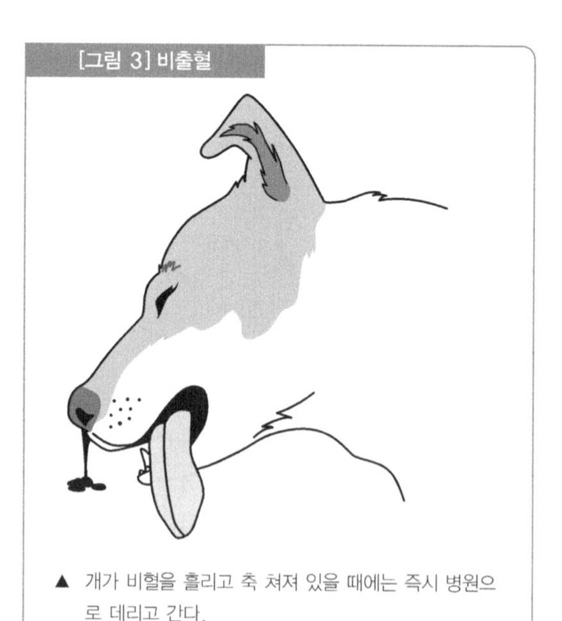

▲ 개가 비혈을 흘리고 축 쳐져 있을 때에는 즉시 병원으로 데리고 간다.

며 편측성이 많고, 종양이 원인이 되었을 때에는 재채기나 과민성의 작은 출혈이 지속되는 경우가 많다.

진단 · 치료

진단방법

- 가정에서는 주인이 출혈의 양이나 나오는 시간 등을 잘 관찰해야 한다. 동물병원에서 그것을 참고하여 비강을 조사하고 필요하다면 전신에 질병이 있는지 조사한다.
- 특히 출혈을 일으키기 쉬운 질병에 걸렸을 때에는 구강의 점막이나 피부 등에 내출혈을 보이는 경우가 있다. 비종양이 의심되는 경우 비중의 도말표본에 의한 암세포를 확인하고 감염증이 의심되는 경우 세균배양검사를 실시한다. 경우에 따라서는 두부의 X선 검사를 할 필요가 있다.

치료방법

- 가벼운 상처가 원인이 되어 소량의 비출혈이 일어나는 경우에는 안정하고 있으면 자연적으로 멈춘다. 개의 비강 입구는 좁아서 가정에서 종이나 면봉 등으로 막아서 지혈을 하려고 하면 오히려 출혈이 커지는 경우도 있다. 잠시 그대로 놔두어도 출혈이 멈추지 않으면 신속하게 동물병원으로 데리고 가야 한다.
- 혈압이 내려가고 개가 축 늘어질 정도의 큰 출혈이 일어나거나 전신적으로 심각한 질환이 의심된다면 그 질환에 대한 병인치료를 실시한다.
- 이물이 존재한다면 그것을 제거한 후 지혈시킨다.

인두의 질병

1 인두염

■ **입이나 코의 내부 염증이 목으로 퍼지거나, 전신적인 병이 원인이 되어 목에 염증을 일으키는 질병이다.**

증 상

- 가벼운 경우에는 헛기침을 하는 정도이며 그 이외에 눈에 띄는 증상은 없을 수도 있다. 하지만 병이 심각해지면 목 주위에 확실한 통증이 나타나게 된다. 기침도 심해지고 목 통증 때문에 식욕이 없어지며 목에 손을 대는 것도 싫어하게 된다.
- 목이 자극되어 침을 흘리거나 토하는 것 같은 동작을 하고 그 동작을 반복하다가 실제로 구토를 유발하기도 한다. 구토나 기침을 할 때 목에서 출혈이 일어나는 경우도 있다.
- 숨을 헐떡이며 호흡을 하거나 호흡곤란 상태를 일으켜서 입을 벌린 채로 호흡을 할 수도 있다.
- 성대에 이상이 생겨 울음소리가 변하거나 목소리가 나지 않는 경우도 있다.

원 인

- 유독 가스나 약품 등을 흡입하거나 음식물을 목으로 넘길 때 상처를 내는 등의 인두에 직접적으로 영향을 주어 발생하는 것으로 생각할 수 있다.
- 비염이나 구내염 등의 질병이 진행되어 인두에 염증을 일으킬 수도 있다. 또 디스템퍼 등의 바이러스 감염이 일으키는 전신증상의 하나라고 생각할 수 있다.
- 불도그이나 퍼그 등의 단두종은 선천적으로 인두연골에 이상을 가지고 태어나는 경우가 많기 때문에 인두염 발생률이 높다.

진단 · 치료

진단방법

- 뼈나 그 외 단단한 음식물에 의해 인두를 상하게 하여 염증을 일으킨 경우에는 X선 검사를 하거나 인두경이나 내시경 등으로 직접 환부를 보면서 진단할 수 있다.

단 개에게 내시경을 사용할 때는 마취가 필요할 때도 있다.

치료방법

- 바이러스 감염이나 그 밖의 전신증상을 동반하는 질병이 원인이라면, 그 질병치료를 병행하여 내과적 요법을 실시한다. 흡입기에 의한 치료가 필요한 경우도 있다.
- 인두염에 걸린 개는 가능한 깨끗하고 조용한 환경에서 안정시키도록 한다.

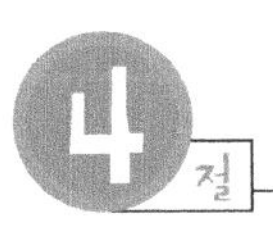

4절 기관의 질병

1 기관지염

> **■ 기침을 심하게 한다.**
> 주로 바이러스나 세균에 감염되어 기관지에 염증을 일으켜 기침이 지속되고, 호흡곤란이 일어난다.

증 상

- 마른 헛기침을 계속하게 된다. 헛기침을 할 때는 목을 아래로 굽히고 뭔가를 토해낼 때의 증상과 비슷해서 구토 증상으로 착각하기도 한다. 기침 자극에 의해 정말로 구토를 하는 경우도 있기 때문에 주의해야 한다. 목에 뭔가 걸린 것처럼 캑캑거리며 기침할 때도 있다.
- 증상이 심해지면 목 주위를 만지는 것을 싫어하게 되며, 수의사가 상태를 보려고 만지기만 해도 기침을 심하게 하는 경우도 있다. 기침은 조금만 운동을 해도 나오는 경우가 많다.
- 흉부나 목에 통증이 오거나 열이 나서 식욕이 없어지고 기운을 잃기도 한다. 또 숨을 헐떡이며 소리를 내고 호흡곤란을 일으키며 입을 벌리고 숨을 쉬는 경우도 있다.

원 인

- 바이러스, 세균, 진균 등의 감염에 의한 것, 자극성 있는 연기나 가스, 화학약품 등을 마셨을 때, 혹은 이물을 삼켜서 생긴 목의 외상 등을 생각할 수 있다. 하지만 역시 바이러스나 세균 감염이 가장 큰 원인이다.
- 특히 몇몇 바이러스나 세균에 혼합 감염되어 저항력이 약한 강아지에게 기관지염을 일으키는 '켄넬코프' 라는 병이 잘 알려져 있다. 켄넬코프는 애견 숍이나 견사(켄넬) 등 개가 많이 있는 환경에서 자주 발생하기 때문에 이렇게 불리게 되었다. 하지만 현재는 견사와 같은 환경도 많이 개선되고, 또 백신이 보급되어 켄넬코프의 발병은 감소하는 추세이다.
- 그 외에는 기생충, 특히 선충류의 유충 등이 기관에 들어가서 기관지염을 일으키는 예도 적지 않기 때문에 기생충에 감염된 개는 특히 주의해야 한다.

진단 · 치료

진단방법

- 발병이나 식욕부진 등의 전신 증상이 일어나는 경우에는 다른 질병이 있을 가능성도 조사해야 하기 때문에 충분한 검사가 필요하다.
- 혈액검사나 흉부에 대한 X선 검사가 필요한 경우도 있으며, 또 기생충의 유무에도 주의해야 한다. 구토기가 있을 때에는 구토기의 원인이 기침을 유발시키는지에 대해서도 유의하도록 한다.

치료방법

- 전신에 대한 내과적 요법이나 흡인요법 등을 실시한다. 개를 가능한한 안정시키고 목에 자극을 주지 않도록 하며 깨끗한 환경에서 기침이 나오지 않도록 주의한다.

2 기관지 협착

■ 기관이 좁아지고 호흡이 곤란해진다.

기관이나 기관지가 주위의 장기 등의 이상으로 압박되어, 내부가 좁아지는 것을 기관지 협착이라고 한다. 협착이란 좁아진다는 뜻이다. 또 개가 어떤 이물을 잘못 삼켜서 그것이 기관이나 기관지에 들어가면, 이들 기관은 상처를 입고 협착을 일으키게 된다.

증 상

- 기침은 증상이 가벼워도 심각해도 나며, 또 헐떡이는 호흡 소리를 내는 경우가 있다.
- 삼킨 이물이 크거나 혹은 다른 질환으로 기관이나 기관지 내부가 크게 좁아졌을 때에는 심한 호흡곤란을 일으킨다. 그렇게 되면 입안의 점막은 산소부족으로 보라색으로 변하며, 소위 치아노제라는 증상을 일으키게 된다.
- 식도나 흉강 내 기타 장기에 종양이 생겨서 기관이 압박될 때에는 구토기나 목에 통증을 일으키는 예도 있다.

원 인

- 기관 및 기관지의 협착은 기관이 내측 또는 외측으로부터의 압박이나 잘못 삼킨 이물에 의해 좁아져서 일어나는 병이다.
- 인두, 기관, 식도, 폐, 흉강 등의 염증이나 종양 등으로 밖에서 압박된 기관이 협착하거나, 기관 또는 기관지 자체의 염증이나 종양이 원인이 되어 일어나는 경우도 있다.
- 기관지로 흡입된 이물은 크기도 다양하기 때문에 작은 것으로는 기관지가 좁아지지 않고 호흡 등에 이상한 증상을 나타나지 않기도 한다. 하지만 이물이 기관에서 기관지로, 그리고 엽기관지에서 폐 속까지 빨려 들어가면, 폐의 말단 부분에 상해가 일어나는 경우도 있어 매우 위험하다.

진단 · 치료

진단방법

- X선 검사를 실시하여 협착을 일으키는 원인을 조사한다. X선 검사만으로 협착의 장소나 상태를 확실히 파악할 수 없는 경우에는 식도와 기관의 조영(X선 검사로

장기의 형태를 쉽게 볼 수 있도록 조영제를 주입한다)을 실시한 후 X선 검사를 한다.

- 개가 이물을 삼킨 경우에도 이물의 종류에 따라 X선에 검출되지 않을 수 있다. 이 때에는 내시경 또는 기관지경을 사용하여 직접 육안으로 검사한다. 운이 좋으면 그대로 내시경을 조종하여 이물을 제거할 수 있으며, 동시에 염증이나 부종의 상태를 조사하거나 종양 등을 직접 조사할 수도 있다.

치료방법

- 이물이 있는 장소나 크기에 따라서 마취를 실시하고 동물의 자세를 변화시키면서 이물을 제거한다. 이 방법으로 제거할 수 없을 때는 수술을 실시한다.

3 기관허탈

■ 기관이 망가져서 호흡이 곤란해진다.

유전적 요인이나 비만 · 노령으로 기관이 눌려서 편평하게 되어 호흡이 곤란해지는 질병이다. 소형견이나 단두종에게 쉽게 발생하며, 특히 더운 계절에 증상이 다발한다.

증 상

- 초여름이나 한 여름의 무더운 밤에 발병하는 일이 많다. 갑자기 신음소리를 내며 고통스러운 듯이 호흡을 하게 된다. 때로는 기침을 심하게 하는 경우도 있지만, 호흡이 거칠어지기만 하고 기침은 거의 나오지 않을 때도 있다.
- 호흡곤란을 일으켜서 운동을 할 수 없게 되는 경우도 있고, 가만히 있지 못하고 불안해하며 돌아다니거나 조금이라도 편한 자세를 취하려고 자세를 바꾸는 동작을 계속하기도 한다.
- 심해지면 침을 흘리면서 으르렁대거나 혀나 잇몸 색이 보라색으로 변하는 청색증을 일으키며 쓰러지는 경우도 있다.
- 내과적 요법으로 일시적으로 증상을 완화시킬 수 있으나 여름 동안에 몇 번이나 재발을 반복하는 경우가 많다.

원 인

- 기관을 만들고 있는 연골이 정상적인 형태를 유지하지 못하거나 주위의 근육이

힘을 잃어서 기관이 바른 관 상태를 유지하지 못해서 편평하게 눌려 공기의 유입을 방해함으로써 일어나는 질병이다(그림 4).

- 기관이 눌리는 원인은 선천적인 이상이라고 하지만 비만하거나 노령화되어서 이 질병이 일어나는 경우도 있다. 이 질병은 소형견종이나 단두종에게 많이 나타나며 이들 견종은 목 주위에 필요없는 지방이 붙지 않도록 특히 비만에 주의해야 한다.

진단 · 치료

진단방법

- 증상이 나타날 때 X선 검사를 하면 확실히 기관이 편평해지고 좁아졌다는 것을 알 수 있다.

치료방법

- 기관은 후두에서 기관지까지의 다양한 범위에서 편평화하며, 그 정도에 따라 증상이 달라진다. 증상이 가벼울 때에는 내과적 요법으로 간단하게 치료할 수 있지만, 재발을 반복하는 경우가 많다.
- 가정에서는 되도록 안정시키고 특히 더운 여름 동안은 통풍이 잘 되도록 해야 하며, 심하게 더울 때에는 에어콘이나 선풍기로 실내의 열기를 식혀 준다.
- 내과적 요법만으로는 증상이 경감되지 않고 특히 호흡곤란이 심할 때에는 산소흡입이 필요할 때도 있다. 내과적 요법으로 치료효과가 없는 심각한 상태에 있어서는 여러 가지 수술 방법이 개발되고 있다. 하지만 그 같은 심각한 증상이 나타나면 수술을 해도 완치가 어렵다고 생각해야 한다.

[그림 4] 기관허탈

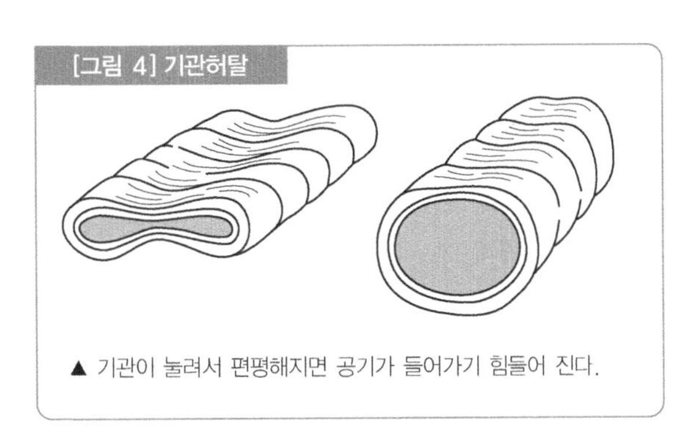

▲ 기관이 눌려서 편평해지면 공기가 들어가기 힘들어 진다.

5절 폐의 질병

1 폐렴

■ **감염에 의한 심각한 호흡기병**

바이러스나 세균, 기생충 등의 감염증이 진행되면, 폐나 기관지의 심각한 염증을 합병할 수 있다. 이것이 폐렴이다. 심한 발열이나 호흡곤란으로 쓰러지는 경우도 있다.

증 상

- 폐와 기관지가 염증을 일으키는 질병이지만, 여러 가지 원인으로 발병하며 또 염증이 생기는 장소도 다양하기 때문에 증상도 일정하지 않다.
- 일반적으로 기관지염이나 인두염보다 증상은 심각하다. 이것 역시 다른 호흡기 질병과 마찬가지로 기침이 나오는 경우가 많고, 그 때문에 마찬가지로 구토기를 유발시키기도 한다.
- 거친 호흡소리를 내거나 호흡곤란으로 입을 벌리고 호흡을 하게 된다. 또 호흡이 빠르고 옅어지는 경우도 있다.
- 호흡곤란이나 발열을 일으켜서 운동을 꺼려하거나 식욕부진이 된다. 앞발을 뻗는 자세를 취하며 조금이라도 호흡이 편해지려는 동작을 한다. 증상이 심해지면 몸을 옆으로 뻗고 쉬는 것도 불가능해 진다.
- 무리하게 운동을 시키거나 흥분하게 하면 심한 호흡곤란을 일으키며 쓰러지는 경우도 있다.

원 인

- 보통은 디스템퍼 바이러스나 켄넬코프의 원인이 되는 파라인플루엔자 바이러스, 아데노 바이러스, 혹은 세균이나 진균 등의 감염에 의한 것이 많다. 또 기생충의 감염이 원인이 되기도 한다.
- 겨울에 건조하고 추울 때나 비가 많은 장마 때에는 이들 환경적 요인이 스트레스가 되어 바이러스나 세균에게 쉽게 감염된다. 이들 감염증의 정도에 따라서는 폐렴을 합병하는 경우가 있기 때문에 특히 더 주의해야 한다.
- 다른 호흡기 질병처럼 자극성 있는 가스나 약품을 마시고 폐렴을 일으킬 수 있으며 알러지성, 과민성 반응에 의해서 발병할 수 있다.

진단 · 치료

진단방법

- 흉부청진, 혈액학적 검사, 기생충 검사, X선 검사를 실시한다.

치료방법

- 감염을 치료하기 위한 내과적 요법을 실시한다. 약을 가스 또는 증기로 만들어서 마시게 하는 흡입요법을 하며 경우에 따라서는 산소흡입이 필요하다.
- 폐렴을 일으킨 개는 운동을 시키거나 흥분시키지 않도록 배려하여 안정시키고, 쾌적한 환경에서 지내도록 해 주어야 한다.

2 폐기종

■ 호흡곤란이 서서히 진행된다.

폐 안에서 중요한 역할을 하는 세포가 이상하게 부풀어서 공기를 필요 이상으로 취하여, 결국에는 터지는 질병이다. 이는 호흡곤란을 초래한다.

증 상

- 급성인 경우에는 코나 입에서 거품이나 침을 흘리면서 급격한 호흡곤란을 일으키게 되며, 심한 경우에는 그대로 죽음에 이를 수도 있다.
- 만성 폐기종도 조금만 운동을 해도 호흡이 촉박해지며 노력성 호흡을 한다. 호흡이 안정되기까지는 많은 시간이 걸리며 매우 쉽게 피로해하며 운동이나 산책을 하기 싫어한다.
- 호흡곤란 증상은 서서히 진행되기도 하며, 처음에는 그다지 눈에 띠지 않아도 마지막에는 증상이 심해져서 사망하는 경우도 적지 않다.
- 폐 안에 과잉 누적된 공기는 가슴이나 목 등의 피부 아래 눌려 나와 공기가 쌓여 부글부글한 피하기종으로 나타나는 경우가 있다.

원 인

- 폐 안의 폐포가 몇 가지 이상으로 넓어져서 공기를 필요 이상으로 들어가서 긴장되어, 결국에는 파열되어 일어나는 질병이다. 기관지염이나 종양 등 때문에 기관지가 좁아지거나 닫히면 그 주위의 폐포가 부분적으로 폐기종이 된다.

- 그밖에도 급격한 기침 발작, 격렬하게 짖는 행위, 구토하는 동작에 의해 폐포가 긴장하고 파열되어 급성 폐기종을 일으키는 경우도 있다. 또 만성 호흡기질환으로 기침을 반복하거나, 훈련견 등이 심하게 운동하여 급격한 호흡으로 인해 폐포를 혹사한 결과 폐기종을 일으키기도 한다.

진단 · 치료

진단방법

- 청진이나 타진, 또는 숨을 내쉴 때 고통스러워하는 특징적인 증상을 나타내는지를 관찰한다. 또 X선검사 등으로 다른 호흡기질환을 검사하는 것도 진단에 도움이 된다.

치료방법

- 가벼운 경우 안정 및 산소 흡입을 실시하면 치유되는 경우가 많다. 현저한 호흡곤란을 보일 경우는 공기를 제거해 준다.
- 기관지염이나 종양, 외상 등으로 폐기종을 일으킨 경우에는 외과적 요법과 내과적 요법을 병행하여 치료한다.
- 하지만 원인이 확실하지 않고, 또 폐포가 넓게 망가진 경우에는 효과적인 내과적 치료 요법이 없다. 때문에 치료는 증세를 더 이상 악화시키지 않도록 하는 보존요법으로 실시된다.

3 폐수종

■ 폐 안에 물이 찬다.

폐 안에 과잉의 체액이 저류되어, 산소와 이산화탄소의 교환이 어려워진다. 청색증, 호흡곤란, 기침 증상을 보인다.

증 상

- 폐수종은 개가 이미 걸린 다른 질병의 영향으로 일어나는 경우가 많기 때문에 원래 질병의 증상에 따라 전신에 나타나는 변화도 다르다.
- 가벼운 경우에는 운동을 하거나 흥분을 했을 때 기침을 하거나 가벼운 호흡곤란을 일으키는 정도이다. 기침의 증상은 구토기 증상이나 목에 상처나 이물이 있을

때 캑캑거리는 행동을 하므로 주의깊게 구분하여야 한다..

- 이것이 심해지면 헐떡이는 거친 호흡소리를 내거나 호흡이 가빠진다. 기침도 심해져서 밤새 그치지 않는 경우도 있다. 또 침을 흘리며 입을 벌린 채로 호흡을 하는 호흡곤란 증상을 나타낸다.
- 조금이라도 편히 숨을 쉬려고 앞발을 뻗는 자세를 하거나 돌아다니면서 안정하지 못하기도 한다.

원 인

- 폐수종은 폐에서 실질적인 작용을 하는 말단 기관지나 폐포까지, 과잉의 수분이 저류되어 산소와 이산화탄소를 교환하는 역할을 하기 힘들어져 저산소혈증이 일어나 위험한 상태에 빠질 수 있다.
- 기관지 등의 주위의 기관이 염증을 일으킨 결과로 폐수종이 나타나는 경우가 있다. 이 원인은 자극성 있는 가스나 약품을 마시거나, 맹독 또는 제초제에 의한 약물중독에 의해서도 발생할 수 있다.
- 심장질환이 있을시에 폐 안을 흐르는 혈액이 울혈을 일으켜서 폐포 주위의 혈관에 혈액이 원활하게 흐르지 못하게 되면 폐수종이 일어나기도 한다. 소형견에게서 자주 발병되는 승모판폐쇄부전의 경우에 이같은 증상이 나타난다고 알려져 있다.

단두종 개에게 많은 선천적인 질병

퍼그, 페키니즈, 시추, 불도그 등의 단두견은 목 앞에 있는 위턱의 연구개가 선천적으로 길어서, 목의 입구 위로 늘어지는 경우가 있다. 이 경우에는 공기의 통로가 좁기 때문에 호흡을 힘들어하는 것처럼 보인다. 이 같은 선천적인 질환을 연구개노장이라고 한다. 때로는 늘어져있던 연구개가 후두를 완전히 가려서 호흡을 하지 못하는 경우도 있다.

증상이 심각할 때에는 동물병원에서 늘어진 연구개의 일부를 잘라낸다. 이렇게 하면 호흡이 편해지지만, 완전히 정상적인 상태로 되돌릴 수는 없다.

진단 · 치료

진단방법

- 기침이 나오는 상태, 호흡곤란, 그 외의 질병으로부터, 혹은 심장이나 폐의 청진으로 폐수종인지를 진단할 수 있다. 하지만 이것만으로는 확진이 어려우므로, X선 검사로 폐나 심장의 상태를 조사할 필요가 있다.
- 심장질환이나 다른 질병이 의심될 때에는 심전도나 혈액검사가 요구된다.

치료방법

- 폐수종의 치료로는 과잉 저류된 수분을 제거하기 위해 이뇨제를 사용하는 내과적 요법을 실시한다. 호흡곤란이 심각하다면 산소흡입을 실시한다.
- 심장 및 그 외의 장기에 이상이 있다면, 치료를 병행한다. 특히 승모판폐쇄부전과 같은 심장질환이 있을 때에는 기침을 가라앉히기 위한 장기적인 내과적 치료가 요구된다.
- 급성 폐수종은 호흡곤란에 이어 사망까지 이어질 가능성이 높기 때문에, 증상이 보이는 즉시 응급처치가 필요하다.

6절 흉부의 질병

1 기흉

■ 기흉

상처나 폐렴 등의 병 때문에 흉막강내에 불필요한 공기가 저류되어 호흡곤란상태에 빠지는 질환이다.

증 상

- 호흡이 가빠져서 호흡이 곤란해진다. 이 상태의 개는 흉곽을 넓히고 호흡을 하려고 하기 때문에, 평소보다 흉곽이 커 보일 수 있다.
- 원인에 따라서 침이나 객혈, 토혈 등의 증상을 보이기도 하며, 흉부에 통증을 느끼고 만지거나 움직이게만 해도 거부하는 동작을 취한다.

원 인

- 폐는 늑골로 쌓인 흉곽의 안에 들어있으며, 외계로부터 보호받고 있다. 흉강은 보통 완전히 밖과는 분리되어 있어서, 기관만이 그곳에서 밖으로 나와 공기의 출입구 역할을 하고 있다. 다른 개와의 심한 싸움, 총탄 또는 교통사고 등에 기인되는 천공성 손상에 의해 공기가 흉강 안으로 침입하여 폐가 정상적인 호흡으로 넓어지는 것을 방해하게 된다.
- 기관이나 폐는 상처나 기침에 의한 충격으로 손상되거나 폐렴, 기관지염에 의해서도 조직이 물러져서 손상되는 경우가 있다. 이때에도 공기가 흉강 안으로 들어와 정상적인 호흡으로 폐가 넓어지는 것을 방해받는다.
- 이처럼 흉강에 공기가 차서 폐가 충분히 커지지 못하고 호흡곤란을 일으키는 질병을 기흉이라고 한다.

진단 · 치료

진단방법

- 호흡이 빠르고 가빠지는 증상을 보이며 흉벽의 외상 또는 늑골 골절이 있는지를 관찰하고 청진, 타진을 실시한다. X선 검사를 실시하면 보다 정확하게 진단할 수 있다.

치료방법

- 증상이 극히 가벼운 경우에는 개를 안정시키는 것이 제일 중요하며 내과적 요법을 실시한다.
- 하지만 증상이 심각하고 호흡하는 데 노력이 필요한 상태일 때는 주사침으로 흉강 안에 찬 공기를 제거해야 한다. 공기가 지속적으로 유입되었을 때는 음압을 가하여 공기를 빼내고 봉합한다.
- 호흡곤란 상태가 심하면 산소흡입을 실시한다. 동시에 다른 전신증상의 치료도 해야 한다. 외상에 의한 큰 손상시 외과수술이 필요하며, 흉막강에 세균감염이 의심된다면 항생물질을 투여한다.

2 횡격막허니아

■ 횡격막이 파손되어 장기가 밀려나온다.

주로 부상의 충격으로 횡격막이 망가지거나 찢어져서 복부의 장기가 구멍을 통해 흉부쪽으로 밀려나오게 된다. 허니아란 원래 구멍이 없는 곳이 찢어져서 그곳으로 장기가 나오는 것을 의미한다.

증 상

- 횡격막허니아는 선천적인 것과 외상에 기인되는 파열에 의한 경우가 있다. 허니아의 정도나 부상에 따라 증상이 다르며 가벼운 경우에는 증상이 나타나지 않을 수도 있다.
- 이 질병은 대부분 사고에 의한 부상의 결과로 일어나지만, 상처가 거의 치유되어도 증상이 나타나지 않고, 훨씬 나중에 허니아가 발생하거나 평생 증상이 확연히 나타나지 않는 경우도 있다.
- 심각한 경우에는 사고 직후부터 매우 심각한 호흡곤란 상태를 보인다. 앞발을 뻗고 으르렁대거나 거친 호흡을 반복하며 서 있지 못하는 경우가 있다. 이같은 증상을 보이면 한시라도 빨리 치료를 받아야 한다.
- 만성시에는 식욕부진, 운동 후의 기침, 피로 등 만성 호흡기질환과 유사하다.

원 인

- 앞에서 말했듯이 이 질병은 거의 사고에 의한 외상으로 생긴다.
- 횡격막 파열에 의해 복강 장기가 흉강으로 진입된 상태를 횡격막허니아라 한다.
- 흉강의 안에 다른 장기가 들어가면 폐와 심장이 압박을 받고, 또 횡격막이 없기 때문에 반대로 흉강의 긴장이 풀어져서 호흡곤란이나 그 외의 증상이 나타난다. 복부의 위, 장, 간장 등의 장기가 가슴 내부로 밀려나오기 때문에, 허니아 구멍에 의한 압박을 받아서 구토나 복통, 설사의 증상을 나타내는 경우가 있다.

진단 · 치료

진단방법

- 사고의 내용이 확실하다면 증상을 보거나 청진기로 진단을 해서 쉽게 횡격막허니아의 가능성을 알 수 있다. 또 X선 검사로 허니아의 정도나 어떠한 기관이 관련한 허니아인가를 어느 정도 예측할 수 있다.

치료방법

- 사고로 허니아가 일어난 후 오랜 시간이 지나서 특별한 증상이 없을 때에는 그대로 방치해 두어도 문제가 되지 않는다.
- 하지만 검사로 확실히 허니아가 확인되고 구토나 호흡곤란 증상이 나타날 경우에는 즉각적으로 외과 수술을 실시해야 한다. 단 흉강의 수술은 어떠한 종류의 수술이라도 위험하다는 사실을 알아두어야 한다.

3 흉막염

■ 흉막이 염증을 일으킨다.
가슴의 내부를 감싸고 있는 흉막에 염증이 발생된 상태로, 증상이 계속되면 호흡곤란을 보이며, 사망에 이를 수 있다.

증 상

- 가벼울 때는 호흡이 조금 거칠어지는 변화 밖에 일어나지 않는다. 하지만 증상이 심각해지면 앞발을 뻗는 자세로 호흡을 하고, 운동을 싫어하게 되며 호흡곤란 증상을 일으키게 된다.
- 가끔 기침도 하지만 별다른 질병이 없고 흉막염에만 걸렸을 때에는 다른 호흡기 질환처럼 콧물이 나지 않는 것이 특징이다.
- 병이 더 심각해지면 발열을 일으키며, 식욕이 없어지고 원기도 소실된다. 호흡곤란이 심해져 증상이 악화되면 사망에 이를 수도 있다.

원 인

- 흉막이란 흉강 안쪽을 감싸고 있는 막을 말한다. 이 흉막의 일부 내지는 전부가 염증을 일으키는 것이 흉막염이다.
- 이 주요 원인은 바이러스나 세균, 진균 등의 감염을 생각할 수 있다. 세균의 경우는 다양한 종류가 병인이 되지만, 바이러스의 경우는 주로 개전염성간염바이러스가 원인이 된다
- 흉부의 외상, 흉강 내의 종양, 폐렴 등도 흉막염의 원인이 된다.

진단 · 치료

진단방법

- 흉막염 특유의 증상을 보이면 가슴의 청진이나 타진 등을 실시해서 진단을 한다. 동시에 흉부 X선 검사를 실시하고 다른 질환이 없는지 확인한다.
- 흉막염이 진행되어 흉강 내부에 삼출액이 찬 상태가 되면, X선 검사로 이 질병임을 확실히 진단할 수 있다.

치료방법

- 이 병은 발열 등을 발병하는 경우도 있기 때문에 전신적인 내과적 요법을 실시한다. 흉강내에 저류하고 있는 삼출물을 흉강천자를 하여 배농시킨다.
- 장기간의 치료를 요하며 환자의 절대 안정이 필요하다.

애견의 건강생활 캘린더

관리 간격	필요한 관리
매일	· 영양가 있고 균형 잡힌 식사를 하게 한다. · 산책을 한다. · 개의 식욕, 기운, 태도 등을 관찰한다. · 털의 종류에 맞는 관리(브러싱 등)를 실행한다. · 눈꼽이 붙어 있으면 떼어낸다. · 변(가능하다면 소변도)의 상태를 관찰한다. · 이빨의 상태를 관찰하고 칫솔질을 한다(특히 소형견).
매주	· 털을 빗으면서 이, 벼룩 등의 외부 기생충이 있는지 관찰한다.
한 주 간격	· 발톱의 길이를 봐서 필요하다면 조심해서 자른다. · 필요하면 몸 전체를 씻긴다.
매월	· 유선에 응어리가 없는지 확인한다(유방암 예방). · 몸 전체를 쓰다듬으면서 응어리가 없는지 확인한다(몸 외부의 종양 예방). · 입안에 응어리나 궤양이 없는지 확인한다(구강 종양의 예방). · 귀를 가볍게 청소한다. · 체중을 잰다. · 몸 전체를 씻긴다 · 심장사상충 예방약을 먹인다(하기).
2~3개월 간격	· 스패니얼, 시츄, 푸들 등의 털이 긴 견종은 털을 깎아준다.
6개월 간격	· 중년(6세) 이하의 개는 건강진단을 받는다. · 수의사에게 변을 가져가서 회충 등의 내부 기생충이 없는지 확인한다.
매년	· 전염병 예방 백신을 접종한다. · 건강진단을 받는다.

제8장 소화기 질병

개의 소화기 구조

동물은 매일 음식을 소화하여 이것을 살아가기 위한 에너지로 바꾼다.
이를 실시하는 입부터 항문까지의 일련의 기관을 소화기라고 한다.
사람이 몸의 상태가 흐트러지면 소화기 질병에 걸리는 것처럼
개도 같은 이유로 소화기 질병에 감염된다.

제8장 소화기 질병

1절 개의 소화기 구조

체내의 모든 세포들이 정상적인 기능을 수행하기 위해서는 영양분이 필요하기 때문에 동물은 항상 음식물을 섭취해야 한다. 동물은 매 번 섭취한 음식물을 위와 장에서 흡수될 수 있도록 물리적 또는 화학적으로 변화시키는데, 이와 관련된 일련의 과정을 소화라 하고, 그 목적을 달성하기 위해 체계를 이룬 기관들을 소화기계라고 한다. 즉 소화기계는 외부로부터 식품을 섭취하고 흡수하여 영양소를 얻고, 이것을 이용하여 생명을 유지해 나가도록 하는 역할을 한다.

소화기관은 섭취한 음식물을 분해하고 흡수한 후 불필요한 찌꺼기는 분변을 만들어 체외로 배설하는 기능을 맡아 보는 기관으로, 구강, 인두, 식도, 위, 소장, 대장 등의 소화관과 타액선, 간장, 췌장 등의 소화선으로 구성되어 있다.

소화란 음식물 중에 포함되어 있는 영양소가 혈액이나 림프에 흡수될 수 있도록 작은 분자로 분해되고 나머지는 분변으로 배설될 수 있도록 하는 것으로, 기계적 소화와 화학적 소화의 2가지로 구분된다. 즉 기계적 소화는 소화관의 운동에 의해 음식물을 잘게 부수어 소화액과 골고루 섞이게 하면서 소화관의 말단으로 수송하는 것이고, 화학적 소화는 기계적 소화가 이루어지고 있는 내용물에 소화효소가 작용하여 분해 및 흡수되기 쉬운 물질로 변화시키는 것이다. 또 흡수는 소화에 의하여 분해된 산물인 영양소가 소화관의 점막을 통해 혈액이나 림프로 이동되는 현상이다.

1 구강(oral cavity)

구강은 소화관의 첫 관문으로, 발성기관의 역할도 맡고 있다. 구강은 음식물을 잘게 부수고 섞어 위장에서 소화가 용이하도록 돕는 역할을 한다.

구강의 구조물들은 치아와 침을 분비하는 타액선들이 있으며 치은은 상 · 하악골의 치조 표면과 치경을 싸고 있는 점막으로 골막에 밀착되어 있다. 치아는 상 · 하악골의 치조에서 구강 내로 돌출되어 있는 것으로, 음식물을 씹는 일을 한다. 이 저작에 의해 음식물이 부드러워지고, 표면적이 넓어져 소화액의 작용이 신속하고 강력하게 미치게 된다.

치아는 치은 밖에 노출되어 있는 치관, 치조에 박혀 있는 치근, 치은에 덮여 있는 치관과 치근 사이의 잘록한 치경의 3부분으로 나누어진다. 이 중 치근은 대개 한 가닥으로 되어 있으나 위 큰어금니만은 두 가닥으로 나누어져 있고, 그 첨단에 있는 구멍을 통해 치아의 내부로 혈관과 신경이 출입한다. 치아에 의해 잘게 부서진 음식물은 다시 타액선에서 분비되는 타액(침)에 의하여 화학적 분해가 일어난다. 타액을 분비하는 타액선은 외분비선으로, 이하선, 악하선, 설하선이 있다.

구강의 소화는 기계적 소화와 화학적 소화로 구분한다.

① 기계적 소화에는 흡인, 저작, 연하의 3가지가 있다.

② 화학적 소화는 주로 타액에 의해서 이루어진다.

[그림 1] 개의 소화기

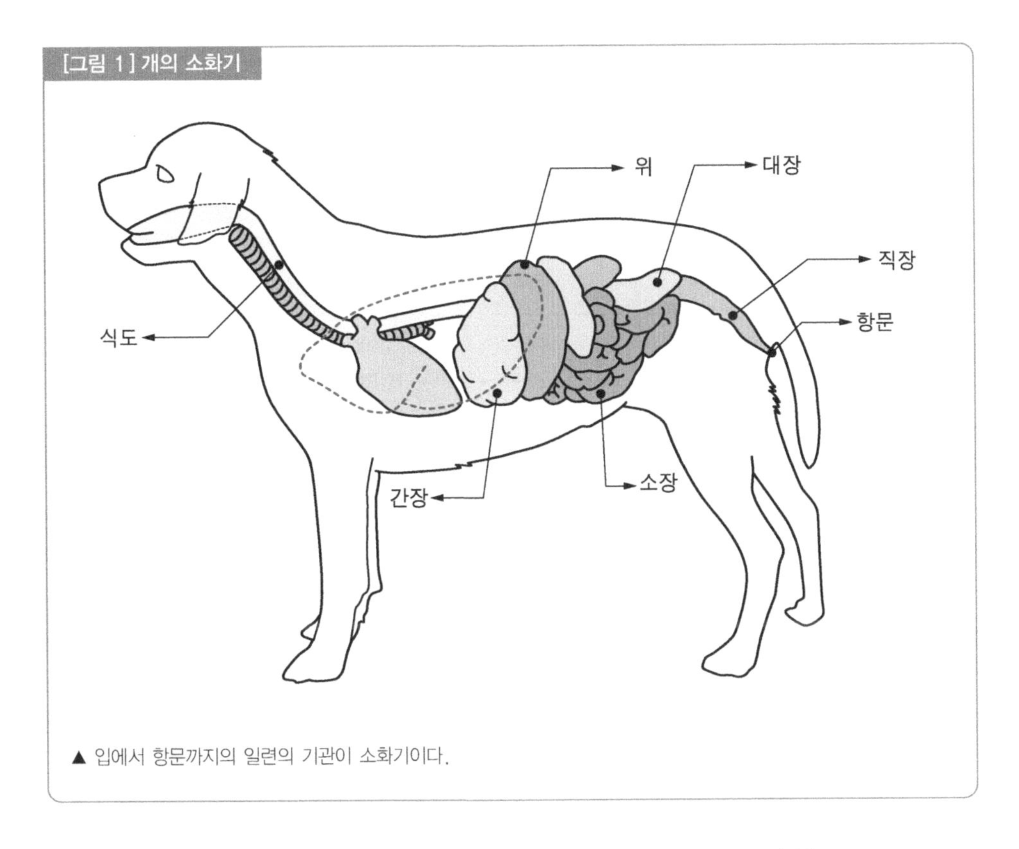

▲ 입에서 항문까지의 일련의 기관이 소화기이다.

[표 1] 개의 치식

		전체수
유치	$I\frac{3}{3}\ C\frac{1}{1}\ P\frac{3}{3}$	28
영구치	$I\frac{3}{3}\ C\frac{1}{1}\ P\frac{4}{4}\ M\frac{2}{3}$	42

[표 2] 여러 동물의 치아 수

					전체수
개	$I\frac{3}{3}$	$C\frac{1}{1}$	$P\frac{4}{4}$	$M\frac{2}{3}$	42
말	$I\frac{3}{3}$	$C\frac{1}{1}$	$P\frac{3\sim4}{4}$	$M\frac{3}{3}$ (♂)	42~44
	$I\frac{3}{3}$	$C\frac{0}{0}$	$P\frac{3\sim4}{3}$	$M\frac{3}{3}$ (♀)	32~34
토끼	$I\frac{2}{1}$	$C\frac{0}{0}$	$P\frac{3}{2}$	$M\frac{3}{3}$	24
사람	$I\frac{2}{2}$	$C\frac{1}{1}$	$P\frac{2}{2}$	$M\frac{3}{3}$	32

치아는 좌우 대칭으로 나기 때문에 치식은 한쪽만 표시되어 있다.
I : 앞니　C : 송곳니　P : 작은 어금니　M : 큰 어금니

[그림 2] 치아의 구조

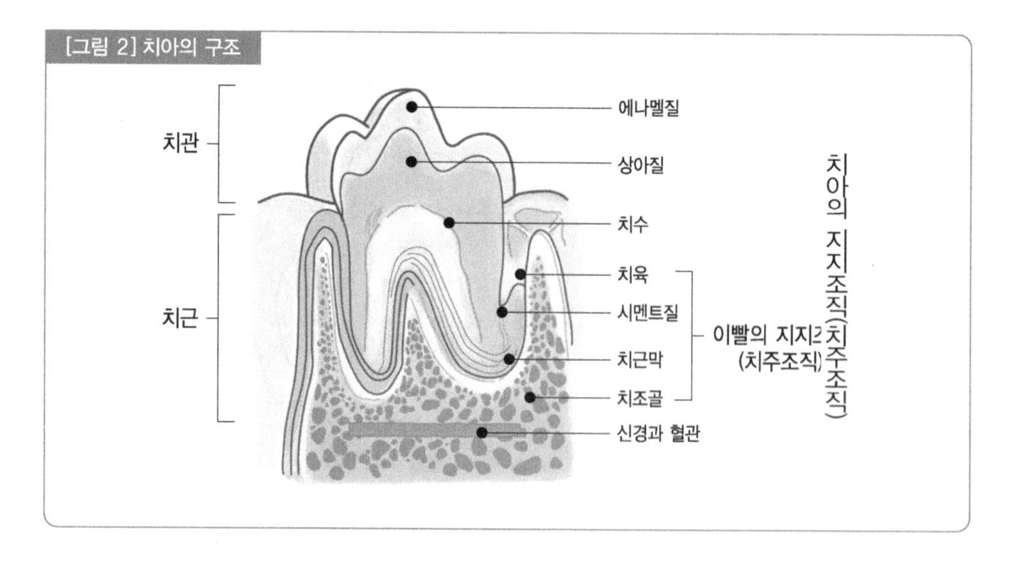

2 인두(pharynx)

인두는 깔때기 모양의 근육성 기관으로, 넓은 인두강은 고실, 비강, 구강, 후두 및 식도와 통한다. 즉, 인두는 소화관과 기도의 교차부로, 음식물과 공기의 통로이다.

3 식도(esophagus)

식도는 인두와 위 사이를 연결하는 앞뒤로 편평한 근육성 기관이다. 식도는 인두 하단에서 시작하여 내려가다가 좌기관지와 교차해서 흉추 앞을 수직으로 하행하여 횡격막의 식도열공을 지나 복강에 이르러 위의 분문에 연결된다. 점막의 상피는 중층편평상피이고, 근층은 내륜, 외종의 근섬유로 이루어지는데, 상부는 골격근, 하부는 평활근이며, 외막은 섬유성 막으로 쌓여 있다.

4 위(stomach)

위는 소화관 중에서 가장 넓은 부분으로, 식도를 통해 들어온 음식물을 약 3~4시간 동안 머무르게 하면서 위점막세포가 분비하는 위액으로 어느 정도 소화시킨 후 조금씩 소장으로 내려보내는 주머니 모양의 기관이다.

위의 점막은 단층 원주상피로 되어 있고, 많은 주름과 위선이 있다. 위선에는 분문선, 유문선, 고유위선이 있지만 소화액을 분비하는 것은 고유위선이다. 고유위선은 위저에서 위체에 걸쳐 관찰되며, 위선의 주체가 되는 것으로 펩신을 분비하는 주세포, 염산을 분비하는 벽세포, 점액을 분비하는 점액경세포로 되어 있다.

위의 기능은 위 내로 들어온 음식물을 기계적, 화학적으로 소화하여 장으로 보내는 것이다.

① 기계적 소화는 위의 연동운동에 의해 이루어진다.

② 화학적 소화는 위선에서 분비되는 위액이 음식물을 소화시키는 것이다.

[그림 3] 개의 위

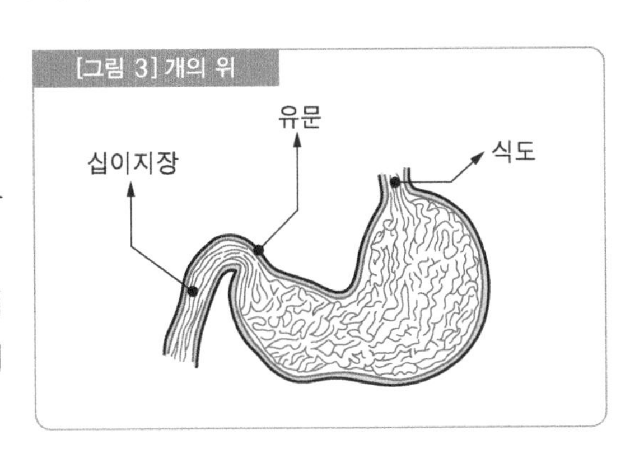

5 소장(small intestine)

소장은 위의 유문에서 시작하여 복강 내를 굴곡하며 대장에 이르는 원주상의 긴 중강성 기관으로, 간장과 췌장에서 분비되는 소화액을 받아들여 사실상 모든 소화 기능이 완료되고, 또 거의 모든 영양소가 혈액 내로 흡수된다.

소장은 십이지장, 공장 및 회장으로 나뉜다.

① 십이지장은 위의 유문에서 시작하여 공장으로 이행된다. 하행부에는 췌관과 총담관이 개구하여 췌액과 담즙을 소장 내로 분비한다.

② 공장은 십이지장의 연속으로, 소장 길이의 약 2/5를 차지하며, 뚜렷한 경계 없이 회장에 이행된다. 공장은 회장에 비하여 굵고(약 4센티미터), 벽이 두꺼우며, 훨씬 붉게 보인다.

③ 회장은 공장의 연속으로, 소장 길이의 약 3/5을 차지하며, 맹장에 개구한다. 회장은 공장보다 가늘고, 벽이 얇다.

소장의 소화 기능도 기계적 및 화학적 작용으로 이루어진다.

① 소장의 기계적 소화는 연동운동, 분절운동 및 진자운동에 의해서 이루어진다.

② 소장의 화학적 소화는 담즙, 췌액 및 장 분비액에 의해 이루어지는데, 췌액의 소화력이 가장 강하다.

6 대장(large intestine)

대장은 회장의 연속으로, 물의 흡수가 왕성하고, 장내의 세균이 내용물을 부패시키며, 남은 찌꺼기(분변)는 항문을 통해 체외로 배설한다.

대장은 맹장, 결장 및 직장으로 나뉜다.

[그림 4] 개의 대장

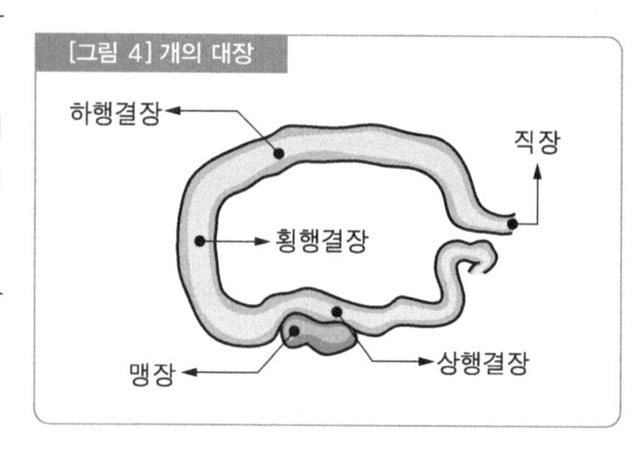

① 맹장은 장 중에서 가장 굵고 회장과 통하는 회맹구에는 2개의 판막으로 된 회맹판이 있어 대장의 내용물이 역류하는 것을 막는 역할을 한다.

② 결장은 대장의 대부분을 차지

한다.

③ 직장은 항문에 개구한다.

대장의 소화 기능은 주로 기계적 소화이고, 화학적 소화는 거의 일어나지 않는다.

7 간장(liver)

간장은 횡격막의 바로 아래, 복강의 우측 상부에 위치하고 있으며, 전신의 선 중에서 가장 큰 적갈색의 비교적 무른 실질성 기관이다.

간장은 소화선으로, 소화와 흡수에 관계할 뿐만 아니라 흡수된 물질을 처리(합성, 분해, 저장)하는 신체의 화학공장이라고 할 수 있는 기관이다. 이러한 간장의 기능은 다음과 같다.

① 담즙의 생성과 분비 : 지방의 소화와 흡수에 중요한 작용을 하는 담즙을 생성하고 분비한다.

② 적혈구의 파괴 : 파괴된 적혈구로부터 유래된 빌리루빈은 담즙의 생성에 이용된다.

③ 글리코겐의 저장 : 혈액 중에 당분이 증가하면 간장은 그 당분을 글리코겐으로 바꾸어 저장한다.

④ 단백질의 합성 : 간장은 흡수된 아미노산을 생체에 필요한 단백질로 합성한다.

⑤ 지방의 대사 : 간장은 지방을 저장하고 이용할 수 있는 준비를 갖춘다.

⑥ 지용성 비타민을 저장한다.

⑦ 해독 작용 : 간장은 체내에 들어온 유해물질을 분해하여 해독하거나 담즙 속에 배설하여 제거한다.

⑧ 순환 혈액량의 조절 : 간장은 항상 다량의 혈액을 저장하고, 필요에 따라 방출해서 순환 혈액량을 보충한다.

⑨ 혈액 성분의 생성 : 소장에서 흡수된 아미노산을 합성하여 혈장 중의 피브리노겐과 알부민을 만든다.

⑩ 혈액 응고를 방지하는 헤파린을 합성한다.

⑪ 요소, 요산의 생성 : 혈액 중의 단백질 분해산물인 암모니아를 요소, 요산으로 바꾸어 신장으로 배출한다.

⑫ 체온 발생 : 간장은 골격근 다음으로 체온을 많이 발생하는 기관이다.

담낭

담낭은 담즙을 일시 저장하고, 농축시키는 통통한 가지 모양의 주머니로 간장의 하면에 붙어 있다. 길이 7~10cm, 부피 30~50㎖, 담낭의 전측은 크게 전복벽에 접하고, 후측은 가늘어져 한 개의 담낭관(4cm)이 되어 총담관에 합쳐진다.

담낭은 점막과 평활근층으로 되어 있고, 하면은 장막에 쌓여 있다.

8 췌장(pancreas)

췌장은 내 · 외분비 기능을 겸비한 큰 소화선으로, 위장의 후측에 가로놓여 있는 회백색의 삼각주 모양인 무른 기관이다.

췌장의 실질은 외분비부와 내분비부로 나누어진다. 외분비부는 소화액인 췌액을 분비하는 세포 집단으로 췌장 전체에 존재하고, 그 배출관인 췌관은 췌미에서 시작하여 실질 중간을 우측으로 진행하면서 췌액을 모으며 췌두를 나와 바로 총담관과 같이 십이지장에 개구한다.

그리고 내분비부는 랑게르한스(Langerhans) 섬인데, 외분비부보다 훨씬 분량이 적고 약 100만개 정도가 있다. 이 곳에서는 탄수화물 대사조절에 필요한 인슐린과 글루카곤 등의 호르몬을 분비한다.

복막

복막은 복강의 내벽과 대부분의 복부 내장의 표면을 싸고 있는 얇고 투명한 장막이다.

구강의 질병

1 치은염/치주염(Gingivitis, Alveolitis)

증 상

- 과다한 치석으로 인해 입냄새가 나며, 이가 누렇게 되고 잇몸이 붓고 피가 나는 경우가 자주 발생한다. 또한, 사료를 잘 씹지 못하거나 호흡이 가쁘고 침을 많이 흘리기도 하고 입주변이 지저분하고 입을 만지지 못하게 하는 경우도 있다.
- 젖니(유치)가 빠지지 않은 채로 있으며 영구치가 흔들리는 경우도 자주 발생한다.

원인

- 음식을 먹으면 세균막인 플라그가 치아에 형성되는데, 이를 닦지 않을 경우 계속해서 플라그가 치아에 부착되고 딱딱하게 굳어 잇몸질환의 원인인 치석으로 변한다.
- 치석으로 잇몸이 상하면서 주저앉고 치근이 노출되면서 치아를 고정시키는 턱뼈가 망가져 결국 치아를 잃게 된다.
- 치아주위 염증은 치아의 손상뿐 아니라 세균이 혈액을 타고 전신에 퍼져 심장병, 신장염, 간염, 관절염 등의 원인이 된다. 치석을 오래 방치하면 잇몸염증(치은염)의 원인이 되며, 염증이 생긴 잇몸은 붉게 부어 오르거나 피가 난다.
- 치은염의 경우 대부분 보호자들이 그냥 무시하는 경향이 있어서 치료시기를 놓치는 경우가 많은데 치은염을 치료하지 않고 방치하면 5, 6세 전후에는 치아를 고정시켜주는 뿌리까지 손상되는 치주염으로 발전하게 되고, 이가 빠지거나 전혀 씹을 수 없는 단계가 된다.
- 질환의 진전은 치아에서 끝나는 것이 아니라 감염된 세균이 혈관을 타고 침입하게 되면 심장이나 폐, 간, 신장 등에 치명적인 손상을 입게 된다.

치료 및 예방

- 어릴 때부터 이닦기를 훈련시켜 일주일에 두세 번 닦아 줌으로써 플라그 형성을 늦춰 주고 정기적인 스켈링을 해야 한다.
- 씹는 장난감이나 딱딱한 건조사료는 치석을 줄이고 이갈이를 도와 준다. 또한 건조사료는 젖니갈이에도 도움을 준다.

- 유치는 생후 6, 7개월까지 영구치로 바뀌는데 그 후 빠지지 않은 유치가 있으면 영구치와의 사이에 음식물이 끼어 충치의 원인이 될 수도 있으므로 반드시 빼 주어야 한다.
- 정기검진을 통해 조기에 정확한 진단과 치료를 받는 것이 중요하므로 적어도 3, 4개월마다 정기적으로 진료를 받아야 한다.
- 개의 경우 4~6개월 사이에 유치가 빠지고 영구치가 자라는데, 이때 형성된 영구치는 애견이 생명을 다하는 날까지 음식물 소화에 한 역할을 하게 되는 것이다.

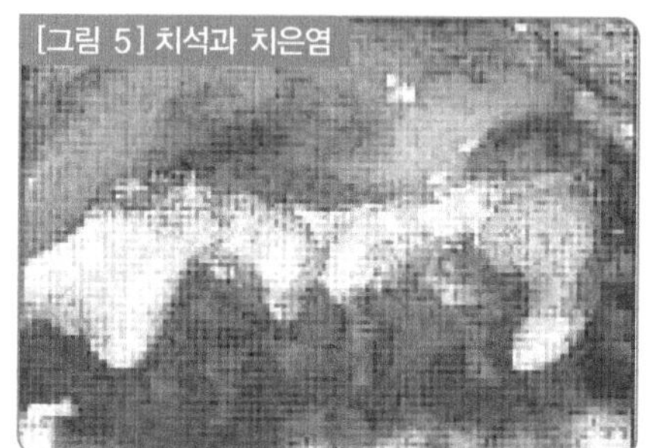
[그림 5] 치석과 치은염

2 구내염 / 구순염(stomatitis / cheilitis)

증 상

- 구내염, 구순염에 걸린 개들은 잇몸이 붓거나 짓무르며, 구강안에 이상한 냄새가 나는 경우가 많다. 구내염은 환부에 발진이 생기며 붓거나 짓무르고 얇은 막이 표면에 붙어 종양이 되기도 한다. 또한 침을 많이 흘리거나 입냄새가 심하게 나기도 한다.
- 때로는 전신성의 병이 원인으로 식욕부진이나 미열 등의 증세도 나타난다. 이런 경우는 구강 안의 염증은 전신질병의 한 소견이고 1차적 원인인 전신질병이 더 심각한 병말을 초래할 수 있다.
- 구내염에 걸린 개는 때때로 입 주위를 발로 할퀴는 동작을 하기도 한다. 한편 구순염의 경우에는 통증과 가려움증을 동반하기 때문에 개가 거북해서 자주 입 주위를 핥다가 털이 빠지거나 악취가 난다.

원 인

- 강아지의 입안, 입술의 상처 때문에 염증이 생겨 일어나는 경우가 많다.
- 구내염은 입안 점막에 생긴 염증을 총칭하는데, 그 원인이 매우 다양하다. 개는 다양한 것들을 입에 넣는데, 그 중 뾰족한 이물때문에 입안 점막에 상처가 나 구내염으로 발전하기도 한다.
- 그 밖에 당뇨병, 비타민 부족, 감염증, 신장병 등의 원인인 경우도 있으므로 충분

한 주의가 필요하다.
- 치육염이나 치주병도 구내염을 일으키는 원인이 될 수 있다.
- 입술에 염증이 생기는 구순염은 개에게만 발견되는 병이다. 입술의 상처, 자극물과의 접촉, 알러지 등으로 염증이 생긴 곳이 세균에 의해 2차 감염되어 발생한다. 구내염은 모든 견종이 유발될 수 있으며, 구순염은 코커스패니얼, 시추, 퍼그 등 단두종이나 세인트버나드같이 입술이 처진 견종에 다발한다.

치료 및 예방

- 구강 안의 염증을 치료하며 입 안을 청결하게 한다. 구내염은 원인이 무엇이냐에 따라 치료법이 달라진다. 원인이 세균감염일 때는 항생제로 염증을 치료하고, 치주병이 원인인 경우에는 염증치료와 함께 각각의 원인에 맞는 치료를 병행한다.
- 구순염은 항균성 비누로 환부를 잘 씻는 것이 중요하다. 자극이나 알러지가 원인인 경우는 식물이나 플라스틱 식기 등 병을 일으킬 수 있는 물건을 가능한한 개로부터 떼어 놓는다.
- 구내염이나 구순염은 항상 입 안을 청결하게 하는 것이 예방과 직결된다.

3 충치(Cavity/Plug)

증 상

- 통증이 심하지 않으므로 초기 발견이 어려우며 증상이 악화되면 신경이 손상되기도 한다. 치아의 손상에 의하여 쉽게 빠지게 되며, 치아가 빠지게 되면 음식물의 저작기능이 떨어져 소화기능이 감소하기 때문에 건강에 영향을 줄 수 있기 때문에 건강한 치아의 관리가 필요하다.

원인

- 확실한 병원체는 확인되지 않고 있으나 입 속에 있는 균에 인해 발병하는 것으로 알려져 있다. 규칙적인 양치질을 하지 않거나 사료 이외의 음식을 제공하는 경우에 충치가 자주 발생한다. 규칙적인 양치질과 정기적인 스케일링으로 치석의 제거를 통하여 충치를 예방할 수있다.

치료 및 예방

- 충치를 뽑아내고 소독을 하며 부드러운 음식물을 제공하고 반드시 수의사의 진료를 받는다.

4 편도선염(Tonsilitis)

증 상

- 허약 체질이 되며 잘 먹지 못하며 털에 윤기가 없어진다.

원인

- 만성 인후두염이 진행되어 염증이 생기는 것이 원인인 경우가 많으며 세균감염도 원인이 된다.

치료 및 예방

- 소량의 과산화수소수로 입안을 닦아주며 수의사에게 진료 후 전문적인 치료를 받아야 한다.

5 거대식도증(megaesophagus)

거대식도증은 식도가 크게 늘어난 상태로 식도가 정상적으로 기능하지 못하고 먹은 것을 위까지 잘 운반할 수 없다. 거대식도증에 걸린 개들은 식도의 연동운동이 일어나지 않아 음식물을 위로 운반하기 어렵기 때문에 적절한 조치를 취하지 않으면 음식물의 정체로 인한 2차적인 장애가 유발될 수 있으며, 유전성의 병으로 알려져 있다.

증 상

- 이 병의 특징은 물이나 음식을 날리듯이 토한다. 특히 주의해야 할 것은 토할 때 음식의 일부가 폐로 들어가 오연성의 폐렴을 일으키는 경우가 많다는 점이다. 일반 폐렴과 마찬가지로 열이나 기침때문에 죽게 되는 경우도 있다.

원인

- 원인 불명의 돌발성인 경우와 어떤 질병이 원인으로 일어나는 경우가 있다. 이유 직후의 강아지가 딱딱한 것을 토하는 경우는 선천적으로 심혈관계의 이상이 있어서 식도에 먹은 것이 엉겨 붙어서 통과하기 어렵다는 예가 많다. 또 식도염이나 식도협착, 식도종양, 식도에 들어간 이물 등이 원인인 경우도 있다.

치 료

- 혈액 검사, X선 검사 등으로 원인을 찾지만 그 중에서도 바륨에 의한 조영 X선 검사가 효과적이다. 조영제를 사용한 X선 검사로 식도가 커져서 가스가 찬 것을 관찰할 수 있으며, 이 질병과 자주 유발되는 흡인성 폐렴의 여부도 함께 알아보는 것이 치료에 도움이 된다.
- 원인이 되는 병을 알게 된 경우는 그 치료를 한다. 또 선천적인 혈관이상은 그 부분을 절개하여 치료한다. 다만 이 병에 걸리면 경과가 좋지 않고 70~80퍼센트의 개가 죽게 된다. 특발성인 경우는 좋은 치료법이 없기 때문에 서서 식사를 먹게 하고 음식이 식도에서 위로 순조롭게 운반되도록 하여야 한다. 또 식사는 삼키기 쉬운 것으로 하는 것이 중요하다. 개의 앞 발을 상자나 계단의 단상에 걸치게 하고 머리를 높은 위치로 들어서 먹이를 준다(그림 6). 또한 가능하면 다 먹은 후에 15~30분 정도를 머리를 45도에서 수직인 상태로 둔다.
- 이 질병에 의한 사망의 직접적인 원인은 주로 흡인성 폐렴이기 때문에 음식물 급여시에 각별한 주의가 필요하며, 흡인성 폐렴이 유발된 것으로 의심되면 즉시 수의사의 전문치료를 받아야 한다.

예 방

- 식사 내용을 바꿀 때는 조금씩 상태를 살피면서 주며 한번에 많이 먹게 하지 않도록 한다. 사료를 바꾸어야 될 때는 갑자기 바꾸지 말고 기존 사료와 새로운 사료를 배합하여 조금씩 새로운 사료에 적응하게 하여 바꿔 주어야 한다. 또한 유전적인 요인이 강하기 때문에 질병을 가진 개와 번식을 하지 않도록 주의한다.

[그림 6] 거대식도증에 걸린 개의 식사주는 법

개사료는 일단 더운 물에 불려서 주면 소화도 잘 되고 잘 토하지도 않게 된다. 개의 앞발을 상자 위나 계단에 걸치게 하고 얼굴을 위로 향하게 하여 식사를 준다. 식후에 15~30분 머리를 높게 하여 둔다. 길쭉한 상자 속에 개를 세워두는 것도 좋은 방법이다. 소형개라면 개를 세워서 안고 있어도 좋다.

▲ 거대식도증에 걸린 개는 머리를 위로 쳐들게 하며 음식을 준다.

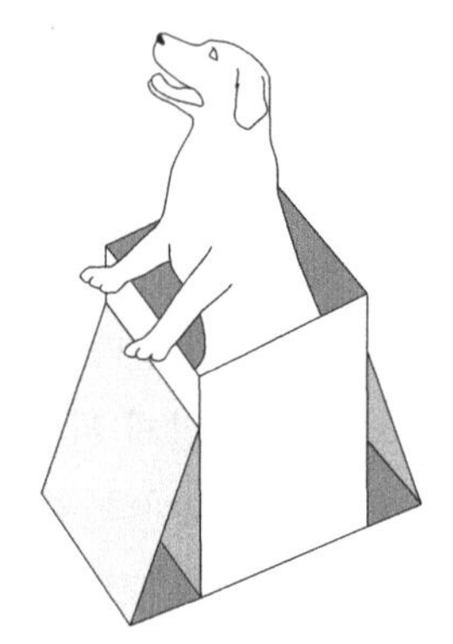

▲ 다 먹은 후 약 30분 정도는 가늘고 긴 상자 안에 넣어 두면 좋다.

3절 위와 장의 질병

1 급성위염(Acute gastritis)

■ 계속 구토를 한다.

위의 점막에 염증을 일으키는 질병이다. 급성위염에 걸리면 개는 몇 번이고 반복해서 구토를 한다.

증 상

• 위의 내용물을 반복해서 구토한다. 물을 자주 마시고 구토를 반복하는 경우도 있

다. 그 결과 체내에서 수분이 소실되어 탈수증상을 일으킨다. 또 토한 물질 안에 피가 섞이는 경우도 있다.

원 인

- 부패한 음식물이나 독물, 독소, 풀, 나무, 쓰레기 등의 이물이 원인으로 급성위염이 일어난다. 이들 원인이 위의 점막을 자극하면 연수에 그 신호가 보내져 반사적으로 구토를 하게 된다.
- 상한 음식을 몇 번이나 먹은 경우에는 세균이나 독소 등이 복잡하게 관계한다. 증상이 심할 때에는 사망하는 경우도 있다.
- 농약이나 살충제, 살서제, 납, 부동액 등은 모두 독극물로 작용한다.
- 급성위염의 원인이 되는 식물은 협죽도, 포인세티아, 히야신스, 수선화 등의 독소를 가진 것을 들 수 있다. 또 아스피린, 인도메타신 등의 소염제에 의하여 위염이 유발되기도 한다.
- 구토의 횟수가 늘면 물을 마시는 횟수도 증가하여 이것이 또 구토로 연결된다. 그 결과로 개의 체내에서 수분이 빠져 나오게 된다.

진단 · 치료

진단방법

- 이 질병의 진단은 추정에 의한 것이 대부분이다. 드물게 위수술을 하는 도중에 진단하는 경우도 있다. 하지만 최근에는 내시경으로 위의 점막을 촬영하고, 그 점막의 일부를 취해서 조사하는 내시경검사가 보급되기 시작했다. 이러한 검사로 정확한 진단을 내릴 수 있게 되었다.
- 진단의 포인트로는 증상과 복부의 촉진, X선 검사가 중요하다. 촉진으로는 위염이 있으면 배를 만지면 개는 매우 싫어한다.

치료방법

- 치료는 구토와 토출(반사적인 토출)을 구분하는 것부터 시작한다. 그리고 구토로 어느 정도의 수분을 잃느냐를 측정하는 것이 치료의 중요한 포인트가 된다.
- 비교적 체력이 있는 동물에게는 12시간의 절수와 24시간의 금식을 실시한다. 개가 물을 마시고 싶어 할 때에는 얼음을 조금씩 핥게 하는 것도 좋다.
- 치료방법은 원인에 따라 달라진다. 이물을 삼킨 경우는 우선 그 이물을 토해도 안전한지를 생각한다. 동전이나 구슬 같은 것이라면 토해도 문제는 없지만, 안전핀

이나 바늘같이 도중에 걸려서 식도에 상처가 나게 할 가능성이 있는 것은 토해서는 안된다.

- 이물을 먹은 것으로 판단될 때에는 수의사의 전문적인 진료와 진단을 즉시 받아야 한다. 경우에 따라서 이물을 제거하기 위한 개복수술이 필요할 수도 있다.
- 구토 중에 출혈을 보이는 경우에는 두 가지의 긴급한 문제가 존재한다. 어느 정도 혈액을 소실했느냐는 것과 출혈에 대해 동물이 생리적으로 어떤 반응을 하느냐는 것이다.
- 보통 위에서의 출혈은 언제 일어났는지 알기 힘들어서 출혈 전에 빈혈이 있었는지, 또는 다혈증이 있었는지를 알 필요가 있다. 이것은 시간을 두고 혈액검사를 실시하면 알 수 있다. 심각한 빈혈증상을 일으킬 때는 수액이나 수혈을 실시하는 경우도 있다.
- 구토가 계속되면 탈수증상이 일어나는 경우가 많기 때문에, 대부분의 경우 수액을 실시한다.

소화기 질병을 위한 음식물

개가 설사나 구토를 하는 소화기 질병에 걸렸을 때 치료 제1원칙은 절식과 절수이다. 언제까지로 기간을 정하느냐는 개의 상태를 보고 판단한다. 매우 건강하다면 24시간 절식과 12시간의 절수가 일반적이다. 만약 절수 중에 갈증을 호소한다면 얼음을 조금씩 녹이게 해도 좋다.

약해진 개에게는 반드시 수액(주사로 수분과 영양분을 투여)이 필요하다. 그 후 개의 상태에 따라서는 소화가 잘 되는 것(부드러운 것. 도그 푸드의 경우는 따뜻한 물에 불린 것)을 평소의 반 정도 분량을 준다.

식이요법에 쓰이는 음식은 거의 모든 동물병원에 있다. 이것은 처방식이라 불리며, 수의사의 처방이 필요하다. 처방식은 저지방식, 고탄수화물, 항알러지식 등으로 다양하며, 통조림이나 드라이 푸드의 형태로 처방된다. 식이요법에는 이 치료법을 이용하는 것이 가장 쉬운 방법이다.

하지만 처방식은 편식을 하는 개는 먹으려고 하지 않는 개도 있다. 그러한 경우에는 탄수화물(감자, 밥 등)을 중심으로 지방이 적고 섬유질이 많은 자가제조식을 만드는 것이 좋다.

먹이를 주는 효과적인 방법은 위에 부담을 주지 않도록 조금씩 몇 회로 나누어 먹이는 것이다. 만약 이렇게 먹을 것을 주어도 개가 구토나 설사를 한다면 매우 심각한 상태이다.

2 만성위염(chronic gastritis)

■ 자주 구토를 해서 체중이 감소한다.
위 점막에 만성적으로 이상을 보이는 상태이다. 다양한 원인에 의해 일어나며 증상도 다양하다. 만성위염은 급성위염보다 적지만, 급성으로부터 이행하는 경우도 있다.

증 상

- 반드시 매일은 아니지만 몇 주 동안에 걸쳐 자주 구토를 한다. 때로는 식욕이 없어져서 체중이 줄거나 물을 많이 마시는 경우가 있다. 또 빈혈이나 복부의 통증이 일어날 때도 있다.

원 인

- 대부분의 경우 원인은 밝혀지지 않았다. 급성위염이 치유되지 않고 만성이 되는 경우도 있다. 또 만성 요독증이 이 병의 원인이 되는 경우도 있다.
- 일반적으로 위의 운동이 둔해져서 위의 울체(위의 내용물 등이 정체한다)가 일어나거나, 유문의 움직임이 나빠져서 위의 출구가 막히는 것이 원인으로 만성위염이 된다.
- 그 외 위벽층 전부에 호산구 등의 염증세포나 육아종같은 점막이 두터워지거나 위궤양이 일어나서 만성위염이 되기도 한다. 드물게는 위에 종양이 생기는 것이 원인이 된다. 최근의 보고들에 의하면 사람과 같이 헬리코박터(Helicobacter) 세균 감염이 만성 위염의 원인으로 작용할 수 있음이 밝혀지고 있다.

구토란 무엇인가?

일반적으로 먹은 것을 입으로 나오게 하는 것을 토라고 하는데, 이것에는 구토와 토출이 있다.

구토란 소화를 한 음식물이나 액체가 위 또는 소장에서 입을 거쳐 나오는 것을 말한다. 이에 대해 토출(역류라고도 한다)이란 먹은 직후의 음식물이 식도에서 입을 통해 배출되는 것을 말한다. 보통 구토는 위나 장의 질병으로 일어나며, 토출은 목(인두)이나 식도의 질병으로 일어난다.

구토는 뇌간의 구토중추라 불리는 부분이 자극을 받았을 때 일어난다.

진단 · 치료

진단방법

- 내시경으로 위의 내부를 본다. 시험적으로 개복해서 위의 생검(biopsy)을 실시하는 경우도 있다. 만성위염은 우선 원인을 조사하는 것이 중요하다. 이에 대해 급성 질병은 원인을 조사하기 전에 치료해야 한다.

치료방법

- 각각의 원인에 맞는 치료를 하고, 종양이 있을 때에는 수술로 제거한다. 보통 만성위염에는 여러 가지 식이요법을 병행한다. 예를 들면 고섬유식, 저지방식, 항알러지식 등이 있다. 탄수화물(예를 들어 감자, 밥)을 중심으로 소량을 수회로 나누어 주는 경우도 있다.
- 스테로이드약, H_2수용체저해약(H_2블로커) 등을 사용해서 위산의 분비를 억제하기도 한다.
- 헬리코박터 세균감염증은 항생제의 처치와 제산제, 위점막보호제의 삼중요법(triple therapy)을 실시한다.

3 위확장과 위염전(Gastric dilation and torsion)

■ 긴급하게 치료하지 않으면 대부분 사망

위확장이란 위가 비정상적으로 커지는 것으로, 대부분은 공기를 많이 마시거나 위 내부의 가스가 비정상적으로 발효되면서 일어난다. 위염전이란 위 내의 가스가 발효하여 위가 꼬인 상태를 말한다.

증 상

- 가장 눈에 띄는 증상은 복부가 부풀어 고통스러워 하는 것이다. 그 외에도 가끔 구토를 하거나 이물을 먹고 물을 대량으로 마시는 등의 증상이 나타난다. 또 기운과 식욕이 없어진다. 때로는 침을 많이 흘리기도 한다.
- 위염전의 경우는 구토할 것 같은 동작을 해도 토하지 않는 경우가 있다.

원 인

- 이들 질병은 콜리나 셰퍼드 등의 몸집이 크고 가슴이 좁은 개에게 흔히 일어난다.

하지만 닥스훈트나 페키니즈, 코커스패니얼 등의 소형견이나 중형견에게도 일어나는 경우가 있다.

- 위확장은 과식이나 위 안의 가스와 체액이 쌓여서 일어난다. 전자는 어린 개에게 많이 나타나며, 후자는 노견에게 일어나기 쉬운 질병이다. 위확장에 걸리면 위에 체액이 흐르기 어려워진다. 위확장이 만성이 되면 위염전이 일어나는 경우도 있다.
- 위염전은 음식을 급하게 먹고 그 후에 물을 대량으로 마시면 일어나기 쉬워진다. 특히 드라이 푸드를 먹은 후에 물을 급하게 먹으면 좋지 않다. 또 먹고 난 후 바로 운동을 하면 유발될 가능성이 높아진다.

진단 · 치료 · 예방

진단방법

- 위확장과 위염전은 증상으로는 잘 구분할 수 없다. X선 검사로 양자를 구분하는 것이 가장 좋은 방법이다.
- 위염전은 보통 구토를 하지 않는다. 하지만 구토를 했을 때는 대부분의 경우, 토한 물질은 커피색으로 악취가 난다. 또 위확장의 경우 색은 황색으로, 그다지 악취가 나지 않는 경우가 많다.
- 이전에는 위안에 튜브가 들어가면 위확장, 들어가지 않으면 위염전이라고 했지만, 최근 이 방법으로는 진단할 수 없다는 것을 알게 되었다.
- 이들을 구별하는 것은 매우 중요하다. 왜냐하면 보통 위확장은 수술이 필요 없지만, 위염전은 수술을 해야 하기 때문이다.

치료방법

- 되도록 빨리 치료하지 않으면 대부분 사망한다. 이들 질병은 응급치료가 필요한 대표적인 질병이다. 위확장의 경우는 굵은 바늘을 찔러 위안의 가스를 빼 낸다. 그리고 '쇼크' 예방을 위한 처치를 실시한다. 또 이 때 수액을 투여해 주도록 한다.
- 위염전의 경우 치료는 더욱 어려워진다. 외과수술이 필요하기 때문이다.
- 또 대사성 산증(혈액이 산성이 된다)이나 저칼륨혈증(혈장 중의 칼륨의 농도가 낮아진다)이 되는 경우가 있기 때문에, 혈액의 상태를 체크하면서 치료를 실시한다.
- 위염전은 사망률이 높은 질병의 하나로 조기 발견하여 수의사의 전문치료를 빨리 받는 것이 중요하다.

예방방법

- 몸집이 크고 가슴이 좁은 개는 주의가 필요하다. 또 소형이나 중형이라도 닥스훈트나 페키니즈, 코커스패니얼은 위확장이나 위염전에 걸릴 수 있기 때문에 주의해야 한다.
- 위확장은 수컷에게 많고, 또 고령개에게 발병하기 쉬운 질병이다. 음식을 먹은 후에 갑자기 기운을 잃는다면 이 병을 의심해 보아야 한다.
- 주요 예방법은 먹이를 천천히 먹이고, 먹이를 몇 차례에 나누어 주며, 식사를 할 때 물을 많이 먹이지 말고, 식사 후에는 운동을 시키지 말고 안정시키는 것이다.
- 드라이 푸드의 경우는 미리 뜨거운 물에 불려 부드럽게 해서 주거나, 2~3개씩 먹이는 것이 좋다. 만약 넓은 장소가 있으면 도그 푸드를 한 개씩 일렬로 늘어놓고 먹이는 것도 좋은 방법이다.

4 위궤양(Gastric Ulcer)

■ 위에 출혈이 발생해서 죽을 수도 있다.

위의 점막이 손상을 입어 점막층이 소실되는 질병이다. 위점막층의 가벼운 손상 상태를 미란이라고 한다.

증 상

- 자주 구토를 하고 위로부터의 출혈로 토한 것이 커피색이 된다. 이것을 토혈이라고 한다. 색이 검은 빛을 띠는 것은 피가 오래됐기 때문이다(객혈이라는 것은 폐에서 나오는 출혈로, 새빨간 색의 선혈이다. 이것은 상당한 중증이므로 빨리 치료를 받아야 한다. 객혈 정도는 아니지만 토혈도 빨리 치료를 받아야 한다. 주인은 이를 구별하는 방법을 알아두면 좋다).
- 또 변에 피가 섞이고, 발열을 하며, 복부에 통증이 오는 등의 증상을 보인다. 드물게는 궤양이 심해져서 위에 구멍이 나서 급사하는 경우도 있다.

원 인

- 사람의 경우 위궤양은 스트레스에 관계한다고 하지만, 개는 대부분의 경우 비만세포종이라는 종양이나 신부전 등이 원인이 되어 발병한다. 그 외에도 간부전이나 쇼크, 패혈증, 저혈압, 약제(아스피린, 스테로이드제 등)에 의해 일어난다.

• 최근 보고들에 의하면 사람과 유사한 헬리코박터균에 의해 위궤양이 유발될 수 있음이 알려지고 있다.

진단 · 치료

진단방법

• 위내시경으로 검사를 한다. 그 외 빈혈과 같은 증상이나 혈액 중의 단백질 농도가 낮아지는 저단백혈증 등으로 진단한다.

치료방법

• 우선 원인이 되는 질병을 치료한다. 종양의 경우는 절제하거나 신부전의 경우는 증상에 따라 치료한다. 위산을 억제하기 위한 제산제나 H_2저해약(H_2블로커)인 항히스타민 등도 병용한다.
• 헬리코박터균 감염증의 경우는 항생제, 제산제, 위점막 보호제의 삼중요법(triple therapy)을 실시한다.
• 증상이 심할 때나 재발한 경우에는 궤양 부분을 적출하는 수술이 필요할 수도 있다.

5 유문의 질병

■ **식후 수 십분 안에 자주 토한다.**
유문이라 불리는 위의 출구가 몇 가지 이유로 막히거나 제대로 활동하지 못하는 질병이다.

증 상

• 고형물을 먹은 후 30분~2시간 정도가 지나면 구토를 한다. 토한 것의 대부분은 소화되지 않은 것이다. 때로는 토한 것을 다시 먹는 경우도 있다. 구토를 종종 반복하면 탈수나 빈혈을 일으키며, 증상이 심할 때에는 체중이 줄고 사망하는 경우도 있다.

원 인

• 복서나 보스턴 테리어, 시추, 퍼그 등의 단두종에게 흔히 일어나는 질병이다. 단

두종 개를 기를 경우에는 단두종은 잘 토하고, 그 원인의 대부분은 이 질병이라고 알아두면 좋다.

- 유문이란 위와 소장 사이에 있는 위의 출구 부분을 말한다. 위 내부에 이물이 들어가거나 종양이 생기거나, 위궤양이나 위염, 위의 점막이 두꺼워지는 등의 원인으로 유문관이 좁아지거나 막히는 경우가 있다. 또 어린 개에게 처음으로 고형식을 주었을 때에는 유문이 너무 좁아서 토하는 경우도 있다.

진단 · 치료 · 예방

진단방법

- 증상의 특징과 X선 검사로 진단한다. 특히 바륨에 의한 X선 촬영을 실시하면 위에 먹이가 길게 놓여져 있는 것을 알게 된다.
- 원인을 찾아내기 위해서는 내시경 검사를 하거나 직접 위를 절개하는 외과수술을 실시하기도 한다.

치료방법

- 보통 유문 부분을 넓히는 외과수술을 실시한다. 하지만 경우에 따라서는 수술을 하지 않고 구토를 멎게 하는 메토크로프라미드 등을 주기만 해도 증상을 가라앉힐 수 있는 경우도 있다. 단 이 방법은 거의 생애에 걸쳐서 치료를 계속해야 한다.

예방방법

- 소화가 잘 되는 저지방식을 조금씩 몇 차례에 나누어 주면, 구토 횟수를 줄일 수 있다.

6 출혈성 위장염(Hemorrhagic gastritis)

■ 검은 잼 같은 혈변이 나온다.

급성 설사 증상 외에 심각한 출혈을 동반하는 질병이다. 병의 원인이 면역에 관계하고 있다고 보여지기 때문에, 급성 설사증과는 구별해서 생각해야 한다.

증 상

- 이 질병의 가장 큰 특징은 검은 잼같은 암적색의 혈변이 나온다는 것이다. 이차적인 증상으로 구토를 일으키거나 일부 개는 갑자기 식욕과 기운을 잃는 경우가 있다.

원 인

- 연령을 보면 2~4세의 성견에게 일어나기 쉬운 질병이다. 견종별로 봐서 가장 발병하기 쉬운 것은 슈나우저로, 그밖에도 닥스훈트, 푸들, 포메라니안, 말티즈 등의 소형견으로 대형견에게 일어나는 경우는 드물다.
- 이 질병은 보통 다른 동물과의 접촉같은 일상생활과는 거의 관계가 없는 질병이다. 또 발병하기 직전까지 개가 아주 건강해도, 발병 후는 가끔 매우 증상이 심각해지거나 죽음에 이르는 경우가 있다. 또 비교적 건강해 보여도 갑자기 죽을 수도 있다.
- 이 질병의 원인은 아직 밝혀지지 않았지만, 면역반응 이상으로 유발될 가능성이 있다.

진단 · 치료

진단방법

- 급격한 탈수가 일어나기 때문에 혈액검사를 하면 혈액의 농축도를 나타내는 헤마토크리트치(적혈구 평균 용적)가 매우 높아진다. 또 혈액응고능 검사를 실시하면, 전신의 혈관에 혈전이 생기는 질병(파종성 혈관내응고=DIC)을 알게 되는 경우도 있다. 이 때에는 백혈구가 감소한다.
- 또 사망한 후에 해부를 하면, 장관에 국소적인 출혈을 보이며 장 점막 부분은 암적색으로 변해 있다.

치료방법

- 출혈성 위장염에 걸리면 세균의 침입을 막는 점막관문이 없어진다. 때문에 세균의 감염을 어떻게 막느냐와 체액을 정상 상태로 되돌리는 문제가 중요해 진다.
- 세균의 감염을 막기 위해 보통 항생물질을 사용한다. 또 혐기성균에 효과가 있는 페니실린 등도 사용한다. 쇼크를 예방하기 위해 부신피질스테로이드약 등을 사용하기도 한다.
- 하지만 가장 중요한 것은 수액 등으로 수분을 보충하는 것이다.
- 일단 회복한 후의 관리로서 만성대장염(만성결장염)에서와 같은 방법을 사용하면

좋다. 이것은 투약보다도 식이요법을 바탕으로 실시한다. 섬유질이 많은 음식을 주는 것이 이 병의 재발을 막는 데 어느 정도 도움이 된다.

• 단 출혈성 위장염의 원인은 면역에 관계하고 있다는 것 이외에는 아직 밝혀지지 않았기 때문에, 별다른 예방방법은 알려져 있지 않다.

애견의 변을 체크한다

변은 위나 장에서 소화되지 않은 음식물이나 체내의 폐기물이 항문으로 배출되는 것이다. 건강한 성견은 보통 하루에 1~2회 배변을 한다. 변의 색이나 상태는 개의 먹이나 건강상태에 따라 변하는데, 건조한 도그 푸드(섬유질이 많이 함유되어 있다)를 많이 먹은 개는 변의 양이 많고, 소화가 잘 되는 고기나 계란, 유제품을 많이 먹는 개는 변의 양이 적은 편이다.

정상적인 변은 거의 갈색이다. 음식물에 따라 짙은 갈색에서 밝은 갈색까지 변해도 상관없다. 하지만 만약 변의 양이 이상하게 많거나 변의 형태가 없고 묽으면 소화기관의 질병이 생겼을 가능성이 있다. 또 변에 혈액이 섞이는 경우도 있다. 이 같은 상태가 이틀 이상 지속되면 뭔가 심각한 질병일지도 모른다. 변에 기생충이 섞였을 가능성도 있다.

이처럼 변은 개의 건강을 알 수 있는 지표의 하나이다. 주인은 애견의 배변을 처리할 때 변의 색이나 형태, 출혈이나 기생충의 유무를 체크하면 애견의 건강상태를 확인할 수 있다.

7 만성장염(염증성 장질환)(Chronic enteritis, Inflammatory lowel disease)

■ 구토나 설사를 한다.

만성장염의 일종으로 장의 점막이 만성적인 염증을 일으키는 병을 말한다.

증 상

• 염증성 장질환이란 림프구나 형질세포, 호산구, 호중구 등의 염증세포가 장 점막 전체에 퍼져서 만성적인 염증을 일으키는 질병의 그룹을 말한다. 이 중 가장 많은 것은 림프구성 장염과 형질세포성 장염이 조합한 타입의 장염이다. 그 외에도 육아종성 장염이나 호산구성 장염 등이 흔히 보여진다.

• 증상은 구토만 일어날 때와 설사만 일어날 때, 또 설사와 구토 양쪽이 일어나는

경우가 있다. 그 외에 배가 부르고, 입냄새가 나며, 자주 물을 마시고, 오줌의 양이 늘거나 기운이 없어지는 등의 증상이 주기적으로 나타난다.

원 인

- 음식물에 대한 알러지나 장내세균의 과잉증식, 림프육종, 기생충 등 다양한 원인이 복잡하게 작용하며 일어난다.

진단 · 치료

진단방법

- 위나 장을 절개해서 일부를 취하던지, 내시경검사를 사용한 생검(biopsy)으로 확인할 수 있다.

치료방법

- 장 점막의 염증을 치료하기 위해 부신피질스테로이드 약 투여가 기본이 된다. 최소한 2～3개월 동안은 계속한다. 때로는 3～6개월만에 치료를 중지할 수도 있지만, 평생 치료를 해야하는 경우도 있다.
- 그 외에 기생충에 감염된 경우에는 항원충제(구충약)인 메트로니다졸 등과 조합해서 치료할 수도 있다. 또 림프육종 등이 원인일 때에는 항암제인 아자치오프린 등도 사용할 수 있다.
- 대부분의 경우는 일시적으로 증상을 억제할 수 있지만, 완치한 예는 많지 않다. 또 소화기 질병에 있어서 일반적인 식이요법도 필요하다.

8 설사(diarrhea)

■ 탈수증상을 일으키며 죽을 수도 있다.
증상이 심각한 급성설사와 좋아졌다가 나빠졌다가 하는 만성설사가 있다.

증 상

- 급성설사란 2～3일 동안에 반복해서 일어나는 설사를 말한다. 가끔 전신의 상태도 나빠진다. 이것은 대부분의 경우 몸에 수분이 부족해서 탈수증상이 나타나는 것이다. 수액을 하지 않으면 사망할 수도 있다.

- 만성설사는 2~3주 동안에 걸쳐 간헐적으로 하는 설사를 말한다. 이 동안에 변은 부드러워지거나 보통 변 상태로 되돌아가는 것을 반복하며, 개는 마르거나 빈혈을 일으키기도 한다.
- 설사에는 여러 가지 종류가 있기 때문에 우선 소장에 원인이 있는지 대장에 원인이 있는지를 알아보는 것이 중요하다(표 3).
- 소장이 원인인 경우에는 변의 양이 비교적 많아진다. 또 이 타입의 설사는 배에 가스가 차기 때문에 개는 종종 냄새가 나는 가스를 배출한다. 소장이란 영양을 섭취하는 곳이기 때문에 소장성 설사일 때에는 영양을 섭취하지 못해서 체중이 줄거나 빈혈을 일으키며, 체내의 단백질이 적어진다.
- 대장성 설사는 혈변을 보이며, 변 중에 점액이 섞여있는 것이 특징이다. 또 대장은 수분을 흡수하는 곳이기 때문에 대장성 설사는 수분을 흡수하지 못해서 변이 부드러워진다. 하지만 영양은 이미 소장에서 흡수하였기 때문에 체중의 감소나 빈혈 등은 보이지 않는다.

[표 3] 설사의 증상

증상	소장성 설사	대장성 설사
체중	감소한다.	드물게 감소한다.
변의 양	증가한다.	정상 혹은 감소한다.
변의 횟수	정상 혹은 증가한다.	증가한다.
변의 상태	묽거나 물 상태 가끔 지방이나 전분이 검출된다.	묽거나 연변 가끔 점액이나 선혈이 보인다 (단 일반적으로 소량).
움직임	없다.	가끔 있다.
구토	약 30% 있다.	가끔 있다.
위급상황	없다.	가끔 있다.
변실금	없다.	가끔 있다.
관련증상	복부가 부푼다. 입냄새가 난다. 물을 자주 마신다.	항문이 가렵다. 종종 변비에 걸린다.

원 인

• 음식물이나 기생충 등 몇 가지의 질병에 의해 일어난다.

① 먹을 것

• 특정 음식물에 대한 알러지가 원인으로 설사를 하는 경우가 있다. 또 음식물 안의 독소나 세균으로 식중독을 일으켜 설사를 하기도 한다.

② 기생충

• 대장성 설사 중에는 편충의 기생에 의한 것이 많다. 또 원충류에도 주의한다.

③ 질병

• 소장성 설사의 원인으로 가장 많이 보여지는 것은 소장의 염증이다. 그 외 림프관확장증, 장내 세균의 과도한 증식, 단백소실성장질환(혈액 중의 단백질이 장으로 새어 나오는 질병), 특발성 융모위축(소장의 융모가 수축하는 질병) 등 설사를 일으키는 소장의 질병은 다양하다.
• 이에 비해 대장 설사의 원인에는 만성 결장염이 가장 많다. 결장이란 대장의 대부분을 차지하는 길고 굴곡진 부분으로, 여기에서 염증이 일어난다.

진단 · 치료 · 예방

진단방법

• 진단은 대장성인지 소장성인지를 구분하는 것부터 시작한다.
• 우선 기생충 검사를 몇 회 반복한다. 또 먹이에 대해 문제가 없었는지도 조사한다. 전신에 증상이 있을 때에는 그 때까지의 치료와 경과를 조사하면서, 배변검사나 요검사, 혈액검사, X선검사 등을 실시한다. 확정진단을 위해서는 보통 내시경으로 장을 조사할 필요가 있다.
• 장폐색이 의심되는 경우에는 바륨을 이용한 X선 검사가 필요한 때도 있다. 종종 내분비검사, 예를 들면 부신기능검사 등이 필요한 경우도 있다.

치료방법

• 설사의 원인에 따라 다르지만, 절식과 수액, 지사제의 투여가 중심이 된다. 우선 동물의 상태에 따라 1~2일간 절식시킨다. 절수는 보통 24시간 이내로 한다. 일반적으로 이것은 동물병원에서 수액을 투여하면서 실시한다. 절수 중에 갈증을

호소할 경우에는 얼음을 조금 준다.

- 절식 후에는 소화가 잘 되는 음식을 평소 때의 반 분량을 준다. 동물병원에서는 설사를 하는 동물을 위해 소화가 잘 되는 젤리 상태의 먹이를 준비해 두고 있기 때문에 이용하는 것도 좋다. 또 점차 드라이 푸드를 줄 경우에는 따뜻한 물로 부드럽게 한 후에 주면 소화가 잘 된다.

예방방법

- 평소에 개가 과식을 하지 않도록 한다. 또 먹이의 내용을 갑자기 바꾸면 설사를 하기 때문에, 먹이를 새로운 것으로 바꿀 때에는 갑자기 바꾸지 말고 서서히 바꾸도록 한다.

9 장폐색(intestinal obstruction)

■ 장이 막힌다.

장폐색이란 장에 뭔가가 막혀서 장의 기능이 나빠지는 것을 말한다. 심한 경우에는 장의 내용물이 전혀 움직이지 않아서 죽는 일도 있다. 조기 발견과 조기 치료가 중요하다.

증 상

- 구토가 흔히 볼 수 있는 증상이다. 그 외에도 복통을 일으키거나 기운과 식욕이 없어지며, 물을 자주 마시는 등의 증상이 나타난다.
- 장폐색에는 장관이 완전히 막혀있을 때와 그렇지 않은 경우가 있다. 후자에서는 수분같은 것은 장을 통과할 수 있지만, 전자의 경우는 물의 움직임도 멈춘다. 때문에 체내 수분의 균형이 깨져서 신장의 장해가 일어난다.

원 인

- 이물을 삼켜서 장이 막히는 유형이 가장 많다. 큰 것이 막히는 것만이 아니라, 예를 들면 무심코 입으로 가져간 실이나 비닐 등이 장에 조금씩 쌓여서 폐색으로 연결되는 경우도 있다.
- 또 디스템퍼나 장내의 기생충이 원인이 되어 장염전이 일어나 장이 접혀지는 상태가 되기도 한다(장중첩). 림프육종이나 선암 등의 종양도 장관 폐쇄의 원인이

된다. 그밖에도 복부의 다른 기관이 비대해져서 장을 압박하여 장의 내용물이 막히는 경우도 있다.

진단 · 치료 · 예방

진단방법

- 견종에 따라서 복부촉진을 실시하지만, 보통은 X선 검사로 진단한다. 하지만 실이나 비닐 등이 막고 있는 경우에는 X선으로 촬영할 수 없다. 그래서 바륨 조영을 실시하여 장폐색을 확인할 수 있다. 이 질병은 조기에 발견하지 않으면 쉽게 치료할 수 없다.

치료방법

- 대부분의 경우 외과수술로 원인을 제거한다. 고령의 개나 말기에 병을 알게 된 경우에는 사망률이 높아진다.

예방방법

- 이물의 섭취는 어린 강아지에게 잘 나타나기 때문에, 이물을 먹지 않도록 훈련을 시킨다. 모든 것을 입에 넣는 어린 강아지 동안에 눈을 뗄 때에는 우리에 넣고, 주위에 위험한 것을 두지 않도록 주의한다.

간의 질병

개가 세균이나 바이러스에 감염되거나 살이 쪄서 간에 지방이 쌓이면, 간에 장해가 나타나기도 한다. 종양이 생기거나 구리나 철이 몸에 축적되어 중독이 됐을 때도 간은 제대로 작용하지 못하게 된다.

간은 체내에 들어간 독물을 처리하는 몸의 방어기관으로 소화를 돕는 효소나 단백질, 콜레스테롤 등을 만드는 화학공장이기도 하다. 때문에 간이 제대로 작용하지 않으면 개는 소화를 충분히 해 내지 못하고 식욕을 잃어 기운을 잃게 된다.

급성 간염의 경우에는 구토나 설사를 반복하고, 심할 때에는 의식이 혼탁해지는 경우도 있다.

만성 간염의 경우에는 질병과 같은 증상이 나타나지 않아서 주인이 눈치채지 못할 수도 있다. 하지만 병이 진행되어 말기가 되면 배에 물이 차거나 마르는 경우가 많고, 사망에 이르는 경우도 있다.

간질병의 대부분은 간 이외에 원인이 있기 때문에, 치료를 할 때에 그 원인을 제거하는 것이 가장 중요하다.

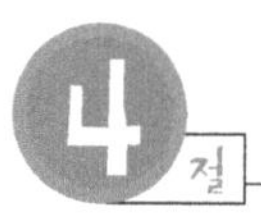

4절 췌장의 질병

1 췌장외분비부전

■ **지방이 들어 있는 변을 대량으로 본다.**

췌장에 몇 가지 장해가 생겨서 효소가 충분히 분비되지 못해서, 개가 소화불량을 일으키며 살이 빠지게 된다.

증 상

- 항상 많이 먹는데도 체중이 조금씩 감소하거나 여러 가지 음식을 찾아다니며 게걸스럽게 먹으며 자신의 변을 먹는 경우도 있고, 상한 기름과 같은 냄새나는 변을 보는 것이 이 질병의 특징이다. 즉 늘 왕성한 식욕으로 잘 먹는데도 체중이 늘지 않고 변을 많이 본다.

원 인

- 비교적 대형견에게 많이 발병한다. 2세 미만의 저먼 셰퍼드가 걸리기 쉽다. 미니어처 슈나이저도 이 병에 잘 걸린다.
- 췌장외분비부전은 만성 췌장염이나 췌장의 위축 등을 바탕으로 췌장에서 정상적인 소화를 하는 데 필요한 효소를 충분히 분비하지 못하기 때문에 발생한다. 그 때문에 췌장의 효소를 취하는 소장에서는 영양물을 흡수하지 못하게 되어, 개는 소화불량에 걸려 체중이 감소한다.

진단 · 치료 · 예방

진단방법

- 췌장외분비부전에 걸리면 지방이 포함된 변을 본다. 그래서 진단을 할 때 변 중의 지방을 염색하는 테스트를 실시한다. 이것이 양성반응을 일으킨 경우에는 췌장외분비부전을 의심해야 한다.
- 또 이 병에 걸리면 췌장에서 분비되는 효소(트립신 등)가 줄며, 변 중에도 거의 없어진다. 때문에 변 중의 트립신을 조사하는 검사는 음성으로 나타난다.
- 췌장외분비부전의 일반적인 혈액검사에서 정상치를 보여도, 콜레스테롤 값은 낮은 경우가 있다.

치료방법

- 부족한 췌장의 소화효소를 보급하여 영양의 균형이 잡히도록 한다. 췌장효소를 음식에 섞어서 주어야 한다.
- 췌장효소의 보급만으로는 효과를 보지 못할 경우에는 시메리딘이라 불리는 H_2저해약(H_2블로커)을 사용하면 좋아진다. 소화관의 내부에서 세균이 증식할 때에는 항생물질 등도 처방된다.
- 식이요법으로 저지방의 소화하기 쉬운 음식을 하루에 수 회 조금씩 주도록 한다. 또 매주 체중을 측정하여 체중의 변화를 확인한다.
- 보통 치료 개시일부터 한 주 이내에 지방변과 냄새나는 변은 나오지 않을 것이다. 하지만 일부 개는 온갖 치료를 동원해도 좀처럼 회복되지 않는 경우가 있다.

예방방법

- 개의 과식을 방지하고 살이 찌지 않게 주의한다.

5절 항문의 질병

1 항문낭염(Inflammation of anal sac)

개에서 종종 발병하는 항문의 질병으로는 항문낭염이 있다.

항문의 좌우 아래쪽(항문에서 봐서 4시와 8시 방향의 피부 내측)에는 항문낭이라 불리는 2개의 작은 주머니가 있으며, 각각 가는 관으로 항문의 바로 내측으로 연결되어 있다.

이 주머니에는 식초 냄새와 비슷한 악취가 나는 분비물이 차 있는데, 이것이 변에 섞임으로서 개의 마킹(냄새에 의한 표시)에 사용된다고 생각되고 있다. 개가 심한 스트레스나 공포에 시달리면 이 분비물이 한번에 방출되는 경우도 있다.

하지만 항문낭이 세균에 감염되면 분비액이 방출되지 않고 항문낭 안에 쌓여, 이것이 원인이 되어 항문낭이 화농하는 경우가 종종 있다. 이렇게 되면 개는 매우 강한 통증을 느끼기 때문에 배변을 하기 힘들어지고, 고통스러운 나머지 계속 울게 된다(소형개일수록 그 증상이 일어나기 쉽다).

그래서 이에 대한 예방으로 정기적으로 수의사에게 항문낭에서 나오는 분비액을 짜도록 처치를 받아 내부를 비워두면, 이 병을 예방할 수 있다. 그 때 수의사의 설명을 듣고 주인이 이 처리를 알아두면, 다음부터는 주인이 직접 이 과정을 실행할 수 있다.

2 항문탈(rectocele)

항문에서 내측의 점막 등이 나오는 것을 말한다. 개가 영양부족상태가 되면 항문괄약근이나 직장의 주변 조직이 느슨해진다. 이 상태에서 배변을 할 때 갑자기 설사를 하거나 혹은 암컷이 분만 전의 진통으로 복압이 강해지면 이 탈항이 일어난다.

이것은 우선 먹이를 개선하고 적당히 운동을 해서 원인을 제거하면서 동시에 항문에 바세린 등이 함유된 연고를 발라주어 건조를 예방하면 회복할 수 있다. 하지만 점막만이 아니라 직장도 나왔을 경우에는 외과수술이 필요하다.

3 항문주위선염(inflammation of perianal gland)

개의 항문 주변에는 냄새가 나는 액체나 지방을 분비하는 가는 관(항문주위선)이 많이 있다. 특히 수컷에는 이들 주위선은 평생동안 성장을 계속하기 때문에, 수컷 노견에게는 이 선들이 눈에 띄게 보이는 경우가 있다.

이것들이 세균에 감염되어 화농하고, 항문이 빨갛게 부어오르면 개는 강한 통증 때문에 배변을 하기 힘들어 진다.

개의 변이 딱딱한 경우에는 관장을 하고 섬유질이 많은 음식을 주며, 항문을 청결하게 하고 투약치료를 한다. 하지만 증상이 심각한 경우에는 외과수술이 필요하다.

4 털이 긴 개의 항문

털이 긴 개는 뭉친 털이 항문을 가려 배변을 힘들게 하고, 그 때문에 개가 괴로워하며 계속 우는 경우가 있다. 털이 긴 개는 자주 항문을 체크하고 뭉친 털이 항문을 가리지 않았는지 알아둘 필요가 있다.

만약 항문이 털로 가려져 있으면 미지근한 물에 적신 타올 등으로 부드럽게 항문을 적셔 청결하게 하고, 가끔 너무 긴 털을 잘라서 정돈해 주어야 한다.

[그림 7] 개의 항문낭

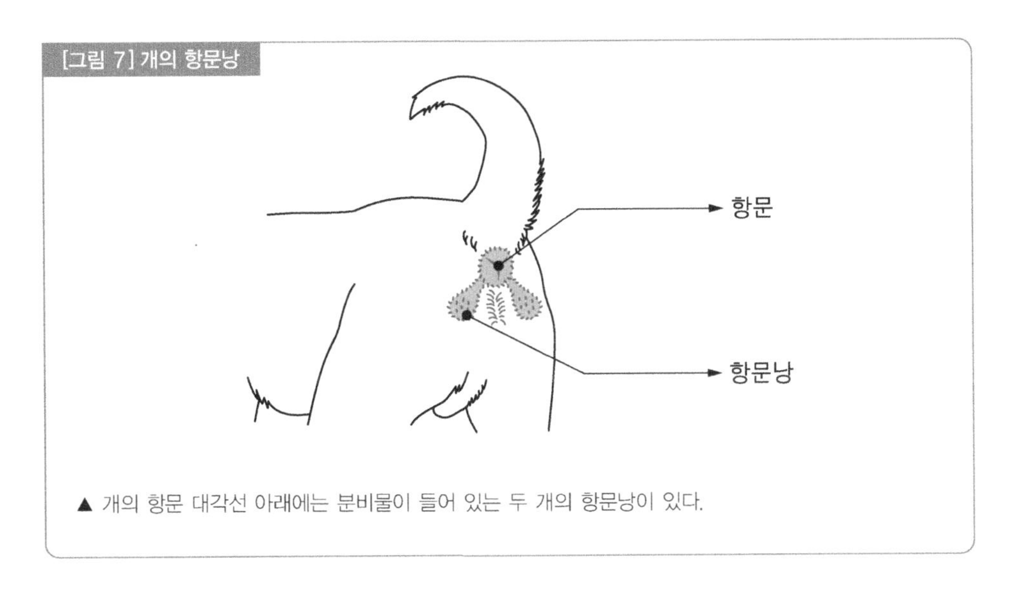

▲ 개의 항문 대각선 아래에는 분비물이 들어 있는 두 개의 항문낭이 있다.

제9장 비뇨기에 생기는 병

개의 비뇨기 구조

비뇨기는 혈액을 여과하여 노폐물을
소변으로 배설함과 동시에
미량의 미네랄과 수분을 배출,
재흡수해서 평형을 유지하는 기관이다.
신장, 요관, 방광, 그리고 요도가 비뇨기에 해당되고
수컷과 암컷은 요도를 제외하고는 병의 차이는 없다.

제9장 비뇨기에 생기는 병

1절 개의 비뇨기 구조

비뇨기계는 혈액에서 오줌 성분을 여과하여 오줌을 만들어 밖으로 배설하는 기관들로 이루어진 계통으로, 신장, 요관, 방광, 요도 등이 있다.

1 신장(kidney)

신장은 신소체에서 혈액의 오줌 성분을 여과하고, 필요한 성분을 세뇨관에서 재흡수한 후 집합관, 유두관, 신배, 신우를 거쳐 요관으로 오줌을 수송한다.

[그림 1] 비뇨기

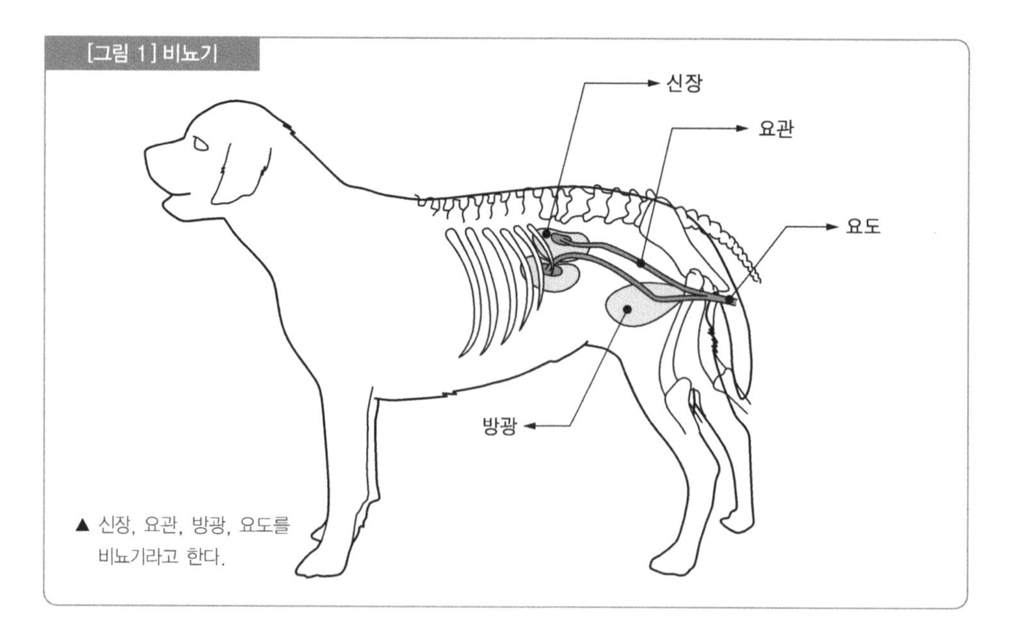

▲ 신장, 요관, 방광, 요도를 비뇨기라고 한다.

신장은 벽측 복막과 후복벽 사이의 양쪽에 걸쳐 있는 완두콩 모양의 암적색을 띠고, 오줌을 생산하는 실질성 기관이다. 일반적으로 간장의 우엽에 눌려 우신이 좌신보다 약간 후미부 위치에 있다. 신장의 내부(실질)는 피질과 수질로 되어 있다. 수질은 주로 세뇨관으로 구성되어 있으며, 8개의 원추상의 신추체로 이루어지고, 그 첨단인 신유두는 신문을 향하고 있다. 그리고 피질은 주로 신소체로 구성되어 있고, 그 단면은 과립상이며, 일부가 추체사이로 뻗어 들어간 것을 신주라고 한다.

신장이 오줌 성분을 혈액에서 여과하는 구조 및 기능상의 단위는 신장단위(nephron)이다. 이 신장단위는 한 개의 신장에 100만 개 가량 있으며, 신소체와 세뇨관으로 되어 있다. 신소체는 동맥성 모세혈관이 뭉친 사구체와 이것을 둘러싸는 사구체낭으로 구분된다.

사구체는 수입세동맥이 사구체낭의 내장층으로 들어가 여러 가닥의 모세혈관으로 나누어진 다음 다시 모여 한 개의 수출세동맥이 되어 사구체낭에서 다시 나온다. 그리고 사구체낭은 내외 2겹인데, 내막층은 모세혈관벽을 직접 싸고, 벽층은 사구체낭의 외벽을 이룬다.

내장층과 벽층 사이에 생기는 좁은 틈으로는 사구체에서 여과된 오줌이 흘러 들어오고, 벽층은 세뇨관에 이어진다.

세뇨관은 사구체낭에서 시작하여 피질 내를 굴곡하면서 달리다가 수질 내를 똑바로 내려가고 다시 갑자기 굴곡하여 되돌아 올라와 피질 내에서 집합관에 이어진다.

집합관은 여러 개의 세뇨관을 모으면서 수질 내로 내려가 신유두에서 더 큰 유두관을 이루어 소신배에 개구한다. 신실질에는 작은 술잔 모양의 소신배가 신유두를 둘러싼다. 몇 개의 소신배가 모여서 대신배를 이루는데, 대신배는 신동 안에 있는 깔대기 모양의 주머니인 신우에 연결되며, 신우는 신장 밖으로 나와 요관에 이어진다.

[그림 2] 비뇨기 모식도

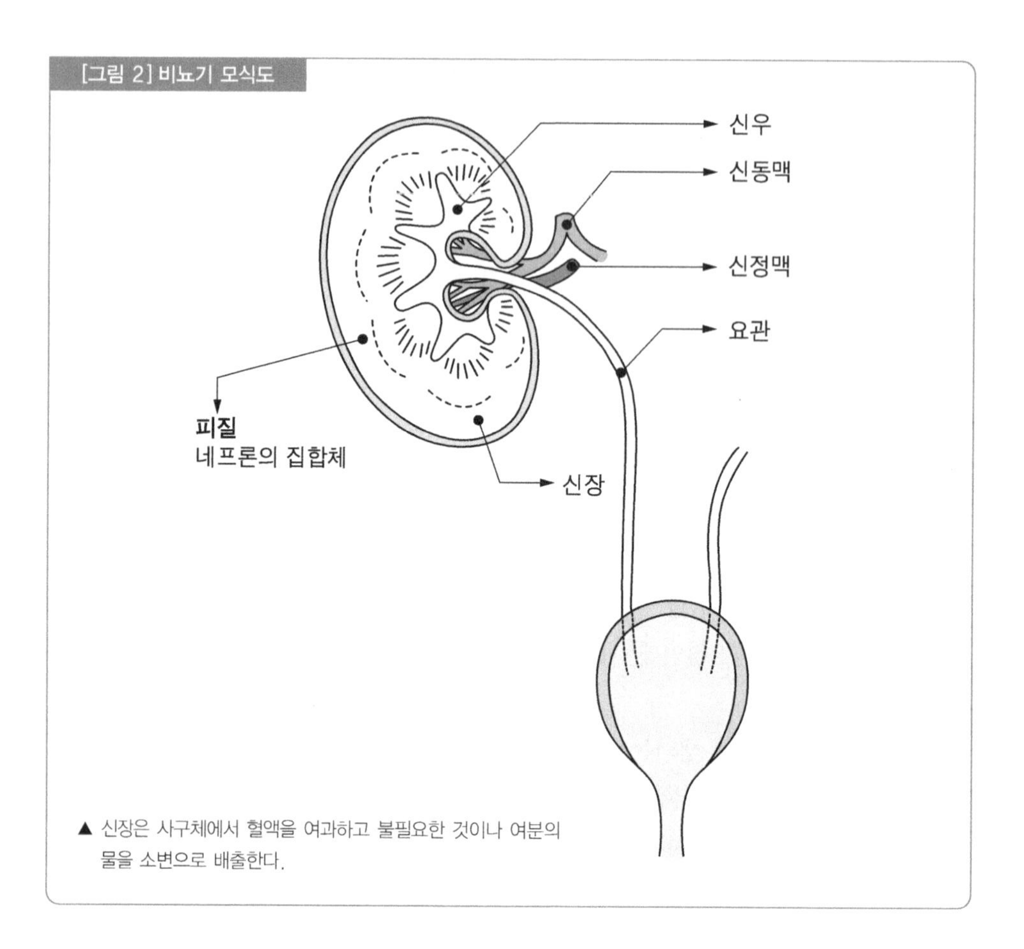

▲ 신장은 사구체에서 혈액을 여과하고 불필요한 것이나 여분의 물을 소변으로 배출한다.

[그림 3] 오줌의 생성

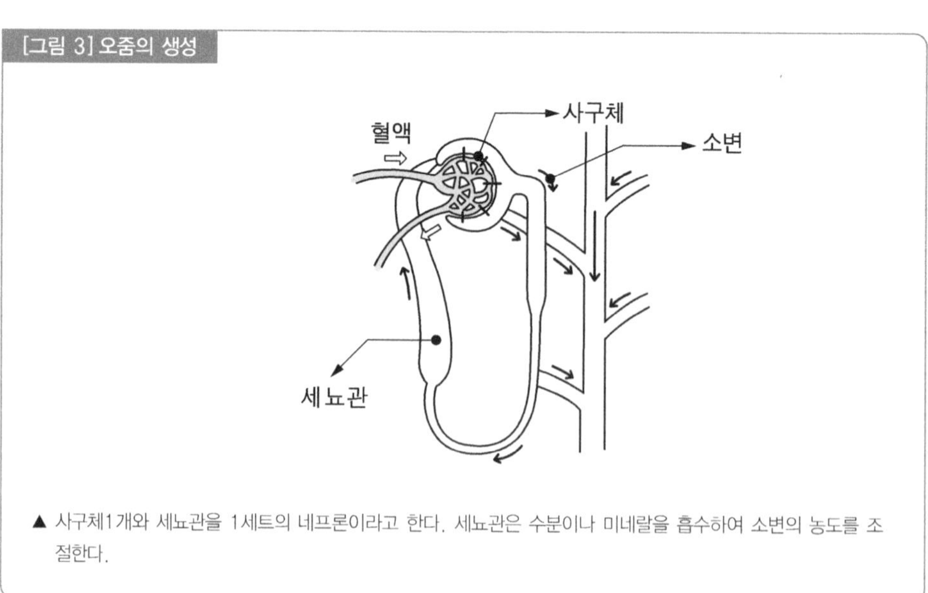

▲ 사구체1개와 세뇨관을 1세트의 네프론이라고 한다. 세뇨관은 수분이나 미네랄을 흡수하여 소변의 농도를 조절한다.

신장의 기능은 물질대사에 의해 생긴 분해산물이나 체내의 유독물질을 오줌으로 배설하고, 혈장 성분 중 지나치게 많은 것을 배설하여 혈액의 성분을 일정하게 유지하며, 물을 배설하여 혈액의 양을 일정하게 하는 것 등이다.

2 요관(ureter)

요관은 양쪽 신우와 방광을 연결하는 관으로, 오줌을 방광으로 수송한다. 요관은 신문을 나와 후복벽을 따라 내려가 소골반에 이르러 내전방으로 가서 방광저 후측의 양쪽에 엇비스듬히 개구한다. 요관은 이행상피로 덮여 있는 점막과 2층으로 된 평활근층 및 이것을 싸고 있는 외막으로 되어 있다.

3 방광(urinary bladder)

방광은 요관에서 흘러들어온 오줌을 저장했다가 요도로 내보내는 한 개의 두꺼운 벽을 가진 근육성 기관으로, 수컷은 치골결합과 직장 사이, 암컷은 치골결합과 자궁 및 질 사이에 있고, 어린 개는 약간 위쪽에 있다.

방광에 저장된 오줌을 요도를 통해 몸 밖으로 배출하는 것을 배뇨라고 한다. 방광 내에 오줌이 고이게 되면 불수의적 및 수의적인 신경 기전으로 배뇨가 일어난다.

4 요도(urethra)

요도는 방광의 내요도구에서 시작하여 몸 밖으로 통하는 오줌의 통로로, 암수 간의 차이가 크다. 수컷의 요도는 길이 방광의 내요도구에서 시작하여 거의 수직으로 전립선을 관통한 후 앞쪽으로 굽어 음경의 요도해면체 속을 지나 외요도구로서 끝난다. 그 경과 중에 사정관과 전립선 및 구요도선의 배출관이 요도로 개구하기 때문에 수컷 요도는 정액의 통로이기도 하다. 암컷의 요도는 수컷의 것에 비하여 매우 짧으며, 방광의 내요도구에서 시작하여 음핵과 질구 사이의 질전정에 개구한다.

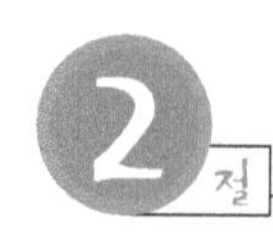

신장의 질병

1 급성신부전(acute renal failure)

■ 심한 탈수증을 보인다.

신장이 갑자기 제 기능을 발휘할 수 없으면 체내의 유해한 물질을 배설할 수가 없다. 이 같은 증상을 급성신부전이라 한다.

증 상

- 식욕이 전혀 없고 구토, 설사, 탈수 등의 증상을 보인다. 탈수증세는 심각하며 심한 경우에는 구강이 건조해지고 다량의 노폐물이 체내에 쌓여 요독증까지 불러일으킨다. 이 증상에서 보다 심해지면 경련 등의 신경증상까지 보인다.
- 사람의 급성신부전은 소변이 거의 나오지 않거나, 소변의 양이 극히 적어지는 경우도 있으나 개의 경우는 소변의 양이 크게 줄어드는 경우는 없다.
- 또 사람의 경우는 회복이 되면 소변양이 많아지지만 개의 경우는 이런 증세가 별로 없다.
- 급성신부전에 걸리면 단백질을 대사할 때 생기는 질소화합물(비단백체 질소)을 제대로 배설할 수 없어 혈액중의 질소농도가 상승하는 고질소혈증이 된다.
- 대개의 경우 혈액중의 칼륨과 칼슘, 인의 농도에 혈액전해질의 이상현상이 생긴다. 특히 소변의 양이 줄거나 배설되지 않을 때는 혈액중의 칼륨의 농도가 높아져(고칼륨혈증), 심장장애를 일으키는 위태로운 수준까지 상승하는 경우가 있고 혈액이 산성에 가까운 대사성산증에 빠진다.

원 인

- 여러 가지의 원인이 있지만 신장 자체에 이상이 있는 경우와 그 외의 기관에 이상이 생겨 신장이 제대로 기능을 못하는 경우가 있다.
- 전자는 급성사구체신염, 신증후군일때 급성신부전 증상이 나타난다. 후자는 요로결석증에 의해 소변이 배출되지 않아 급성신부전에 빠진다.

진단 · 치료

진단방법

• 혈액검사나 소변검사를 한다. 특히 혈액중의 질소화합물검사와 칼륨, 칼슘농도의 검사는 매우 중요하다.

① 혈액중의 질소화합물검사: 혈액중의 질소화합물검사의 측정은 신장기능검사로서 가장 널리 사용된다. 단 신장의 75%이상 기능을 잃지 않으면 질소화합물의 농도는 상승하지 않으므로 이 검사에서 문제가 있다고 밝혀지면 상당히 진행된 것으로 간주한다. 혈액중의 질소화합물은 많이 있지만 검사대상이 되는 것은 BUN(혈중요소질소)이나 크레아티닌이다.

- BUN은 혈액에 들어 있는 모든 화학물질 중에서 가장 많은 성분이다.
- 단 신장이외의 병에서도 쉽게 변화하기에 정확한 원인을 밝히는 것이 중요하다.
- 정상 혈액중의 BUN 농도는 10~20mg/dℓ이하다. 크레아티닌은 양적으로는 적지만 신장기능의 특이지표로 사용한다.
- 건강할 때의 크레아티닌의 농도는 0.6~1.2mg/dℓ 이지만 신부전이 되면 2.0이상 된다.
- 신부전이라도 고질소혈증인지 아닌지에 따라 치료법도 달라진다.

② 혈액중의 전해질검사: 칼륨, 칼슘, 인의 농도를 조사한다. 칼륨의 정상농도는 4mEq/mℓ이하다. 고칼륨혈증은 혈액중의 칼륨농도가7~10이고, 이 정도면 심장장애가 유발될 확률이 높으며, 10이면 심장이 멈추는 일도 있다.

치료방법

• 증상에 따라 다르지만 여기서는 급성신부전의 대표적인 예로서 소변의 양이 적은 고질소혈증의 치료법을 알아보자. 주된 치료는 소변의 양을 늘리는 것과 불필요한 질소화합물을 체내에서 없애는 것, 그리고 단백질 이외의 영양소를 공급하는 것이다.

① 소변의 양을 늘린다 : 우선 고질소혈증에 걸린 개의 소변을 늘리도록 한다.

- 그러기 위해서는 수분 보충을 위한 수액을 투여한다. 수분은 건강할 때에도 하루에 개의 몸무게에서 20mℓ, 소변에서 최소 20mℓ는 없어진다. 수액의 양은 탈수의 정도, 구토, 설사 등으로 없어지는 양도 계산해서 정한다. 수액에 사용되는 용액에는 여러 종류가 있으나 고칼륨혈증을 일으키는 경우는 칼륨이 적은 것을 택한다. 또 신부전은 혈액의 pH가 산성에 치우쳐 있으므로 알

칼리성이 되도록 조정된 것을 사용한다.

신부전(renal failare)의 원인과 분류

신장기능에 이상이 있다고 해서 반드시 신장 그 자체의 병이 원인이라고 할 수 없다. 원인을 막론하고 신장기능이 정상이 아닌 상태를 총칭해서 신부전이라 한다.

① 신전성신부전(腎前性腎不全)

- 신장은 혈액을 여과하고 수분과 영양소를 선택적으로 재흡수하는 곳이므로 신장에 충분한 혈액이 공급되지 않으면 신장은 정상적인 기능을 발휘할 수 없다.
- 혈액여과라는 중요한 역할을 하고 있기 때문에 뇌와 같이 신장의 혈관입구에 항상 일정한 혈압을 조절할 수 있는 기능이 있다. 그러나 예를 들어 울혈성심부전, 쇼크, 탈수 등에 의해 순환하는 혈액의 양이 현저히 떨어진 경우는 혈압을 조절할 수 없다. 이같은 경우에 발생하는 신장의 기능장애는 혈액이 신장에 들어가기 이전의 문제이므로 신전성신부전이라 한다.

② 신성신부전(腎性腎不全)

- 신장조직의 이상으로 인해 신장기능장애가 일어났을 때 신성신부전이라 한다.

③ 신후성신부전(腎後性腎不全)

- 소변이 신장을 거친 뒤에 통과하는 방광이나 요도의 막힘 등에 이상이 생기면 소변이 배설되지 않는 장애가 일어나는 것을 신후성신부전 이라 한다.

④ 급성신부전과 만성신부전

- 신부전에도 급성과 만성이 있다. 두 가지 모두 병세나 증상에 차이가 있기 때문에 치료법도 다르다. 신부전은 신장기능이 나빠져서 체내의 유해물질을 배설할 수 없는 상태이므로 혈액중의 유해한 노폐물이 축적되어 온몸에 걸쳐 여러 가지 장애가 나타나지만 몸은 항상 균형을 유지하려는 항상성을 가지고 있다.
- 급성신부전은 단시간에 상당히 심한 변화가 일어나기 때문에 항상성도 별 도움이 없어 증상이 급격히 악화된다. 만성신부전은 네프론이 조금씩 파괴되기 때문에 그 나름대로 몸의 균형을 유지한 상태로 진행된다.
- 이 때문에 만성신부전은 말기까지 전혀 알지 못하거나 외적증상이 가볍다.
- 특히 개는 육식동물이라서 고질소혈증에 대한 저항성이 강하다.

② 체내에서 질소화합물질을 없앤다 : 고질소혈증 때는 체내에서 질소화합물질을 없애는 일이 중요하다. 물론 수액으로 소변의 양을 증가시켜 질소화합물질을 몸밖으로 배출하는 것도 중요하지만 이것만으로는 충분하지 못할 때가 있다.
- 이 때문에 복강 안에 관류액을 넣어 1시간 정도 후에 회수하는 치료법(복막관류)도 있으나 이것은 1~2회로는 효과가 없고 1일 4~5회 정도가 필요하며 상당히 큰 규모의 치료법이다. 몸이 큰 개의 경우는 혈액투석도 효과적이지만 전용장치가 필요하고 질소화합물질을 흡착시키는 약물도 사용된다. 개에게 캡슐에 들어있는 약을 먹인 뒤, 소화관에서 질소화합물이 나오게 하는 방법이다.

③ 단백질 이외의 영양을 준다 : 급성신부전은 대개 식욕이 없으므로 음식으로는 영양(칼로리)을 얻을 수 없다. 이 때문에 방치해 두면 살기 위해 필요한 최소한의 칼로리는 체내에 비축된 단백질을 이용하게 된다.
- 그러나 신장기능이 크게 떨어져 고질소혈증이 일어났을 때, 체내의 단백질에서 생성된 질소화합물이 가해져서는 더 악화된다.
- 따라서 개에게 칼로리 보급을 위하여는 단백질 이외의 영양원을 공급해 주어야 한다.

2 만성신부전(chronic renal failure)

■ **증상이 나타날 때까지 모른다.**

증 상

- 만성신부전은 병의 진행시기에 따라 증상이 크게 다르다.
- 대체로 식욕도 없고 별 증상이 없을 때와 악화된 때의 정도의 차이는 있으나 일반적으로 식욕이 없어 마른다. 소변의 양은 전신의 장기에 이상이 있을 때 생기는 요독증을 일으키지 않는 한 줄지 않는다. 일시적으로 묽은 소변이 많이 나오는 때가 있다.
- 단 개에게 생기는 병의 경우는 다뇨 증상이 많지만 반드시 다뇨라고해서 신부전은 아니다. 만성신부전은 평상시와 같은 배뇨이므로 혈액중의 칼륨농도가 높아지는(고칼륨혈증) 일은 없다. 병에 따라서는 탈염이뇨제를 장기간에 걸쳐 공급하므로 해서 저칼륨혈증을 일으킨다. 그래서 칼륨의 정기검사가 필요하다. 만성신부

전은 혈액중의 인의 농도는 높아지지만 칼슘이 잘 흡수되지 않아 뼈가 약해지는 경우가 있다.

- 이것을 신성골이영양증이라 한다. 이 병은 강아지나 나이가 많은 개가 신부전에 걸렸을 때 많이 나타난다. 반드시 구토나 설사 등 소화기증상이 나타나는 것은 아니지만 자고 일어났을 때 구토를 한다든지 약간의 설사를 보이고 빈혈도 따른다.
- 만성신부전도 최종적으로는 신장기능을 거의 잃어 고질소혈증을 일으켜 요독증에 빠진다.

원 인

- 만성사구체신염, 간질성신장염, 수신증 등의 신장기능 이상이 원인이 된다.

진단 · 치료

진단방법

- 혈액중의 고질소화합물의 농도를 조사하여 고질소혈증인지 아닌지를 알아본다. 또 혈액중의 칼륨, 칼슘, 인의 전해질농도를 검사한다.

치료방법

- 만성신부전의 치료는 수액과 식이요법이 중심적이다.
  ① 수액 : 만성신부전은 상황에 따라 수액을 한다. 수액은 각각의 증상 · 결과를 고려하여 선택한다.
  ② 식이요법 : 치료의 중심은 단백질 조절과 염분을 제한하는 식이요법이다. 칼로리는 물론이고 필요한 영양소를 균형있게 섭취해야 한다.
  - 동물성 단백질인 계란, 살코기, 닭고기, 유제품 등의 섭취를 제한한다.
  - 그러나 고질소혈증이 개선되거나 혈액중의 단백질이 저하됐을 때는 양질의 단백질을 제한해서는 안 된다. 단백질균형의 문제점은 개가 동물성 단백질이 들어 있지 않으면 먹지 않는 것이다. 이럴 경우 자기 체내 단백질을 소비하게 되므로 결과적으로 여분의 단백질을 주는 것과도 같다.
  - 이럴 경우는 먹이와 함께 소량의 단백질을 넣어서 먹인다. 또 만성신부전은 사람의 경우처럼 염분을 제한해야 하고 염분이 많으면 네프론이 조금씩 파괴된다. 또 갑자기 줄이면 기능의 균형이 깨지므로 시간을 두고 조금씩 줄인다.

③ 단백질동화호르몬의 투여 : 단백질동화호르몬은 체내의 단백질합성을 촉진하고 분해를 억제한다. 게다가 뼈에 칼슘의 침착을 촉진시켜 적혈구를 생산하고 식욕이 없을 때는 식욕을 증진시키기도 한다. 만성신부전에는 정기적인 장기 작용형의 호르몬을 투여하기도 한다.

④ 칼슘제의 투여 : 뼈 속의 칼슘이 없어지는 병(신성골이영양증)에 걸렸을 때의 치료로서는 칼슘제를 투여해서 신부전에 대한 식이요법을 한다.

• 한 번 만성신부전에 걸리면 언젠가는 증상이 더욱 악화되어 요독증이 될 가능성도 있다. 신부전이 된 신장이 다시금 회복되는 일은 없으므로 나머지 신장을 더 이상 나빠지지 않도록 신경을 써야 한다. 그러기 위해서는 개에게 스트레스를 주지 않는 것이 무엇보다 중요하다.

신장에 생기는 병의 증상

신장에 병이 생기면 다음과 같은 여러 가지 증상을 보인다.

■ 고질소혈증

신장의 기능에서 가장 중요한 것은 단백질을 대사할 때 생기는 부산물인 질소화합물(비단백체질소)의 배설이다. 이 때문에 신장기능이 저하되면 혈액중의 비단백체질소의 농도가 상승한다. 이러한 상태를 고질소혈증이라 한다. 비단백체질소는 단백질을 많이 소비하는 만큼 늘어난다. 신부전으로 식욕이 없을 때 칼로리가 보충되지 않으면 자기 체내의 단백질을 분해해서 에너지를 얻는다(이화작용). 이것은 건강할 때는 문제가 없으나 신부전의 경우에는 신장에 부담이 커져 병이 악화된다.

■ 혈액중의 전해질농도의 이상

신장기능 중의 한 가지는 혈액중의 전해질(미네랄)조절이다. 미량의 전해질이지만 정상적인 기능을 하기 위해서는 항상 일정한 양을 유지해야 한다.

그러나 신부전이 되면 신장이 혈액을 여과하는 양이 줄어 전해질의 균형이 깨진다. 혈액중의 칼륨농도가 높아지거나(고칼륨혈증), 칼슘농도가 낮아지거나(저칼슘혈증), 인의 농도가 높아지거나(고인혈증) 한다. 그 결과 뼈에 문제가 생긴다.

■ 단백뇨

신장기능이 나빠지면 소변에 단백질이 빠져 나온다. 이것은 사구체의 기저막이 파괴되어 요 중에 단백질과 같은 큰 분자까지 빠져 나온 것이다.

■ **대사성산증(metabolic acidosis)**

정상적인 혈액상태에서는 약알칼리성(pH 7.3~7.45)이지만 신부전이 되면 혈액이 산성에 가까워진다(pH 6.8~7.0). 이 상태를 대사성산증이라 하며 사망의 우려가 있는 위험한 상태다.

■ **요독증(uremia)**

신장은 혈액을 여과해서 소변을 만든다. 그러나 체내를 순환하는 혈액의 양이 줄었을 때나 신장에 이상이 있을 때는 혈액여과율이 저하된다.

그 결과 소변으로 나와야 할 노폐물처리가 되지 않아 혈액중의 유해물질이 쌓여서 미네랄 등의 균형이 깨진다. 이 상태에서 더 심해지면 체내의 모든 장기에 이상이 생긴다. 이것을 요독증이라 하며 여기서 더욱 심해지면 경련을 일으키거나 혼수상태에 빠져 끝내는 사망에 이른다.

■ **빈혈(anemia)**

신장세포에서는 골수를 자극해서 적혈구의 생성을 촉진시키는 인자(erythropoietin)가 분비된다. 신장의 이상에 따라 이 인자가 부족하면 적혈구 생성에 이상이 생겨 빈혈이 생긴다.

3 급성신염, 급성사구체신염(acute nephritis, acite glomerulonephirtis)

■ **심한 경우는 사망에 이른다.**

사구체의 기저막이 갑자기 염증을 일으키는 병이다. 심하지 않을 때는 작은 증세라서 알지 못하고 지나쳐 버리지만 이 중에는 사망까지 하는 심한 경우도 있다. 증상 또한 일정하지 않다.

증 상

- 급성신부전으로 나타나며 중병이면 단시간에 체내의 여러 장기가 이상이 생겨 요독증에 빠진다. 일반적으로 사구체의 기저막이 변하면 신장에서 불필요한 질소화합물을 제대로 배설을 못해 혈액중의 질소화합물농도가 높아지는 고질소혈증이 된다.
- 개의 신장병은 소변이 줄어들지는 않지만 사구체신염의 경우는 소변의 양이 감소

한다. 다른 병과 마찬가지로 식욕도 없고 힘도 없어 구토나 탈수증상을 보인다.

- 이 중에는 경련과 같은 신경적인 증상을 보이는 일도 있으며 입에서 피를 흘리거나 암모니아 냄새가 입에서 나는 경우도 있다.

원 인

- 사람의 경우는 세균감염에 의해 사구체신염에 주로 걸리지만, 개는 세균감염에 의한 경우는 거의 발생하지 않는다. 단 기저막의 면역이 쉽게 일어나 여러 가지 병의 영향을 받아 가벼운 증세가 자주 발생한다.
- 예를 들면 아데노바이러스(개전염성간염)를 비롯하여 몇몇 바이러스에 감염됐을 때나 면역작용에 이상이 생겼을 때 등이며 이외에도 여러 면역반응이 관계됐을 때도 증상이 나타난다. 또 독성을 가진 물질(금속의 염소)에 대해서 신장이 중독을 일으켰을 때도 사구체의 기저막에 이상이 발생한다. 또한 곰팡이 독소가 문제가 되기도 하기 때문에 사료에 곰팡이가 발생하지 않도록 세심한 주의가 필요하다.

진단 · 치료

진단방법

- 아데노바이러스 감염이나 독물중독은 없는지 알아 본다. 또 혈액중의 질소농도와 칼륨, 인, 칼슘 등의 전해질농도를 검사한다.

치료방법

- 사구체신염 병에 걸렸으면 그 병의 치료와 함께 급성신부전치료를 한다. 치료의 포인트는 수액이다. 수액을 하게 되면 탈수증상에 대한 수분보충과 혈액중의 전해질이 조정되고 소변의 양이 늘어 혈액중의 유해물질도 제거하는 효과가 있다.
- 또 체내의 질소화합물을 줄이기 위해 복막관류와 혈액투석 등도 한다.

[그림 4] 사구체

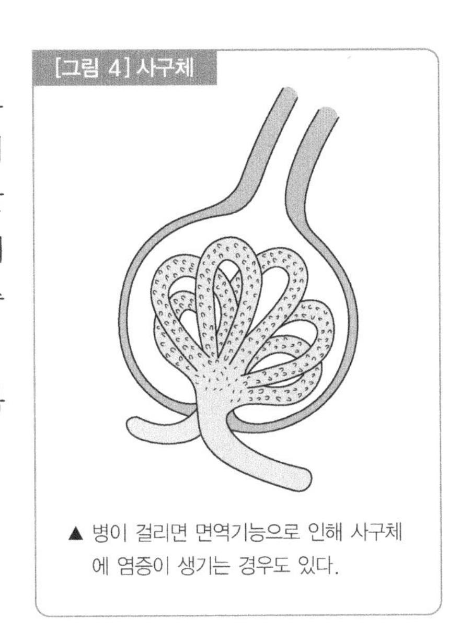

▲ 병이 걸리면 면역기능으로 인해 사구체에 염증이 생기는 경우도 있다.

신장과 소변

신장은 몸의 수분을 조절하는 곳이다. 몸이 다량의 수분을 소비했을 때와 별로 수분을 섭취하지 않을 때는 소량의 진한 소변을 만든다. 소변의 양과 농도를 상황에 따라 조절할 수 있는 것은 건강하다는 증거다.

병이 생겼을 때의 병리현상과 건강할 때의 체내조절에 의한 생리변화를 구분하는 것이 중요하다.

4 만성신염, 만성사구체신염(chronic nephritis, cjpmoc glomerulonephritis)

■ 나이가 먹은 개는 이 병에 예비

- 나이가 들면 신장 세포의 노화로 기능이 떨어지고 만성신염(만성사구체신염)이 유발될 확률이 있다. 대개의 경우 증세가 나타나지 않는다. 그러나 조직의 변화가 심하면 만성신부전이 되고 이 때에 여러 가지 증상이 나타난다. 소변에 단백질이 나오는(단백뇨)경우도 있으며 ,여기에 혈액중의 단백질농도가 낮아지는(저단백혈증) 경우도 있다.
- 신증, 고질소혈증, 요독증 등을 일으키기도 한다. 이럴 때에는 각각의 증상에 맞는 치료를 한다

5 수신증(Hydronephrosis)

■ 복부에 큰 덩어리가 생긴다.

- 소변이 요관을 통과하기 어렵고 신우에 소변이 모여 신장이 붓는 것을 수신증이라 한다.
- 신장의 배치이상 등의 선천성과 요관에 결석이 막혀서 생기는 후천성이 있다.
- 대개의 경우 복부에 큰 덩어리가 생기든지 신부전이 되고 나서야 개 주인이 알게 된다.
- 수신증이 신장 한 쪽만 생겼을 때는 적출하는 수술을 하면 되지만 양쪽 모두일 때

는 신부전이 빠르게 진행되므로 치료에 힘써야 된다.

6 신증후군

■ **몸이 부어 오르고 힘이 없어진다.**

증 상

- 겉으로 나타나는 증상은 몸이 부어 오르고 다른 병과 마찬가지로 힘도 없고 식욕도 감퇴한다. 검사에서는 소변에 단백질이 나오고, 혈액 중의 단백질이 줄고(저단백질혈증), 혈액중의 콜레스테롤이 상승(고콜레스테롤 혈증)하는 것이 공통적인 증상이다.
- 콜레스테롤 뿐만 아니라 혈액 중의 지방과 관련된 물질의 농도가 상승한다.

원 인

- 세뇨관조직에 큰 변화가 있지만 원인 그 자체는 사구체에 있다.
- 사구체의 기저막이 손상되어 큰 분자까지 통과되므로(투과성 항진) 기저막의 투과성을 높이는 병은 신증후군을 일으킬 가능성이 있다. 주로 사구체질환, 당뇨병, 종양, 백혈병, 울혈성심부전, 중독, 알러지, 면역질환 등이다.
- 기저막이 손상되면 소변에 단백질이 빠져나와 혈액 중의 단백질이 감소한다.
- 그 결과 혈액의 농도가 떨어져 혈관내외의 삼투압 균형이 깨져 혈관의 벽을 타고 수분이 몸 조직으로 새기 때문에 부어 오른다.

진단 · 치료

진단방법

- 원인을 찾기 위하여 혈액검사를 한다.

치료방법

- 병의 원인을 치료한다. 그러나 신증후군이 진행되면 치료가 어려워지고 신부전이 더욱 심해지면 요독증에 빠져 사망에 이른다. 대증요법의 치료가 중심적이고 부신피질스테로이드가 효과적이다.
- 부종이 심하면 이뇨제를 투여해서 나트륨을 배설하게 하고 단백동화호르몬이나

비타민도 효과가 있다. 식이요법(만성신부전 항목 참조)도 하고 고질소혈증이 아니면 양질의 단백질을 특별히 제한해서 공급한다. 그리고 염분은 수 시간에 걸쳐서 천천히 줄여간다.

7 간질성신염(interstitial nephritis)

■ 병이 진행될 때 까지 자각증상이 없다

신장의 간질에 염증이 생기는 병이다. 간질이란 네프론과 네프론사이를 메우는 조직(결합조직)으로 된 부분으로 혈관도 여기를 통과한다. 간질성신염에 걸리면 신부전 현상을 보이므로 동물병원에서는 보통 신부전이라 한다.

증 상

- 거의가 만성이라서 만성신부전 상태가 된다. 공통적인 증세로는 다량의 수분섭취로 소변의 양이 늘고, 식욕감퇴로 몸이 마르고, 탈수 등의 증세와 다음 날 구토를 동반한다.

원 인

- 신장에 영향을 주는 병 모두를 꼽을 정도로 여러 가지 원인이 있다.
- 디스템퍼, 아데노바이러스(전염성간염), 렙토스피라감염증, 일부 약물, 면역질환과 중독 등의 원인이 있다. 예전에는 개의 신장병은 사구체의 병변으로 인한 병이 아니라 대부분 간질의 병이라고 생각했다. 최근에는 질병의 초기에는 사구체나 세뇨관에 병변이 발생한 후 간질로 병변이 번져가는 것으로 인식되고 있다.
- 신장염의 원인을 알게 되면 곧바로 치료를 하는 동시에 개의 증상에 맞는 치료를 한다. 그러나 대개가 증상을 모른 채 악화된다. 한 번이라도 신부전을 앓은 경우가 있다면 정기적으로 신장기능검사를 받도록 한다.

8 신우신염(pyelonephritis)

■ 심해지면 신부전이 된다

신장의 신우가 병을 일으키는 것으로 요로감염증의 일종으로 신우신염이 발병하면 좀처럼 좋아지지 않고 신장조직에까지 번져 중증이 된다.

증 상

- 급성과 만성이 있는데 주로 만성이고 증상도 나타나지 않는다.
- 급성의 경우는 발열이 있지만 방광염과 유사해서 거의 구별이 안 된다. 만성의 경우는 병이 상당히 진행된 뒤에 알게 되는데, 이 때는 이미 신부전의 상태이다.
- 신우신염은 소변이 탁하고 냄새가 지독하다.

원 인

- 신우신염은 중증의 요로감염증이며. 방광염 등에 걸리면 세균이 요로를 타고 올라와 신우까지 침입하여 신우신염을 일으킨다.

진단 · 치료

진단방법

- X선이나 초음파 등으로 확인한다. 소변 속의 세뇨관에서 만들어진 원주 등이 보인다. 보통 신우신염은 방광염을 동반한다.

치료방법

- 주로 항생물질을 투여하게 되는데 신부전이 되면 신부전치료도 한다. 증상이 간헐적이므로 완치될 때까지 치료를 한다.

9 신결석(renal calculus)

■ 신우에 결석이 생겨 소변에 피가 섞여 나온다.

요로에 결석이 생긴 병을 요로결석이라고 일컫는다. 결석이 생기는 부위에 따라 신결석(신우에 결석), 요관결석, 방광결석, 요도결석으로 나뉜다. 결석 그 자체는 변함없으나 결석이 생기는 부위에 따라 증상은 완전히 다르다. 그러나 진단법이나 치료법, 예방법은 차이가 없다. 신결석은 신장신우에 결석이 생기는 병이며 진행되는 동안도 증세가 나타나지 않는다.

증 상

- 결석은 신장의 한 쪽 혹은 양쪽 모두 생길 수 있으며 아주 작은 결석의 경우는 티도 나지 않고 증상도 없어서 보호자가 알지 못할 때가 많다. 이 때문에 다른 병의 X선 촬영 때 우연히 발견되기도 한다. 한편 요로감염증이 유발된 경우에 증상이 나타날 때도 있다. 병이 진행되면 신장 속의 네프론이 3분의 2이상 못쓰게 되어 신부전 증상이 있고 미량의 피가 섞인 소변이 나온다.

원 인

- 결석이 생기는 기전은 완전히 알 수 없으나 소변 속에는 대사에 의해 만들어진 여러 종의 물질(대사산물)이 고농도로 포함되어 있다. 보통 요도의 점막이 분비하는 '보호콜로이드' 물질이 점막에 상처를 입히는 물질 등을 감싸서 밖으로 배출하고 대사산물이 결정화되는 것도 방지한다. 하지만 콜로이드에 이상이 생기면 결석이 쉽게 생긴다.
- 실제 결석이 생기는 것은 장기의 표피 등 결정의 핵이 소변에 포함되어 있을 때이다.
- 특히 요로감염증은 이런 핵이 소변 안에서 늘어나는 것으로 인식되고 있다.
- 또 세균에 감염되면 소변의 pH가 상승해 알칼리성이 된

[그림 5] 신결석

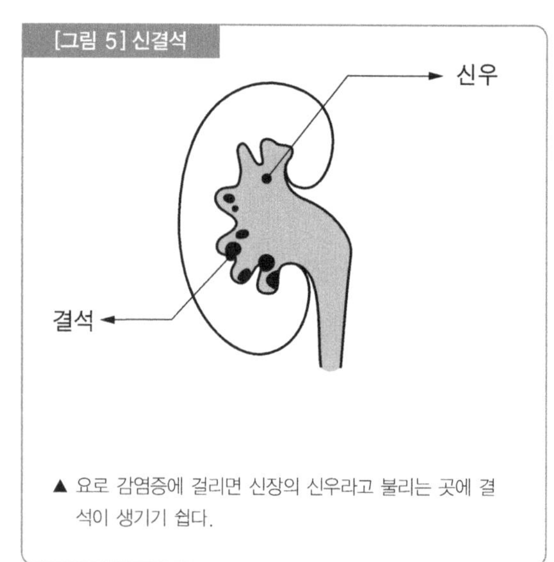

▲ 요로 감염증에 걸리면 신장의 신우라고 불리는 곳에 결석이 생기기 쉽다.

다.
- 대부분의 경우 결석은 이러한 알칼리성 소변에서 만들어진다. 그러나 소변이 산성일 때 결석이 생기는 경우도 있다.

진단 · 치료 · 예방

진단방법
- 결석은 대부분 X선 촬영으로 쉽게 발견되고 드물게는 조영제를 써서 결석을 잘 보이게 하는 특수한 촬영을 해야하는 경우도 있다. 치료방법을 정하거나 병세를 알기 위해서는 소변검사와 혈액검사를 한다. 이런 검사들은 재발방지에도 도움된다.

치료방법
- 약물에 의한 내과요법이 아닌 외과적 수술이 원칙이다.

예방방법
- 식이요법을 통해서 소변의 pH를 조절하거나 미네랄을 조절하여 재발방지에 힘쓴다.

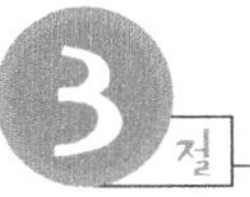

3절 방광과 요도의 질병

방광의 기능은 복잡하지 않아 병 또한 단순하다. 그러나 신경계는 복잡해서 마비되는 경우는 회복시간이 많이 필요하다.

수컷과 암컷의 요도형태는 다르다. 암컷은 두껍고 짧아 세균 침입에 약해서 방광염 등의 요로감염증에 걸리기 쉽다. 수컷의 요도는 길어서 세균에 강하지만 가늘기 때문에 결석이 막히는 경우가 흔히 발생한다.

1 방광염(Cystitis)

■ **다량의 물을 마시게 되고 소변을 자주 본다.**

신장에서 요도까지의 경로(요로)의 일부가 세균에 감염되어 염증을 일으키는 병을 '요로감염증'이라 한다. 이 중에서 가장 많은 증상이 방광염이다.

증 상

- 급성방광염은 발열, 식욕부진, 몸이 처지는 등 일반적인 증상을 보이지만 물을 많이 마시게 되어 소변이 빈번하다. 잔뇨감을 느껴 자세를 취하지만 소변이 나오질 않는다. 소변이 잘 안나온다고 해서 모두 방광염은 아니다. 소변은 보려고 하는데 나오질 않을 때에는 요도에 결석이 막혀있거나 전립선비대 등으로 요도가 압박을 받는 경우다.
- 건강할 때는 노란색을 띠고 탁하지 않으나 방광염은 색깔이 진하고 탁하다. 병세에 따라 색깔과 탁함의 정도는 다르나 심한 경우에는 피가 섞인 소변이거나 냄새가 지독하다.

원 인

- 요도에 침입한 세균이 방광에 감염되어 염증을 일으키고 수컷보다는 암컷에게 많다. 수컷의 요도는 암컷보다 가늘고 길어서 세균침입이 어렵고 수컷의 부생식기관인 전립선에는 세균감염방지 기능이 있다. 방광염에 걸리면 대개 만성화 아니면 잠재화(세균이 늘지는 않고 계속 살아있는 상태)한다. 세균감염이 요도를 거슬러 올라가서 신우신염을 유발하는 경우도 있고 드물게는 신장에 화농이 생겨 화농성신염으로까지 번진다.
- 세균에 의한 염증이외에도 결석이나 스트레스, 추위 등에서 오는 방광염도 있지만 드물게 발생한다.

진단 · 치료

진단방법

- 소변검사를 해서 소변 속의 백혈구를 찾는다.
- 가장 확실한 방법은 소변검사를 해서 백혈구의 수를 조사하는 것이다. 백혈구의 수가 보통 이상일 때는 방광염이다. 소변에 세균을 배양해서 세균의 수를 알아보는 방법도 있으나 요도에는 언제나 세균이 있으므로 어떤 일정한 수 이상이 확인되었을 때에 비로소 방광염이라고 진단한다. 검사지(檢査紙)로 알아보는 방법도 있으나 감도가 좋지 않다.

치료방법

- 소변검사를 해서 세균에게 가장 효과적인 약을 찾아 치료방법을 정한다.
- 그 결과에 따라 항생물질, 합성항균제를 투여한다.

2 방광결석(Cystic calculus)

■ 암컷이 요로감염증에 걸리면 요주의

방광에 결석이 생기는 병으로 방광결석은 요로결석중에서 가장 많은 것으로 보통 세균성방광염(요로감염증의 일종)에 의해서 요로감염이 걸리기 쉬운 암캐에서 많이 발생한다. 그러나 암컷의 결석이 작은 것은 배뇨시 배출되고 증상이 나타날 때는 큰 결석이 생겼을 때이다.

증 상

- 세균성방광염과 같은 증상이 있지만 방광염보다 출혈이 많다.
- 잔뇨감이 있어 배뇨횟수가 많다. 피는 보통 작은 덩어리이고 비교적 깨끗한 색을 띠고 있다. 피가 소변 속에 장시간 있을 경우는 혈액의 성분이 파괴되어 소변색깔은 커피색 아니면 홍차색으로 변한다.
- 소형개에게 결석이 큰 경우에는 방광주위를 만져보면 딱딱한 돌같은 느낌이 있다.

원 인

- 세균감염에 의한 방광염이 원인의 한 가지로 생각된다. 방광에 염증이 생기면 방광의 점막의 상피세포가 벗겨져서 염증으로 인해 어떠한 물질이 만들어진다.
- 이 때 이것들의 물질이 결정화하기 위해 핵이 되어 결석으로 성장한다.

진단 · 치료

- X선로 결석을 찾아 크기나 상태를 알아보고 소변검사와 혈액검사를 한다.
- 수술이 원칙이지만 작거나 희미해서 녹아 없어질 것으로 판단될 때, 그리고 전신의 상태가 좋지 않을 때는 내과요법을 취하고 세균감염의 경우는 항생물질을 투여한다.

[그림 6] 방광결석

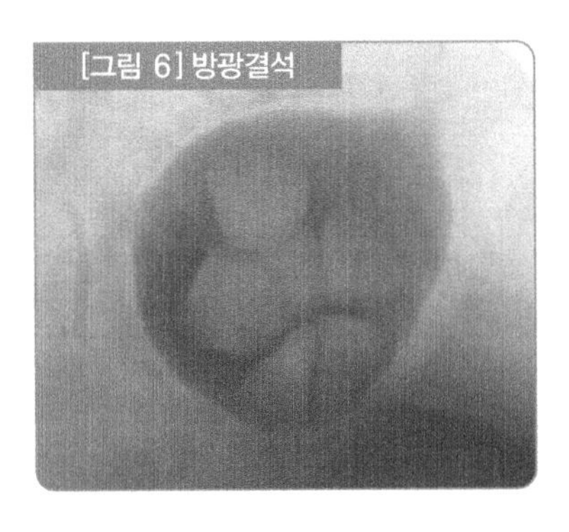

요로감염증

■ **원인**

- 신상의 세뇨관에서 요도까지의 경로(요로)는 기다란 파이프와 같다. 세균이 이 파이프를 타고 방광이나 신장을 감염시켜 염증을 일으킨다.
- 이것을 '요로감염증'이라 하고 방광염이나 신우신염은 대표적인 요로감염증이다.
- 세균감염의 경로는 상행성과 하행성이 있다. 전자는 요도에서 침입한 세균이 방광을 지나 요관에 다다르고 더 심해지면 신우, 신배까지 요로를 거슬러 올라간다.
- 후자는 혈액중의 세균이 신장에 이르러 염증을 일으키고 요로를 따라 감염이 번져간다.
- 개의 경우 상행성감염이고 많은 경우가 대장균에 의해 발생된다.
- 요도와 방광은 세균을 방어하는 구조가 있으나 세균의 수가 많거나 감염력이 강한 경우, 그리고 몸의 저항력이 저하되어 있을 때는 세균에 감염되어 버린다.
- 이 방어 시스템은 신경계와 관련이 있어서인지 척추질환에 의한 하반신이 마비되면 소변이 잘 나오질 않고 100%의 개가 요로감염증을 일으킨다.

■ **고치기 힘든 요로감염증**

- 보통 요로감염증은 발견이 늦어져 만성인 상태에서 알기 때문에 대부분 치료가 어려워진다. 요로에서는 세균을 공격하는 약효가 떨어지기 때문이다. 감염치료에 사용되는 항생물질의 대부분은 세균에 세포막을 만들 수 없게 한다. 그래서 요로 안에서는 삼투압만 적당하면 세포막이 없어도 증식을 하지 않은 상태로 계속 살아 남을 수 있다.
- 이 때문에 일반 항생물질로는 완치가 불가능하고 개의 상태가 나빠지고 몸의 저항력이 저하되면 세균이 또 다시 세포막을 만들어 증식한다.
- 요로감염증은 조기에 완전히 치료해야 한다. 가벼운 증상의 급성 질병은 단기간의 치료로 완치되지만 치료가 완전하지 않으면 만성으로 진행되어 전립선염, 방광염, 요로결석 등을 2차적으로 유발할 수 있다.

3 요도결석(Urinary calculus)

■ **소변이 잘 안나오는 병**

방광이나 신장에서 흘러나온 결석이 요도에 막히는 병이다. 수컷에게 많고 소변이 잘 나오지 않는다.

증 상

- 소변이 잘 나오지 않고 배뇨자세를 취해도 소변을 잘 못보는 배뇨장애를 보인다. 또는 이러한 증상도 보이지 않고 갑자기 요독증을 일으킬 때도 있다.
- 다른 병에서도 소변이 잘 안나오는 경우도 있지만 너무 상황을 지켜보다가 돌이킬 수 없는 실수를 하므로 소변이 잘 안 나오면 즉시 진단, 치료를 받아야 한다.
- 결석의 크기에 따라 요도에 결석이 걸려도 그냥 배설되는 경우도 있으나 다른 부위에 결석이 남아 있을 수 있다.
- 배뇨장애를 보였다가 또 다시 없어졌다하더라도 치료 된 것이 아니므로 수의사의 진단을 받는다.

원 인

- 요도 안에 결석이 생기는 경우는 거의 없고 방광이나 신장에서 발생한 결석이 좁은 요도에 막히는 것이다. 요도가 가느다란 수컷에게 많다.

진단 · 치료

진단방법

- X선 검사, 혈액검사, 소변검사를 한다.

치료방법

- 보통 요도내의 결석을 방광까지 밀어서 되돌린 뒤, 방광 안에서 결석을 빼 낸다. 요도를 잘라 꺼내는 방법도 있지만 수컷의 요도는 가늘고 꿰매면 요도가 너무 좁아져 요도를 잘라도 봉합은 하지 않는다. 이렇게 되면 수술 후에 관리가 어려우므로 가능한한 피하는 것이 좋다. 재발방지 등은 다른 결석의 경우와 마찬가지다.

[그림 7] 요도결석

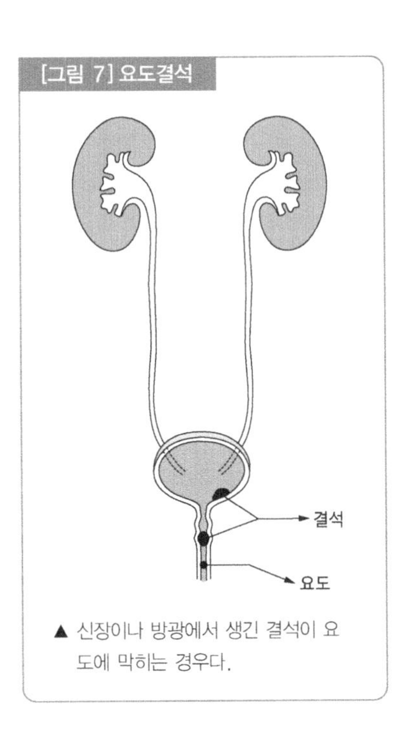

▲ 신장이나 방광에서 생긴 결석이 요도에 막히는 경우다.

제10장 생식기에 생기는 병

개의 생식기 구조

생식기는 번식을 위한 기관으로 수컷과 암컷의 구조와 기능도 크게 다르다.
암컷의 생식기는 난소, 자궁, 질, 그리고 부생식기인 유선이 있다.
수컷의 경우는 고환과 음경을 가지고 있고 부생식기로서는 전립선이 있다.
생식기의 병은 두 가지로 나뉜다.
첫째는 건강에는 문제가 없어도 임신을 할 수 없는 번식장애, 둘째는 건강에 문제가 있는 생식기의 병이다.
여기서는 후자를 다루기로 한다.
생식 때 수컷이 정자를 제공하여 암컷이 이를 받아들임으로서 체내에서 난자가 수정한다.
수정란이 암컷의 몸에서 성장하여 강아지가 된다.
이처럼 수컷과 암컷의 생식 때 역할은 다르지만 대개 새끼를 가지는 암컷이 생식기 병에 걸리기 쉽다.

제10장 생식기에 생기는 병

1절 개의 생식기 구조

1 암컷의 생식기 구조

2개의 난소, 자궁과 질로 되어 있다.

자궁은 두개의 자궁각, 그리고 한 개의 자궁체, 자궁경으로 구성되어 있다. 자궁각은 좌우의 난소로부터 각각의 난자를 받아들이는 곳이며 둘 다 중앙에서 하나로 연결되어 자궁체가 되고 여기서 하나의 자궁경이 아래쪽으로 늘어나 질로 이어진다. 개의 표준발정기는 6개월이 주기다. 그러나 개체의 차이가 큼으로 주기가 길어도 그다지 걱정할 필요는 없다.

단 나이가 든 개가 발정주기가 길고, 발정을 하지 않거나, 발정이 와도 금방 끝나버리고, 발정시의 피의 색깔이 지저분하다는 등의 변화가 있으면 생식기의 병일지도 모르니 전문 수의사의 진료를 받도록 한다.

2 수컷의 생식기 구조

수컷의 생식기는 고환과 음경 그리고 부생식기는 전립선이다.

전립선은 계란형으로 방광 뒤쪽에 요도를 감싸듯이 자리 잡고 있다. 보통 때는 골반부위에 있으나 방광에 소변이 차거나 전립선비대 등의 병으로 커지거나 하면 약간 앞쪽으로 이동한다. 전립선은 정액의 중요성분인 전립선액을 만들고 정액을 알칼리성화한다. 개의 전립선병은 전립선염과 전립선비대 등이 있어 사람의 병과 매우 흡사하다.

3 발정의 기전

암컷의 발정은 난소 안에 있는 많은 난포 중의 한 개가 성장해서 여성호르몬인 에스트로겐의 분비로 시작된다. 에스트로겐은 자궁과 질에서 자궁점막의 충혈이나 비대를 일으켜 질을 부드럽고 크게 해서 교배나 출산을 대비한다. 이 때 질의 상피세포는 몇 겹이고 쌓여서 두껍다. 난포의 크기가 가장 커졌을 때 난포는 터지고 성란이 배란한다. 난포가 터지면 에스트로겐이 분비되지 않고 난소 안에서는 황체가 형성된다. 황체는 임신유지와 유선을 크게 만드는 황체호르몬을 분비한다.

황체호르몬은 프로게스테론이라 하며 에스트로겐 기능과 균형을 유지하는 작용을 한다. 평소 때는 자궁경이 닫혀 있지만 발정기가 되면 경부가 헐거워져 발정에서 오는 혈액의 대사산물이 배설된다. 인간의 생리 때의 출혈과 개의 발정할 때의 출혈의 차이는 인간은 배란 후 임신가능성이 없어져서 자궁내막이 벗겨지는데 반해 개의 발정에 동반되는 자궁막의 출혈은 임신을 준비하기 위한 출혈이다.

수컷은 옆에 발정중인 암컷이 있으면 암컷에서 분비되는 페로몬으로 인해 번식을 위한 성행동을 보이게 된다.

[그림 1] 개의 생식기

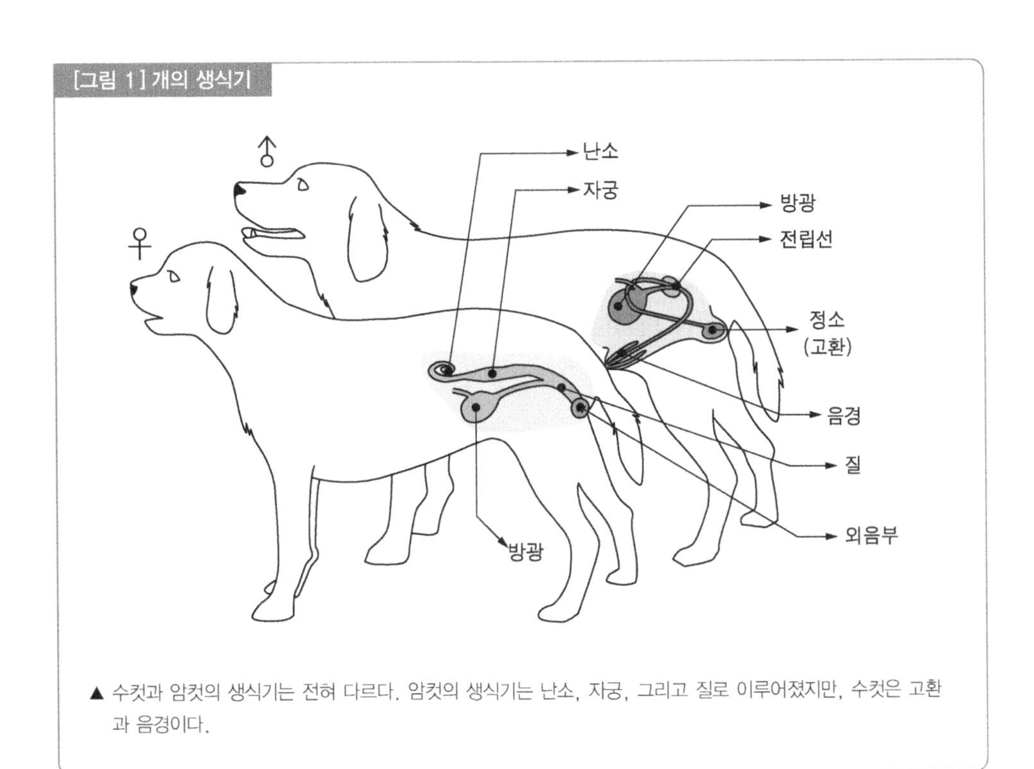

▲ 수컷과 암컷의 생식기는 전혀 다르다. 암컷의 생식기는 난소, 자궁, 그리고 질로 이루어졌지만, 수컷은 고환과 음경이다.

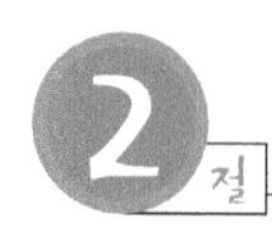

2절 암컷의 질병

1 자궁축농증(Pyometro)

■ **자궁에 염증이 생겨 화농이 차고 종창된다.**
자궁이 세균에 감염되어 염증을 일으킨 결과 자궁내부에 화농이 차는 병이다. 5세 이상 암컷 개, 특히 나이 먹은 개에게 많이 발생한다.
병이 심하게 악화되지 않는 한 별 문제없이 치료된다.

증 상

- 자궁의 넓은 범위에 걸쳐 염증을 일으키기 때문에 다량의 물을 마셔서 소변의 양이 많아진다. 자궁내부에 농이 차므로 복부가 팽창한다. 자궁경이 열려있으면 음부에서 염증 분비물이 나온다. 심해지면 빈혈, 신부전 등을 일으키고 식욕감퇴, 발열, 구토를 한다. 만성적인 경로로 가는 경우도 있어 발열이 없을 때도 있다.

원 인

- 자궁이 세균에 감염되어 염증을 일으킨 결과 자궁내부에 농이 차서 발병한다.
- 발정기 때는 자궁경부가 헐거워져서 세균이 침입하기 쉬워지지만 자궁은 세균을 막는 구조를 가지고 있어 평소에 염증을 일으키는 일은 드물다. 그러나 출산 경험이 없는 개나 상당히 오래 전에 한 번의 출산 경험만 있는 개는 난소에 이상이 생기기 쉽고 발정기가 지난 뒤에도 난소에 황체가 남는다. 이 때 프로게스테론(황체호르몬)을 분비하기 때문에 자궁내막이 증식해서 세균에 감염되기 쉽다.

진단 · 치료

진단방법

- X선 또는 초음파검사로 자궁이 종창되어 있는가를 확인하고 혈액검사를 하여 염증여부를 판단한다.

치료방법

- 외과적 수술을 통하여 난소자궁적출술을 수행하는 것이 원칙이다.

- 수술 전에는 반드시 개의 몸 컨디션을 파악해야 하고 만약 필요하다면 호르몬제 등을 투여하는 내과적인 치료를 한 뒤, 외과적인 수술을 한다.
- 전신패혈증이 있는 경우에는 예후가 불량하다. 수술 후 집중적인 간호가 필요한 수술이다.

[그림 2] 자궁축농증

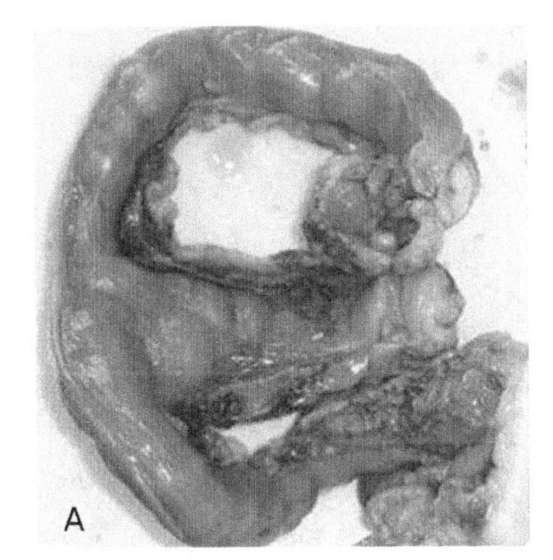

A. 자궁축농증으로 적출된 자궁

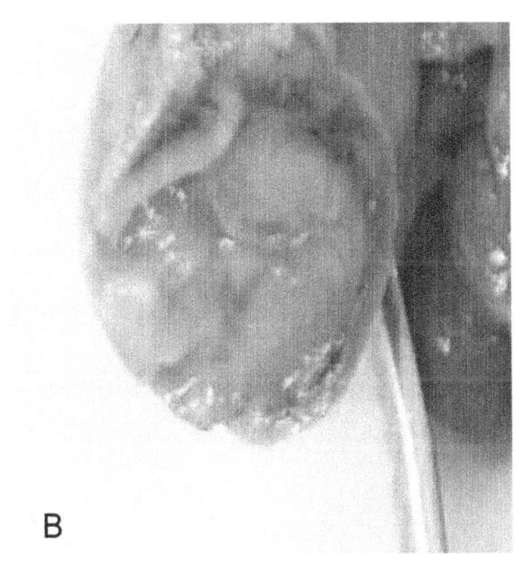

B. 종창된 자궁의 단면. 내강에 농이 차 있다.

2 유선종양(mammary tumor)

증 상

- 3년 이상의 암캐에 다발하는 종양으로 유선에 딱딱한 덩어리가 촉진되고 시일이 지나면서 크기가 자라게 된다. 적절한 처치를 받지 않는 경우에 전이가 일어나 다른 부위의 유선에서 새로이 발생할 수 있으며, 중요 장기에 전이가 일어나면 사망에 이르는 치명적인 악성종양이다.

원 인

- 암컷의 에스트로겐과 프로게스테론 호르몬 분비 이상에 의해 발생하는 것으로 설명되고 있으나, 정확한 기전은 밝혀져 있지 않다. 다만 피임을 목적으로 호르몬제 투여를 받는 개에서는 유선 종양이 다발하는 것으로 알려져 있어 피임을 목적으

로 약제를 투여하는 것은 신중을 기하여야 한다. 또한 난소와 자궁의 이상이 있는 개체에서 호르몬 불균형이 원인이 되는 경우도 있다. 출산을 경험한 나이 든 개에서 다발하는 경향이 있다. 만약 출산 계획이 없는 암컷 강아지라며 어린 연령에서 중성화수술(난소자궁적출술)을 실시하면 유선종양 예방 효과를 얻을 수 있어 어린 연령에서의 중성화수술을 고려해보는 것이 좋다.

진단 · 치료

- 우선 유선 부위에 단단한 덩어리가 촉진되면 전문 수의사의 진료를 통해 외과적 절제 수술을 받고 절제한 덩어리의 조직으로 병리조직검사를 수행하는 것이 좋다. 만약 양성 종양이라면 외과적 절제술로 완치가 되기 때문에 가장 좋은 최선의 선택이라 할 수 있다. 절제한 덩어리의 조직검사 결과가 악성이라면 암세포의 전이 여부를 정기적으로 검진하여야 하며, 필요에 따라서는 전이 억제를 위하여 항암제 치료를 받아야 하기도 한다. 유선종양의 최선의 치료는 발견 후 가능한한 빨리 외과적 수술을 받는 것이다.

[그림 3] 유선 종양

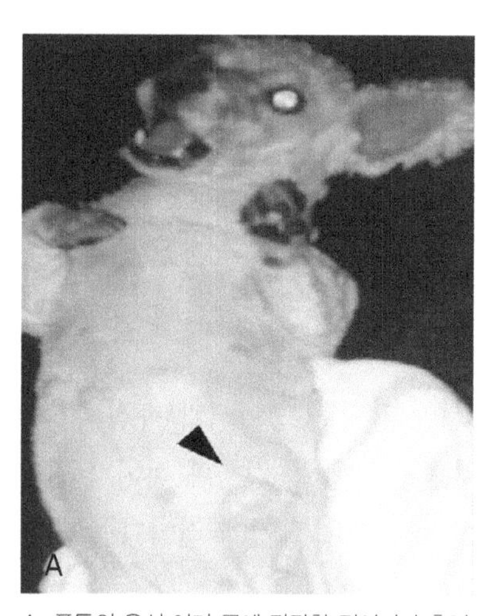

A. 푸들의 유선 여러 곳에 단단한 덩어리가 촉진

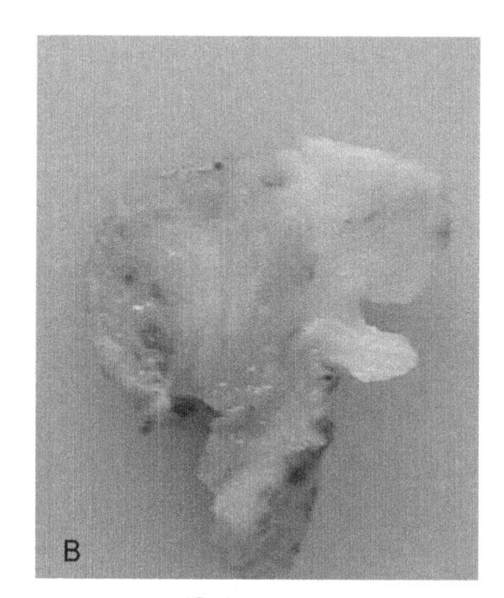

b. 적출한 유선 종양 단면

3 유선염(Mastitis)

■ 유선에 응어리가 생기고 열이 난다.
강아지의 수유기 때 유선에 열과 응어리가 있고 세균에 감염되어 화농이 생긴다.

증 상

- 급성은 온몸이 발열하고 유선에도 열이 있어 응어리와 통증을 일으킨다.
- 또 황색의 유즙(모유)이 나오고 식욕감퇴와 함께 안절부절못하지만 세균감염이 없으면 빠르게 회복된다.

원 인

- 출산 후에 새끼의 수유기에 발생하기 쉬운 병으로 유즙이 지나치게 많이 분비되거나 세균의 감염으로 인해 일어난다. 유즙의 과다는 강아지가 금방 죽는다든지 출산한 강아지의 수가 적기 때문에 발생한다. 출산을 하지 않을 때에도 유선염이 걸리는 경우가 있다.
- 발정기가 시작된 후 2개월이 지나면 임신에 관계없이 유선이 팽팽해져 유즙이 분비된다.
- 임신이 아닌 대부분의 경우는 유선을 누르면 소량의 유즙이 나올 뿐 시간이 지나면 나오지 않으므로 걱정할 필요는 없다. 드물게는 유즙이 지나치게 나오는데도 염증을 일으키는 일이 있다.

치 료

- 유선염일 때 수유 중의 강아지가 있으면 수유를 멈춘다. 유선이 부어오르고 응어리가 생겨도 맛사지는 하지 않는 것이 좋다. 유선에 열이 있을 때는 냉찜질이 효과적이다.
- 세균에 감염되었을 때 항생물질을 쓰지만 그렇지 않으면 소염제(항염증제)나 호르몬제로 치료한다.

[그림 4] 유선염

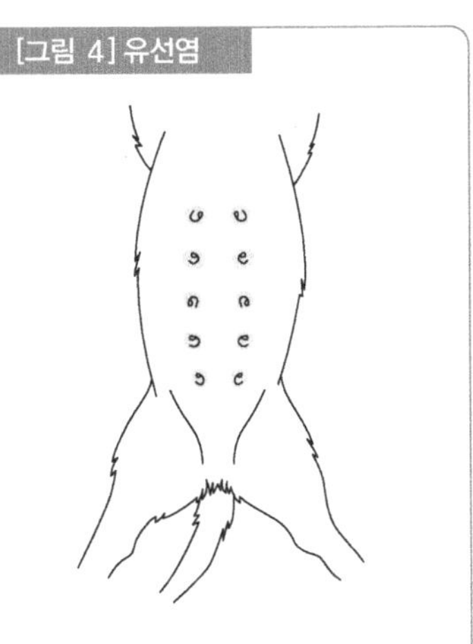

▲ 암컷이 임신을 했거나 새끼를 낳지 않더라도 발정기 때 젖이 나오는 경우도 있으나 치료를 하면 쉽게 낫는다.

4 질염(Vaginitis)과 질의 과형성(Hyperplasia)

■ 질이 빨갛게 붓거나 밖으로 불거진다.

암컷의 질은 교배, 자궁내막염, 출산 등으로 세균에 의해 감염된다(질염).
또 여성호르몬이 과다분비되어서 질의 점막이 두꺼워져서 질 밖으로 불거진다(질의 과형성).

증 상

- 이 병에 걸리면 염증을 일으켜 빨갛게 부어 오르고 자궁에서 점액이 나온다(단 질에서 흘러나온 점액은 임신초기나 유산했을 때 자궁내막염이나 자궁축농증 때도 나타난다). 심한 염증이 아니면 전신증상은 없다.
- 질의 과형성은 두꺼운 점막이 질 밖으로 불거져 나오기 때문에 간단히 알 수 있다.

원 인

- 질염은 교배나 출산 때 세균 등에 의해 걸리게 된다. 또 자궁의 내막이 세균에 감염되어 일어나는 자궁내막염이 질까지 번졌을 때 질염이 된다.
- 질의 과형성은 발정기에 여성호르몬의 과다분비가 원인이다.

치 료

- 질염은 살균과 소독액 등으로 세정, 그리고 항생물질로 치료한다.
- 질의 과형성은 발정기로 인한 여성호르몬의 과다분비 때문에 생기는 것이다.
- 증상이 심하면 질은 손상과 감염이 쉬우므로 질을 보호할 필요가 있다.
- 경우에 따라서는 외과적인 절제수술도 한다.

5 질탈(vaginal prolapse)

■ 질이 밖으로 빠져나온다.

발정기에 성호르몬(에스트로겐과 프로게스테론)의 균형이 맞지 않으면 질의 일부가 밖으로 빠져 나오는 경우가 있다. 이것을 질의 돌출(질탈)이라 부른다.

암컷의 외음부에서 뭔가가 나오면 무엇인지 알 수 없지만 대개가 질이 빠져 나온 경우이다. 그러나 질 안에서 성장한 종양이 갑자기 돌출하거나 자궁이 빠져 나오는 일도 있으니 주의할 필요가 있다.

질의 돌출된 부분을 질 내부로 교정하여 넣은 후 설탕과 같은 고장액을 적용하는 방법은 비교적 증상이 경미한 경우에 효과적이지만, 심한 경우에는 돌출된 부위를 외과적으로 절제하는 수술이 필요하다.

3절 수컷의 질병

1 고환종양(testicular tumor)

■ 암컷처럼 젖이 커지는 일도

고환의 종양은 인간보다 발생률이 높고 많다. 종양세포의 증식으로 인해 고환이 부풀어 오르는 수도 있다. 대부분 양성이지만 드물게는 장기로 퍼져간다.

증 상

- 개의 고환의 종양에는 정상피종(Seminoma), 세르톨리세포종(Sertolicell tumor), 간질세포종(Leydig cell tumor)이 있다.
- 정상피종은 밝은색 종양으로 좌우 정소의 양쪽에 생긴다. 세르톨리세포종은 고환 전체에 종양세포가 번져 정소가 부풀어 오른다. 이 병에 걸리면 종양세포는 여성 호르몬을 분비하므로 암컷처럼 유선이 커지고 복부의 털이 빠진다. 간질세포종양은 나이 먹은 개에게 많은 종양으로 고환 세포의 일부에서 발견되기 때문에 세심한 진단이 필요하다.

원 인

- 다른 종양과 같이 원인은 알 수 없다. 개에게 고환의 종양이 많은 것은 고환이 정위치에 없는 잠복고환(cryptorchidism)라는 병이 많기 때문이라고 한다. 수컷의 정소는 태아기에는 신장 바로 뒤에 있지만 차츰 뒤쪽으로 이동하여 출산 후 1개월 후에는 항문에 가까운 음낭 안으로 들어간다. 그러나 고환이 복강 밖으로 서혜

관을 따라 음낭안으로 하강하지 못하고 복강 안 또는 서혜관에 있는 경우가 있는데 이를 잠복고환이라 한다. 잠복고환은 양측 또는 한쪽, 주로 우측 고환이 자주 일어나며, 높은 체온에 노출되기 때문에 생식능력이 감소하고 불임의 원인이 되며, 자주 고환 종양으로 판명되는 것으로 알려져 있다. 이러한 사실로부터 잠복고환이 고환 종양 유발의 원인이 되는 것을 알 수 있다.

- 개에서는 잠복고환이 아니어도 나이가 들어가면서 고환의 종양이 다발한다.

치 료

- 외과적인 수술로 종양을 절제하는 수 밖에 없다.
- 전이가 의심되는 경우에는 항암치료를 수행하여야 한다.

[그림 5] 잠복고환의 종양

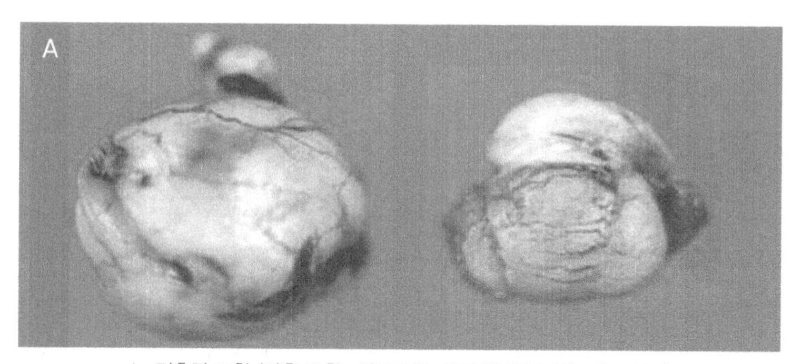

A. 적출된 고환 (좌측 고환: 잠복고환, 비정상적인 비대, 경도 단단)

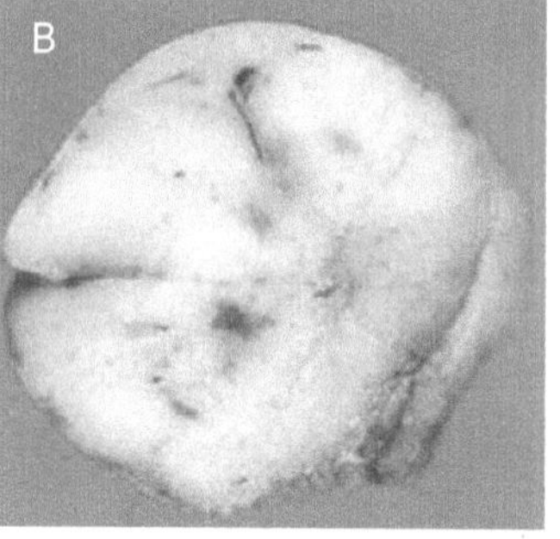

B. 좌측고환의 단면 (고환종양-seminoma)

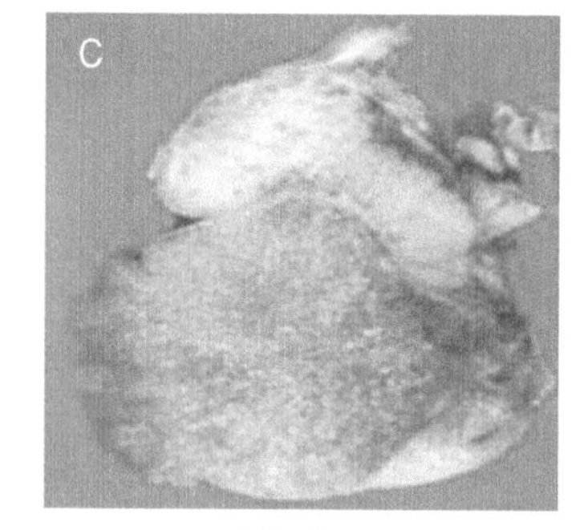

C. 우측고환의 단면

[그림 6] 개의 잠복 고환

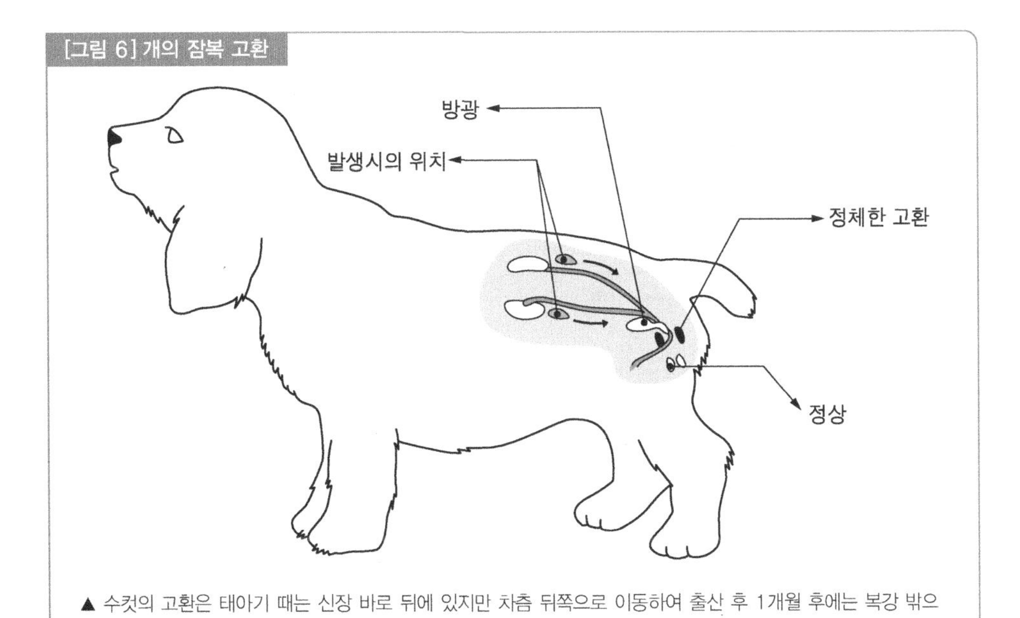

▲ 수컷의 고환은 태아기 때는 신장 바로 뒤에 있지만 차츰 뒤쪽으로 이동하여 출산 후 1개월 후에는 복강 밖으로 하강하여 항문에 가까운 음낭 안으로 들어간다. 그러나 개체에 따라서는 복강 밖으로 이동하지 않거나 서혜관에 머무는 경우가 발생한다.

2 포피염(preputial inflammation)

■ **포피에서 고름이 나온다.**

음경의 포피가 병원성세균에 감염되어 염증을 일으켜 포피 끝에서 염증이 있다.

개의 포피는 세균감염이 빈번해서 항상 노란 분비물이 나온다. 병원성이 없는 세균에 의한 것이 대부분이며 진통도 없다. 그러나 병원성 세균에 감염되면 포피의 염증으로 진통도 있고 분비물이 많아 자주 음경을 핥는다. 치료방법으로는 항생제 투여와 포피 속을 깨끗이 세정한다.

3 전립선염(Prostatitis)

■ 급성은 진통이 심하고 몸을 웅크린다.

전립선이 세균에 감염되어 염증을 일으키는 병으로, 특히 나이 먹은 개에게 많고 보통 전립선비대를 동반한다. 전립선의 세균이 방광으로 번지는 경우도 있다. 완치는 없고 간혹 증상을 보이는 방광염은 전립선이 세균원이 된다.

증 상

- 급성과 만성으로 나뉜다. 급성은 발열이나 구토 그리고 식욕이 없어지고 소변이 잘 나오질 않는다(배뇨장애). 진통이 심한 경우는 웅크리고 앉아 아랫배를 만지면 무척 싫어한다. 처음에는 소변이 탁하지 않지만 증상이 심해지면 탁해지면서 피가 섞인 소변이 나온다.
- 만성은 증상이 없는 경우가 많고 전립선도 비대하지 않고 오히려 딱딱하고 위축된다. 그러나 세균감염이 계속해서 진행되면 방광염의 세균원이 된다.

원 인

- 요도로부터 침입한 세균이 전립선에 감염되어 염증을 일으킨다.

진단 · 치료

진단방법

- 급성의 경우는 X선을 통해서 확인하는 것이 일반적이고 또는 항문에 손가락을 넣어 전립선액을 짜낸 후 세포나 세균을 검사한다. 개의 경우는 진통이 있을 때는 저항한다. 만성으로 전립선이 비대하지 않은 경우는 좀처럼 진단하기가 힘들다.

치료방법

- 세균감염이 원인이므로 항생물질의 투여가 원칙이다. 만성의 경우는 별 증상이 없더라도 항생물질을 투여하는 것이 좋다.

4 전립선비대(Prostatic hypertrophy)

■ 다른 장기를 압박해서 합병증을 유발시킨다.

인간과 개 만이 가지는 병으로서 나이 먹은 개에게 많다. 증상이 보이지 않는다 해도 수컷의 50%가 이 병에 걸려 있다. 다시 말해 나이가 든 개는 전립선비대라고 생각해도 좋다. 전립선이 커지면 근처의 요도, 직장을 압박해서 회음허니아(장이나 방광이 회음부로 튀어나오는 병)의 원인이 된다.

증 상

• 전립선비대는 서서히 진행되고 비대로 인한 증상은 거의 없으나 비대로 진행됨으로서 장, 방광, 요도를 압박해서 합병증을 일으킨다. 장을 압박하면 변비에 걸리거나 소량의 변이 흘러나온다.

원 인

• 나이가 들면 고환기능이 저하되어 고환호르몬이 제대로 분비되지 않는 것이 원인이다.

치 료

• 변비 정도라면 식이요법으로 가능하고 중증일 경우는 어려운 수술이 되겠지만 전립선을 적출해야 한다. 전립선이 별로 크지 않았을 경우에 발견되면 호르몬제 치료방법도 있다.

5 전립선농양(Prostatic abscess)

■ 소변이 탁하고 피가 나온다.

세균에 감염되어서 염증이 생기고 이 염증세포가 요도에서 배설되지 않아 전립선에 쌓이는 병이다.

증 상

• 농양(화농 된 부분)의 크기에 따라 다르지만 농양이 커지면 전립선의 모양이 방광의 모양과 같아진다. 대부분의 경우 방광염을 동반하고 있어서 소변의 횟수가 많

아지거나 잘 나오질 않는다. 보통 소변이 탁하거나 피가 섞여나오고 발열과 함께 복통, 그리고 소변을 지리는 경우가 있다.

원 인

- 급성의 전립선염이 계속되어 전립선이 화농함으로서 발병한다. 장기간에 걸친 호르몬의 투여도 원인이 된다.

치 료

- 항생물질을 투여해서 세균치료를 중심적으로 하면서 거세를 한다.
- 그밖에 고름을 제거하기 위해 전립선을 떼내거나 캡슐상태의 전립선에 구멍을 내서 고름을 짜내는 등의 외과적인 치료가 몇 가지 있으나 어떤 방법도 문제가 있어서 완치는 어렵다.

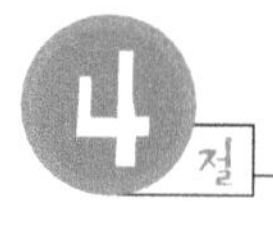

4절 중성화수술

암컷의 경우 난소와 자궁을 제거하여 원치 않는 임신을 막는 수술을 말하며, 수컷의 경우 고환을 제거하는 수술을 말한다. 애견이 성적으로 성숙하게 되면 예상치 못했던 다양한 문제들에 직면하게 되고, 이를 미리 예방하기 위해서 중성화수술을 실시하게 된다. 중성화수술은 영국, 미국 등 애견 선진국에서는 이미 보편화 되어 있는 수술이다. 적당한 수술시기는 논란의 여지가 있지만 3, 4개월 령의 어린 연령에서 하는 것이 종양의 예방 및 행동의 교정 등의 수술로 얻을 수 있는 2차적 효과들을 위해서 권장된다.

1 암컷 중성화수술(난소자궁적출술, ovariohysterectomy, spay)의 장점

1. 각종 생식기 질환을 막을 수 있다.
   - 나이가 들면서 발생하기 쉬운 각종 생식기 질환(자궁축농증, 유방암, 난소종양 등)을 막을 수 있다.

2. 난소와 자궁을 제거하므로 발정이 나타나지 않는다.

3. 난소와 자궁을 제거하여 원하지 않는 임신을 막을 수 있다.

4. 발정기의 출혈로 인하여 침대시트나 집안가구가 더러워지는 등 위생상의 문제를 해결할 수 있다.

5. 이웃의 수컷이 찾아오는 번거로움을 피할 수 있다.
   - 애견이 발정을 하게 되면 이웃의 수컷이 찾아오고 주인 모르게 가출을 하는 경우가 있다. 이로 인하여 교통사고 등 각종 사고를 유발할 수 있다.

2 수컷 중성화수술(고환적출술, orchidectomy, castration)의 장점

1. 여러 가지 생식기 질환을 예방한다.
   - 애견이 나이가 들면서 발생할 수 있는 각종 생식기 질환(고환종양, 전립선염 등)을 미리 예방할 수 있다.

2. 체내 호르몬 변화로 수컷의 단점인 난폭한 행동이 예방된다.

3. 발정 행위를 줄여 준다.
   - 사람의 팔과 다리, 인형 등에 올라타서 몸을 흔드는 일이 없어진다.

4. 배뇨 습관을 고친다.
   - 정상적인 수컷은 영역표시를 위하여 다리를 들고 여기저기 돌아다니면서 배뇨를 하게 된다. 중성화수술을 받은 애견은 이와 같은 행동을 하지 않는다.

5. 발정난 수컷은 암컷을 찾아 집을 나가는 경우가 많이 발생하여 이로 인해 집을 잃어버리거나, 교통사고를 당하거나, 다른 수컷에게 물리는 등의 사고가 일어날 수 있는데 이를 미리 예방할 수 있다.

[그림 7] 암컷의 중성화수술

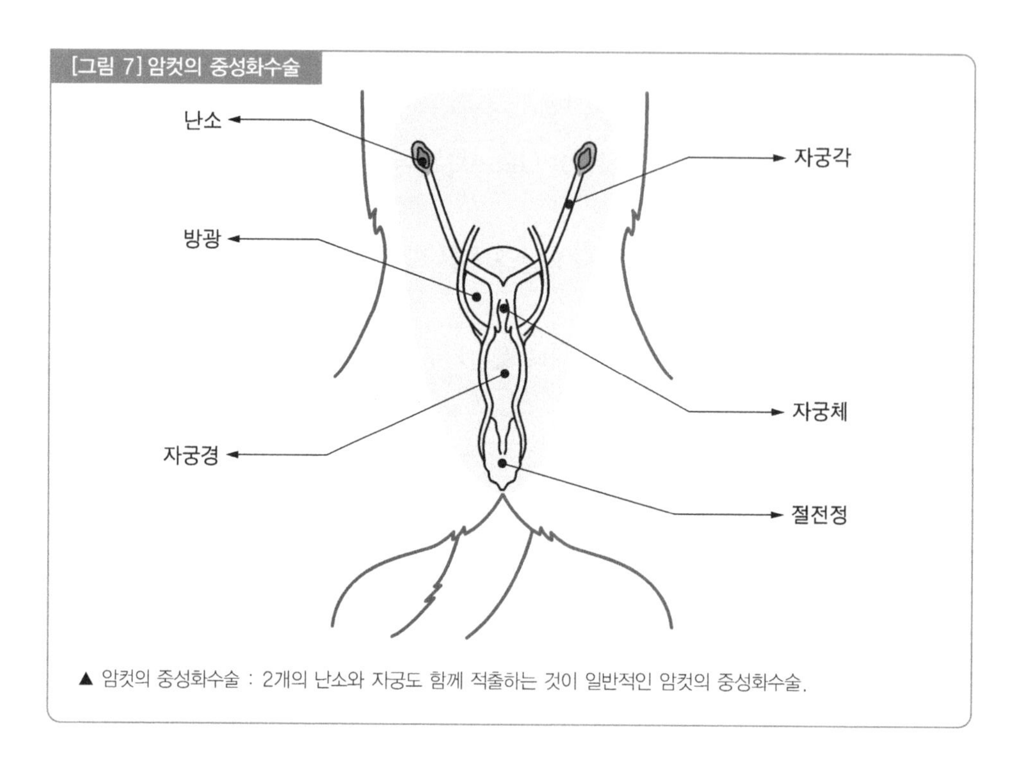

▲ 암컷의 중성화수술 : 2개의 난소와 자궁도 함께 적출하는 것이 일반적인 암컷의 중성화수술.

[그림 8] 수컷의 중성화수술

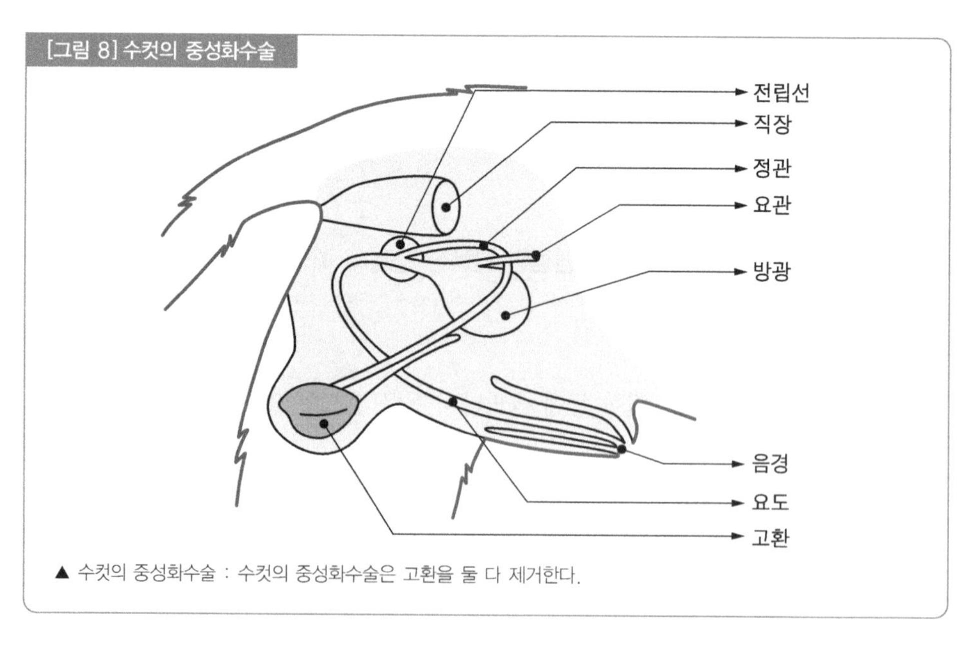

▲ 수컷의 중성화수술 : 수컷의 중성화수술은 고환을 둘 다 제거한다.

개의 임신과 출산

■ 개의 임신과 건강관리

개가 성적으로 성숙해지는 시기는 종류에 따라 다르지만 생후 6개월부터 1년 정도다.

보통 소형견이 성숙하는 시기가 빠르고 대형견이 늦다.

그러나 최초의 발정기에는 암컷의 골격이 아직 미완성이므로 삼가는 편이 좋다.

암컷의 교배 전에는 병원에서 건강상태를 체크한다. 체내에 기생충이 있을 때는 없앤다.

기생충은 엄마 개로부터 새끼 개에게 감염되는 경우가 많다.

약을 복용 중, 임신을 하면 약의 종류에 따라 기형의 위험성이 있다.

개 주인이 모르는 사이에 임신을 했을 경우라도 반드시 수의사와 상담한다.

그리고 임신 중의 백신접종도 피한다. 암컷의 발정기는 보통 1년에 두 번이고 발정기의 조짐은 외음부가 커지고 출혈이 있으며 1~2주일간 계속되다가 출혈이 멈추면 암컷은 수컷을 받아들인다. 교배가능 시기는 약 10일간이다. 교배 후 몇 주간은 유산하기 쉬우므로 심한 운동은 피하고 영양이 풍부한 먹이를 준다.

보통 교배 후 19일째 수정란이 자궁벽에 착상한다. 이 때쯤 식욕이 없어지고 구토를 하는데 사람으로 말하면 입덧증상을 나타낸다. 대개 2~3일에 없어지나 이 이상 계속되면 수의사의 진료를 받는 것이 좋다.

교배 후 5주 째가 되면 배가 부른다. 입맛에 맞추어 단백질, 비타민, 미네랄이 풍부한 먹이를 주고 운동은 개의 체력에 맞춰서 하도록 한다.

■ 출산

평균적으로 임신 60일에 출산을 하게 된다.

보통 집에서 출산을 맞이하지만 난산의 경우는 제왕절개가 필요하다. 출산예정일이 다가오면 병원에 가서 새끼가 몇 마리 태어나는지, 상태는 어떤지에 대해 알아본다.

새끼의 수가 적으면 너무 크게 자라서 난산의 우려가 있고 너무 많으면 암컷이 체력을 지탱하지 못하는 경우가 있다. 또 새끼의 자세가 이상하면 출산할 때 산도의 도중에서 사고가 발생할 수 있다. 소형견이나 머리가 큰 개, 비만인 경우는 난산이 될 가능성이 높고 또 암컷이 자기보다 큰 개와 관계를 했을 때도 마찬가지다. 수의사에게 미리 출산 때 일어날 수 있는 문제에 대해 알아두고 긴급상황에서는 어떻게 대처해야 하는지 상담해둔다. 정상적인 분만은 진통이 있은 후 1~2시간이면 첫 번째 강아지가 출산된다. 양수는 보이는데 강아지가 안 나온다거나 진통이 장시간 계속되는데 강아지가 나오지 않으면 즉시 수의사에게 연락한다.

불임의 의미

개와 인간이 더불어 살게 된 것은 30,000년 전부터 시작되었다.

가축으로서 기르기 시작한 것은 약 15,000년 정도이며 동물을 가축으로 기른다는 것은 인간이 그 번식을 컨트롤하지 않으면 안 되는 책임감 또한 있다. 그러나 개나 고양이 등의 동물은 다른 가축과 같이 경제적인 면을 추구하지 않기에 자칫하면 번식관리가 소홀해진다. 이 때문에 많은 개들이 원치 않게 태어나서 버림받고 끝내는 비극적인 최후를 맞이한다. 일본에서는 매년 30만 마리, 미국은 700만 마리나 안락사(독가스)를 시킨다.

일부 개 주인이 번식을 관리하지 않는 이유가 몇 가지 있다. 첫째는 경제적인 여유가 없다는 것이다. 경제적인 이유라면 처음부터 개를 안 키우면 어떨까 싶다.

불임수술 비용이 너무 비싸다고 하는 사람도 있고 그 중에는 금액의 문제가 아니라 개에게 돈을 쓴다는 것에 대해 이해를 못하는 사람도 있다.

동물병원은 자유진찰(진찰료의 규제가 없다)이므로 확실히 비싼 병원도 있을 것이다. 그러나 비싸고 싸고는 상대적인 문제이므로 수술을 안 하는 이유라고 보기는 어렵다. 이런 사람은 진정한 불임수술의 필요성을 이해하지 못하고 있는 것이다.

배를 갈라서 수술을 하면 큰 상처가 생겨 가엾다고 하는 사람도 있지만 요즘은 임플란트라고 해서 발정억제를 위해 체내에 호르몬을 주입만 하는 간단한 방법도 있다. 가장 이해가 안 되는 것은 가축과 야생동물의 구별을 못하는 사람이다. 동물을 집에서 기른다는 것은 그 동물의 번식력을 높여서 많은 자손을 남기도록 하는 것이기도 하다. 그래서 가축은 인간이 관리할 수 있는 자손을 낳게하는 것이 원칙이다. 동물을 가축화하면 몇 가지 변화가 일어난다.

먼저 야생 때보다 몸집이 커졌다. 개의 조상은 중앙아시아의 새끼 늑대였다는 견해가 정설로 되어 있고 지금에 와서 그 늑대가 조금 큰 것이 개라는 것이다.

다음은 번식력이 증가했다. 조상인 늑대는 1년에 한 번인데 반해 개는 두 번이다. 또 몸집이 커진 것은 한 번에 많은 강아지를 낳기 때문이며 그 수도 늘었다. 가축이 된 동물에게 먹이를 무작정 줘서 번식을 조절하지 않는 것은 동물을 전혀 이해하지 않는 행동이다. 인간에 둘러싸여 사는 동물에게 자연의 번식이란 있을 수 없다.

인간이 가축을 만든 것이나 가축이 된 개를 도시에서 키우는 일에 대한 찬반 그리고 불임문제를 논하는 사람도 있으나 그것은 이차원적인 문제라고 생각한다.

중성화수술의 문제점

중성화수술은 일반적으로 암컷은 난소(경우에 따라서는 난소와 자궁)를 제거하고 수컷은 정소를 제거하므로 각각 여성호르몬, 남성호르몬의 분비가 없어진다.

개의 경우 성호르몬이 나오지 않게 되면 활발하지 않고 운동량이 줄어서 비만을 초래한다. 수컷보다 암컷에게 이러한 경향이 있고 기본적인 성격에는 변함이 없다. 수컷의 경우 수컷다운 면이 줄어들고 어느 정도 점잖아 진다.

한편으로 개와 정이 많이 들었던 사이라면 상당한 성격 변화도 예상된다.

중성화수술의 2차적 효과

암컷은 유방암(유선종양)에 잘 걸리지 않는다. 유방암발생에는 여성호르몬이 관련돼 있어 난소제거로 호르몬이 분비되지 않는다. 또한 여성호르몬의 분비에 관계가 있는 자궁축농증에도 잘 걸리지 않는다. 개 주인들도 이러한 이유에서 병의 예방을 위한 불임수술을 하고 있다. 이 문제에 대한 수의사들의 의견도 갈리지만 쉽게 비만이 되고 성격도 변하므로 필자는 병에 대한 예방만을 목적으로 하는 수술은 찬성하지 않는다.

생식은 수컷과 암컷의 만남이 있을 때에만 성사된다. 이런 환경에 놓여있지 않다면 수술은 필요 없다. 어디까지나 불임수술은 번식을 관리할 수 없다, 번식관리에 자신이 없다, 또는 몇 마리가 태어나도 보살필 수가 없을 때 하는 방법인 것이다. 개와 함께 생활한다면 개를 불행하게 하지 말 것, 조금이라도 개의 입장에서 생각할 필요가 있다.

제11장 뇌와 신경에 생기는 병

개의 뇌와 신경의 구조

개는 인간처럼 여러 가지의 감각과 외부로부터의 반응에 민감하다.
이 감각의 정보를 처리, 정리하는 것이 뇌이며 뿐만 아니라 신경계를 통해 몸의 움직임을 명령함과 동시에 몸의 기능을 컨트롤한다.
또 걷기, 달리기, 먹기 등과 같은 의식적인 움직임과 심장의 박동이나 위장 등 무의식적인 움직임까지도 컨트롤한다. 이같이 뇌와 신경은 몸의 지령탑으로 아주 작은 이상까지도 영향을 끼친다.

제11장 뇌와 신경에 생기는 병

[그림 1]

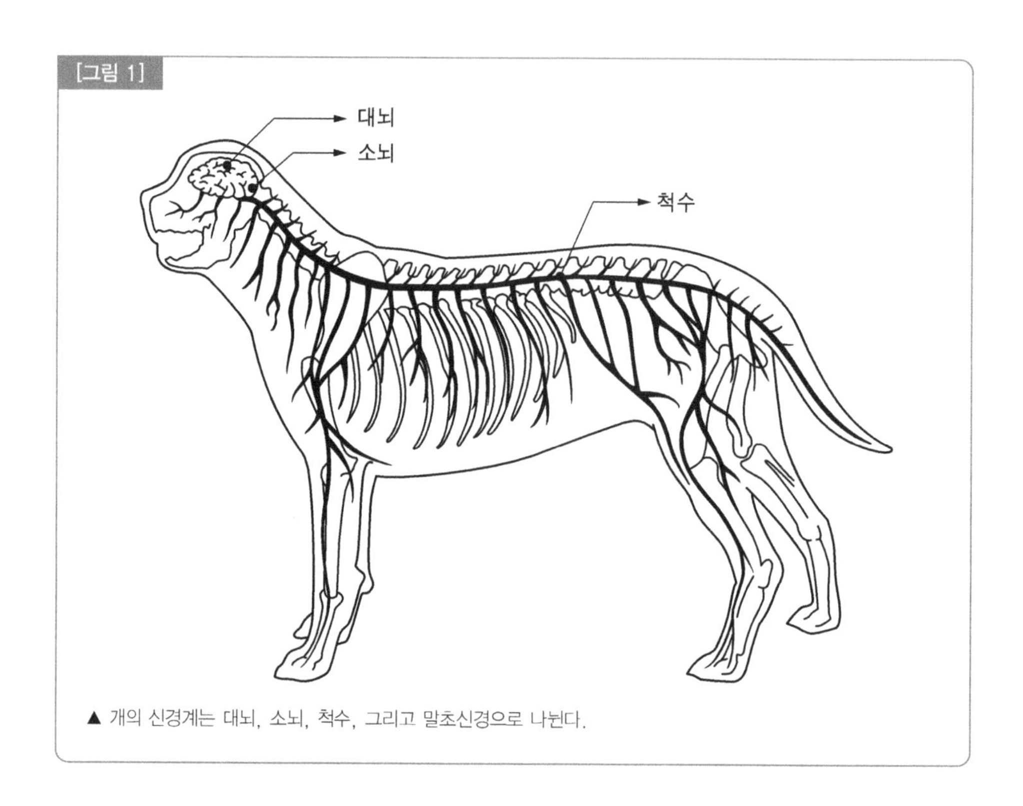

▲ 개의 신경계는 대뇌, 소뇌, 척수, 그리고 말초신경으로 나뉜다.

1절 개의 뇌, 그리고 신경구조

개의 신경계는 크게 대뇌, 소뇌, 척수, 그리고 말초신경으로 나뉜다.

대뇌는 정신적인 활동이나 지능, 운동, 그리고 시각, 청각 등의 감각을 맡고 있다. 몸의 각 부분을 균형 있게 움직이는 역할을 맡고 있는 소뇌는 개에게 있어 아주 중요한 곳이다. 뇌에서부터 척추 내부를 지나 대뇌, 소뇌의 명령을 온몸으로 전달하는 기관이 척수이다. 이 부분에 어떠한 트러블이 일어나면 사지나 내장기능에 이상을 초래한다.

말초신경은 척수에서 갈라져 나와 뇌나 척수의 명령을 실행에 옮긴다. 신경은 굉장히 예민해서 조그마한 장애에도 큰 이상을 일으킨다. 따라서 진단이나 치료도 신중해야 한다.

1 신경에서 일어나는 병의 진단

걷지 못한다, 다리를 질질 끈다, 아파한다, 표정이 심상치 않다, 눈이 안 보인다, 경련을 일으킨다, 이 모두 신경 이상이 원인이다. 이 중에는 갑작스런 증세와 서서히 발생하는 증세가 있고, 뇌와 신경의 병은 다른 병에 비해 진단하기 어려운 점이 있다. 그것은 병원에 가면 생기는 긴장으로 인해 증상이 잠시 숨어버리는 것 때문에 개 보호자가 증상을 정확하게 설명할 필요가 있다. 수의사는 어떤 증상, 언제부터, 어디가, 어떤 이유로, 등 여러 가지 질문을 하므로 개 보호자는 사전에 메모를 해 두면 좋다.

어떤 병이라도 이런 것은 필요하고 신경의 경우는 더욱 더 중요하고 이를 바탕으로 정확한 진단을 내릴 수 있다.

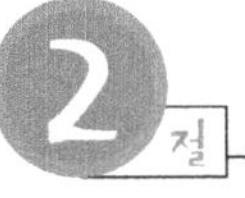

2절 뇌의 병

1 전간(간질)발작

■ 입에 거품을 내 뱉으며 쓰러진다

뇌를 구성하는 뉴런(신경세포)에 어떤 이상이 생기면 갑자기 다리가 뻣뻣해지고 거품을 물고 쓰러지거나 경련을 일으킨다. 동물 중에 개에게 가장 많은 간질발작이 발생한다.

발작이 멈추면 평소처럼 돌아온다. 소위 말하는 경련과 발작(뇌의 이상으로 생긴다)은 전문적으로 구별되지만 개 보호자가 판단하기는 쉽지 않다.

증 상

- 전간은 갑자기 사지가 경직되고 근육이 떨리며 쓰러지게 된다. 이처럼 의식이 없어지고 입에서 거품을 내 뱉으면서 대변이나 소변을 배설한다(실금). 이 상황을

목격한 개 보호자는 놀란 나머지 이 시간이 너무나 길게 느껴질지 모르지만 보통 30초 이내다.

- 이후 전간이 재발하지 않는 경우와 연속적으로 몇 번이고 반복되는 경우가 있다.
- 후자는 중적상태라고 해서 생명에 지장을 주는 위험한 증상이므로 가능한한 빨리 병원에 가본다. 하지만 이런 중적상태는 자주 일어나지는 않는다. 발작이 멈추면 언제 그랬냐는 듯이 원상회복되고 때때로 발작 후에 특별한 증상을 보인다. 예를 들면 어리광, 다식, 다량의 수분섭취, 혼수, 시력저하 등이다. 이러한 증상들은 발작 전에 일어나므로 발작 예측에 도움이 된다.

원 인

- 보통 전간발작은 대뇌의 전뇌라는 부분의 뉴런에 변화가 있을 때 생긴다.
- 뉴런의 변화는 뇌 자체의 이상에서 오는 경우와 그 외 병에서 기인하는 경우가 있다.
- 전자는 뇌의 염증이나 뇌종양, 뇌의 기형, 뇌의 손상 등이 있고, 후자는 저혈당증이나 간장질환, 신장질환, 저산소증, 저칼슘혈증, 고칼슘혈증, 저마그네슘혈증 등이 있다. 뇌의 영양을 공급하는 것은 혈액이지만 이 병에 걸리면 혈액 중의 독물이 섞이거나 어떤 물질이 부족하거나 또는 너무 많아진다. 이 때문에 뇌에 독물이 들어가거나 충분한 영양이 보급되지 않아서 뉴런에 이상이 생긴다. 스트레스 등의 정신적인 문제, 날씨 등의 주위 환경이 전간과 많은 관련이 있다.
- 보통 전간 이외에도 확실한 원인을 알 수 없는 특발성전간이 있다. 어떠한 유전적인 원인에서 일어난다. 보통 1~3세 때 많고 종류는 셰퍼드, 케이스 훈드, 비글, 닥스훈트가 많다. 그 외에는 퍼그, 셰틀랜드 쉽도그, 허스키 등이다.

진단 · 치료

진단방법

- 언제 어떠한 증상이 있었는지 등의 경과(병력)를 알아보고 신체검사, 신경학적인 검사, 그 외의 보조적인 검사를 한다. 신경의 병은 앞서 말한 바와 같이 병력진단의 결정적 수단이 된다.
- 신체검사나 신경학적 검사는 전간을 일으킨 원인을 찾기 위해서이다.
- 사람처럼 증상을 설명할 수 없으므로 유능한 수의사의 신경학적 진단이 많은 도움이 된다.
- 예를 들면 불빛을 눈에 비추어 동공의 움직임, 얼굴의 피부를 만져보고, 귀와 수

염의 움직임 그리고 얼굴의 좌우대칭을 확인하는 것 등이다. 보조진단으로는 혈액검사, X선검사, 척수액검사, 뇌파측정, CT 등이다. 최근 일부에서는 MRI(핵자기공명영상장치)를 사용하는 첨단검사도 가능해졌다. 이런 검사로 인해 뇌종양이나 뇌의 기형, 혈액이상 등 전간의 원인이 명확해졌다.

치료방법

- 전간의 원인을 찾아냈으면 우선적으로 치료하고 특발성전간은 보통 약물요법을 이용한다. 주로 페노바르비탈, 프리미돈, 페니토인 등의 항전간제를 사용한다. 이러한 약은 개의 체질에 따라 효과는 다르고 장기간 사용해서 효과를 보는 경우도 있다. 전간발작은 스트레스 등의 정신적인 문제, 날씨 등의 주위환경이 크게 작용된다.
- 이러한 원인을 잘 파악해서 약물요법과 함께 대응하는 것이 중요하다.

2 디스템퍼에 의한 신경장애

■ 경련과 함께 거품을 문다.

디스템퍼바이러스에 감염되면 설사, 구토 등의 소화기증상, 기침, 콧물 등의 호흡기증상, 게다가 경련 등의 신경증상까지 보인다. 대개 이런 증상은 동시에 일어나는 것으로 생각되어 왔으나 최근에는 갑자기 신경증상만을 보이는 경우가 늘어났다.

증 상

- 디스템퍼 신경증상은 보통 경련과 함께 입에 거품을 물고 심지어는 실금까지 하며 쓰러진다.
- 여기서 더 악화되면 반복증상과 함께 점점 식욕이 떨어져 체력이 약해지고 사지가 마비되거나 경련을 일으킨다. 이른바 틱(tic)이라는 증세를 보인다.

원 인

- 디스템퍼바이러스가 뉴런을 감염시킨다. 대부분의 경우 생후 6개월 이내의 개에게 발병한다. 디스템퍼는 백신접종을 해도 발병하는 경우가 있는데, 그 이유는 적절하지 못한 백신접종시기, 백신보관의 문제, 개의 면역력의 문제 등이 있다. 생후 2개월 이내에 백신을 접종해도 많은 효과는 기대할 수 없다.

진단 · 치료 · 예방

진단방법

- 디스템퍼와 유사한 증상을 보이는 심장의 질환이 있지만 신경증상은 없고 치아노제(혈액순환이 나빠지거나 혈액 중의 산소부족)를 일으켜 입안의 점막과 혀가 보라색이나 아주 창백해진다. 디스템퍼는 전간증세와 유사하지만 전간은 나이에 관계없이 발생하는데 반해 디스템퍼는 강아지에게만 있고 서서히 힘이 없어지거나 식욕이 떨어지는 것으로 쉽게 알 수 있다.
- 디스템퍼는 백신을 접종했어도 발병할 수도 있으니 주의가 필요하다. 병에 걸린 개의 혈액의 항체검사를 한 결과로 디스템퍼인지 어떤지를 진단하는 방법도 있으나 확실하지는 않다.

치료방법

- 완치는 없고 체력을 유지시키는 것이 가장 좋은 치료이다. 이 병에 걸리면 다행히 다른 증상은 없어지지만 틱이나 마비증상 등이 후유증으로 남는다.

예방방법

- 발육상태가 좋지 않거나 몸이 약하면 특히 조심해야하고 보다 많은 백신접종이 필요하다. 또 감염의 소지가 있는 장소(개들이 많이 모이는 곳)는 피하도록 한다.

3 수두증

■ 뇌가 압박받아 움직임이 둔하다.

두개골 내부에는 뇌실이라는 곳에 뇌척수액이 들어있다. 이 액체가 너무 많아지게 되면 뇌실이 커져 뇌가 압박받고 여러 가지 신경증상을 보인다.

증 상

- 뇌척수액이 많아져 뇌가 압박을 받는다. 뇌의 어느 부위가 압박받고 있는지에 따라 증상이 다르다. 대뇌피질이 압박받으면 치매나 감각이 둔해지고 마비가 오기도 한다.
- 또 행동이 느릿느릿해져 주위의 반응에 흥미를 보이지 않는다(침울). 대뇌변연계의 장애는 성행동의 변화와 공격적인 행동으로 나타난다. 간뇌의 시상하부 장애

는 호르몬이 제대로 분비되지 않으면 과식, 식욕감퇴 등의 변화가 있다.

원 인

• 뇌척수액은 항상 정해진 양만 분비되어 뇌의 내부를 순환한다. 그러나 이 순환경로가 막히거나 분비에 이상이 생기면 뇌실이 부풀어 뇌압이 높아진다. 대부분 선천적인 요인인 경우가 많다.

진단 · 치료

진단방법

• 증상이나 신경기능검사를 해서 수두증일 가능성이 있을 때 두부의 X선검사를 한다. 수두증일 경우 개를 세운 상태로 촬영하면 뇌실 안에 물이 차 있는 것을 알 수 있다.
• 이 병에 걸린 개의 머리는 비교적 크고 두개골이 얇은 것이 특징이다.

치료방법

• 뇌압을 내리기 위해서 부신피질호르몬과 압력을 내리는 이뇨제를 쓰면 일시적으로 좋아지지만 재발의 위험성이 크다. 뇌와 동체를 잇는 바이패스(뇌실과 심방, 혹은 뇌실과 복강연결)를 만들어 혈압을 내리는 방법도 있으나 완치는 기대하기 어렵다.

[그림 2] 뇌실

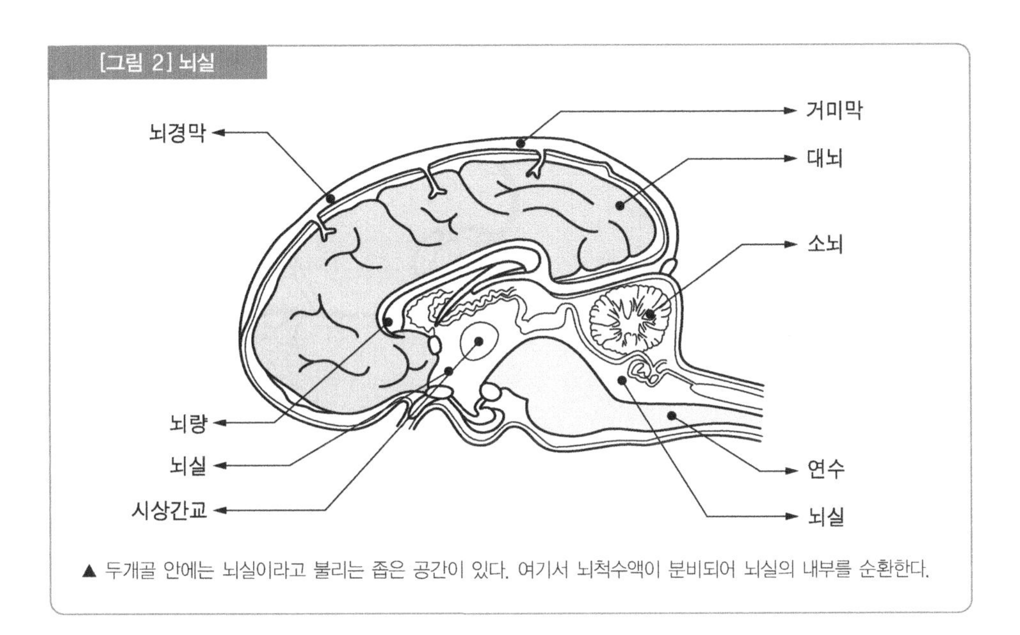

▲ 두개골 안에는 뇌실이라고 불리는 좁은 공간이 있다. 여기서 뇌척수액이 분비되어 뇌실의 내부를 순환한다.

4 간성뇌증

■ 뇌 속에 독물이 침투

간장은 혈액에 섞여 있는 독을 처리해서 체내에 돌지 않도록 한다. 하지만 태어날 때부터 혈관의 구조가 이상해서 간장에서 처리되기 전의 혈액이 체내를 순환하다가 뇌에 침투해 여러 가지 이상을 일으킨다.

증 상

- 발육부진, 체중감소, 식욕부진, 구토, 복수, 다량의 수분섭취로 인한 다량의 소변, 마비상태(침울), 신체허약, 운동실조, 경련발작, 실명, 혼수상태 등 증상은 다양하다.

원 인

- 음식을 소화할 때 영양은 장으로 흡수되어 혈액으로 섞인다. 장에서 문맥이라는 혈관이 간장까지 이어져 있어 혈액은 여기서 독을 처리하고 나서 대정맥으로 들어간다.
- 그러나 태어날 때부터 문맥이 대정맥과 직접 연결되어 있으면 간장에서 처리되기 전에 혈액이 대정맥으로 들어가서 체내를 순환하게 된다. 그 결과 독성이 있는 대량의 암모니아가 혈액과 혼합되어 뇌에 침투해서 여러 가지 이상을 유발시킨다.

진단 · 치료

진단방법

- 복부에 X선검사를 하게 되면 간장이 위축된 것을 알 수 있다. 또는 조영제를 써서 문맥을 촬영하면 후대정맥과 문맥, 간장이 동시에 조영된 이상부분을 알 수 있다.

치료방법

- 잘못 연결된 혈관부분을 외과수술로 회복시킨다.

[그림 3] 문맥과 대정맥의 결합이상

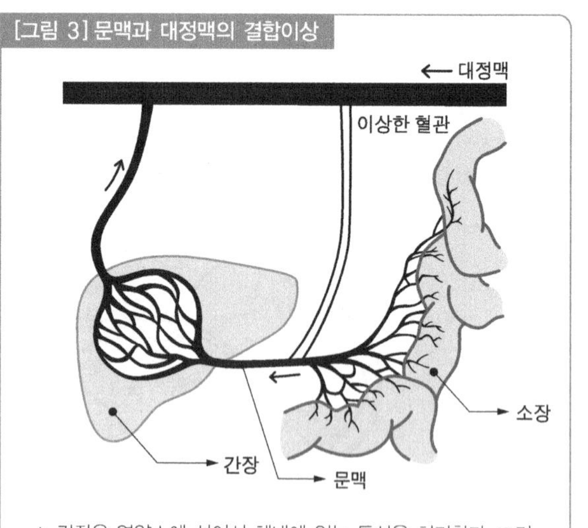

▲ 간장은 영양소에 섞여서 체내에 있는 독성을 처리한다. 그러나 간혹 영양을 간장으로 보내는 문맥과 대정맥이 이어져 있을 때가 있다. 이때는 처리되기 전의 독성이 온몸을 돌아다녀 뇌와 신경에 이상을 초래한다.

5 뇌의 외상

■ 안정이 최우선

높은 곳에서 떨어지거나 머리를 부딪쳐 여러 가지 이상이 나타난다.

증 상

- 손상부위에 따라 증상은 여러 가지로 나타나며, 혼수, 경련, 시각장애, 부자연스러운 움직임, 운동장애 등이다.

원 인

- 높은 곳에서 떨어지거나, 부딪치거나, 머리를 무언가에 찔리거나 해서 뇌가 다치거나 출혈, 부종이 생기고 혈액장애 등 이상현상을 보인다.
- 그 결과 뇌에 산소와 영양이 부족해서 유해물질이 생성, 바이러스나 세균에 감염, 혈압이 높아지거나 해서 뇌의 또 다른 부분도 감염시킨다.

진단 · 치료

진단방법

- 신경의 기능검사, X선검사, 혈액검사를 통해 종합적으로 판단한다. 검사를 함으로써 병상태가 더욱 악화되는 경우가 있으므로 조심스럽게 다룬다.

치료방법

- 안정을 취하는 것이 최우선이며 중증일 경우에는 전화를 통해 수의사의 지시를 받거나 왕진을 의뢰한다. 병원으로 이동할 때는 넓은 공간을 이용하고 머리부위에 충격이 없도록 한다.

[그림 4] 뇌의 외상

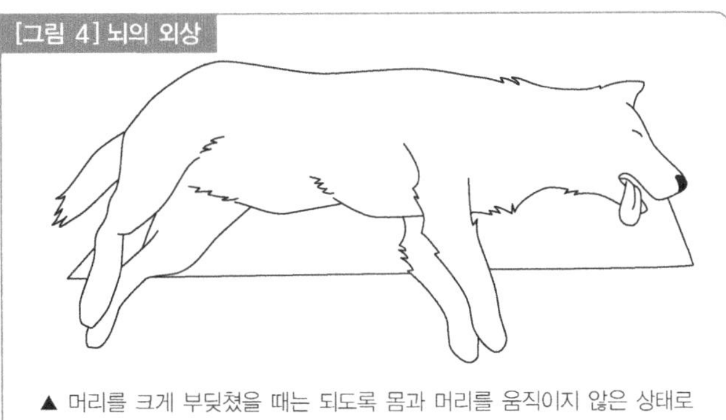

▲ 머리를 크게 부딪쳤을 때는 되도록 몸과 머리를 움직이지 않은 상태로 쉬게 한 다음 병원에 연락한다.

6 소뇌장애

■ 일어날 때의 움직임이 어색하고 평소 때처럼 걷지 못한다

소뇌는 동물의 자세를 유지하거나, 순조로운 운동을 하기 위해 필요한 중요한 기관이다. 조그만 이상만 생겨도 움직임이 어색해지고 평소처럼 걷지 못하고 비틀거린다.

증 상

- 동작이 어색하고, 보폭, 발의 움직임 등의 운동의 강약을 조절할 수 없게 된다.
- 특히 일정한 보폭을 유지하지 못하고 가랑이를 크게 하려는 움직임이 두드러지게 나타난다.
- 일어설 때도 몸이 불안정하고 비틀거리고 어떠한 행동을 하려고 할 때 몸과 안구가 떨리는 것이 특징이다.

원 인

- 소뇌의 이상은 선천적으로 미발달된 태아, 세균과 바이러스감염, 소뇌외상, 영양부족, 소뇌에 종양발생, 노화로 인한 소뇌위축 등을 들 수 있다.

진단 · 치료

진단방법

- 평소와 다른 움직임으로 알 수 있다.

치료방법

- 바이러스, 세균 등의 치료를 하지만 거의 난치성으로 치료법은 없고 개 보호자의 정성어린 보살핌이 필요하다.

[그림 5] 소뇌 장애

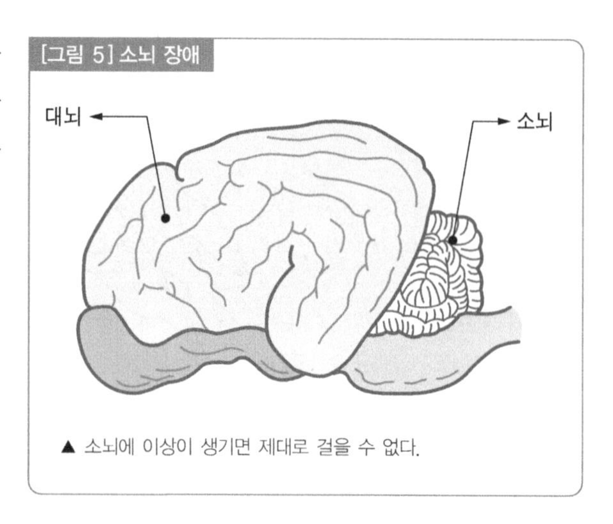

▲ 소뇌에 이상이 생기면 제대로 걸을 수 없다.

신경의 병

1 추간판허니아

■ 몸의 마비와 평소처럼 운동을 할 수 없다.

척추는 수많은 척추골로 이루어져 있다. 척추골과 척추골의 사이에는 척추를 부드럽게 굽혀주는 추간판이라는 연골이 끼어있다. 추간판에 강한 힘을 가하거나 노화 등으로 뼈가 변성하면 추간판의 내용물이 빠져나와서 척추골 뒤에 있는 척추를 압박한다. 이를 추간판허니아라고 한다.

허니아가 생기면 몸이 마비되고 평소와 같이 움직일 수 없다.

증 상

- 마비와 통증이 특징이고 마비의 경우는 앞다리, 뒷다리, 또는 하반신에만 온다든지 여러 증상이 있다. 대부분의 허니아는 목 뒷부분이나 허리 등 평소 자주 움직이는 부분에 생긴다(두개골, 경추간, 경추와 흉추간, 흉추와 요추간, 요추와 미추간). 척수내의 신경은 몸의 각 부분의 운동을 조절하고 있지만 어디에 있는가에 따라서 조절하는 부분도 다르다.
- 이 때문에 허니아가 발생한 부위에 따라 개에게 나타나는 증상은 각각 다르다.

원 인

- 추간판은 수핵의 내용물을 선유륜이라는 견고하고 탄력있는 뼈가 감싸고 있다. 추간판은 이 구조에 의해 척추에 가해지는 충격을 흡수, 완화시킨다. 하지만 과격한 운동을 하거나 척추에 강한 힘이 가해지면 노화현상으로 인해 뼈가 약해진다. 수핵이 선유륜을 뚫고 나와서 척추 뒤에 있는 척수를 압박한다. 닥스훈트와 같은 몸통이 긴 종류 이외에도 시추, 퍼그, 대형견에게 많다.

진단 · 치료 · 예방

진단방법

- 신경기능을 살펴보고 허니아가 어디서 발생했는지 짐작해서 X선으로 정확하게 진단한다. X선촬영으로 확인이 되지 않을 때는 척수에 조영제를 주사해서 촬영

한다(척수조영진단).

치료방법

- 가벼운 증상의 허니아는 부신피질호르몬이나 항염증약을 사용하면 완화된다.
- 심한 경우에는 수술을 해서 문제의 부위를 제거한다. 수술이 성공적으로 끝났어도 예전처럼 되기까지는 상당한 시간이 소요된다.

예방방법

- 척추에 부담이 가는 강한 충격이나 운동을 피하고 강제로 목을 끌어당기는 운동 등은 경추에 무리를 주게 된다. 나이먹은 개에게 가파른 계단을 자주 오르내리게 하면 척추장애를 일으킴으로 주의한다.

[그림 6] 추간판허니아

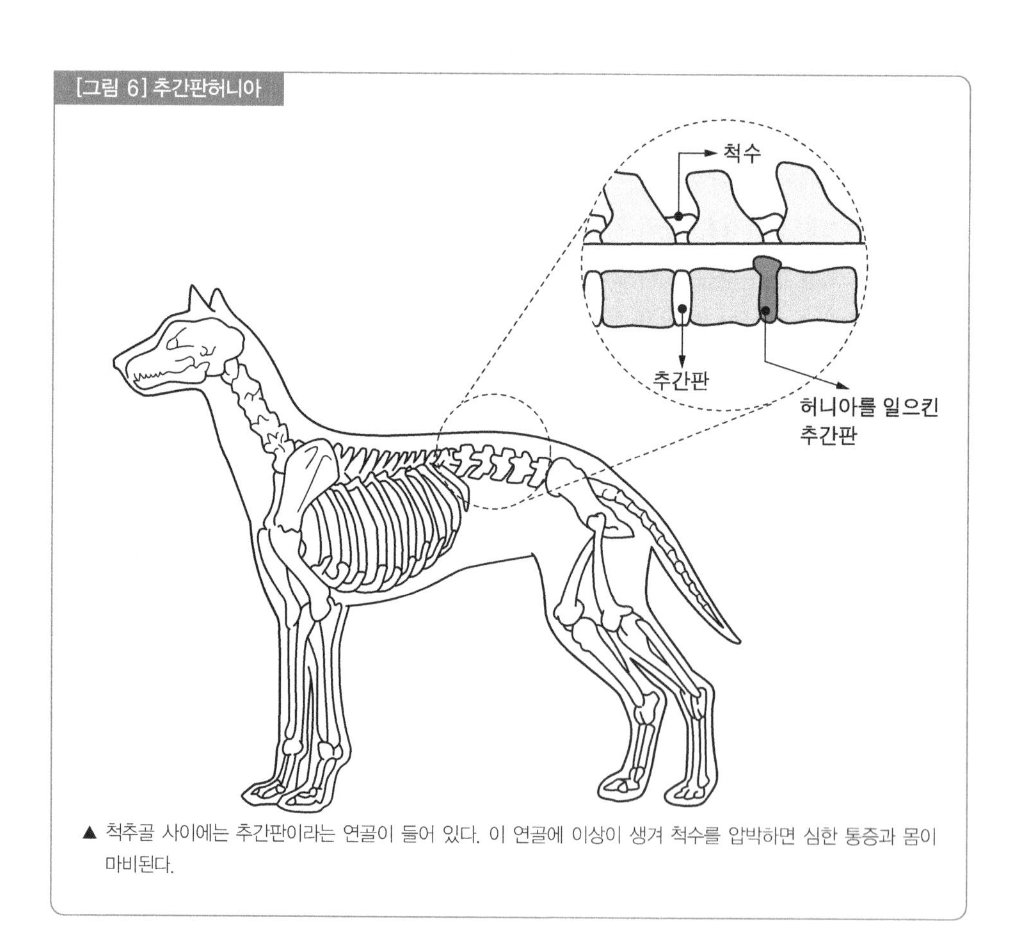

▲ 척추골 사이에는 추간판이라는 연골이 들어 있다. 이 연골에 이상이 생겨 척수를 압박하면 심한 통증과 몸이 마비된다.

2 전정염

■ **머리를 갸웃거리며 빙글빙글 돈다.**

귀의 염증과 종양이 원인으로 귀속의 전정신경이 염증을 일으킨다. 이 신경은 몸의 평형을 맡고 있는 부분으로 이 곳이 이상해지면 몸의 균형이 깨져 빙글빙글 돌거나 쓰러지고 갑작스럽게 일어나는 경우가 많다.

증 상

- 갑자기 증상을 보이고 머리를 갸웃거리며 일직선으로 걷지 못해 빙글빙글 돌다가 심한 경우는 쓰러진다. 눈이 주기적으로 떨린다(안구진탕). 어린 개에게도 나타나지만 비교적 5~6세 때 이상이 많다.

원 인

- 귓속에 있는 내이신경을 이루는 전정신경에 이상이 나타난다.
- 외이염증이 전정까지 번져서 생기는 경우와 귀의 종양이 일으키는 경우가 있고 원인불명인 것이 많다. 날씨나 기압 등의 외부환경에 영향을 받는다는 실도 있다.

진단 · 치료

진단방법

- 개의 특징이나 행동으로 알 수 있다.

치료방법

- 조기에 부신피질호르몬이나 비타민제를 투여한다. 적절한 치료를 하면 1주일 정도 후에는 사라진다.

[그림 7] 미주신경

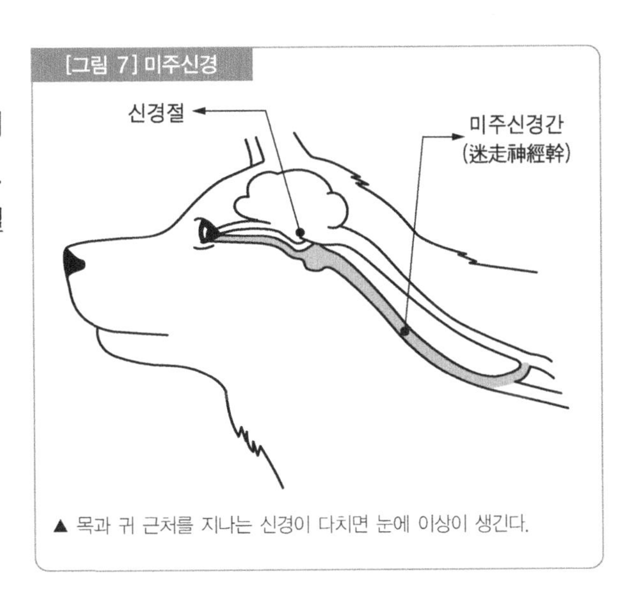

▲ 목과 귀 근처를 지나는 신경이 다치면 눈에 이상이 생긴다.

목뼈의 이상(치돌기의 이상)

척추(등뼈)는 많은 척추골이 연결되어 있다. 이것이 각각 흩어지지 않는 것은 인대와 근육으로 결합되어 있기 때문이다. 이 중에서 무거운 두개골을 지탱하는 경추(목뼈)연결은 튼튼해야 한다.

이 때문에 제2경추의 앞쪽 끝에 치돌기라는 튀어나온 부분이 있다. 이 뼈에 붙어있는 인대가 두개골과 제1경추, 제2경추를 단단하게 이어주고 있다. 이 구조가 다른 인대나 근육처럼 두개골과 경추를 튼튼하게 연결하고 있다. 치돌기가 선천적으로 튼튼하지 않거나 사고로 부러지거나 하면 불안정해져 척추의 중앙을 지나는 척수가 척추골로 인해 압박을 받게 된다. 그 결과 척수에 출혈이나 염증이 생겨 목이 아프고 사지나 전신이 마비된다. 이러한 경우에는 제1경추와 제2경추를 특수한 철사를 이용해서 보강수술을 한다.

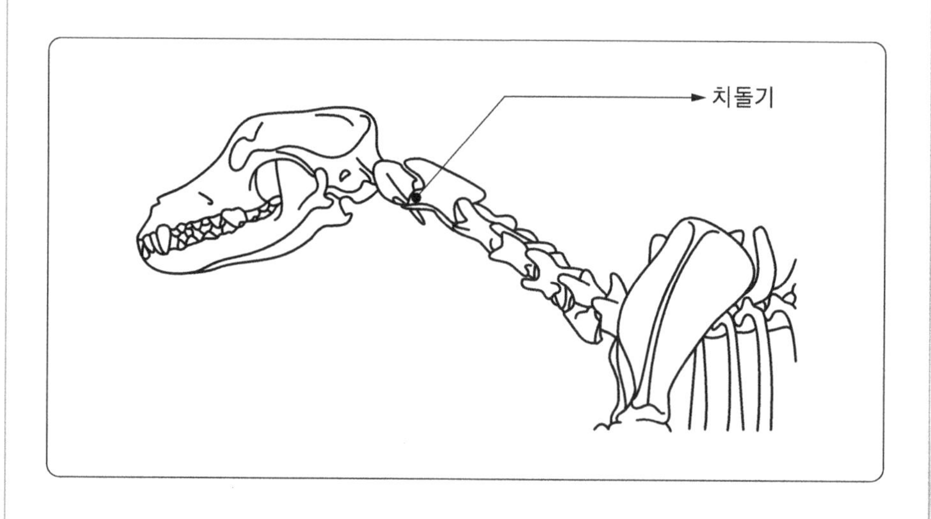

3 호너증후군

■ 미주신경의 이상으로 눈까지 이상해진다.
목과 귀 근처를 지나는 미주신경에 문제가 생기면 눈이 이상해진다.

증 상

- 눈에 이상이 나타난다. 동공이 작아지고(축동), 순막이 밖으로 노출되고, 눈이 움푹 들어가서 눈꺼풀이 처지는 증상을 보인다. 보통 한 쪽 눈만 이상해지고 통증은 없다.

원 인

- 눈의 이상이라고 생각되지만 그렇지 않다. 눈 주위를 지나는 미주신경에서 기인된다.
- 이 신경은 목에서 귀 옆을 지나 눈 주위까지 뻗어 있다. 목부분의 추간판이 이상을 일으키거나 손상을 일으킨다. 또는 외이염, 중이염 등의 병으로 신경이 손상되고 염증을 일으키게 되면 호너증후군이 나타난다.

진단 · 치료

진단방법

- 외이, 중이에 이상이 없는지, 목 부분의 추간판이나 뼈에 이상이 없는지 알아본다.
- 목 부분의 신경이 이상하면 동시에 앞쪽 다리에 운동실조가 나타나 이 증상으로 진단을 하는 경우도 있다.

치료방법

- 증상을 일으킨 병이나 장애를 치료하면 보통 1개월 정도면 좋아진다. 그 동안 하루에 수회, 가볍게 안면마사지를 해 준다.

제12장 암(종양)

왜 암에 걸리는가

손톱과 머리카락은 언제나 일정한 속도로 자란다.
이것은 인간과 동물은 체내의 세포가 규칙적으로 분열하기 때문이다.
그러나 세포유전자가 손상을 입거나 그 일부가 변화되면 불규칙적인 증식을 한다.
이러한 결과로 생기는 이상조직이 '종양' 이다.

제12장 암(종양)

왜 암에 걸리는가?

암의 원인은 한 가지가 아니다. 세포중의 유전자에 이상을 일으킬 수 있는 것은 전부 발암의 요인이 된다. '이 개는 왜 암에 걸렸냐?' 라는 질문을 개 보호자들에게 자주 듣는다.

원인은 너무나 많고 정확한 이유 또한 알 수 없다. 왜 암에 걸렸냐고 고민하는 것보다는 조기발견과 정확한 진단 그리고 치료가 무엇보다 중요하다(암의 조짐에 대해서는 다음 페이지 참조). 다음은 암에 걸리는 주된 원인이다.

1. 노화

- 보통 나이를 먹게 되면 암이 발생하기 쉽다.

2. 화학물질

- 담배, 대기오염 등 많은 것이 암을 일으키는 발암성 물질이라고 생각된다.

3. 자외선, 방사선

- 피부암을 일으키는 원인 중의 한 가지이다. 예를 들어 자외선이 피부세포에 도달하기 쉬운 하얀색의 개는 귀, 코 주위에 피부암이 생기기 쉽다.

4. 바이러스

- 어떤 종류의 암(예를 들어 백혈병, 악성림프종)은 바이러스가 원인이라고 한다.

5. 호르몬

- 유암, 전립선암, 항문주위의 종양 중에는 성호르몬이 관계있다는 주장도 있다.

6. 유전(개 종류)

- 과거 수 백년간 인간은 많은 종류의 개를 만들기 위해 근친교배를 반복했다.
- 그 결과 개 종류에 따라서는 좋은 성질도 유전되는 반면 어떤 종류는 암에 걸리기 쉬워졌다.
- 개는 인간보다 2배나 많은 발생률을 가졌다고 한다.

7. 기타

- 외상, 기생충의 감염 등으로 인한 경우도 있다.

암의 조짐

1. 피부나 입안에 생긴 혹이 좀처럼 좋아지지 않고 점점 커진다.
2. 상처나 짓무름이 낫지 않는다.
3. 이유 없이 체중이 줄어간다.
4. 식욕이 없어진다.
5. 몸의 개구부(입, 콧구멍, 항문 등)에서 피나 고름이 나온다.
6. 몸에서 악취가 난다.
7. 밥 먹기를 꺼려하고 무척 힘들어 한다.
8. 움직이기를 싫어하고 체력이 떨어진다.
9. 다리를 질질 끌고 다니고 몸의 일부가 마비된다.
10. 호흡곤란과 배뇨, 배변이 힘들다

[그림 1] 개의 종양 발생비율

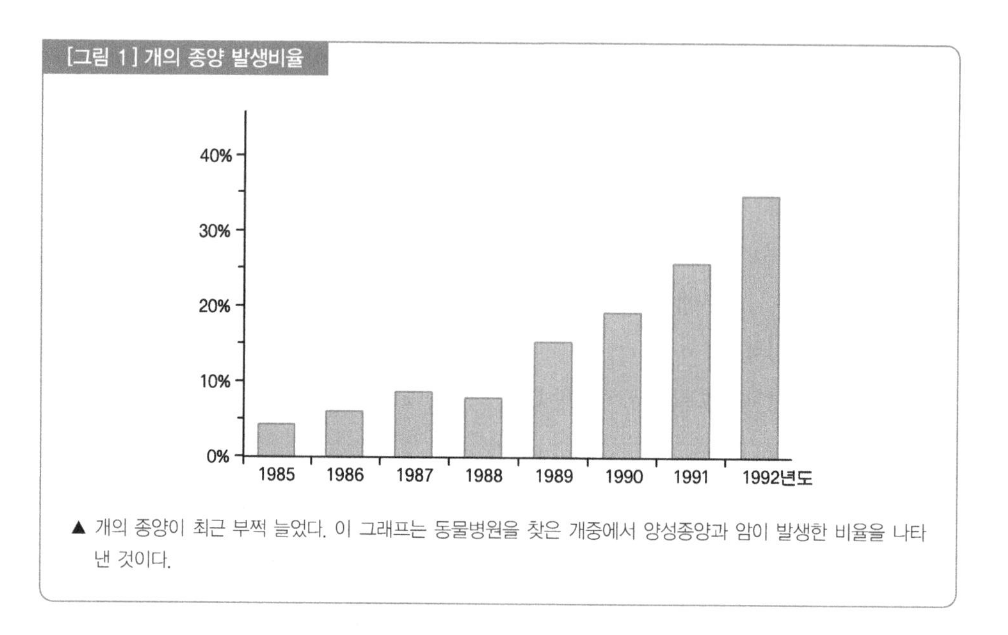

▲ 개의 종양이 최근 부쩍 늘었다. 이 그래프는 동물병원을 찾은 개중에서 양성종양과 암이 발생한 비율을 나타낸 것이다.

2절 늘어나기만 하는 암

동물로 인한 의료의 진보와 개를 키우는 환경이 좋아져서 최근 10년 동안 애완견의 평균 수명이 확실히 연장됐다. 이와 반대로 디스템퍼, 심장사상충증으로 사망하는 개들은 줄어든 반면, 8세 이상 돼서 암에 걸리는 개가 많아졌다. 인간도 마찬가지지만 개의 암도 난치인 경우가 많기 때문에 조기에 발견해서 치료하는 것이 중요하다.

1 유선종양(유암)

■ 젖에 응어리가 생긴다

개의 젖(유선)에 생기는 종양이다. 특히 암캐의 경우 종양의 50%이상이 유선에 걸리므로 암캐가 가장 유의해야할 종양이다.

증 상

- 0~11세의 암캐에 많고 임신경험과는 관계없이 발생한다. 수캐도 걸릴 우려는 있지만 암캐에 비하면 극히 드물다. 개의 유선은 인간과는 달리 좌우 5쌍(4쌍도 있음)이 각각 연결돼 있다.
- 유선의 종양은 젖을 만져보면 응어리가 잡힌다. 유선종양에는 양성과 악성이 있지만 악성의 경우 암에 걸릴 확률은 약 50%라고 한다. 응어리를 발견하면 즉시 수의사의 진찰을 받는다.
- 유암(악성종양)의 경우는 응어리가 급속하게 커져서 1~2개월에 2배정도가 된다.
- 초기에는 그밖의 이상은 전혀 나타나지 않는다.

진단 · 치료 · 조기발견법

진단방법

- 응어리의 일부를 채취해서 병리학적 조직검사로 암진단을 한다.
- 응어리가 많을 경우는 치료목적으로 유선을 제거하고 수술 후에 병리조직검사로 암인지를 확인한다. 수술 전에 X선검사 등으로 다른 장기에 번지지 않았는지를 확인하는 것도 중요하다.

치료방법

- 암으로 여겨질 때는 응어리 부분만을 절제하는 것이 아니라 주위의 건강한 조직과 함께 유선을 절제한다. 직경 1CM 이하 크기의 암이면 수술만으로 완치가 가능하다.

조기발견법

- 조기발견은 간단하다. 5세 이상의 개를 키우고 있는 경우는 한 달에 한 번 정도 배를 만지면서 유선을 아프지 않게 잡아 응어리의 유무를 확인한다.
- 또 1세 전후로 피임수술(난소절제)을 받으면 유선종양에 걸릴 확률이 크게 줄어든다.
- 임신시킬 생각이 없다면 조기에 피임수술을 하는 것이 최상의 유암 예방법이다.
- 단 두 살 반 이후의 피임수술은 예방효과가 없다고 한다.

[그림 2]

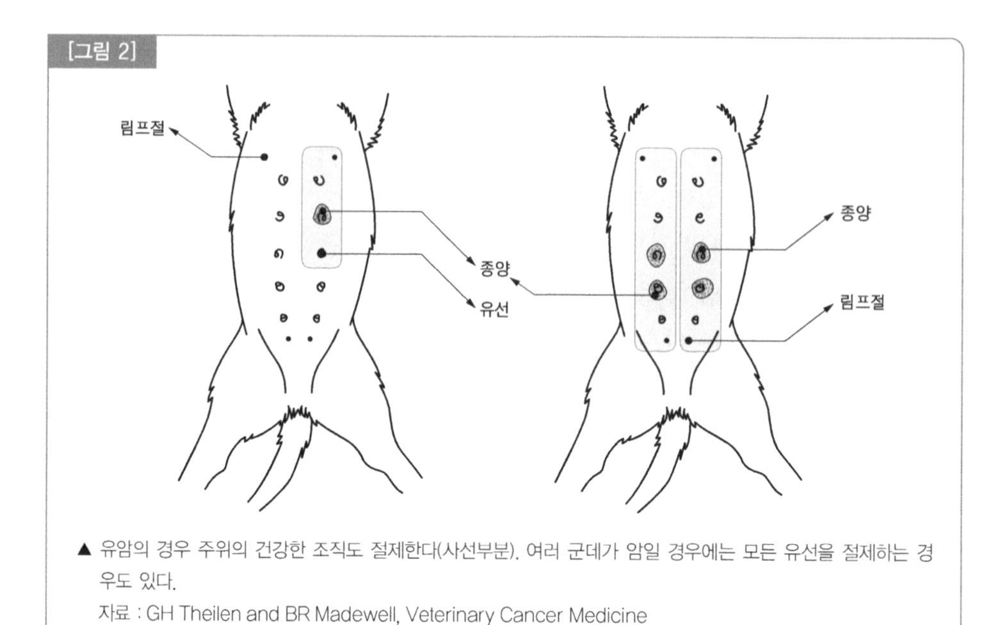

▲ 유암의 경우 주위의 건강한 조직도 절제한다(사선부분). 여러 군데가 암일 경우에는 모든 유선을 절제하는 경우도 있다.

자료 : GH Theilen and BR Madewell, Veterinary Cancer Medicine

2 몸의 표면에 생기는 종양

■ 고질 피부병처럼 보인다.

피부나 피하에 생기는 종양으로 보통 응어리가 생기지만 피부병처럼 보이기도 하고 작은 상처처럼 보이기도 한다. 유선종양 다음으로 발생률이 높은 종양이다.

증 상

- 피부나 피하조직 등 몸의 표면에 생긴 종양은 단순한 응어리처럼 느껴지지만 종양의 종류에 따라서 육안으로는 피부병이나 궤양, 외상 등과 구별할 수 없다.
- 종양의 경우 일반 피부병 치료로는 낫지 않는 것이 특징이다. 피부나 피하조직의 종양은 개종양의 1,276건 중에서 405건이 있고 31%(麻布大 學獸 學部付屬病院資料)를 차지한다.
- 표면의 종양에는 양성과 악성(암)이 있다. 양성에는 선종, 지방종, 상피종 등이 있고, 악성종양에는 비만세포종, 선암, 평편상피암 등의 발생이 많다.

① 선종(양성)

- 눈꺼풀, 귓속, 항문주위, 발가락 사이에서 발생하고 그다지 크게 번지지 않으며 표면은 평평하고 매끈매끈하다. 커지면 표면에 궤양이 발생한다.

② 지방종(양성)

- 피하에 생기는 기름덩어리를 말하며 수년에 걸쳐 점점 커진다. 근육사이에 생기기도 하고 걸음걸이가 이상하다.

③ 상피종(양성)

- 피부의 어디서나 일어나며 버섯과 같은 줄기모양이다.

④ 비만세포종(악성)

- 인간에게는 양성이지만 개에게는 쉽게 전이되는 악성종양(암)이다. 복서, 보스턴 테리어, 불마스티프, 세터(영국산)에 많이 발생한다. 몸 표면의 어느 곳에서나 발생하지만 하반신에 생기는 것은 더욱 악성이다. 종양이 생긴 피부부위는 혹처럼 볼록 튀어나오거나 피부가 죽어 있거나(궤양성 피부병변), 근육이 굳어있는(경결) 등 여러 가지 증상이 나타난다.
- 종양세포 안에 들어있는 히스타민, 세로토닌, 헤파린 등의 화학물질이 종양주위에 심한 염증을 일으킨다. 혈액에 섞이어 위에까지 운반돼 위궤양을 일으켜 구토나 토혈에 이른다.

⑤ 선암(악성)

- 선암은 항문주위나 귓속에 생긴다. 양성의 선종과 같은 곳에 발생하고 초기에는 육안으로 알 수 없다. 하지만 양성과 달리 단기간에 커져 직경이 1~2CM 정도 되면 종양표면이 저절로 진무른다.

⑥ 평편상피암

- 귓볼, 비경(코끝부분), 발톱뿌리에 자주 발생한다. 명확한 응어리는 아니고 피부의 미란(썩어 문드러짐)이나 궤양과 같은 피부병이나 고치기 힘든 상처로 보임으로 조심해야 한다.

진단 · 치료 · 조기발견법

진단방법

• 종양으로 보이는 부분에 주사바늘을 꽂아서 채취한 세포를 검사한다. 아니면 피부조직의 일부를 채취해서 검사함(조직진단)으로써 종양의 종류를 진단한다.

치료방법

• 크기가 직경 1CM 전후의 조기 종양이면 유암과 같이 주위의 건강한 피부까지 절제하는 수술로 완치가 가능하다.

조기발견법

• 유선종양과 같이 5세 이상의 개를 키우는 사람은 한 달에 한 번 정도 몸 전체를 만져주면서 응어리가 있는지 살펴본다. 앞서 말한바와 같이 고치기 힘든 피부병이나 상처도 종양의 가능성이 있다.

3 구강의 종양

■ 입안에서 턱뼈로 번지는 악성이다

증 상

• 입안에 응어리가 생긴다. 음식을 먹기 힘들어하고, 침을 흘리고, 입안에서 출혈이 있고, 구취 등의 증상을 보인다. 입안의 종양은 필자의 자료에 의하면 1,276건 중(개의 종양) 93건, 7.3%를 차지했다. 자주 발생하는 종양(양성)은 치육종, 유두종, 골종(뼈의 종양)이 있고, 악성(암)은 악성흑색종, 편평상피암, 선유육종 등이 있다.

[그림 3]

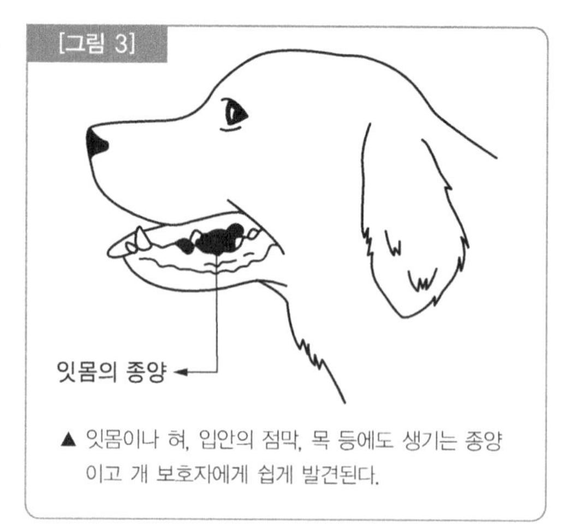

▲ 잇몸이나 혀, 입안의 점막, 목 등에도 생기는 종양이고 개 보호자에게 쉽게 발견된다.

[주로 구강에 생기는 종양]

① 치육종(양성)

- 주로 잇몸(치근)에 생기는 유경의 종류(腫瘤 : 혹)로 잇몸이 튀어나온 것처럼 보이지만 점차 커지고 선유성, 골성, 극세포성 3가지가 있다. 그러나 극세포성의 경우는 종양세포가 주위로 번져간다(침윤성). 그래서 턱뼈까지 종양을 자르지 않으면 재발의 가능성이 높다.

② 악성흑색종(악성)

- 이름 그대로 검은색으로 구강의 점막이나 혀에 생긴다.
- 급속히 커져 초기에 림프선이나, 폐로 전이되는 악성종양이다.

③ 편평상피암(악성)

- 구강에 미란이나 궤양이 생기고 표면이 약해서 출혈이 잦다.
- 악화되면 턱뼈까지 번지고 더더욱 심해지면 림프선까지 전이된다. 편평상피암은 입 부분에 생긴 것처럼 심하지 않아 턱뼈까지 절제하면 완치된다.

④ 선유육종(악성)

- 겉보기는 치육종과 유사하지만 급속히 커져서 한 달 동안에 2배 이상의 크기로 변한다. 직경 1~2CM 크기가 되면 저절로 진무르게 된다.
- 장기, 림프선 등으로 전이는 그다지 없기 때문에 조기에 주위를 포함해서 넓게 절제하면 치료가 가능하다.

진단 · 치료 · 조기발견법

진단방법

- 생검 또는 조직진단으로 종양의 종류를 판별하고 입안에 생긴 암은 턱뼈로 번지는 일이 많아서 X선검사로 진단한다.

치료방법

- 암의 경우는 응어리만 제거한다고 없어지지 않는다.
- 가엾지만 목숨을 구하기 위해서는 턱뼈까지 절제해야 된다. 턱뼈의 일부가 없어져도 생각했던 것보다는 얼굴형이 변하지 않고 음식을 먹는 데도 불편하지 않으니 애견의 생명을 지키려면 개 보호자의 냉정한 판단이 필요하다.

조기발견법

• 개도 중년이 되면 치석이 쌓이므로 정기적인 치석제거를 수의사에게 부탁하면 암 진단도 가능하다. 또 집에서 월 한 번 정도는 잇몸이나 혀, 편도 등에 응어리나 궤양은 없는지 살펴본다.

4 뼈의 종양

■ 걸음걸이가 이상하면 곧바로 진단을 받는다.
뼈의 암(주로 골육종)은 대형견의 앞다리에 많이 생긴다.
암에 걸리는 평균 연령은 7세라고 하지만 2세 전후에도 발생하므로 주의하자.

증 상

• 다리를 절뚝거리는(파행) 등 보행의 이상과 발이 붓는다. 외상은 없고 접질린 적도 없는데 절뚝거리는 경우는 병원에 가 본다. 종양은 양성종양의 골종이 있고 악성종양은 골육종, 연골육종이 있다.

[뼈의 종양]

① 골종(양성)

• 골종은 뼈의 덩어리처럼 생겼고 점점 커진다. 발생한 부위에 따라 걷기 힘들어 보인다든지 절뚝거리는 보행이상을 일으킴으로 수술해야 한다. 젊은 개의 경우는 증상이 급격히 진전된다.

② 골육종(악성)

• 장기 등으로 이전되기 쉬운 암으로 대개 초기에 폐에 전이된다. 조기에 발견해서 시술한 뒤에도 화학요법을 쓰면 완치 확률이 굉장히 높다.

③ 연골육종(악성)

• 연골성분에서 생기는 암으로 대부분의 개 보호자들은 다리 관절주위에 나타나는 부기와 보행이상으로 알 수 있다. 골육종보다 완치율이 높다.

진단 · 치료 · 조기발견법

진단방법

- X선검사로 뼈의 이상을 확인함과 동시에 병변의 일부를 채취해서 병리조직학적인 검사로 진단한다.

치료방법

- 뼈의 일부에만 암이 생긴 초기에는 다리절단 수술과 수술후의 항암제 등의 화학요법으로 완치될 수 있는 가능성이 높다. 조기에 발견해서 뼈이식을 하면 다리를 절단하지 않아도 된다. 하지만 살리기 위해서는 대부분의 경우 다리를 절단해야 한다. 암이 진행된 경우 다리절단 수술 1년 후에 생존할 확률은 10%이다. 그러나 수술 후 항암제 치료를(3~6회)하면 50%까지 높아진다. 뼈의 암은 병변부를 방치해 두면 점점 악화되어 폐 등으로 번져서 사망에 이르게 된다.
- 그리고 사망 전 수 개월 동안 심한 통증을 일으킨다. 대개 개 보호자들은 진단이 내려지면 다리 절단을 싫어하지만 진정으로 개를 사랑한다면 외관이나 수술하면 가엾다는 생각은 제쳐 두고 애견의 입장에서 생각해야 한다. 다리를 자르면 치료 가능성도 있고 심한 통증으로부터 해방시켜줄 수 있기 때문이다.

조기발견법

- 걷는 모습에 이상이 발견되거나 발목이나 뼈 관절 주위에 생긴 부기가 3~4일 후에도 좋아지지 않으면 암일 가능성이 있다. 이런 경우는 즉시 진단을 받도록 해야 한다. 2~3주의 지연이 목숨을 좌우할 수 있다.

5 복부의 종양

■ **증상이 있을 때는 이미 늦다.**

복부의 장기(위장관, 간장, 췌장, 비장, 신장, 난소, 자궁, 방광 등)에도 여러 종류의 종양이 발생한다. 안타깝게도 개는 인간과 달리 증상을 호소할 수 없어서 이 부위의 종양이 악화되고 나서야 진단을 받는 일이 허다하다.

증 상

- 종양이 생긴 부위에 따라 약간의 차이는 있으나 힘이 없고, 체중감소, 구토, 설사,

배변과 배뇨장애, 배가 불러오는 것 등이다. 방광암이나 직장암, 자궁암 등은 혈변, 혈뇨 그리고 질에서 점액이 흘러나온다. 종양의 경우 이러한 증상은 보통 치료법으로는 좋아지지 않는다.

[복부의 종양]

① 평활근종(양성)

- 위장, 방광, 자궁과 같은 장기의 벽에 생긴다. 종양에 따라 장기가 물리적으로 압박받기 때문에 특히 장의 경우는 장폐색을 일으켜 구토, 설사 등의 증상을 보인다.
- 그밖에 부위에서도 종양이 악화되면 만성빈혈, 체중감소가 뒤따른다. 종양을 절제하면 모두 완치된다.

② 위암(악성)

- 구토가 있고 보통 내과적인 치료로는 불가능하다(난치성). 각혈, 급격한 체중감소, 그리고 변이 묽어진다. 아쉽게도 건강진단에 의한 조기발견과 조기수술 이외에는 완치가 불가능하다.

③ 직장암(악성)

- 대부분의 경우 대변에 선명한 피가 묻어 나온다. 조기에 절제하면 완치된다.

④ 간장암(악성)

- 주된 증상은 식욕이 없어지고 배가 불러온다(복위팽대). 배를 만졌을 때 종양을 느끼는 경우가 있다. 개의 간장암은 다른 장기로 번지는 일이 적어 상당히 커진 다음에 절제(대증적 절제수술)해도 이후로 어느 정도는 건강하다.

진단 · 치료 · 조기발견법

진단방법

- 혈액검사, X선진단, 초음파 진단 아니면 내시경 검사를 해서 종양으로 생각되는 경우에는 치료 겸 개복해서 확정진단을 내린다.

치료방법

- 암을 절제하고 항암제 등의 화학요법을 이용한다. 방광암, 직장암, 자궁암 등은

혈변, 혈뇨 그리고 질에서는 점액이 흘러나오기 때문에 쉽게 알 수 있고 조기수술로 완치된 경우가 많다.

- 간장암이나 위암은 꽤 커진 뒤에 진단되기 때문에 대개 완전히 절제하는 것은 어렵다. 하지만 대증적인 수술을 하면 아무리 암이라 해도 생명의 질을 유지하면서 1년 이상은 살 수 있다.

조기발견법

- 증상이 나타났을 때는 이미 늦는 것이 복부암의 특징이고 8세를 지나면 정기적인 종합검진을 받도록 하자.

[그림 4]

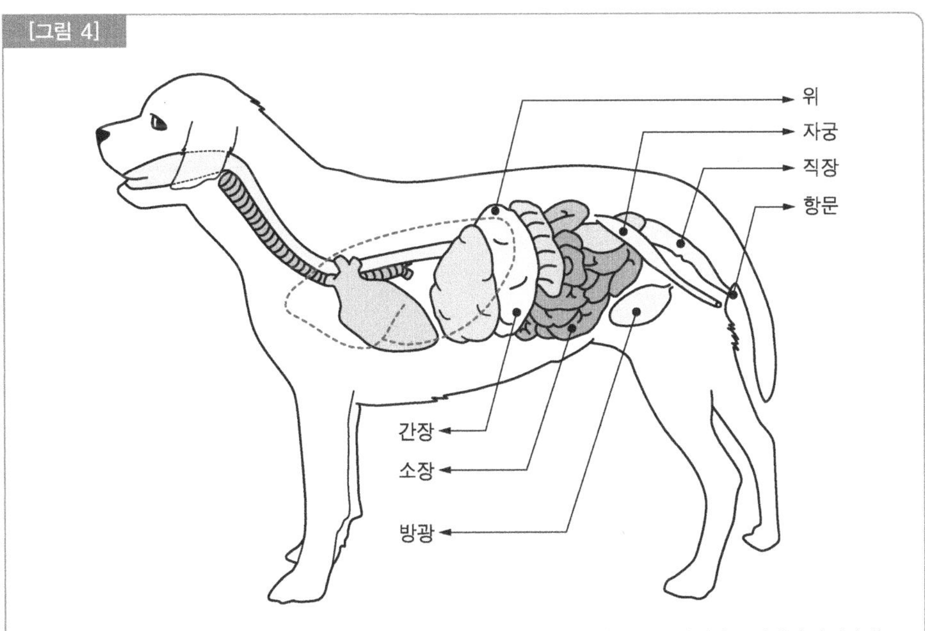

▲ 내장에도 종양은 생기지만 대개의 경우 개복할 때까지는 종양인지 아니면 어느 장기의 종양인지 판단하기는 어렵다. 이 그림은 종양이 잘 생기는 장기를 표시한 것이다.

백혈병

악성림프종은 혈액암의 일종으로 여기에는 백혈병이 있다. 혈액중에 이상하게 백혈구가 늘어나는 병으로 증상은 힘이 없고, 식욕이 없는 등 악성림프종과 유사하다. 현재로서는 급성백혈병의 효과적인 치료법은 없다. 그러나 악성림프종에 비해 백혈병에 걸리는 개는 흔하지 않다.

6 선림프종(림프육종)

■ **치료하지 않으면 3개월이면 사망한다**

림프조직(림프선)은 턱밑, 겨드랑이 밑, 허벅지 등이나 흉강, 복강 등의 도처에 있다. 림프조직에 생기는 암은 악성림프종, 림프육종으로 치료를 안 하면 보통 3개월이면 사망하는 무서운 암이다.

증 상

• 어느 림프선에 암이 생겼나에 따라 증상은 상당히 다르다. 악성림프종의 80%이상이 몸 표면의 모든 림프선이 붓는 타입(다중심형)으로 대부분 턱밑의 림프선이 악화된 후에 알게 된다(단, 턱밑에 림프선은 치석, 구내염이 있는 개는 만성적인 부종이 있다). 이 타입의 경우 전신의 증상은 힘이 없고 약간의 식욕부진만 있을 뿐 특별한 증상은 없다. 장이나 복강의 림프선이 붓는 타입(소화기형)은 설사, 구토가 있고 흉강의 림프선이 붓는 타입(종격형)은 기침을 하거나 호흡이 이상하다. 또 피부 자체에 걸리는 타입(피부형)은 육안으로는 피부병과 구별이 안 된다.

진단 · 치료 · 조기발견법

진단방법

• 혈액검사, X선검사와 함께 병변부나 림프선의 세포검사와 조직검사를 한다.

치료방법

• 항암제를 투여함으로서 약 80%의 확률로 림프선의 부기가 가라앉고 건강해 진다.

조기발견법

• 이 종양은 대략 일곱 살 경에 발생하지만 드물게는 젊은 개에게도 나타난다. 중년이후(5세 이상)의 개를 키우는 사람은 가끔 턱밑, 겨드랑이 밑, 허벅지, 무릎 뒤의 림프선을 만져 본다.

• 열도 없고 감염증도 아닌데 2개월 이상 림프선이 부어 있으면 암이 우려됨으로 진단을 받는다. 발견이 빠르면 빠를수록 치료효과가 높다.

7 개의 성장과 연령

개의 연령

- 개의 수명은 인간보다 훨씬 짧지만 개 보호자가 영양상태나 건강상태에 신경을 쓰면 그 만큼 오래 살 수 있다. 여기서는 개의 연령이 인간의 나이로 환산하면 몇 살인지를 알아 보았다. 단 이것은 어디까지나 기준으로 종류에 따라서는 큰 차이가 있다. 대개 몸집이 큰 개는 8~9세 정도면 노령조짐이 나타나고 반대로 작은 개는 15세 정도까지는 건강하다. 지금까지의 최고의 장수기록은 약 29세로 알려졌다.

[표 1] 개와 사람의 연령비교표

개	인간	개	인간	개	인간
생후 1개월	1세	6세	40세	18세	88세
생후 6개월	10세	7세	44세	13세	68세
1세	18세	8세	48세	14세	72세
2세	24세	9세	52세	15세	76세
3세	28세	10세	56세	16세	80세
4세	32세	11세	60세	17세	84세
5세	36세	12세	64세		

[표 2] 개의 연령별 상태

개의 연령	개의 상태	치아상태
생후2주째	눈을 뜨고 걷기 시작	
3주째	귀가 트이고 놀기 시작	유치가 나기 시작
6주째		유치가 전부 난다.
2개월	경계하기 시작	
3개월		영구치가 나기시작(앞니부터)
5개월		송곳니가 난다.
6개월	세력범위를 의식한다, 첫 발정기가 일어난다.	영구치가 모두 난다.
1~2세	육체적, 정신적으로 성장	아래턱 앞니가 닳는다.
3~4세		위턱 앞니가 닳는다.
5세		모든 치아가 닳는다.
6세	중년기	치석이 쉽게 쌓이기 시작
8세	흰색 털이 나기 시작	송곳니의 끝이 무뎌진다.
10세	노년기. 털의 윤기도 사라짐	

주) 개 종류에 따른 차이, 개체의 차이는 크다.

개의 성장

- 태어나서 1년 동안이 가장 왕성하게 성장하는 시기이다. 개의 종류, 성별, 태어난 계절 등에 따라서도 다르지만 대부분 1년 이내에 정신적, 육체적으로 거의 성장한다.
- 보통 몸집이 작은 개가 큰 개보다는 성적으로 조기에 성숙한다. 하지만 치아의 경우는 큰 개가 빠르다.

제13장 뼈와 관절의 병

개의 뼈와 관절의 구조

골절이나 탈구가 생기기 쉬운 동물이 개이다.
사고로 인한 것이 대부분이지만 유전적인 요인이 많다.
이러한 성장환경이나 비만 등이 발병의 계기가 되는 것으로
최근 연구에서 밝혀졌다.

제13장 뼈와 관절의 병

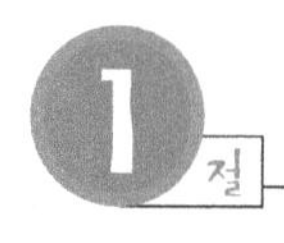

1절 개의 뼈와 관절의 구조

1 뼈의 구조

개의 몸을 한 채의 집에 비유한다면 뼈는 기둥, 상인방, 문지방 등에 해당되는 중요한 부분이다.

뼈는 필요에 따라 내고 들일 수 있는 미네랄(칼슘, 인)과 지방의 저장고이며 혈구의 제조공장의 기능도 있다. 이 때문에 뼈가 손상을 입거나 병에 걸리면 뼈의 골절, 변형으로 심한 통증과 발열을 동반하는 대사성 병(비대성골이영양증, 범골염 등)이 된다. 또 골수기능의 저하(빈혈, 면역력의 저하 등)를 불러 일으킨다.

2 관절의 구조

성견의 골격을 구성하고 있는 뼈의 총수는 평균적으로 321개에 달한다. 형태에 따라 장골, 단골, 종자골, 편평골, 부정골의 5가지로 나뉜다.

뼈의 구조는 외측으로부터 골막, 치밀골, 해면골, 내골막, 골수로 되어 있고 골수에서는 혈구가 만들어진다. 또 골은 연골과 달리 혈관과 신경의 양쪽 모두에 뚫려있다.

뼈와 뼈가 2개 이상 붙어있어 경첩과 같은 역할을 하는 곳이 관절이다. 대부분의 관절은 탄력성이 있는 관절연골, 그 관절연골끼리의 빈 공간(관절강), 관절이 움직일 때 윤활유 역할을 하는 활액(관절액), 그 활액을 만드는 활막, 그리고 관절을 안정적으로 움직이기 위해 섬유층과 인대로 구성되어 있다. 이밖에 별로 움직이지 않는 관절이나 동작이 제한된 관절도 있으나 대부분 관절의 병은 자주 쓰는 관절에서 발생한다.

[그림 1] 뼈의 구조

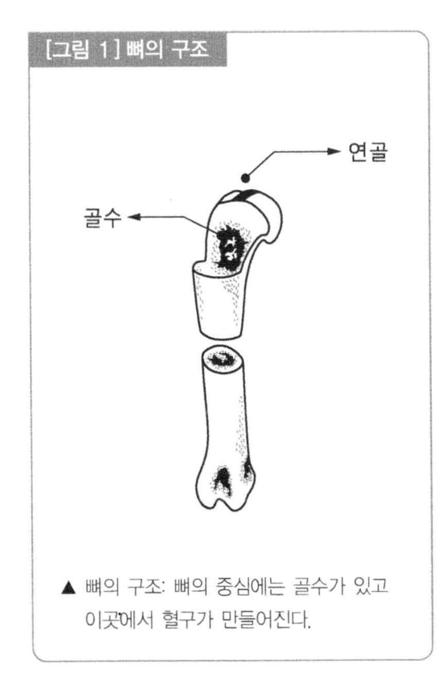

▲ 뼈의 구조: 뼈의 중심에는 골수가 있고 이곳에서 혈구가 만들어진다.

[그림 2] 개의 뒷발

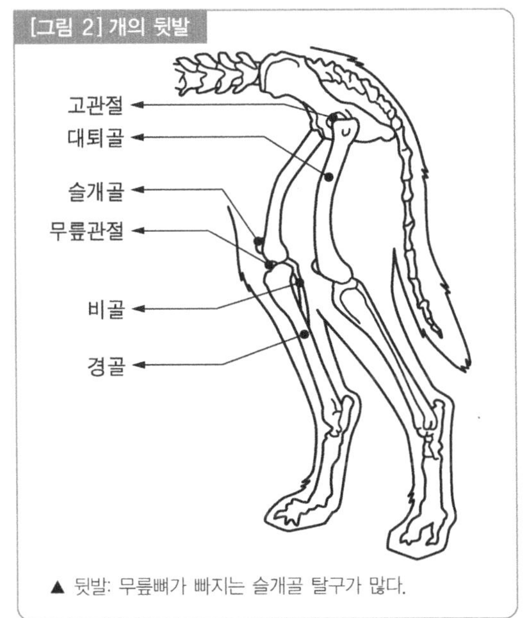

▲ 뒷발: 무릎뼈가 빠지는 슬개골 탈구가 많다.

2절 뼈와 관절의 질병

1 골절

■ **골절원인의 대부분은 사고다.**
대부분의 골절은 교통사고나 높은 곳에서 떨어질 때 받는 강한 충격에 있다.
하지만 어떤 병으로 인해 뼈가 약해져 있으면 쉽게 부러진다.

증상

- 부러지면 통증과 환부가 붓고 사지의 변형과 기능장애, 보행이상 등 몇 가지 증상이 겹쳐서 나타난다. 부러진 뼈가 근육과 피부를 뚫고 밖으로 나와 있는 것을 개

방골절이라 한다.
- 정도의 차이는 있으나 겉으로 나와 있어 세균감염의 위험이 높아진다.
- 반대로 부러진 부위를 피부가 완전히 뒤덮고 있는 경우를 폐쇄골절이라 한다. 뼈가 충분히 발달하지 못한 어린 개는 어린 나뭇가지가 유연하게 휘는 것과 같은 생목골절이 있다.
- 이 때 뼈의 변형이 거의 없는 가벼운 보행이상에서부터 뼈의 90도 변형 그리고 더 심하면 다리를 들고 걷는 경우까지 있고 주위조직의 손상은 가벼운 것이 보통이다.
- 어린 개가 다리뼈의 성장판에만 손상을 입을 경우(성장판골절), 외적 변화가 적고 X선검사에서도 놓치기 쉬워 결국은 성장해가면서 비로소 알게 된다.
- 혹시 이러한 점이 의심될 때는 지속적인 X선검사가 필요하다.

원 인

- 대개 골절은 교통사고나 높은 곳에서 떨어진 경우가 많고, 먹이나 호르몬의 이상분비로 뼈가 약해지거나, 아니면 뼈에 종양이 있을 때 생긴다. 평소 같으면 골절되지 않을 약한 충격에 금이 간다거나 구부러지는 일이 생긴다. 그밖에 해외에서 행해지는 경주에 출전하는 그레이 하운드가 경기장의 정비불량으로 인해 발목의 뼈(중수골)에 피로골절을 일으킨 예도 있다.
- 미숙한 셰틀랜드 쉽도그가 경주를 대비한 지나친 훈련 때문에 정강이뼈가 부러진 경우도 있다.

응급처치

- 뼈가 드러난 골절의 경우는 청결하게 소독한 후 붕대로 보호한다. 다음은 얇은 판자나 마분지 등에 탈지면을 이용해서 긴급용 부목으로 부러진 부위와 가까운 관절까지 붕대로 고정시킨다. 너무 조여서 피가 통하지 않도록 유의하고 움직이지 못하게 한 채로 병원에 데리고 간다. 골절된 부위, 정도, 개의 상태에 따라서 응급처치가 필요하다. 임의로 판단하지 말고 신속히 수의사의 지시를 받도록 한다.

진단 · 치료 · 예방

진단방법

- 골절부위를 중심으로 보통 양방향에서 X선촬영을 하여 상태를 진단한다.
- 필요에 의해서는 사선 방향의 X선촬영이나 환부를 누른 상태로 촬영도 한다.

치료방법

- 보통 골절치료는 원래의 상태로 맞춰서 고정한다.
- 뼈를 원래의 상태로 되돌리는 방법으로는 피부를 자르지 않고 피부 겉에서부터 처치하는 방법과 피부를 절개해서 뼈를 노출시킨 후 직접 치료하는 2가지 방법이 있다.
- 전자는 피부가 드러나 치료가 용이해서 단순한 골절일 때 이루어진다.
- 이것이 어려울 경우에 후자를 이용한다. 처치 후의 환부의 고정방법에도 주형을 끼우거나, 피부 위에서부터 금속 핀을 박아서 고정하기도 하고, 골수 안에 직접 핀을 넣는 등 여러 가지 방법이 있다(고정방법 참조).
- 수의사는 개의 연령이나 성별, 품종, 지병, 성격 등을 고려하며, 처치 후의 보살피는 문제도 생각해서 개 보호자와 상담하여 어떠한 방법을 택할까를 선택한다.

예방방법

- 건강한 개가 골절을 당하는 대부분의 경우는 교통사고나 높은 곳에서 떨어진 것이 사고의 원인이다. 개를 밖으로 데리고 나갈 때에는 반드시 끈을 사용할 것 등 평소의 생활에도 주의해야 한다.
- 먹이나 운동 등의 사육관리를 적절히 해서 튼튼한 뼈를 가질 수 있도록 키우는 것도 굉장히 중요하다. 최근에는 비만이나 비만 경향의 개가 많아졌다. 특히 몸을 지탱할 수 있는 골격이 아직 발달되기 전부터, 다시 말해 어릴 적부터 뚱뚱한 개가 늘어난 것 같다.

골절의 고정방법

골절의 치료는 주로 부러진 뼈를 본래 상태로 바로잡아 움직이지 않도록 고정하여 자연히 치유되도록 두는 것이다. 따라서 뼈를 어떻게 고정시키는가가 굉장히 중요하다.

■ 붕대나 깁스로 고정한다(외고정법)

골절된 부분을 감싸고 양쪽의 관절도 한꺼번에 마는 방법으로 붕대를 사용하거나 부목을 사용해서 석고 또는 가벼운 소재의 캐스트(깁스)를 이용하여 피부 겉에서 고정하는 방법이다. 붕대를 사용하는 고정은 응급처치나 수술 전의 임시고정 등에 사용된다.

어느 고정방법도 피부를 자르지 않으므로 세균감염의 위험도 없고 비용도 저렴하지만 환부를 완전히 고정한다는 의미에서는 둘 다 충분하지는 않다.

또 어른스럽지 않은 개는 여기저기 돌아다니고 난폭하기 때문에 부목이나 깁스에 압박받아 피부가 상하거나 심한 경우에는 근육이나 혈관신경까지 손상을 입는다.

■ 틀을 사용하여 고정한다(창외 고정방법)

부러진 뼈의 파편에 피부 겉에서부터 여러 개의 핀을 박아 그것을 특수한 틀(K-E 장치)을 연결하여 환부를 고정하는 방법이다. 상온에서 굳는 아크릴수지 등으로 핀을 고정하는 방법도 이용되고 있다. 이 방법에서 주의해야 할 점은 그다지 발생되는 일은 아니지만 핀을 박은 피부로부터의 세균감염과 핀이 헐거워진다는 점이다.

■ 뼈를 직접 고정한다(내고정법)

수술로 뼈를 직접 연결하는 고정방법이다. 골수 안에 핀을 넣는 방법, 와이어를 뼈에 감는 방법, 특수한 금속판과 나사를 이용하는 방법이 있다. 특히 금속판과 나사 모두를 이용하는 방법이 가장 믿을 만한 고정방법으로 널리 이용되고 있다.

장점은 골절부분이 말끔히 치유된다는 점과 관절기능을 건드리지 않고 고정하기 때문에 관절기능의 회복이 빠르다는 점 등이다. 하지만 이것은 수의사의 풍부한 경험과 지식이 요구되고 치료비도 비싸다. 골절의 치료법에는 이외에 다른 방법도 많다.

대부분 이 세 가지 방법을 복합한 것이고 어느 것을 이용하는가에 따라 그 이후에 간호하는 방법도 달라지므로 수의사와 상담해서 결정한다.

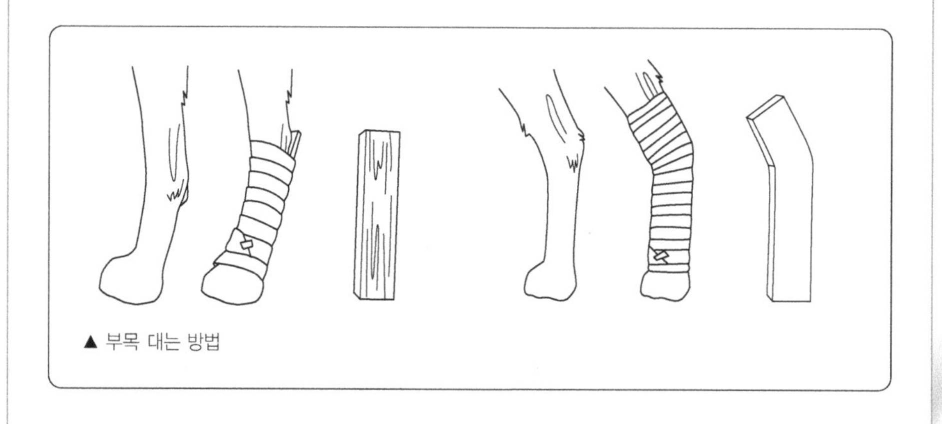

▲ 부목 대는 방법

2 탈구

■ **관절의 뼈가 빠진다.**
관절을 구성하고 있는 뼈와 뼈가 분리되는 상태를 탈구라고 한다.
또 뼈가 완전히 분리되지 않고 부분적으로 어긋난 곳을 아탈구라 한다.

증 상

- 탈구와 아탈구의 증상은 탈구된 부분, 어긋난 정도, 탈구의 원인에 따라 여러 가지로 나타난다.
- 일반적으로 진통, 부기, 변형, 운동기능의 장애, 사지의 길이가 단축되는 등의 증상이 있으며, 또한 탈구는 골절을 자주 동반하기도 한다.

원 인

- 탈구에는 교통사고, 높은 곳에서의 낙하와 같이 외상이 원인인 것과 습관성, 선천성, 그리고 류마티스성 관절염 등으로 인해 2차적으로 발생하는 병적인 것도 있다.
- 그 탈구가 최근에 생긴 것인지 장기간에 걸쳐서 생긴 것인지 아니면 재발한 것인지에 따라 급성, 만성, 재발성으로 나뉜다.

진단 · 치료

진단방법

- 개의 증상을 관찰해서 신중한 촉진을 한다.

치료방법

- 관절의 모든 장애를 알게 되면 가능한 탈구된 관절을 빨리 원상회복시킨다.
- 그 이유는 빨리 회복되면 재발의 위험이 적기 때문이다. 탈구치료는 아주 가벼운 탈구를 제외하고는 보통 전신마취하며 피부 겉에서부터 시작한다.
- 그 뒤 환부를 고정해서 탈구된 부위에 부담이 가지 않도록 해야 한다. 하지만 사고와 같은 외부로부터의 강한 힘으로 탈구된 경우는 동시에 인대 등의 손상과 골절이 생긴다.
- 이러한 경우는 환부절개수술로 증상에 맞게 고정한다. 개에게 흔히 나타나는 것은 다음 항목에서 설명하는 고관절탈구와 슬개골 탈구이다.

3 고관절탈구

■ **뒷다리가 붙어 있는 부분의 관절이 어긋난다**

골반을 이루는 뼈의 하나인 관골과 대퇴골이 붙어있는 부분(대퇴골두)의 탈구가 고관절탈구이며 특히 개에서 많다.

증 상

- 대개의 경우 갑작스런 파행과 통증을 호소한다. 보통 탈구된 발을 들어 올리고 걷는데, 시간이 지나면 증상을 보였던 다리에 조금 체중을 실어서 걷기도 한다.

원 인

- 골반을 형성하고 있는 뼈의 하나인 관골과 대퇴골로 이뤄진 관절을 고관절이라 하고, 관골의 패인 곳에 대퇴골두가 푹 들어가 있다. 여기에 교통사고와 높은 곳에서의 낙하 등으로 인해 두 개의 뼈 사이를 떨어뜨리려는 큰 힘이 가해지게 되면 뼈와 뼈 사이의 내측에서 이어주고 있는 인대(원인대)가 끊어져 대퇴골이 우묵한 곳에서 빠져 나와 버린다.
- 고관절의 탈구가 일어나기 쉬운 이유는 움직임이 큰 고관절을 바깥쪽에서 지탱하는 인대가 없다는 것과 원인대는 폭이 넓고 긴 관절을 고정시키는 힘이 약하다는 것 등의 이유라고 생각된다. 또 사고 이외에는 레트리버 등 큰 개에게 많은 고관절 형성부전과 레그퍼세스병이 원인으로 2차적인 고관절의 탈구가 일어나기도 한다.

진단 · 치료

진단방법

- 걸음걸이를 관찰하고 다음으로 서 있는 자세로 고관절을 촉진 한다.
- 비만인 개는 힘들겠지만 이것만으로도 대충 어느 방향으로 뼈가 어긋났는지 알 수 있다. 개의 경우 거의(90%)가 대퇴골이 척추의 앞쪽으로 어긋나는 유형의 탈구이다.
- 다음은 탈구된 다리를 위로 하고 개를 옆으로 눕힌 뒤 대퇴골이 시작되는 부분을 돌려봐서 움직임을 본다. 또는 위로 향하게 눕힌 뒤 뒷발의 길이를 맞춰 본다(탈구의 경우 다리의 길이가 변한다). 혹은 X선촬영으로 골절이 있는지를 확인하고 나서 확진한다.
- 촉진과 다리 길이의 비교는 개의 진통이 심하고, 근육이 긴장돼 있을 때는 마취를

이용한다.

치료방법

- 골절이 동반되지 않는 경우 전신마취를 해서 피부 겉에서부터 탈구된 관절을 바로 고친다. 근육이 충분히 헐거워져 있으면 대개가 성공한다.
- 하는 방식은 수의사에 따라 각각 다르지만 일반적으로 다음과 같이 한다.
- 탈구된 다리를 위쪽으로 향하게 해서 옆으로 눕힌 다음, 부드럽고 두꺼운 끈으로 대퇴부의 안쪽으로 걸어서 반대측으로 당긴다. 그리고 그것을 책상에 고정시킨다.
- 다음으로 한 쪽 손으로 개의 다리를 잡아당기면서 다른 손으로는 대퇴골의 끝에 갖다 대고 골반의 우묵한 곳으로 당긴다. 뚝 하는 가벼운 충격감과 함께 빠졌던 뼈가 원래의 위치로 돌아간다. 조기에 치료를 하면 나머지는 집에서 4~5일간 우리 안에 넣어 안정시키기만 하면 된다. 혹시 그 후 같은 곳이 다시 탈구된 경우는 치료한 다음에 고정 틀을 쓰거나 붕대를 써서 다리를 움직이지 못하게 안정시킨다.
- 그러나 피부 겉에서부터의 치료는 관절을 원래 상태로 하지 못할 때나, 반복적인 고관절탈구를 일으킬 때, 탈구된 후부터 며칠이상이 지난 만성의 경우, 또는 탈구와 함께 골절이 생긴 경우에는 환부를 절개한 뒤, 직접 고관절치료를 한다.
- 가정에서는 재발방지를 위한 안정이 중요하고 우리 안에 가둬 밖으로 나오지 못하게 한다.
- 치료 후의 운동도 상황을 잘 파악해가면서 시간적인 여유를 갖고 한다.
- 특히 쉽게 고쳐진 탈구야말로 재발하기 쉬우므로 그 후의 개의 생활관리에 관해서는 수의사의 지시에 따른다.

4 슬개골탈구

■ 무릎뼈가 빠진다.

무릎뼈(슬개골)가 빠진 것으로 선천성과 후천성이 있다. 토이 푸들, 포메라니안, 요크셔테리어, 치와와, 말티즈 등의 소형개에게 슬개골아탈구가 특히 많다.

증 상

- 슬개골 탈구는 슬개골이 안쪽으로 빠지는 내측탈구과 바깥쪽으로 빠지는 외측탈구로 나뉜다. 주로 증상은 진통, 부종, 파행이며, 내측탈구는 다리가 무릎아래에

서 안쪽으로 회전하고 외측탈구는 무릎아래에서 바깥쪽으로 회전한다.

- 대부분의 경우 양쪽다리에 발생하면 일반적으로 내측탈구는 뒷다리가 안짱다리처럼 되고 외측탈구는 밭장다리가 된다. 큰 개는 외측탈구가 많고 이런 특이한 자세 때문에 더욱 증상이 심하게 보인다. 슬개골 탈구는 증상에 따라 4단계로 나뉜다. 진통이 거의 없고 자기 스스로 뒷다리를 펴서 고치므로 개 보호자도 모를 정도로 가벼운 것(1~2등급, 작은개에 많은 아탈구)부터 습관적으로 탈구를 일으키지만 수의사의 치료로 간단하게 고쳐지는 것(3등급), 그리고 슬개골을 전혀 움직이지 못해 다리를 들고 걷는 것(4등급) 까지 있다.

원 인

- 슬개골 탈구는 외상이나 선천적인 이상에서 온다. 외상에 의한 탈구는 종류나 나이에 상관없이 발생하지만 선천성탈구는 종류에 따라 발생율의 차이가 있다.
- 대개 큰 개의 경우 고관절형성부전이 동시에 생긴다.

진단 · 치료 · 예방

진단방법

- 심한 탈구는 증상에 특징이 있어 쉽게 알 수 있다. 진단은 걸음걸이, 서 있는 상태에서의 촉진, 탈구된 다리를 위쪽으로 하고 옆으로 눕혀서 하는 촉진, 몸의 앞뒤와 좌우 X선촬영은 적어도 두 방향에서 촬영한다. 옆으로 눕힌 상태에서의 촉진과 X선검사는 마취를 하는 것이 일반적이다. 탈구와 함께 인대의 단열이나 뼈의 손상, 혹은 관절의 병을 일으키지는 않을까 등을 잘 살펴본 뒤 진단을 확정한다. 슬개골을 중심으로 한 뒷다리의 굽은 정도를 알아봐서 치료 후의 다리의 상태가 어떻게 될지를 예측한다.
- 수술의 목적은 탈구회복과 그 다리에 체중이 실렸을 때 슬개골이 자연스럽게 움직이게 하는 데 있다. 여기에는 많은 방법이 있어 증상과 연령을 고려해서 선택하고 수술 시기는 빠르면 빠를수록 좋다. 특히 개가 어리고 탈구의 정도가 3등급인 경우는 특별한 이유가 없는 한 수술은 빠르면 좋다. 성장기의 개는 나이가 먹어감에 따라 환부에 심한 변형이 생기기 때문에 치료가 늦으면 이후의 회복이 굉장히 어렵기 때문이다.

예방방법

- 슬개골 탈구(아탈구)는 유전적인 결함이 원인의 한 가지이다. 강아지를 살 경우에

그 부모개의 이상 유무의 체크, 만일 있었다면 어떤 것인가에 대해 알아둘 필요가 있다. 지금 선천성의 심한 아탈구가 있는 개를 기르는 경우는 안 됐지만 번식을 시켜서는 안 된다. 또 선천성 아탈구의 어린 개를 기르는 경우는 미끄러지기 쉽고 딱딱한 바닥은 증상을 악화시킬 우려가 있으므로 바닥에 미끄럼 방지를 깔아 주는 등 생활환경의 개선을 권한다. 성견 중에는 습관성 탈구를 자기 스스로 고치는 것도 있어 개 보호자가 모르는 경우도 있다. 하지만 늙으면 무릎인대(전십자인대)가 약해져서 재차 인대를 다치는 경우가 있고 앉아 있는 상태에서 갑자기 일어나면서 인대에 큰 부담이 가서 끊어지는 경우도 있다.

- 이런 개는 다리에 부담이 가해지지 않도록 비만에 주의하고, 아니면 젊고 건강할 때 수술을 하는 것이 좋다. 수술 후 간병이나 생활관리에 대해서는 수의사의 지시에 따른다.

[그림 3]

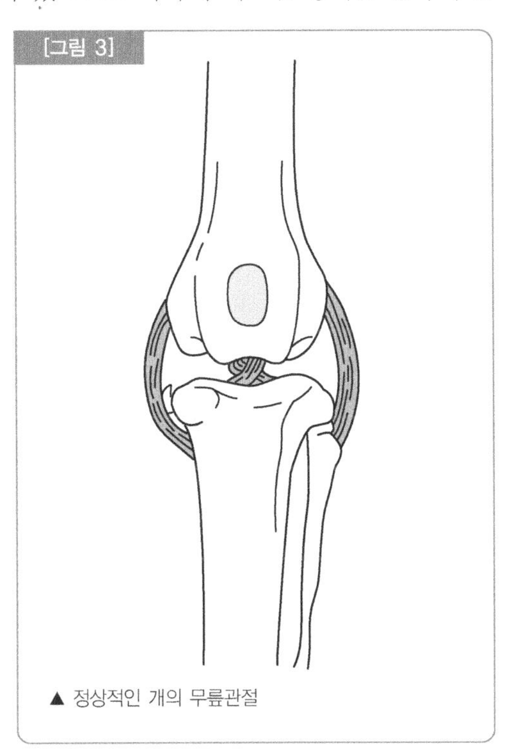

▲ 정상적인 개의 무릎관절

5 관절의 병

■ 고관절 형성부전

큰 개에게 많이 일어난다.

고관절이 변형해서 걸음걸이가 이상해진다. 개에게 많은 유전적인 질환의 한가지이지만, 최근 성장환경이 병과 밀접한 관계가 있는 것으로 밝혀졌다. 고관절이형성이라고도 한다.

증 상

- 한 쪽 다리에만 생기는 경우도 있지만 대개가 양쪽 모두 생긴다.
- 대부분 이렇다 할 변화가 거의 없는 것부터 굉장히 심한 파행을 보이는 것, 뒷발

로 서지 못하는 것까지 여러 가지다. 일반적으로 어린 개에게는 확실한 증상은 없고 생후 6개월 정도부터 이상이 나타난다. 걸을 때 허리가 좌우로 흔들리거나, 달릴 때는 마치 토끼처럼 양쪽 다리를 모아서 뛰기도 한다. 또 보통 앉는 자세가 안 되거나 이런 자세를 싫어한다. 이러한 증상은 성장과 함께 점점 눈에 띄는데, 계단 사용을 싫어하고, 일어나는 자세가 불안정하기도 하며, 운동을 싫어해서 항상 앉으려 하고, 걸음걸이가 이상해지며, 아픈 표정을 짓기도 하고 공격적인 성격으로 변화되는 등이다.

- 결국은 이상이 있는 고관절에 탈구, 아탈구를 일으키거나 2차적인 관절의 병을 일으킨다.

원 인

- 고관절의 뼈가 아직 발달되지 않아 대퇴골을 받아들이는 골반의 움푹 들어간 곳이 얕거나 원래 동그랗던 대퇴골 끝이 편평하게 변하면 뼈끼리 잘 맞물리지 않아 보행이상 등이 일어난다. 이제까지 주로 유전으로 인한 것으로 생각돼 왔지만 최근 연구에서 원인의 30%는 환경에 있다고 한다. 예를 들어 발육기에 비만 때문에 고관절의 뼈 및 연조직에 가해지는 힘(체중)과 뼈나 근육의 지지력 균형에 너무 많은 차이가 있으면 뼈 조직이 변형되어 고관절의 충분한 발달이 이루어지지 않는다.
- 특히 연조직이 발달하는 생후 60일간에 가해지는 힘의 크기가 이후의 병의 진행이나 증상에 크게 관계된다. 소형개나 중형개에게는 드물고 체중이 많이 나가는 큰 개나 초대형개에게 압도적으로 많으나 성별의 차이는 없다. 대형개나 초대형개는 소형개나 중형개에 비해 성장속도가 몇 배나 빠르고 성장기에 체중이 급격히 느는 것 때문이라고 한다.

진단 · 치료 · 예방

진단방법

- 증상의 관찰, 촉진에 의한 고관절의 움직임의 상태(헐거움, 제한, 알력감)나 진통의 관찰, X선검사로 진단한다.
- X선검사는 진단확정이 불가결하지만 적절한 방법으로 해야 한다.
- 증상이 악화되면 X선검사의 중요성이 없어진다. 초기의 병변을 밝히기 위해서 진정제나 마취로 개를 점잖게 한 뒤, 바른 자세로 환부를 촬영한다(단 언제나 이 순서로 촬영하지는 않는다. 예비 X선검사로 의심이 있다고 진단되어 정확한 평

가를 내리기 위해서는 다시 X선검사를 하는 경우가 있다).

- 촬영할 때는 몸은 위로, 무릎은 바로 위로 오게 한 뒤 두 다리를 펴고 약간 안쪽으로 구부린다. 이렇게 해서 배쪽에서 등쪽으로 향해 허리부분을 촬영한다.
- X선검사의 고관절형성부전의 평가는 7단계로 나뉜다.

치료방법

- 치료는 여러 가지 요소를 고려하여 내과요법과 외과요법을 택한다.
- 어리고 보행이상을 갓 보일 때가 X선검사 평가가 경도(7단계 평가등급의 5등급)때는 내과요법과 함께 안정이 필요하고 운동과 체중을 제한한다. 어느 정도 증상이 진행된 경우에는 비스테로이드 계통의 항염증제, 진통제 등의 약물치료를 한다.
- 이것은 고관절형성부전을 동반하는 관절염 등의 병으로 인한 진통, 염증을 완화하고 건강상태 개선, 그리고 생활의 질을 높이는데 크게 도움이 된다. 물론 운동과 체중 제한도 필요하다. 외과요법은 보통 내과적인 치료효과가 없을 때나 이 병 때문에 개의 운동기능이 저하되는 경우에 적용되고 대표적인 수술 방법은 다음과 같다.
- 3군데의 골반의 뼈를 자르는 방법(삼중골발골절술)은 생후 4~8개월로 가벼운 증상과 중간정도의 증상에 가장 효과적이다. 또 대퇴골의 끝부분(대퇴골두)을 절제해서 원래의 정상적인 관절상태로 회복시키는 수술(관절형성술)은 체중이 보통 20kg이하의 개에게 적용된다. 수술 후 뒷다리를 사용할 때까지는 2~3개월가량 걸리는 경우도 있다.

[그림 4] 고관절형성부전

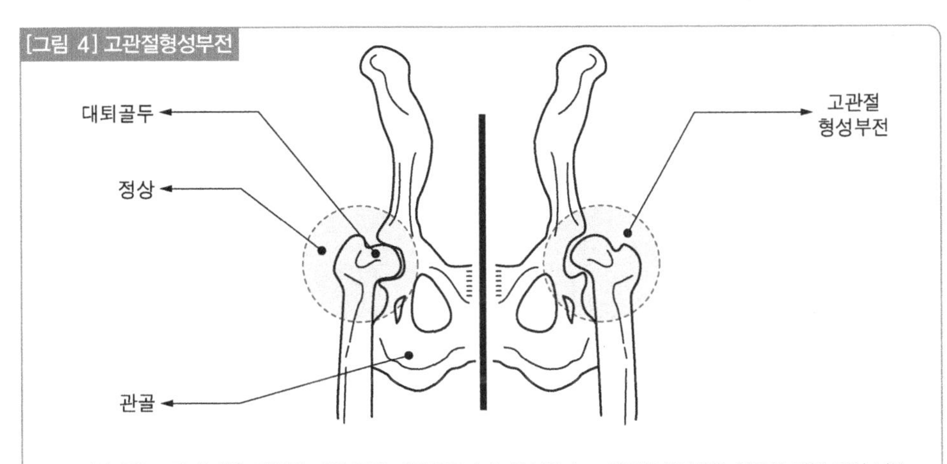

▲ 정상적인 고관절(좌)은 관골의 패인 곳에 대퇴골두가 쏙 들어간다. 고관절형성부전은 관골의 패인 곳이 너무 얕거나 대퇴골이 편평해서 관절이 빠지기 쉽다.

• 치골근을 절제하는 방법은 진통완화의 효과는 있지만 효과지속 기간이 일정하지 않으나 증상은 서서히 되돌아온다. 현재 가장 효과적인 치료법으로는 인공관절로 바꾸는 것이지만 값이 비싼데다가 이 수술에는 굉장히 깨끗한 시설이 필요해서 보편화되지 못한 것이 실정이다. 또 고관절 골반에 패인 곳이 얕은 경우는 특수한 물질(골유도중합체)를 이용한다. 효과는 있다고 하지만 아직 보급률 또한 저조한 상태이다.

예방방법

• 고관절형성부전은 유전적인 요소가 크므로 이 병에 걸린 개에게는 번식을 시키지 않도록 한다. 앞서 말한 바와 같이 최근에는 환경이 크게 관련된 것으로 밝혀졌다.

• 어떤 연구에서는 같은 어미에게 태어났어도 생후 8주째부터 식사 제한을 한 강아지는 그렇지 않은 강아지에 비해 발생률이 훨씬 낮았다. 이것은 조기의 생활 관리가 중요하다는 사실을 보여주고 있다. 불행히도 이 병에 걸렸을 땐 비만과 심한 운동은 피한다.

• 사역견의 역할은 힘들지만 일반 애완견으로서는 아무런 문제가 없다. 수의사의 충고에 따라 정성들여 보살펴 주도록 한다. 새로이 개를 키울 경우는 어미에게 고관절형성부전의 유무를 확인하도록 한다.

[그림 5] 고관절형성부전

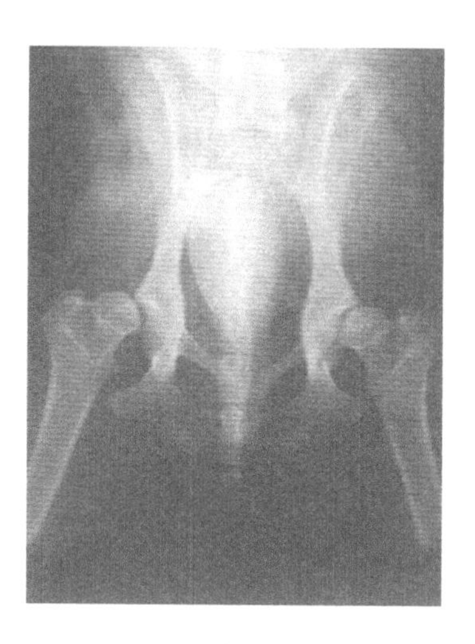

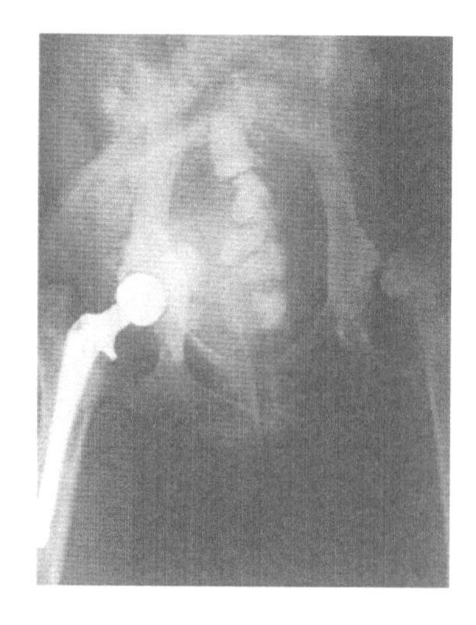

▲ 골든 레트리버의 변형(좌)된 것, 왼쪽의 관절을 인공관절로 교환한 것(우)

6 레그퍼세스병

■ **생후 1년 이내의 어린 개에게 걸린다**

고관절의 대퇴골두(대퇴골의 끝부분)에 혈액공급이 원활하지 못해 뼈의 변형, 괴사가 일어나는 병이다. 성숙하기 전의 소형개에게 걸리기 쉬운 병이다.

증 상

- 생후 4~12개월의 체중이 10kg이하의 작은 개가 갑자기 뒷다리 파행과 통증을 보인다. 방치하면 다리 근육의 위축과 대퇴골의 변형으로 언제까지나 파행의 후유증이 남는다. 생후 7개월 전후에 많이 발생하고 전체 85~90%가 한쪽 다리에 발생한다.
- 소형개라 하더라도 성숙이 빠른 개에게는 별로 나타나지 않는다.
- 레그퍼세스병은 인간에게도 있고 환자의 80%가 남성이지만, 개는 성별의 차이는 없다.

원 인

- 골반의 패인 곳에 들어가 있는 대퇴골두로 혈액의 공급이 원활하지 못해서 골두변형이나 괴사에 이른다.
- 혈류장애가 일어나는 원인은 잘 알려져 있지 않다. 대량의 성호르몬 투여라는 보고도 있으나 그렇다면 어째서 한 쪽 발에만 생기는가, 어째서 조기에 성장하는 개에게는 잘 생기지 않는 것일까 등의 이유는 설명이 안 되고 이외에도 영양장애설, 유전설이 있다.

진단 · 치료

진단방법

- 성숙하기 전의 소형개가 뒷다리의 이상을 호소해서 병원에 데리고 온 경우에는 먼저 레그퍼세스병과 슬개골탈구 가능성이 있다.
- 촉진으로 진통이 무릎관절이 아닌 고관절에 있는지 아니면 양쪽에 있는지 알면 레그퍼세스병이 의심되고 진단은 X선검사로 확정한다. 슬개골 탈구를 병발하고 있거나 맨 초기의 단계에서 환부의 병변이 작은 경우는 1회의 검사로 진단하기는 어렵다.

- 이 때는 개를 안정시키고 1주일 후에 재검사한다.

치료방법

- 대퇴골의 변형이 적고 증상이 가벼우면 보존요법을 이용하고 좁은 우리에 넣어 운동할 수 없도록 철저히 관리한다. 화장실도 끌어 안고 이동하고 배설 중에도 끈으로 묶어 둔다. 그리고 경과를 지켜보기 위해 매달 X선검사를 한다.
- 이런 철저한 안정방법은 대퇴골두가 치료될 때까지 4~6개월에 걸쳐 계속한다.
- 그 안에 조금이라도 방심하게 되면 대퇴골이 주저앉는 등 나쁜 결과를 초래한다.
- 이와 동시에 진통완화제를 쓰기도 하지만 개는 통증이 없어지면 곧바로 뛰어 다녀 개 보호자도 좋아졌다고 착각하기 쉽다. 그 결과 얼마 지나지 않아 통증과 함께 전보다 악화된 상태로 외과수술을 치르게 되므로 보존요법은 항상 조심해야 한다.
- 외과요법은 괴사한 대퇴골두를 깨끗이 절제해서 새로운 관절을 만드는 수술을 하게 된다.
- 적절한 시기에 하면 대개 좋은 결과가 얻어지고 수술 후 물리치료가 필요하다.
- 허벅지근육을 마사지하거나 적당한 운동을 시킨다. 회복이 늦어 때로는 1년 정도 걸리는 경우도 있다.

7 무릎의 전십자인대단열

■ 비만과 나이가 들어 생기는 병

무릎에서 열십자로 교차한 인대의 앞쪽(전십자인대)이 끊어진 것으로 개에게 아주 많이 일어난다. 나이가 들어 인대가 약해지거나 비만으로 관절에 부담이 커지면 이 인대가 끊어지기 쉬워진다. 최근에 늘어나는 질환중의 하나이다.

증 상

- 인대가 끊겨 무릎에 체중을 실을 수 없기 때문에 갑자기 뒷다리를 들고 걷는다. 처음에는 진통을 호소하지만 곧바로 사라져서 잠시 후 다시 통증이 시작된다.

원인

- 무릎의 전십자인대는 사고로 인해 끊어지는 경우가 있다. 그 외의 원인으로 최근 늘어난 것은 나이가 들어 인대가 약해지거나 비만으로 인한 무릎관절에 부담이

있을 때 인대가 끊어지는 경우이다. 무릎관절이 습관적으로 탈구되는 개는 땅에 엎드려 있을 때 많이 발생하고 어떤 소리를 듣고 갑자기 일어나려는 순간 인대가 끊어지는 경우가 있다.

- 최근 실내에서 키우는 4~5세 이상의 소형개의 비만이 늘어 이 질환이 더욱 많아졌다.

진단 · 치료 · 예방

진단방법

- 무릎관절의 뼈를 지탱하고 있는 전십자인대가 끊어지면 경골(정강이뼈)이 앞으로 빠지는 것으로 먼저 이것이 있는지 없는지를 검사한다. 검사는 이상이 있는 다리를 위로 해서 옆으로 눕힌 상태로 하지만 신경질적인 개나 긴장을 한 개에게는 진정제를 투여한다.
- 경골이 앞으로 움직이면 전십자인대가 단열된 것이다. 하지만 단열된 지 며칠 지났거나 완전히 끊어지지 않고 일부가 연결되어 있으면 확실히 알 수 없다.
- 이럴 때는 전신마취를 해서 무릎관절의 자세한 촉진과 X선검사를 한다.

치료방법

- 되도록 빨리 수술을 하고 보존요법은 그다지 좋지 않다. 치료를 하지 않으면 2~3주 이내에 변성에 의한 관절염을 일으킨다. 여러 가지의 외과치료방법이 있지만 크게 나눠서 관절안의 인대를 다시 만드는 방법과 관절 바깥을 강화하는 두 가지 방법이 있다.
- 전자는 보다 정상적인 관절에 가깝고 둘 다 좋은 결과를 얻을 수 있다.
- 개의 크기나 건강상태, 장애의 정도, 수의사의 기술에 따라서도 수술방법은 달라진다.
- 수의사와 상담해서 정하도록 한다. 최근의 연구에서는 전십자인대의 변성은 이제까지 생각했던 것보다도 조기에 일어난

[그림 6] 전십자인대 단열

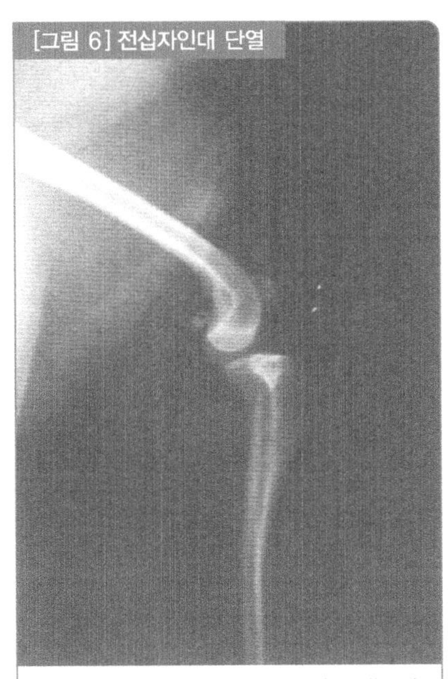

▲ 무릎관절 앞에서 열십자로 교차해 있는 전십자인대가 끊겨 탈구를 일으킨 말티즈.

다. 이것을 무릎관절전체의 변화라고 생각하여 '전십자인대증후군'이라고 부르기도 한다. 이 병으로 의심되면 되도록 빨리 2~3일내에 진단을 받도록 한다. 그때까지 안정과 운동을 삼간다. 수술 후의 간호는 수술방법에 따라 다르기 때문에 수의사의 지시에 따른다.

예방방법

- 비만예방과 습관성의 슬개골 탈구의 치료는 빨리 치료하는 것이 바람직하다.

개의 종류에 따른 체중

개는 인위적인 교배를 해 왔기에 '순종'에는 뼈나 관절의 선천적인 이상이나 병이 자주 나타난다. 대표적인 것이 고관절, 무릎관절형성부전, 탈구이다.

비만인 개는 이러한 증상을 악화시킨다. 여기서는 대표적인 개의 종류별로 적정 체중을 소개한다. 이것은 어디까지나 표준이지만 평균적인 크기의 적정 체중을 15%이상이 넘으면 다이어트를 하는 편이 좋다. 비만 해결은 뼈나 관절의 병뿐만 아니라 당뇨병 등 다른 많은 병의 예방과도 직결된다.

개의 종류	수캐의 체중kg	암캐의 체중kg
사냥견		* 숫자는 평균치
아이리시 세터	~32	~27
잉글리시 스프링거 스패니얼	22~24	18~20
골든 레트리버	29~34	25~29
코커 스패니얼	11~13.5	9~11
포인터	25~34	20~29
래브라도 레트리버	29~36	25~32
수렵견		
그레이 하운드	29~32	27~29
살루키	23~32	20~29
닥스 훈트(스탠더드)	7~10	7~10
닥스 훈트(미니츄어)	~4.5	~4.5
비글	6~10	6~9
볼조이	34~48	32~41
사역견		
아키다	32~39	29~34

개의 종류	수캐의 체중kg	암캐의 체중kg
앨러스칸 맬러뮤트	39~43	34~39
그레이트 데인	54~65	45~59
그레이트 피레네	45~57	39~52
사모예드	23~29	20~27
시바	8~14	7~9
시베리안 허스키	20~27	16~23
세인트 버나드	59~82	54~72
도사	60~67	55~60
도베르만 핀셔	29~36	25~32
뉴펀들랜드	59~68	45~54
복서	25~32	23~27
사역견		
마스티프	70~78	60~68
로트와일러	36~43	32~39
애견		
웨스트 하일랜드화이트 테리어	5~6	5~6
에어데일테리어	20~27	18~25
스카치테리어	8.5~10	8~9.5
불테리어	24~28	20~25
미니어쳐 슈나이저	7~8	5.5~7
기타		
시추	5.5~7.5	4.5~7
저패니즈칭	1.8~9	1.8~9
스피치	7~8	6~7
치와와	0.9~2.6	0.9~1.6
토이푸들	3.2~4.5	3.2~1.5
퍼그	6.5~8	6.5~8
빠삐용	3.6~4.5	3.2~4.1
페키니즈	4.5~6.5	4.5~6.5
포메라니언	4.8~3.2	1.4~2.3
말티즈	1.8~2.7	1.8~2.7
요크셔테리어	1.8~3.1	1.4~2.7

개의 종류	수캐의 체중kg	암캐의 체중kg
사역견(논 스포팅)		
달마티안	23~29	20~25
차우차우	20~27	18~23
비숑프리제	4~5.5	4~5.5
푸들(스탠더드)	23~27	20~25
푸들(미니츄어)	7.5~9	7~9
불도그	20~25	18~23
보스턴테리어	7~11	7~11
목양견		
웰쉬코기	12~13.5	11~13
올드잉글리시쉽도그	27~32	27~32
콜리	29~34	23~29
셰틀랜드쉽도그	7~10	6.5~8
저먼 셰퍼드	34~41	29~36

자료 : Canine and Feline Nutrition

개의 종류에 따른 체중

■ 개의 비만

개가 비만인데도 알지 못하는 보호자가 많다. 손으로 만져도 늑골의 위치를 알기 힘들다든지 엉덩이에 살이 많으면 상당한 비만이다.

■ 비만의 원인

사람 곁에서 키워진 개는 아무래도 운동이 부족하고 개 보호자와 가족들이 여러 가지 이유로 먹이를 주기 쉽다. 이것은 체내의 에너지소비가 적고 한편으로는 에너지공급을 과도하게 주는 것이어서 이중비만의 원인이 된다.

개는 하루 종일 할일 없이 보내기 때문에 시간을 주체하지 못한다. 그 욕구불만의 해소가 바로 먹는 것이다. 또 개 보호자도 짖고 떠들고 애교를 부릴 때마다 먹이를 주어 순간의 불만을 없애준다. 이러한 개 보호자와 개의 생활습관 그 자체가 개를(아마 개 보호자도) 살찌게 한다.

■ 감량시키는 방법

살찐 개는 언뜻 보기엔 귀여워 보이고, 또 식욕이 왕성한 것은 건강하다고 알고 있다. 그러나 분명히 살찐 개는 가까운 시일 내로 관절의 이상과 내장의 병 등 여러 가지 건강장애를 일으킨다. 개의 건강을 위해 감량을 해야 한다.

매일 적당한 운동과 산책을 하고 동시에 먹이를 적절히 관리만 하면 감량은 어렵지 않다. 그러나 이것을 한꺼번에 하려고 하면 반대로 영양장애를 초래함으로 매우 위험하다. 특히 비만이 심한 개가 격한 운동을 하면 심장이나 폐에 큰 부담이 된다.

따라서 감량계획은 수 개월에 걸쳐 천천히 해야 한다. 가능하면 수의사와 상담해서 그 개의 목표체중을 정한다. 적당한 운동과 식사관리를 지속적으로 하고 일주일마다 체중체크를 하고 일주일에 1~2%정도 감소하면 적당하다. 그래도 감량이 안 되면 식사의 양과 내용(칼로리)을 더 줄여 목표체중이 될 때까지 계속한다.

■ 살이 쉽게 찌는 견종

래브라도 레트리버 / 골든 레트리버 / 셰틀랜드 쉽도그
바셋 하운드 / 코커 스패니얼 / 캐벌리어 킹 찰스 스패니얼
비글 / 닥스 훈트

제14장 내분비(호르몬) 관련 병

개의 호르몬 작용

동물의 몸의 움직임의 대부분은 신경계(뇌와 신경)와 호르몬에 의해 제어된다.
신경계는 정보를 재빨리 수신하여 몸의 각 부분에 명령을 내리는 기관이고, 호르몬은 신경보다 천천히 몸의 움직임을 조절하거나 성장 등의 장기적인 과정을 조절한다.
즉 동물은 호르몬의 작용을 통해 기온이나 습도의 변화에 맞춰 몸의 각 기관의 움직임을 미묘하게 조절하여, 체온이나 체내의 수분 등을 일정하게 유지한다. 또한 호르몬은 성적 성숙이나 감정 등에도 영향을 미친다. 몸의 신진대사를 위해 혈액 속의 당분이나 칼륨, 칼슘 등의 농도를 일정하게 유지하는 것도 호르몬의 중요한 역할 중 하나다.
따라서 호르몬의 과다 또는 과소 분비는 동물의 몸의 이상에 직결된다.

제14장 내분비(호르몬) 관련 병

1절 개의 호르몬의 작용

호르몬은 몸의 기관이나 조직을 자극하여 각 기관이 특정한 활동을 하도록 유도하는 화학물질이다. 호르몬은 뇌하수체, 갑상선, 부갑상선, 난소, 정소 등과 같은 몸의 특정부분에서 만들어져 주위의 혈관이나 림프관 등을 통해 몸의 다른 부분에 운반된다. 이와 같이 몸의 특정기관이 호르몬을 분비하는 것을 '내분비', 호르몬을 만들고 분비하는 기관은 내분비선이라고 하고, 땀이나 타액을 몸 밖으로 분비하는 것을 '외분비'라고 한다. 개의 뇌의 뇌하수체는 전엽과 중엽, 후엽으로 구성되어 있고, 각각 수 종류의 다른 호르몬을 분비한다. 이중 전엽은 갑상선자극호르몬과 성장호르몬 등을 분비, 중엽은 성선자극호르몬 등을, 후엽은 옥시토신과 항이뇨호르몬 등을 분비한다. 이와 같이 호르몬은 분비되는 기관에 따라 각각 그 종류와 역할이 틀리다. 또한 환경의 변화에 상관없이 몸의 기능을 일정하게 유지시키기 위한 미묘한 조절이나, 몸의 성장 등을 조절하는 것도 호르몬이다. 그리고 동물이 섭취한 여러 가지 영양, 즉 단백질과 지방, 당분 등을 변화시켜 활동에 필요한 에너지로 삼거나, 몸을 구성하는 재료로 삼는 것을 대사라고 하는데, 호르몬은 원활한 대사를 위해서도 꼭 필요하다.

[그림 1] 개의 내분비선

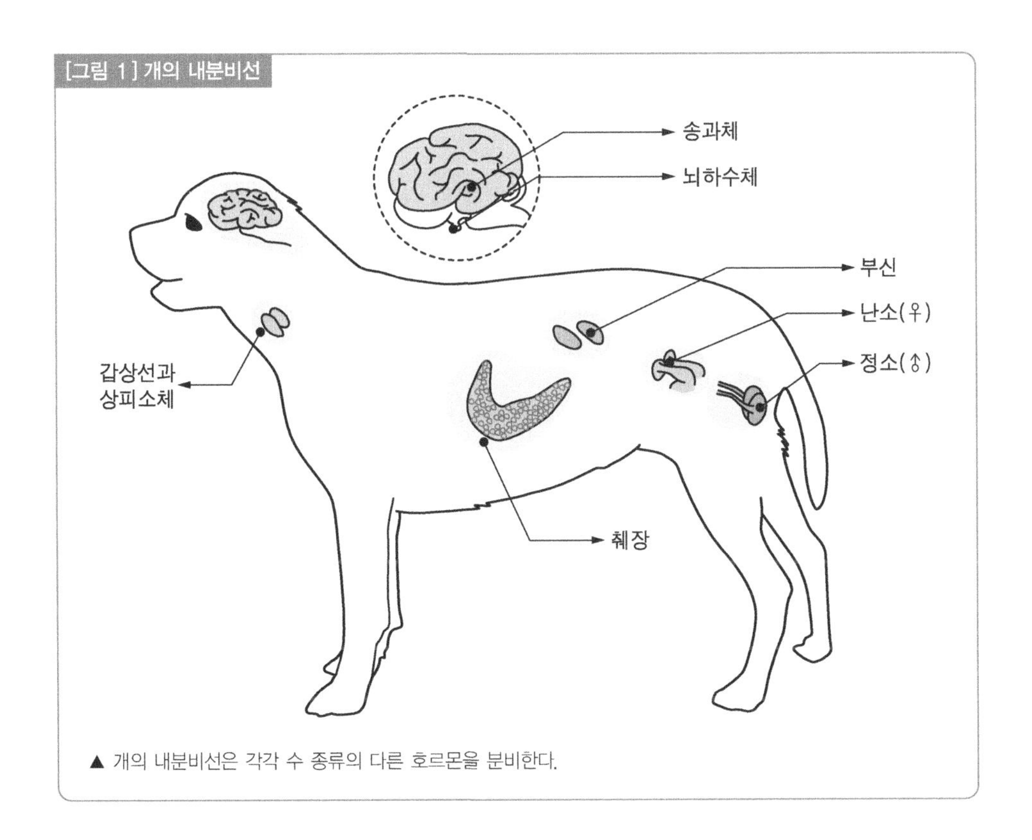

▲ 개의 내분비선은 각각 수 종류의 다른 호르몬을 분비한다.

2절 개의 호르몬에 관련된 병

호르몬은 개의 생장에 있어서 가장 중요한 성분으로, 분비량이 변하면 여러 가지 병에 걸리게 된다. 청년기 포메라니언의 경우 성장호르몬 분비량이 부족하면 전신탈모증이 발생하고, 저먼 셰퍼드는 뇌하수체의 기능이 저하하면 소인증에 걸리는데, 이들 모두 호르몬 병의 대표적인 예다. 내분비 관련 병 중 개에게 가장 많이 발생하는 것은 갑상선 호르몬의 분비량이 감소하는 갑상선기능저하증이다. 이 외에도 췌장의 인슐린과 관계있는 당뇨병, 부신피질호르몬의 분비량이 늘어나는 쿠싱증후군(부신피질기능항진증)과, 이와는 반대로 부신피질호르몬의 분비량이 줄어드는 애디슨병(부신피질기능저하증) 등이 있다.

1 당뇨병

■ 영양을 흡수할 수 없게 된다.

췌장은 인슐린이라고 하는 호르몬을 분비하는데, 이 인슐린은 개의 몸 전체에 작용, 세포가 당을 흡수하게 하거나, 간이 지방이나 단백질을 저장하는 것을 돕는다. 그러나 어떠한 이유로 인슐린이 부족하게 되면 개의 몸 곳곳에 이상이 나타난다. 이 병에 걸리면 오줌에 당분이 섞여 나오는데, 당뇨병이라는 이름은 이 현상 때문에 붙여진 것이다. 당뇨병을 치료하지 않고 방치해두면 목숨이 위험해질 수도 있다(케토톤산증).

증 상

- 다량의 물을 마시게 되고, 오줌의 양이 늘어난다. 대개의 경우 식사량이 늚에도 불구하고 체중이 감소한다. 또 간이 부어 오르기 때문에 배가 나오는 경우도 있다. 증세가 심해지면 백내장이 나타나기도 한다.
- 당뇨병은 무엇인가의 원인으로 인슐린이라는 호르몬이 부족해지는 병이다. 이 호르몬은 췌장에서 분비되며, 세포가 혈액 속의 당분(포도당)을 받아 들여 분해하여 열이나 힘으로 변환하는 것을 도우며, 지방이나 단백질을 만들어 몸 안에 축적하는 활동(지방, 단백질의 동화작용)을 촉진한다. 따라서 인슐린이 부족하면 당분의 대사가 곤란해진다.
- 탄수화물도 몸속에 들어가면 당으로 바뀐 다음 열이나 힘으로 변환되기 때문에 탄수화물의 흡수도 불가능해진다. 세포가 당분을 흡수하지 못하면 혈액 속의 당분이 늘어난다. 이렇게 늘어난 당분은 간에서 일부 흡수되지만, 그 양이 너무 많은 경우에는 간이 모두 흡수하지 못하고 오줌을 통해 몸 밖으로 배출되는데, 그 결과 오줌의 양이 확연히 늘어난다. 이렇게 오줌의 양이 늘어나면, 개는 모자란 수분을 보충하기 위해 계속 물을 마시게 된다. 그러나 흡수하는 물의 양보다 배출량이 더 많기 때문에 탈수증상이 일어나는 경우도 있다. 그리고 배출되는 다량의 오줌 속에는 단백질도 포함되어 있기 때문이다,
- 대개의 개는 식욕이 늘어나지만 인슐린이 모자라기 때문에 지방이나 단백질이 축적되지 않고 체중은 반대로 줄어들게 된다. 또 인슐린이 모자라면 체내의 지방(지질)이 쉽게 분해된다.
- 지방이 분해되는 과정에서 케톤체라는 유해물질이 만들어지는데, 이 물질이 많아지면 당뇨병성 케톤산증이라는 병에 걸리게 되어 수명이 단축되기도 한다.

[표 1] 호르몬의 작용

내분비선	주요호르몬	주요작용
뇌하수체	성장호르몬	• 성장을 촉진한다 • 혈당치를 높인다.
	갑상선자극호르몬	• 갑상선이 호르몬을 분비하게 한다.
	성선자극호르몬	• 수컷 정자의 생성을 촉진한다. • 암컷의 난포 발육과 유선의 발달 등을 촉진한다.
	부신피질자극호르몬	• 부신피질이 호르몬을 분비하게 한다.
	항이뇨호르몬	• 오줌의 양을 줄인다.
	옥시토신	• 자궁을 수축시킨다. • 젖의 분비를 촉진한다.
갑상선	티록신 등	• 신진대사의 활성화 • 털을 성장시킨다.
	칼시토닌	• 뼈의 칼슘 섭취를 촉진한다.
상피소체	상피소체호르몬	• 뼈에 축적된 칼슘을 혈액 속으로 방출시킨다.
부신	아드레날린	• 맥박수를 높여 혈당치를 높인다.
	광질 코르티코이드	• 혈액 속의 전해질의 균형을 조절한다.
	당질 코르티코이드	• 혈당치를 높인다. • 스트레스에 대항한다. • 염증을 억제한다.
췌장	인슐린	• 혈당치를 낮춘다.
정소(고환)	안드로젠	• 성기의 발육을 촉진하여 2차 성징을 돕는다.
난소	에스트로젠	• 자궁점막을 충혈시켜 비대화 시킨다.
	프로제스테론	• 임신을 유지시킨다.

원 인

- 개의 당뇨병은 200마리에 한 마리 꼴로 발생한다. 그 중 1세 이하의 어린 개의 발병은 2~3% 정도로, 대개는 6세 이상의 개에서 발병한다.
- 수컷, 암컷 모두 청년기의 발병률은 비슷하나 노년기의 발병률은 암컷이 수컷보다 4~5배 정도 높다. 소형견 중에서는 닥스 훈트나 푸들, 요크셔테리어 등이, 대형견의 경우 골든 레트리버나 저먼 셰퍼드 등의 발병률이 높다. 당뇨병의 원인 중

하나는 비만인데, 따라서 체중을 줄임으로써 치료가 가능한 종류의 당뇨병도 있다. 또한 유전적인 요인으로 발병하는 경우도 있다. 노년기의 암컷이 당뇨병에 걸리게 되는 것은 일반적으로 발정기 이후(황체기라고 한다)이다. 이 시기에는 프로제스테론(황체호르몬)의 분비량이 늘어나기 때문에, 당뇨병은 프로제스테론의 작용과 관계있다고 생각되어지고 있다.

진단 · 치료 · 예방

진단방법

• 일반적으로 혈당치를 검사한다. 개가 먹이를 먹지 않았을 때의 정상적인 혈당치는 60~100mg/100ml인데, 수 회에 걸쳐 검사하였을 때 이 수치가 150이상이면 일반적으로 당뇨병으로 진단된다. 단 스트레스가 쌓인 경우나 스테로이드계의 약물을 투여한 후, 먹이를 먹은 직후에는 혈당치가 상승한다.

치료방법

• 인슐린 투여와 식이요법을 병행한다. 인슐린은 보통 수의사의 지시에 따라 매일 개 보호자가 주사한다.
• 인슐린은 냉장고에 보관하고, 사용하기 전에 용기를 잘 흔들어 줘야 한다. 이렇게 내용물을 잘 섞어준 다음 일정량을 주사기로 개의 피하에 주사한다.
• 일반적으로 혈액 내 인슐린의 농도는 주사 후 8~12시간 사이가 가장 높고, 효과는 주사 후 18~24시간 지속된다.
• 인슐린은 혈당치를 낮추기 때문에 주의하여 사용하지 않으면 저혈당증을 일으킬 수도 있다. 따라서 인슐린의 효과가 강해지기 직전에 개에게 먹이를 줘야 하고, 인슐린을 과다투여하지 않도록 조심해야 한다.
• 저혈당증에 걸린 개는 몸이 약해지고 무기력해지며, 의식을 잃고 경련을 일으키는 등의 증상을 보이는데, 만약 개가 저혈당증을 일으키면 즉시 당분을 포함한 시럽(벌꿀이나 칼로리 시럽, 또는 진한 설탕물)을 개의 입에 흘려 넣어 줘야 한다. 그리고 경련 등의 심한 증상을 보이면 입 속의 점막에 시럽을 발라 준다. 그러나 무리하게 시럽을 투여하면 기관이 막히는 경우도 있으므로 주의해야 한다. 만약 보호자가 있을 때 이러한 증상을 일으키면 수의사에 연락하기 전에 앞의 조치를 취해야 한다. 시간이 지나면 지날수록 증상이 악화되므로 조심해야 한다. 한편 인슐린의 주사량이 적으면 증상이 원래대로 돌아가 버리기도 한다. 또, 그 날의 운동량이나 섭취한 칼로리 양에 따라 요구되는 인슐린의 양도 다르다. 따라서 개 보

호자는 개의 상태를 관찰하여 수의사와 상담해 인슐린의 양을 조절해야 하는데, 그러기 위해서는 매일 아침, 개의 오줌 속의 당분과 케톤체(인슐린이 부족하면 증가한다)의 양을 검사, 기록해야 한다. 또한 사용한 인슐린의 양과 그날그날의 개의 식욕, 그리고 가능하다면 인슐린을 주사한 위치(매회 조금씩 바꿔 주는 것이 좋다)도 기록해 두면 도움이 된다.

- 먹이는 정해진 시간에 매회 같은 칼로리의 것을 주는 것이 좋다. 칼로리 양은 병이 든 개의 이상적인 체중에 근거하여 결정한다. 소형견은 체중 1kg당 약 55킬로칼로리가 일반적인 수치다. 매일 시키는 운동의 양도 바꾸지 않도록 한다. 그리고 많이 운동한 날은 인슐린의 주사량을 보통 때보다 조금 줄여야 한다.

예방방법

- 너무 살찌지 않게 평소에 신경을 써야 한다. 그리고 때때로 체중을 측정, 가장 이상적인 체중을 유지하도록 주의한다.
- 운동량이 적은데도 먹이를 많이 주거나 하면 살이 찌게 되는데, 애견을 너무 귀여워 한 나머지 달라는 대로 먹이를 주는 것은 당뇨병뿐만 아니라 여러 가지 병의 원인이 된다. 먹이는 양보다도 칼로리가 중요하다.
- 스트레스 등의 원인으로 먹이를 자꾸 먹으려 드는 경우에는 칼로리가 적은 야채를 많이 주면 좋다. 그리고 암컷의 경우 중성화시키면 병에 잘 걸리지 않으므로 새끼를 낳은 후 중성화수술을 시키면 좋다. 만약 새끼를 낳게 하지 않을 생각이라면 일찌감치 중성화시키도록 한다.
- 그리고 개를 매일 적당히 운동시켜 규칙적인 생활을 시키도록 한다.

가정에서 가능한 당뇨병 검사

비만 등으로 당뇨병이 아닐까 의심되는 경우 시판되는 오줌 시험지를 사용하여 오줌에 당분이 섞여있는지 검사할 수 있다. 아침에 개가 잠에서 깨어난 직후나 먹이를 먹고 2시간 이상 경과한 후에 개의 오줌을 시험지에 묻혀 본다. 당분의 검출 여부는 보통 30초 후에 시험지에 나타나는 색으로 판별할 수 있다.

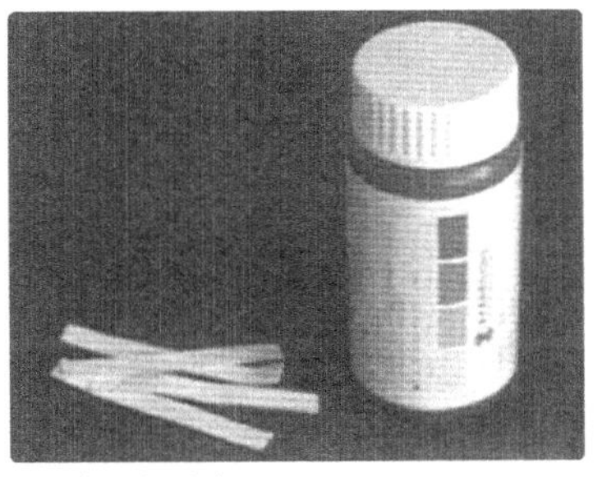

▲ 당뇨병 검사

2 당뇨병성 케톤산증

■ 당뇨병이 악화되어 구토나 설사를 한다.

오랫동안 당뇨병을 방치해 두면 혈액 속의 케톤체라는 물질이 증가하는 경우가 있는데, 이 물질은 몸에 유해하기 때문에 설사나 구토 등의 증세가 나타나고 심하면 혼수상태에 빠지는 경우도 있다.

증 상

• 이 병에 걸리면 식욕이 감소하고, 물을 마시지 않게 되며 기운이 없어지고, 구토나 설사를 하게 된다. 그리고 때때로 혼수상태에 빠지기도 한다. 보통 1~2일 또는 1주일 같은 단기간 내에 개의 몸 상태가 급격히 나빠진다. 그러나 대개의 경우 물을 많이 마시거나 오줌의 양이 늘어나는 등의 전형적인 당뇨병 증상을 보호자가 눈치 채지 못했을 뿐인 경우가 많다. 케톤산증이 심해지면 혈액이 산성에 가깝게 변하는 대사성 케톤산증이 탈수 등을 일으켜 죽는 경우도 있다.

원 인

• 당뇨병에 걸렸는데도 치료하지 않았을 경우나 치료가 충분하지 않았을 경우, 증상의 조절이 불가능한 경우에 나타난다. 인슐린의 분비량이 충분하지 않으면 몸 속의 지방이 쉽게 분해 되고, 그 과정에서 케톤체가 생성되는데, 혈액 내의 케톤체의 농도가 짙어지면 구토 등의 증상이 나타난다.

진단 · 치료

진단방법

• 오줌의 검사를 통해 케톤체의 농도를 측정한다.

치료방법

• 일단 증상이 보이면 한시라도 빨리 치료해야 하는데, 먼저 즉효성 타입의 인슐린을 주사한 후 링거를 통해 체내의 전해질(미네랄)의 양을 조절한다. 이 병의 최대의 특징은 오줌 속에서 케톤체가 검출된다는 점이다. 그러나 치료를 받아 케톤체가 줄어들면 보통의 당뇨병과 같은 방법으로 치료한다.

3 저혈당증

■ 탈진하여 경련을 일으킨다.

혈액 속의 당분 농도가 현저히 낮아져 탈진해 버린다. 강아지에게서 흔히 볼 수 있는 증상이나, 성견도 췌장암 등에 걸리면 이 증상을 일으키는 경우가 있다. 또한 당뇨병을 치료하기 위해 과다한 인슐린을 투여하면 나타난다.

증 상

- 주로 경련, 탈진, 움직임이 없어짐, 기운이 없어짐, 몸의 하반신이 마비되는 등의 증상이 나타난다. 단 혈당량의 저하 방식이나 저혈당증이 지속된 시간, 당분의 농도 등에 따라 증상이 조금씩 틀리다. 갓 태어난 강아지가 이 증상을 일으키면 계속 잠을 자게 되고, 증상이 계속되면 경련을 일으키게 된다.

원 인

- 저혈당증은 발병하는 연령에 따라 크게 신생아 저혈당증과 성년 저혈당증으로 나눌 수 있다. 신생아 저혈당증은 생후 3개월까지의 소형견에 잘 나타나며, 특히 신경질적인 개에게 쉽게 나타난다. 저혈당증의 원인은 체온의 저하, 공복, 위장의 이상 등을 들 수 있다. 성년 저혈당증은 5세 이상의 개에게 잘 나타나며, 아일리쉬 세터, 복서, 골든 레트리버, 스탠더드 푸들, 저먼 셰퍼드 등의 대형견이 걸리기 쉽다. 이 병은 공복 때나 먹이를 먹고 있는 도중, 흥분한 경우, 운동을 할 때 몸에 당분이 공급되지 않거나, 체내의 당분을 모두 써 버린 경우 일어난다. 또한 노령기의 개는 췌장에 종양이 생기는 경우가 있는데(이 중 90%는 악성 종양, 즉 암이다), 그 결과 당의 분해 · 흡수를 도와주는 인슐린이 과다하게 분비되어 저혈당증을 일으키기도 한다. 췌장의 종양은 에어 데일 테리어가 걸리기 쉽다. 당뇨병 등으로 인슐린을 과다하게 투여했을 때도 저혈당증이 나타날 수 있다.

진단 · 예방

치료방법

- 강아지의 저혈당증은 포도당을 투여함으로써 치료할 수 있다. 그리고 성견의 경우 먹이를 먹이면 증상이 가라 앉는다. 그러나 당뇨병 등의 이유로 과다한 인슐린을 투여했을 경우에는 뺨의 안쪽 점막에 벌꿀이나 진한 설탕물을 발라주는 등의 방법으로 당분을 공급해야 한다(당뇨병 항목 참조). 췌장에 종양이 생겨 저혈당증

을 일으킨 경우에는 종양을 치료해 주면 되지만, 대개의 경우 췌장에 생기는 종양은 발견하기가 힘들고, 조기에 발견해도 병이 낫기는 힘들다. 췌장암의 치료는 췌장의 종양을 제거하는 수술과 항암치료를 병행해야 한다.

예방방법

- 강아지일 경우에는 체온이 떨어지는 것을 막고 영양이 부족하지 않도록 주의한다. 그리고 성견일 경우에는 먹이를 주지 않고 운동을 시키거나, 흥분시키지 않도록 한다.

비타민 결핍과 과다

비타민은 인간, 개 모두에게 중요한 영양소로, 몸이 단백질이나 당, 지방을 원활하게 대사하는 것을 돕는다. 영양의 균형이 좋은 양질의 먹이와 적당히 일광을 쬐여 주는 것만으로도 개는 충분한 비타민을 얻을 수 있다. 그러나 병이 걸렸을 때나 성장기, 그리고 암컷이 임신했을 때는 비타민이 부족해지기도 한다. 이럴 때는 수의사와 상담하여 필요한 비타민제를 공급해 주면 된다. 그러나 무턱대고 비타민제를 먹이면 반대로 뼈가 약해질 수도 있으므로 주의하여야 한다.

4 쿠싱증후군 (부신피질기능항진증)

■ 털이 건조해지고 빠진다.

당분의 대사를 돕는 부신피질호르몬이 비정상적으로 많이 분비되어 생기는 병이다. 7세 이하의 푸들, 포메라니언, 닥스 훈트 등이 비정상적으로 물을 많이 마시거나 먹이를 많이 먹는다면 이 병이 아닐까 의심해 볼 필요가 있다.

증 상

- 다량의 물을 마시게 되고 오줌의 양이 늘어난다. 배가 부풀어 오르거나 밑으로 늘어지고, 털의 탄력이 없어지고 몸의 양쪽 같은 곳의 털이 빠진다(좌우 대칭성 탈모). 근육이 약해지거나 위축되고 비정상적으로 먹이를 많이 먹는 증상도 나타난다. 이 병에 걸린 개의 거의 반수는 갑상선의 기능도 저하한다. 그러나 이 병(갑상

선기능저하증)은 기운이 없어 보이는 정도의 증상밖에 나타나지 않으므로 발견하기가 어렵다. 그리고 이병에 걸린 개의 5~10%는 합병증으로 당뇨병이 발병하며, 증상이 당뇨병의 증상과 흡사하여 구분하기 힘들다.

원 인

- 생후 6개월에서 17개월까지의 개와 8~12세의 노령기의 개에게서 흔히 볼 수 있는 병으로, 푸들, 닥스훈트, 복서, 보스톤테리어, 포메라니언, 각 테리어 종(특히 요크셔테리어) 등이 잘 걸린다. 대개의 경우는 뇌하수체의 전엽이나 중엽에 종양이 발생하여 발병하는데, 종양이 원인으로 부신피질자극호르몬이 과다하게 분비되면 2개의 부신이 자극되어 부신피질호르몬을 과다분비하게 된다. 그리고 이 병에 걸린 개 중 약 10%는 부신에 생긴 종양이 원인으로 발병한다. 또한 의료행위로 인해 걸리는 경우도 있다. 암이나 알러지, 면역부전 등의 치료에는 흔히 스테로이드제(부신피질호르몬)가 쓰이며 평생에 걸쳐 치료를 계속해야하는 경우도 있는데, 이렇게 스테로이드제를 장기간 연속적으로, 그리고 다량으로 투여한 결과 쿠싱증후군을 일으키는 경우도 있다.

진단 · 치료 · 예방

진단방법

- 증상과 혈청 중의 부신피질호르몬의 양을 검사하여 판단한다.

치료방법

- 의료행위에 의해 발병한 경우, 스테로이드제의 투여를 중단한다. 그러나 갑자기 중단하면 위험한 경우도 있으므로 보통은 서서히 양을 줄이는 것이 좋다. 몸의 기능에 이상이 생겨 발병하는 경우에는 부신피질의 기능을 일시적으로 억제하는 기능의 특수한 약 op. DDD를 투여량에 주의하며 일생 투여해야 한다.

[그림 2] 부신

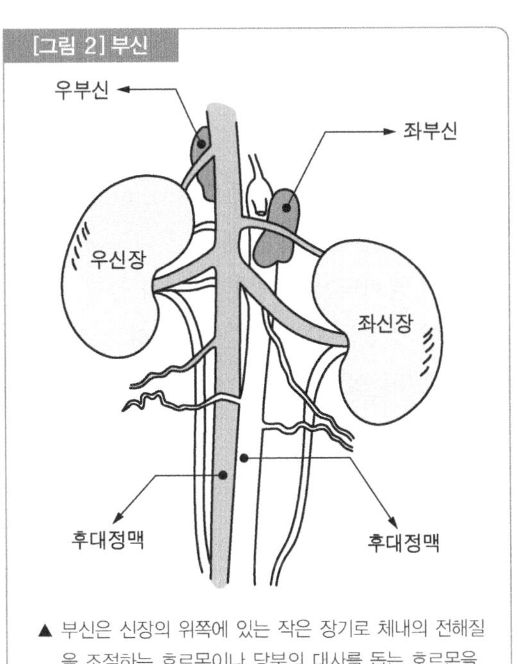

▲ 부신은 신장의 위쪽에 있는 작은 장기로 체내의 전해질을 조절하는 호르몬이나 당분의 대사를 돕는 호르몬을 분비한다.

예방방법

• 일반적으로 개가 나이를 먹으면 이병에 걸리기 쉬우므로 7세 이상의 개는 정기적으로 건강진단을 받도록 한다. 그리고 암이나 알러지, 면역부전 등의 치료 중에 비정상적으로 왕성한 식욕을 보이거나, 과다하게 물을 마시는 등의 증상을 보이면 이 병의 초기단계로 간주할 수 있다.

5 애디슨병(부신피질기능저하증)

■ **기운이 없어지고 체중이 준다.**

쿠싱증후군과 반대로 부신피질호르몬이 부족해지는 병(부신피질기능저하증)이다. 푸들이나 콜리 등의 종류의 개가 잘 걸린다.

증 상

• 이 병의 증상으로는 원기부족, 주위의 일에 대한 무관심, 식욕부진, 힘이 없어짐, 몸떨림, 설사, 구토, 복통, 수분의 과다 섭취, 소변의 양의 증가, 걷는 것을 싫어하는 것 등을 들 수 있다. 이러한 증상들은 급격히 나타나는 일이 많고, 심할 경우 죽을 수도 있다.

원 인

• 청 · 장년기의 개가 잘 걸리고, 그 중 70~80%는 암컷인 것이 특징이다. 스탠더드 푸들과 콜리 등의 개에서 잘 나타나는 이 병은 부신의 적출로 인해 부신피질호르몬이 분비되지 않거나, 부신의 출혈, 종양 등의 원인으로 부신피질호르몬의 분비량이 줄었을 때 발병한다. 그리고 갑자기 스테로이드제의 사용을 그만두거나 쿠싱증후군의 치료약이나 op. DDD를 과다하게 투여했을 때도 나타난다. 애디슨병은 대개의 경우 갑작스럽게 발병하는데, 스트레스를 받은 후에 발병하기 쉽다.

진단 · 치료

진단방법

• 임상증상 외에도 다음과 같은 검사를 통해 진단한다. 이 병에 걸리면 심장의 크기가 작아지기 때문에 흉부를 X선으로 검사한다. 그리고 혈액 속의 전해질을 검사하여 나트륨과 칼슘의 비율이 2.5 대 1 로 나타나면 이 병으로 진단된다. 부신피

질호르몬의 분비를 자극하는 약을 주사하여 그 반응을 검사하는 방법도 있다.

치료방법

- 급성인 경우 생리식염수(농도 10%의 식염수)를 정맥에 주사한다. 그리고 평생 동안 광질 코르티코이드제 약물(부신피질호르몬의 일종으로 염류와 물의 균형을 조절한다)을 먹여야 한다.

6 요붕증(다음다갈, 다뇨증후군)

■ **계속 물을 마시게 된다.**
오줌의 급격한 배출을 억제하는 호르몬, 즉 항이뇨호르몬이 정상적으로 분비되지 못해 생기는 병이다. 이 병에 걸리면 하루 종일 물을 마시게 되고 많은 양의 오줌을 눈다.

증 상

- 물을 계속해서 마시려 하고(다음다갈) 오줌의 양이 증가한다(다뇨). 이러한 증상은 급작스럽게 나타난다. 하루에 체중 1kg 당 100mℓ 이상의 물을 마시는 것을 다음이라고 하는데, 예를 들어 체중 10kg의 개가 1ℓ 이상의 물을 마신다면 다음이라고 할 수 있다. 그리고 하루에 체중 1kg 당 50mℓ이상의 오줌을 배출하는 것을 다뇨라고 한다. 다음다갈과 이뇨가 일반적인 요붕증의 증상이다. 개에게 물을 마음껏 마시게 하면, 위가 확장되어 구토 등의 증상도 나타날 수도 있다.

원 인

- 오줌을 만드는 기능을 조절하는 항이뇨호르몬은 뇌의 시상하부에서 만들어져 뇌하수체에 저장된다. 개의 체내의 수분이 모자라게 되면 항이뇨호르몬이 뇌하수체로부터 분비, 신장을 자극하여 수분의 배출을 막는다. 반대로 수분이 많아지면 호르몬의 분비가 억제된다. 그러나 뇌의 시상하부나 뇌하수체 등에 상처, 종양, 염증 등이 생기면 정상적인 항이뇨호르몬의 분비가 불가능해져서 오줌의 배출을 억제할 수 없게 되어 요붕증에 걸린다. 또한 유전적으로 이 호르몬의 분비가 불가능해 걸리는 경우도 있다. 이 외에 항이뇨호르몬은 정상적으로 분비되고 있는데도 신장이 호르몬에 반응하지 않는 경우도 있다. 그리고 스테로이드제나 이뇨약, 항

경련약 등의 특정한 약에 인해 발병하는 경우도 있다.

진단 · 치료

진단방법

- 비슷한 증상을 보이는 병이 많기 때문에 여러 가지 검사를 해봐야 알 수 있는데, 주로 신체검사를 중심으로 요검사와 혈액검사, 심전도검사, X선검사 등을 통해 진단한다. 특히 오줌의 농축여부 검사가 가장 결정적인 기준이다.

치료방법

- 요붕증이라고 진단되면 먼저 원인이 되는 병, 즉 신장, 부신, 간장, 비뇨기 등의 병을 치료해야 한다. 어떠한 병을 치료하기 위해 투여하고 있는 약이 원인이라고 생각되는 경우에는 약의 투여를 중단한다. 단 물을 너무 많이 마신다고해서 물을 먹지 못하게 하면 탈수증을 일으킬 수도 있어 위험하므로, 개가 물을 마시려고 할 때는 언제든지 마시게 해줘야 한다. 그리고 배뇨량과 횟수가 증가하므로 배뇨가 편한 환경을 만들어 주는 것도 중요하다.

7 칼슘대사의 이상

■ 몸의 근육이 굳어진다.

갑상선의 표면과 내부에 있는 상피소체(부갑상선)의 기능이 활발해지거나 둔해지면 칼슘의 대사에 이상이 생기고 그 결과 뼈나 신장에 여러 가지 병이 생긴다.

증 상

- 상피소체(부갑상선)의 기능이 저하하여 상피소체호르몬의 분비량이 줄어들면 신경근이 흥분하는데, 이렇게 되면 운동실조, 원기부족, 근육 떨림 등의 증세가 나타난다. 그리고 신경질적이 되고 침착성을 잃어버리며, 뼈가 약해지므로 골절하기 쉽고, 전신 테타니(근육이 수축하거나 경련하는 병) 등의 증세도 나타난다. 반대로 상피소체의 기능이 활발해져서 호르몬의 분비량이 필요이상으로 많아지면 물을 많이 마시게 되어 오줌의 양이 증가한다.

원 인

• 혈액 속 칼슘의 농도를 유지하는 호르몬인 상피소체호르몬은 상피소체(부갑상선)라는 곳에서 분비된다. 이 호르몬은 혈액 속의 칼슘 농도가 내려가면 뼈 속의 칼슘을 이용해 농도를 일정하게 유지, 신장으로부터 인을 배출하는 기능을 한다. 상피소체가 상처입거나 세균에 감염된 경우, 또는 상피소체에 암이 발생하면 기능이 저하하여 혈액 속 칼슘 농도가 저하하기도 한다(상피소체기능저하증). 이 병은 2~7세 정도의 푸들이나 슈나우저, 래브라도 레트리버 등에 드물게 나타난다. 반대로 상피소체의 활동이 비정상적으로 활발해지기도 한다. 먹이 속의 칼슘의 양이 모자란 경우, 칼슘의 양은 정상이나 인산염이 많은 경우, 칼슘의 흡수를 촉진하는 비타민 D가 모자란 경우 등, 먹이의 영양 밸런스가 나쁘거나 충분히 햇빛을 쬐지 못하면 혈액 중의 칼슘 농도가 떨어지고, 그 결과 상피소체가 자극되어 호르몬의 분비량에 이상이 생긴다. 그리고 소의 심장이나 간이 많이 들어간 개 먹이를 자주 먹이면 발병하기 쉬운데, 이것은 소의 간이나 심장에 인이 칼슘보다 20~50배나 많이 들어있기 때문이다. 특히 강아지가 이 병에 잘 걸린다(영양성 상피소체기능항진증). 또한 신장에 병이 있을 때도 상피소체의 활동이 활발해지는 경우가 있으며(신성 상피소체기능항진증), 악성 종양이 생겼을 때에도 이 병에 걸린다(위성 상피소체기능항진증).

치료 · 예방

치료방법

• 상피소체기능저하증에 걸렸을 때에는 혈액 속의 칼슘농도가 낮아지기 때문에 칼슘제를 투여하고, 경우에 따라서는 비타민 D를 투여한다. 상피소체기능항진증의 경우, 영양성의 증상에는 영양균형이 좋은 먹이를 먹이고 무리한 운동은 피하고 안정시킨다. 그리고 뼈가 약해진 상태이기 때문에 골절하지 않도록 조심해야 한다. 일반적으로 회복에는 8~9주 정도의 시간이 필요하다. 신장질환에 의한 증상일 경우 원인이 되는 병의 완전 치료는 어려우며 증상의 진행을 막는 정도의 치료만 가능하므로, 가능한 개가 스트레스를 받지 않게 하여 고혈압을 피해야하며, 탈수증을 일으키지 않도록 주의해야 한다. 그리고 개가 안정할 수 있는 환경을 만들어 주는 것이 좋으며, 먹이는 신부전용의 특별한 것을 주어야 한다.

예방방법

• 먹이의 영양균형에 주의해야 한다. 소의 심장이나 간은 인의 양이 칼슘의 양에 비

해 지나치게 많으므로 가능한 피하는 것이 좋다. 바람직한 칼슘과 인의 비율은 1:1이며 강아지에게는 강아지용의 개 먹이를 먹이는 것이 좋다. 또한 신장병이 원인인 경우는 만성 신장병을 치료할 때와 같이 양질의 단백질을 먹여야 한다. 그리고 치석 등을 제거하여 각종 감염의 가능성을 줄여주고, 스트레스를 피하며 언제나 신선한 물을 먹이도록 한다. 특히 세균감염은 신장에 있어서 독과 같으므로 조심해야 한다.

[그림 3] 상피소체

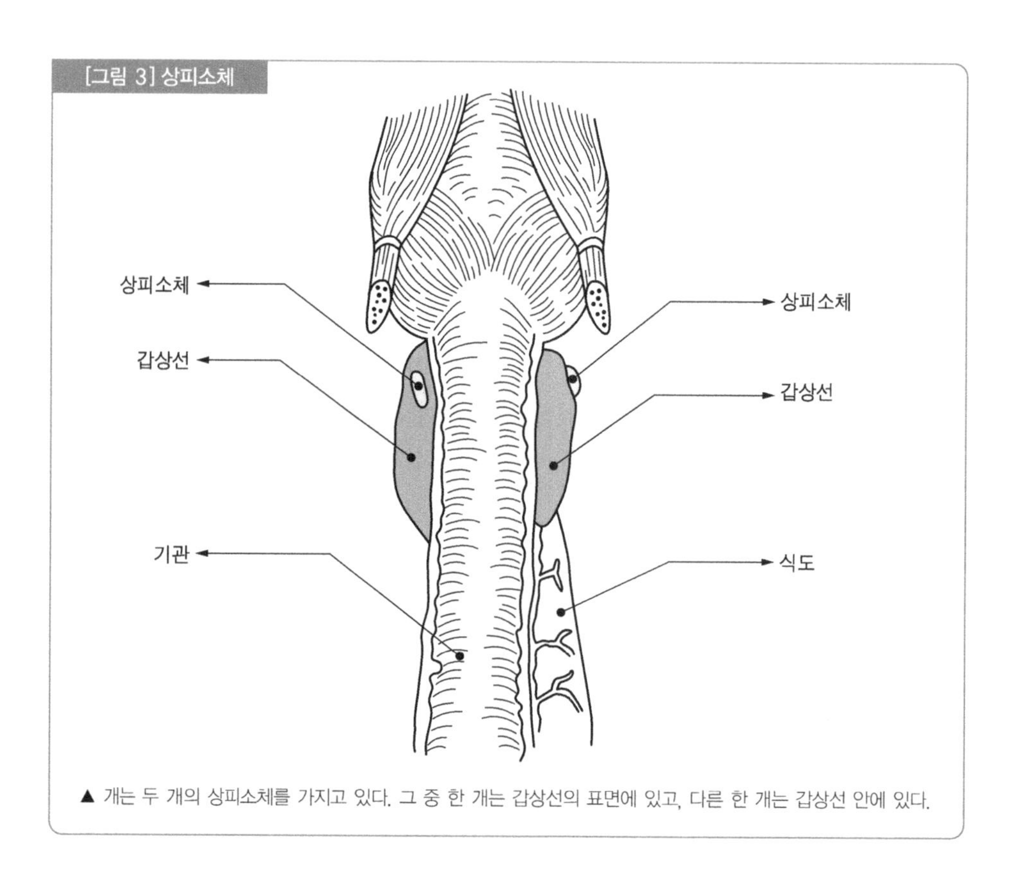

▲ 개는 두 개의 상피소체를 가지고 있다. 그 중 한 개는 갑상선의 표면에 있고, 다른 한 개는 갑상선 안에 있다.

제15장 감 염 증

감염증이란

지구상에는 바이러스와 세균 같은 아주 작은 생물들이 있는데,
개가 이러한 미세생물에 감염되면 몸의 기능에 이상이 생겨 병이 날 수도 있고,
자칫하면 목숨을 잃을 수도 있다.

제15장 감 염 증

'감염증'이란 어떠한 병인가(감염증과 전염병의 차이)

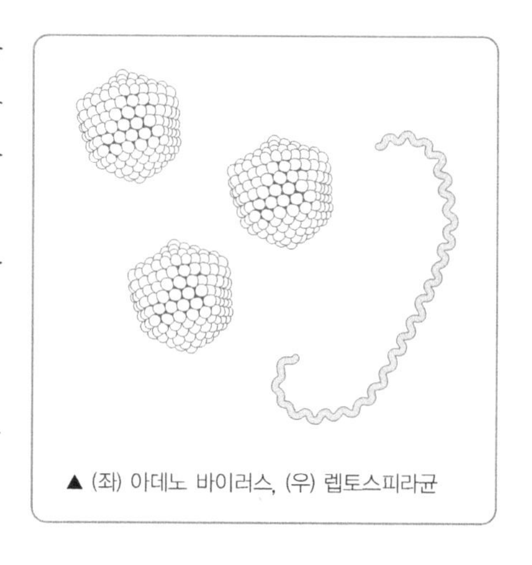

▲ (좌) 아데노 바이러스, (우) 렙토스피라균

인간이나 동물이 생활하는 이 지구상에는 무수히 많은 미생물이 존재하는데, 대개는 우리에게 무해하거나 육안으로 볼 수 없을 정도로 작기 때문에, 그 존재를 알아차리지 못한다. 그러나 그 중에는 우리 몸에 유해하거나 병의 원인이 되는 것도 있다. 이러한 미생물이 숙주가 되는 동물이나 인간의 몸속에 침투하여 증식하는 것을 '감염되었다'라고 말한다. 그리고 그 결과 숙주의 몸의 기능이나 구조에 여러 가지 장애를 일으켜 병에 걸리게 한다. 이러한 미생물의 감염에 의해 생기는 병을 '감염증'이라고 하고, 그 중에도 동물에게서 동물로 감염되는 것을 '전염병'이라고 하는데, 디스템퍼나 파보바이러스성 장염 등이 좋은 예다. 그러나 땅속에 널리 퍼져 있는 파상풍균은 인간이나 동물의 상처를 통해서만 감염이 발생할 뿐이고, 동물에서 동물로 감염되는 일은 없다. 따라서 이러한 병은 전염병이라 부르지 않고 감염증이라 부른다. 감염증의 병원체가 되는 미생물에는 세균, 마이코플라스마, 리케차, 진균, 원충, 바이러스 등이 있으며, 이들 모두가 육안으로는 볼 수 없는 작은 생물이다. 세균은 1~10마이크론(1마이크론 = 1/1000mm)정도 크기로 광학현미경으로 관찰할 수 있으나 바이러스는 10~300밀리마이크론(1밀리마이크론 = 1/1,000,000마이크론)정도의 크기로 전자현미경으로 밖에 볼 수 없다. 이 책에서는 이러한 세균과 바이러스가 원인으로 발생하는 개의 병에 대해 얘기하도록 하겠다. 이러한 미생물에 감염되면 반드시 병에 걸린다고는 말할 수 없지만, 겉보기에 건강해 보이는 개도 실제로는 병원체인 세균이나 바이러스를 가지고 있을 수도 있으니 주의해야 한다. 애견을 감염으로부터 보호하기 위해, 그리고 공중위생을 위해서도 정기적인 건강진단을 받게 하는 것이 중요하다.

[그림 1] 바이러스와 세균의 감염경로

① 공기감염 – 병에 걸린 개가 재채기를 하고 이것을 다른 개가 들이마셔서 감염된다.

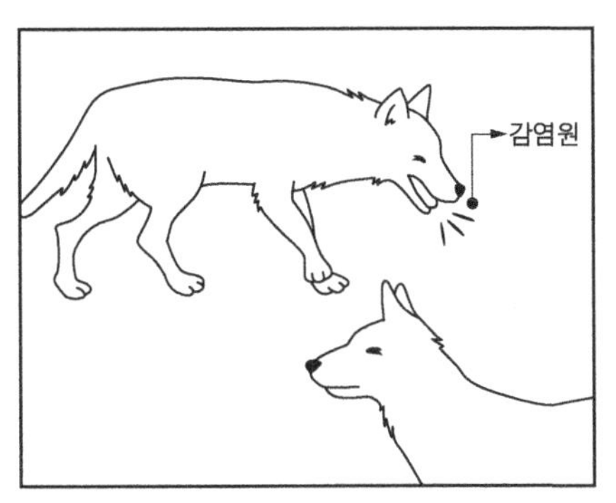

② 경구감염 – 바이러스나 세균에 오염된 먹이를 핥거나 먹어서 감염된다.

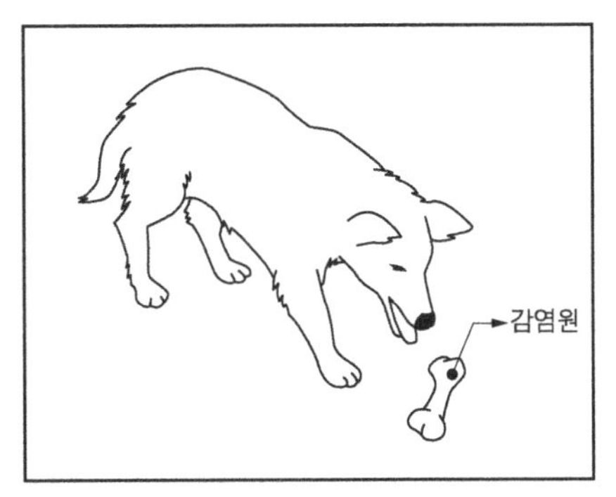

③ 접촉감염 – 이미 감염된 개를 핥거나 접촉하여 감염된다.

④ 모자감염 – 모유로 감염된다. 태어날 때 산도에서 감염되기도 한다.

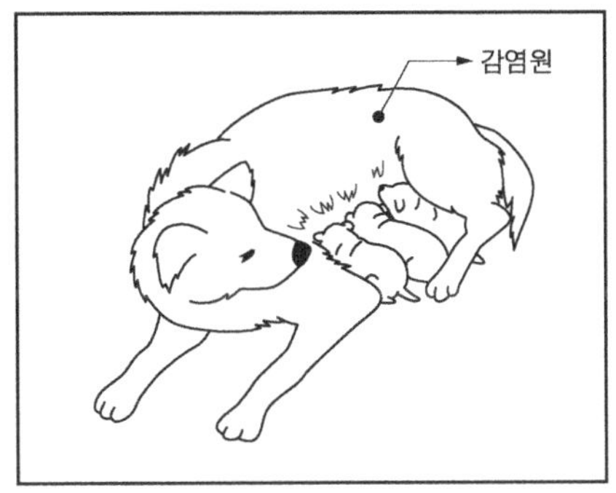

바이러스감염증

1 광견병

■ **일단 발병하면 치명적인 전염병**

광견병은 치사율이 100%로, 인간과 동물에게 있어서 가장 무서운 바이러스성 감염증으로 의식장애와 중추신경계의 흥분과 마비가 이 병의 특징이다.

증 상

- 이 병에 걸린 개(동물)에 물려서 발병하고 잠복기는 2~6주 정도로, 물린 부위와 원인이 되는 동물의 타액에 들어있는 바이러스의 양, 또는 그 바이러스의 병원성 등에 따라 잠복기에 차이가 있다.
- 증상은 크게 광조형과 침울(마비)형의 두가지가 있다. 광조형은 광견병의 전형적인 형태로, 말 그대로 광폭해지고 움직이는 물체를 무조건 물게 되는데, 광견병의 80%는 이 광조형 광견병이다.
- 발병 후 며칠동안은 전구증상으로 불안, 거동의 이상, 식욕부진 등이 나타나는데 이 기간을 전구기라 한다.
- 전구기가 지나면 개는 광란상태에 빠지고, 그 결과 비정상적으로 울부짖거나 배회하게 되며 광폭하게 변하여 사람과 물건 등을 닥치는 대로 물게 된다. 그리고 입이 반쯤 벌어지고 침을 흘리게 되며 인상이 마치 여우와 같이 날카로워진다. 이 시기를 광조기라 부르는데 보통 3~4일 정도 계속된다.
- 광조기가 지나면 마비기에 들어선다. 이 시기의 개는 입을 크게 벌리고 많은 양의 침을 흘리게 되고, 서 있는 것조차 제대로 할 수 없게 된다. 물론 사람을 무는 일도 없으며 온몸이 마비된다. 그리고 이러한 마비가 진행되면 결국 일어날 수도 없게 되고 사망하게 된다. 이처럼 광조형의 광견병은 전구기로부터 마비기로 진행되며, 사망할 때까지 걸리는 시간은 5~7일 정도다. 이에 비해 매우 드물게 볼 수 있는 침울형 광견병은 짧은 전구기를 거쳐 곧바로 마비기로 이행하며 보통 2~4일 사이에, 빠른 경우에는 하루 만에 사망한다.

원 인

- 광견병바이러스에 감염되어 발병한다. 바이러스는 병에 걸린 개(동물)의 타액에 들어있는데, 이 타액이 물린 상처 등을 통해 다른 개(동물)의 몸속에 들어가게 되어 감염된다. 광견병바이러스는 개와 인간을 포함하는 모든 포유류에 감염되며, 여우, 스컹크, 아메리카 너구리, 망구스, 재칼, 늑대, 족제비, 들쥐 등의 야생동물은 모두 광견병바이러스에 잘 감염된다. 특히 육식성 동물이 이 바이러스의 전파동물이고, 그 중에서도 흡혈박쥐 등이 주요한 전파동물이다. 한편 인간이나 소, 말, 양, 염소, 돼지 등은 쉽게 감염되기는 하지만 전파하지는 않는다.

진단 · 치료 · 예방

진단방법

- 일반적으로 광견병에 걸린 개는 흉폭하고 물리기 쉬우므로 살아 있는 상태에서 검진은 곤란하다. 일단 광견병의 검진을 의뢰받은 수의사는 개를 격리하여 흥분상태와, 광폭성 그리고 마비에 대해 3주 이상 자세히 관찰하는데 이 과정에서 만약 증상에 더 이상의 진행이 없으면 광견병이 아니다. 완전한 마비가 나타난 개를 안락사시킨 후 뇌와 타액선을 대상으로 다음의 검사를 행한 후에야 광견병에 대한 진단이 이루어진다.
  ① 네그리소체(광견병에 걸린 개의 신경세포 중에서도 광견병바이러스를 포함하고 있다고 인정된 것)와 비화농성 뇌염상을 검출한다.
  ② 형광항체법을 이용해 광견병바이러스에 대한 항체를 찾는다.
  ③ 광견병바이러스를 분리하여 확인한다.

치료방법

- 안타깝게도 아직 발견된 치료법이 없으며, 광견병이라고 인정되면 안락사시킨다.

예방방법

- 일본에서는 광견병 예방법에 의해 생후 3개월 이상의 개는 반드시 행정기관(보건소)에 등록하고 매년 한번 광견병 백신을 접종하도록 하고 있다. 예방접종은 1mℓ의 백신을 피하에 주사하는 것으로 간단히 끝난다. 공중위생과 다른 개에게 전파되는 것을 막기 위해 매년 추가접종 하도록 한다.

2 디스템퍼

■ 이렇다 할 치료약이 없고, 사망률이 높다.

급성이면서 고열을 내는 대표적인 바이러스성 감염증으로 강력한 전염성과 높은 사망률의 무서운 병이다. 발병 초기에는 주로 고열과 설사, 폐렴 등 소화기와 호흡기에 관련된 증상이 나타나고, 후기에 접어들면서 신경계가 공격당한다. 1세 미만, 특히 생후 3~6개월의 어린 개에게 흔히 나타나며, 성견도 걸릴 수 있다.

증 상

- 디스템퍼바이러스에 감염되면, 4~6일 정도 후에 발열, 식욕부진 등의 증상이 나타난다. 그러나 극히 가벼운 증상을 보일 뿐이고 2~3일 정도 지나면 저절로 낫기 때문에 보통 감기로 착각하여 가볍게 지나치기 쉽다. 물론 면역력이 강한 성견일 경우에는 자연치유되는 경우도 있다.
- 면역력이 약한 개는 바이러스를 완전히 퇴치하지 못하고 체력이 약화되어 여러 가지 세균에 의한 2차 감염을 일으키는데, 증상이 악화되고 거기에 2차 감염까지 겹치게 되면 여러 가지 병증이 발현한다. 대개의 경우의 디스템퍼는 이러한 2차 감염기에 발견된다.
- 발열, 식욕부진, 원기부족, 체중감소, 결막염, 각막염에 의해 농성의 눈꼽이 끼는 것 등이 이 병의 일반적인 증상이며, 이 외에도 구토, 심한 악취가 나는 설사, 혈변, 고름 같은 콧물, 기침, 콧등이 마름 등의 증상과, 배를 누르면 아파하는 등의 소화기와 호흡기계의 이상을 보인다.
- 이 병이 더욱 진행되면 바이러스가 뇌에까지 침입하여 디스템퍼 특유의 신경증상이 나타나는데, 이 시기의 개는 비정상적으로 흥분하거나 간질과 같은 발작을 일으키며, 같은 곳을 빙글빙글 돌고, 미친 듯이 뛰어다니게 된다. 또한 몸의 여기저기가 짧은 간격으로 경련을 일으키고, 동작에 이상이 오기도 하며, 하반신이 마비되기도 한다. 이러한 신경증상은 디스템퍼에 걸린 개 중 20~25% 정도의 개에게서 나타난다.

원 인

- 디스템퍼는 개 디스템퍼바이러스에 감염되어 발병한다. 이 바이러스는 개의 입이나 코를 통해서 체내에 침입하며, 디스템퍼에 걸린 개의 재채기를 들이마셔서 생기는 비말감염, 콧물이나 눈꼽, 오줌 등이 코나 입에 들어가 감염되는 직접감염,

바이러스에 오염된 먹이 등을 통해 간접적으로 감염되는 간접감염 등이 있다. 입이나 코를 통해 침입한 바이러스는 몸의 조직 속으로 들어가 전신에 퍼지며 여러 가지 장기를 공격하므로 그대로 방치해 두면 뇌까지 손상될 수 있다.

진단 · 치료 · 예방

진단방법

- 증상이나 혈액검사의 결과를 봐 가며 종합적으로 진단한다. 다양한 증상이 나타나나 이렇다 할 특유의 증상이 없기 때문에 최종적인 진단은 바이러스검사를 통해서 행해진다. 바이러스 검사는 결막, 순막, 편도, 질(암컷) 등의 점막을 채취하여, 현미경으로 점막상피세포 또는 신경세포 속에서 바이러스가 증식한 봉입체를 찾아낸다.

[표 1] 개에게서 인간에게 옮는 병들(인수공통감염증)

	개의 병명(병원체)	개에게서 인간에게 감염되는 경로	인간의 증상
바이러스/세균	광견병 (광견병바이러스)	물려서	동통, 두통, 그 외에 물을 무서워하게 됨, 환각, 최종적으로는 사망한다.
	렙토스피라증 (렙토스피라균)	오줌이 입에 들어가서	발열, 두통과 근육통, 결막염 등. 중증으로 진행되면 누런 가래와 구토, 피 섞인 오줌 등도 나타난다.
	파스튜렐라증 (파스튜렐라균)	물리거나 타액이 입에 들어가서 (개와 키스하거나 먹을 것을 입으로 전달해서)	개에게 물린 경우에는 물린 부분에 농이나 종기가 생긴다. 타액에 의해 감염된 경우에는 가래나 피 섞인 가래가 나오며 부비강염으로 진행한다.
	브루셀라증 (개 브루셀라균)	오줌이나 타액이 입에 들어가서	증상이 거의 없음. 간헐적인 오한과 두통, 주기적인 발열 정도를 나타낸다.
	라임 증 (볼레리아균)	개벼룩에 물려서	윤곽이 확실한 붉은 반점이 퍼진다. 그 외에 두통이나 발열, 관절염 등도 나타난다.
	캠필로박터증 (캠필로박터균)	개의 변에 오염된 것이 입에 들어가서	구토와 설사, 발열 등의 식중독 증상이 나타남. 혈뇨가 나오는 경우도 있다.
	살모넬라증 (살모넬라균)	개의 변에 오염된 것이 입에 들어가서	구토나 설사, 발열 등의 식중독 증상이 나타난다.
	결핵(결핵균)	직접적인 접촉과 공기감염	폐렴, 기관지염 등. 인간의 균이 개에게 전염되는 경우도 있다.

- 그 외에 필요에 따라서 형광항체법에 의한 바이러스 항원검출, 혈청 속의 중화항체 검색, 또는 보체결합반응에 의한 바이러스 항체의 증명 등을 사용하기도 한다.

치료방법

- 디스템퍼바이러스에 유효한 치료약은 현재로서는 없다. 디스템퍼로 진단되면 입원시켜 치료해야 한다. 감염된 직후에 발견될 경우 면역혈청을 다량 투여하면 효과를 볼 수도 있지만, 2차 감염을 막기 위해 여러 종류의 설파제나 항생물질, 부신피질호르몬 등의 약을 써야 하고, 비타민제도 병용하며 각각의 증상에 대해서 이뇨약, 정장제 등을 투여하여 치료하기도 한다. 신경증상이 나타난 경우에는 항간질제나 뇌대사증진제 등을 사용한다. 개의 안정과 보온에 신경을 써야하며 체력이 소모되지 않도록 조심한다.

예방방법

- 무엇보다도 예방접종을 시켜 두는 것이 가장 좋다. 보통 디스템퍼에 대한 예방약뿐만 아니라 개전염성간염, 개아데노바이러스 2형 감염증, 개파보바이러스감염증, 개파라인플루엔자, 렙토스피라증 등을 동시에 예방하기 위해 3종 혼합 또는 5종 혼합, 7종 혼합의 예방약을 접종한다. 강아지는 태어난 직후에 먹이는 모유, 즉 초유를 통해 어미 개의 항체(이행항체)를 물려받게 되는데, 이 이행항체는 생후 2~3개월 정도 강아지의 몸속에 남는데, 이와 같이 어미 개의 초유를 충분히 먹은 강아지의 경우, 이행항체가 소멸되는 생후 3개월을 전후로 접종시키면 된다. 어미 개의 젖이 잘 나오지 않거나 초유의 섭취 여부가 불투명할 경우에는 생후 9주째에 제1접종을, 15주째에 제2접종을 한다. 그리고 초유를 전혀 먹지 않은 강아지의 경우에는 생후 2주일째부터 14주까지 2주일 간격으로 접종시키는 것이 이상적이다. 그리고 세 경우 모두, 모든 예방접종이 끝난 후에는 1년에 한 번 추가 접종시키는 것이 좋다. 디스템퍼는 사망률이 높은 무서운 병이지만, 예방접종을 통해 충분히 막을 수 있는 병이다. 지금도 지역에 따라 산발적으로 발생하고 있으므로 충분한 주의가 필요하다.

3 파보바이러스감염증

■ **바이러스성 장염 심한 구토와 설사**

바이러스감염증에는 갓 젖을 뗀 개에게 발생하는 '장염형'과 생후 3~9주째의 개에게 발생하는 '심근염형'의 두 가지 형태가 있다. 그 중 일반적이고 중요한 것은 '장염형' 바이러스감염증이다. 이 병에 걸린 개는 잦은 구토와 혈액에 가까운 설사를 하게 된다. 바이러스성 장염은 발병 후 1~2일 내에 사망하는 무서운 병이지만, 예방접종을 통해 예방할 수 있다.

증 상

- 심한 구토를 하게 되고 이로부터 6~24시간 후에는 간헐적인 설사 증상을 보인다. 처음에는 설사색이 회백색 또는 노란 회백색을 띠지만 점점 끈끈한 점액질로 변한다. 그리고 심한 경우에는 피가 섞여 나오며 심한 악취도 난다. 이 변은 토마토 쥬스에 가까운 색을 띠고 있으나, 토마토 쥬스보다 조금 더 끈끈하다.
- 구토와 설사 때문에 탈수현상을 일으켜 몸이 쇠약해지고 쇼크 상태에 빠지기도 한다. 그러나 심한 구토와 설사 증상을 보이므로 개 보호자가 알아차리기 쉬운 병이기도 하다.

원 인

- 개파보바이러스에 의해 발병하는 이 병은 1980년대 일본에서 크게 유행한 적이 있다.
- 이 바이러스의 주된 감염경로는 감염된 개의 변이나 구토물, 또는 그것에 오염된 식기, 병에 걸린 개와 접촉한 사람의 손가락이나 의류 등으로, 이러한 것에 개가 입을 대게 되면 감염된다(경구감염).
- 파보바이러스는 동물의 몸속에서도 세포분열이 활발한 곳을 좋아하여 주로 장에 기생한다.
- 파보바이러스성 장염은 생후 2~3개월 후의 개에게 흔히 볼 수 있는 병이다. 특히 어미 개로부터 물려받은 항체가 소멸하는 생후 10~12주 정도의 개가 가장 걸리기 쉽고, 치료가 늦어지면 구토나 설사가 시작된 후 1~2일 내에 90%가 사망하는 무서운 병이다. 성견의 경우도 25% 정도가 사망한다.

진단 · 치료 · 예방

진단방법

- 구토나 설사는 다른 감염증이나 장 관련 병에서도 보이는 증상이다. 그러나 구토로 시작하여 설사로 옮아가는 점이나 토마토 쥬스와 같은 설사를 통해 임상적인 진단이 가능하다. 또한 혈액 속의 백혈구가 감소하는 현상도 나타난다. 확실한 진단을 위해서는 개의 변에서 바이러스를 분리하여 샘플을 비교검사(동정)해야 한다. 그러나 최근에는 즉석에서 파보바이러스의 검사가 가능한 키트가 일선병원에서 이용되고 있다. 이 외에도 검사실에서 행해지는 특이적 HA활성측정이나 항혈청(특정 항원을 면역동물에 접종하여 만들어낸 항원에 반응하는 항체를 포함한 혈청)에 의한 HI시험 등이 있다.

치료방법

- 일단 파보바이러스성 장염으로 진단되면 다른 개에게 감염되지 않도록 격리, 집중적으로 치료한다. 안타깝게도 이 바이러스의 특효약은 없다. 따라서 주로 유산링거를 통한 수액이나 산소흡입법 등을 써서 탈수나 쇼크 상태에서 회복할 수 있도록 도와 준다. 이외에도 건위강장제를 투여하거나, 약해진 몸에 2차 감염이 일어나지 않도록 항생물질을 투여한다. 먹이를 먹어도 바로 토해 버리기 때문에 치료 중에는 먹이를 먹이지 않는다. 물론 물도 줘서는 안된다. 이렇게 치료해서 1~4일간 살아 남은 개는 대개 1주 이내에 낫는다.

예방방법

- 접종은 생후 6주째부터 3~4주 간격으로 세 번 시키는 것이 좋다. 그러나 일반적으로 다른 바이러스감염증도 함께 예방하기 위해 생후 9~10주째에 첫 회 접종을, 3~4주 후에 두 번째 접종을 시킨다. 그리고 만일 태어나자마자 어미개로부터 떨어져 항체를 받지 못한 가능성이 있을 때에는 생후 2~3주째에 첫 접종을, 그 후 3~4주 후에 두 번째 접종을 실시한다. 그리고 1년에 한번 추가 접종하는 것이 일반적인 예방법이다.
- 파보바이러스는 생물체의 몸 밖에서도 1년 정도 살아남을 정도로 튼튼한 바이러스로, 이 바이러스의 전파를 막기 위해서는 파보바이러스성 감염이 발생된 개의 주변물건 모두를 소독해야 한다.

4 코로나바이러스성 장염

■ **어린 개가 걸리면 무서운 병이다**

대표적인 개 바이러스성 장염 중 하나다. 설사와 구토가 주된 증상이며, 특히 어린 개가 감염되면 그 증상이 더욱 심하며, 개가 집단적으로 사육되는 곳에서 쉽게 발생한다. 개파보바이러스나 개코로나바이러스와 동시에 감염되면(혼합감염) 대단히 위험하므로 주의해야 한다.

증 상

- 개코로나바이러스에 감염된 대부분의 성견은 별다른 증상을 보이지 않고 치유되지만, 어린 개의 경우는 중병으로 발전될 수 있다. 증상은 간헐적이고 돌발적으로 나타나며 기운이 없어지고 먹이를 먹지 않게 되며 설사와 구토를 하게 된다. 흔히 구토보다 설사 증상이 먼저 나타나는데, 보통 오렌지색에 냄새가 심한 죽 같은 변에서 점차 묽은 설사로 변해 간다. 그리고 때때로 피가 섞여 나오기도 한다. 특히 어린 개는 증상의 진행이 빠르며, 탈수 증상을 일으킬 수도 있다. 보통은 7~10일 정도 지나면 자연치유 되지만, 어린 개는 설사만으로도 돌연사하는 경우가 있다.

원 인

- 개 코로나바이러스에 감염되어 발병한다.
- 이 병의 전염력은 아주 강력하여 집단사육을 하는 곳에서는 순식간에 모든 개가 전염되기도 한다. 코로나바이러스는 감염된 개의 구토물이나 분변을 통해 배출되기 때문에 오염된 식기로 먹이를 먹이면 입을 통해 감염된다(경구감염).
- 개의 몸속에 들어간 바이러스는 소장세포에서 증식하여 설사 등의 소화기 장애를 일으킨다. 개코로나바이러스에만 감염된 경우에는 비교적 간단히 낫지만, 개파보바이러스가 혼합감염 되는 경우가 많아서, 병이 심각해지고 사망률이 상승한다.

진단 · 치료 · 예방

진단방법

- 병에 걸린 개의 가장 최근의 변을 전자현미경으로 관찰하여 코로나바이러스를 찾아내어 진단한다. 검사실에서는 바이러스의 분리, 동정(샘플과 비교), 형광항체법 등을 통해 항원을 발견, 진단한다. 그리고 이 병은 파보바이러스성 장염과는 틀려

서 백혈구가 줄어드는 일은 없다.

치료방법

• 특별한 치료방법은 없다. 개의 안정과 보온에 신경쓰고 스트레스를 주지 않도록 조심해야 한다. 심한 설사로 인해 탈수증상을 일으킨 개는 유산링거액을 다량으로 수액해야 하고, 2차 감염을 막기 위한 항생제와 구토약과 설사약을 사용한다.

예방방법

• 다른 바이러스와 혼합감염 되거나, 세균에 의해 2차 감염되거나, 장내 기생충병이나 스트레스 등에 노출되면 증상이 심해진다. 예방을 위해 항상 사육환경을 깨끗하게 유지하고 건강관리에 신경을 써야 한다.

5 개전염성간염

■ 강아지가 이 병과 다른 병에 혼합 감염되면 위험하다

개전염성간염은 개과 동물만 감염되는 바이러스 성 간염으로, 특히 젖을 뗀 한 살 미만의 어린 개의 감염률과 사망률이 높다. 이 병은 전염성이 강력하여, 회복된 개의 오줌에서도 수개월에 걸쳐 바이러스가 검출되지만, 예방접종을 통한 예방이 가능하다.

증 상

• 증상은 일정하지 않다. 조금 전까지도 건강했던 강아지가 갑작스런 복통과 고열, 허탈상태, 각혈, 피 섞인 대변 등의 증상을 보이고, 12~24시간 내에 사망하기도 한다(돌연성 치사형). 그러나 아무런 증상이 없거나(불현성형), 특별한 이상 없이 약간의 식욕저하, 원기부족, 39도 정도의 발열과 콧물을 흘리게 되는 것(경증형) 등도 있다.

• 중증형은 2~8일 정도의 잠복기 후 생기가 없어지고, 콧물과 오줌을 흘리게 된 후, 40~41도 정도의 고열이 4~6일 정도 계속된다. 그 후 점점 식욕이 없어지고 구토나 설사를 하거나 목이 마르고, 편도선이 부어오르며 구강점막에 충혈과 점상출혈이 일어나고, 눈꺼풀, 머리, 목, 몸 등의 털이 빠지는 증상을 보인다.

• 이 병에 걸리면 급성간염을 일으키므로 개의 가슴과 배의 중간부분을 누르면 아

파하고, 만지는 것 자체를 싫어하게 된다. 보통은 4~7일 간 이런 증상이 계속된 후 치유된다. 단독감염의 사망률은 10% 정도지만, 다른 병과 복합감염을 일으킨 경우에는 사망률이 매우 높다. 회복기에는 때때로 한쪽 눈 혹은 양 눈의 각막이 청백색으로 혼탁(블루 아이)해지기도 한다.

원 인

- 개아데노바이러스에는 제1형과 제2형의 두 가지 형태가 있는데, 이 병은 제1형 개 아데노 바이러스(개전염성간염 바이러스)에 의해 발병한다. 제2형 개아데노바이러스는 개 전염성 후두기관지염을 일으킨다.
- 이 병은 발병한 개나 회복되었지만 몸속에 바이러스를 가지고 있는 개의 오줌이나 타액 또는 오염된 식기를 정상적인 개가 핥음으로서 감염된다. 입을 통해 몸속에 들어간 바이러스는 구강인두의 점막에 가까운 림프절에 침입, 혈액에 의해 전신에 퍼지는데, 특히 간세포가 큰 타격을 받으며 급성간염을 일으킨다. 또한 병이 나은 후에도 약 6개월 정도 간에 바이러스가 존재하고 오줌으로 배출되기 때문에 주의해야 한다.
- 이 병은 나이에 상관없이 감염되나 주로 강아지에게 잘 나타나며 중증으로 발전한다.

진단 · 치료 · 예방

진단방법

- 갑자기 열이 40도를 넘고, 편도선이 부어오르며, 배를 누르면 아파하고 구토 증세를 보이는 개의 혈액을 검사하면 백혈구가 감소한 것을 볼 수 있다. 이때 간기능의 척도인 간 혈청효소의 활성치가 상승한 것이 확인되면 이 병에 걸린 것이라 볼 수 있다. 그리고 검사실에서 바이러스의 분리, 동정, 항체상승 등을 확인하게 되면 확실한 진단이 내려진다. 이 개전염성간염은 디스템퍼, 렙토스피라증, 와파린 중독 등과 비슷한 증상을 보이므로 주의해야 한다.

치료방법

- 아직 이 바이러스에 유효한 약이 없다. 그러므로 간의 재생과 기능회복을 돕기 위한 처치와 식이요법, 개를 안정시키는 방법을 통해 치료해야 한다.
- 간에 충분한 영양을 공급하기 위한 포도당, 링거액, 종합아미노산 등이나, 간기능을 회복시키기 위한 각종 비타민, 강장제 등을 투여한다.

- 출혈이나 빈혈 증세를 보일 경우에는 수혈하는 것이 좋으며, 2차 감염을 막기 위해 항생제를 투여하는 한편, 안정을 취하게 하고 식욕을 회복하면 죽이나 계란, 연유, 소량의 생선이나 고기 등을 먹여서 간에 충분한 영양을 공급한다. 마지막으로 회복기에 나타나는 각막이 혼탁해지는 증상은 대개 자연스럽게 없어진다.

예방방법

- 예방접종으로 예방이 가능하다. 제1형 개아데노 바이러스에 대한 예방약도 있지만, 최근에는 부작용이 적고 제1형과 제2형에 의한 병을 동시에 예방할 수 있는 예방약(제2형 개아데노 바이러스 백신)이 사용되고 있다. 그리고 이 예방약은 보통 디스템퍼나 파보바이러스의 예방약과 혼합 접종하며, 접종방법은 디스템퍼와 같다.
- 개전염성간염바이러스는 개가 감염된 후 약 6개월에 걸쳐 오줌으로 배출되며, 생물체의 몸 밖에서도 10~13주 정도 살아있을 만큼 강한 생명력을 가지고 있으므로, 오염물의 처리에 주의를 기울여야 한다. 크레졸이나 유기성요오드화물 등으로 소독하여 청결을 유지하는 것이 중요하다.

개 배설물의 처리법

개의 변이나 오줌은 바이러스나 세균 감염의 주된 매개체다. 개는 산보 중 다른 개의 오줌 냄새를 맡게 되면 거기에 다가가서 자세히 냄새를 맡거나 핥는 습성이 있는데, 이 때 입속으로 바이러스나 세균이 침입하게 된다. 또한 기르는 개가 균을 가지고 있는 경우도 있으므로 개가 길가에 배설했을 경우에는 반드시 비닐에 넣어서 집으로 돌아오도록 한다. 특히 개가 설사 증상을 보일 때에는 바이러스나 세균에 감염된 경우가 많으므로 주의하여 처리하도록 한다. 또한 이런 바이러스 중에는 인간에게 옮는 종류도 있으므로, 개의 변을 처리할 때에는 반드시 장갑 등을 착용하고 직접 만지지 않도록 한다.

6 켄넬코프(개전염성기관기관지염)

■ 기침을 하게 되는 호흡기 병

호흡기 감염증인 이 병에 걸리면 심하게 기침을 하게 되므로 흔히 켄넬코프(견사의 기침)라고 불린다. 개디스템퍼에 감염되었을 때도 기침을 하는 증상을 보이지만, 이 병은 그와 다른 전염성 기관지염으로 심한 기침을 동반하는 호흡기병 중 하나다.

증 상

- 호흡기에만 국한된 증상을 보이며 짧고 가벼운 기침을 하게 된다. 기침은 발작적으로 일어나기 때문에, 흔히 생선가시 등이 목에 걸린 것으로 착각하기 쉽다.
- 식욕과 몸 상태에는 별다른 변화가 없으나 미열이 나며, 운동을 할 때나 흥분했을 때, 그리고 기온이 변했을 때 기침이 심해진다. 보통 이러한 증상은 며칠이 지나면 사라지지만 다른 바이러스와 함께 감염되었을 때는 고열이 나고 고름과 같은 콧물을 흘리며, 폐렴으로 발전하기도 한다. 특히 어린 개와 나이든 개, 또는 면역력이 약한 개는 폐렴으로 발전하기 쉬우므로 주의하도록 하자.

원 인

- 몇 종류인가의 바이러스나 마이코플라스마 및 세균 등이 원인이 되어 발병하며, 각각의 균이 단독으로 감염되는 경우와 복수로 감염되는 경우가 있다. 물론 혼합 감염일 경우 사망률이 높다. 주요한 원인으로는 파라인플루엔자 바이러스(호흡기 병의 주된 원인)와 제2형 개아데노 바이러스를 들 수 있다. 이 밖에도 개허피스 바이러스와 레오바이러스 등이 있지만, 이 병과는 별 상관이 없다.
- 마이코플라스마라는 세균에 감염되면 바이러스성 호흡기 증상이 더욱 악화된다. 그 외에 기관지패혈증균이라는 세균도 이 병과 관련이 있다.
- 이 병은 위와 같은 병원체의 단독 혹은 혼합 감염의 결과 발병하며 한 마리의 개만을 기르는 일반 가정의 개보다는 견사나 개 수용시설 등의 어린 개들이 쉽게 걸린다. 이유는 이 병이 감염된 개의 재채기나 기침을 통해 전염되기 때문이다.

진단 · 치료 · 예방

진단방법

- 먼저 면역적인 관점에서 개의 연령과 예방접종 유무, 사육환경, 견사나 애완견 가게에의 출입 여부, 그리고 병에 걸린 개와의 접촉 유무 등을 개 보호자에게 물어

본다. 다음으로는 위에서 나열한 증상과 흉부 X선검사를 통해 판단한다. 경증의 경우에는 단독감염으로 판단하고 중증일 경우에는 복합감염을 의심하게 되는데, 병원체의 식별에는 바이러스, 마이코플라스마 혹은 세균의 분리와 동정이 행해진다.

치료방법

- 파라인플루엔자 바이러스나 제 2형개 아데노 바이러스에는 유효한 약이 없다. 마이코플라스마와 세균이 원인일 경우에는 항생물질을 통한 치료가 가능하므로 감수성시험을 통해 병원체에 유효한 항생제를 판별, 치료한다. 항생물질은 기관지 확장제와 혼합하여 흡입기로 목에 직접 분사한다. 이 외에 기침을 멈추기 위한 약도 쓰인다. 경증은 보통 2~3주 정도나, 길어도 몇 주면 회복된다. 폐렴으로 발전하지 않도록 주의한다.

예방방법

- 예방접종이 가장 좋으며, 디스템퍼, 제2형 아데노바이러스, 파라인플루엔자, 파보바이러스, 렙토스피라 등의 예방약과 섞어서 3종 혼합이나 5종 혼합, 혹은 7종 혼합 형태로 접종한다.
- 접종방법은 다른 감염증처럼 생후 2개월째에 제1회, 다시 1개월 후에 제2회 접종을 하고, 이후에는 매년 한번씩 추가접종한다.
- 이 병은 감염력이 강하여 개가 많이 모이는 비위생적인 장소에서 쉽게 발생하므로 벤자르코늄클로이드나 클로르헥시딘 등으로 철저히 소독하고 환기시킨다. 개의 상태가 좋지 않을 때에는 콘테스트나 애완견 가게 등에의 출입을 삼가는 것도 중요하다.

7 개허피스감염증

■ 갓 태어난 강아지가 잘 걸리는 치명적인 병

갓 태어난 강아지에게 나타나는 치명적인 급성 감염증으로 출혈과 간, 폐, 신장 등 장기를 부분적으로 파괴한다.

증 상

- 이 병의 잠복기는 약 1주일로 발병하면 대개의 경우 4~7일 안에 사망한다. 태어

나서 1~2주일 후에 황록색이나 녹색의 설사를 하게 되고 결국 어미 개의 젖을 먹지 않게 되는데, 때때로 구토를 하거나 침을 흘리며 숨쉬기 힘들어하고 폐렴의 증세도 보인다. 말기에는 물 같은 설사를 하고 젖은 전혀 먹지 않게 되며, 움직이지 못하는 신경증상이 나타나며 4~7일 안에 거의 모든 형제개(동복견)가 사망한다.
- 병이 진행되면 모든 장기가 부분적으로 파괴되기 때문에 배를 누르면 아파한다. 이 병의 가장 큰 특징은 젖을 전혀 먹지 않게 되면서 내는 울음소리로, 이 울음소리는 죽을 때까지 계속된다.

원 인

- 개허피스바이러스에 감염되어 발병하며, 이 병에 걸리는 것은 생후 2~3주까지의 새끼뿐인데, 이것은 체온조절기능이 완전하지 않은 새끼의 체온과 섭씨35~37도에서 가장 활발히 증식하는 이 균의 성질에 관계가 있는 듯하다.
- 새끼에의 감염경로는 알려진 것이 별로 없지만 어미 개의 몸속에 있을 때 태반을 통해 감염되거나, 태어날 때 산도에서 감염되지 않나 추측되어지고 있다.

진단 · 치료 · 예방

진단방법

- 동물병원의 진찰실에서는 생후 3주까지의 새끼가 배를 누르면 아파하거나, 지속적으로 울거나, 움직이지 않게 되면 일단 이 병을 의심한다. 그러나 개허피스바이러스에 감염된 새끼는 사망률이 높고 급작스럽게 죽기 때문에 원인 확인은 해부를 통해 이뤄진다.
- 사망한 새끼의 주요한 장기에서 많은 출혈과 조직파괴가 확인되면 이 병으로 진단된다. 검사실에서는 바이러스의 분리, 동정, 형광항체법 등을 통해 항원을 찾아낸다.

치료방법

- 수혈이나 항생물질을 투여하는 방법을 취하는 것이 일반적이나, 출생 직후에 높은 사망률을 자랑하는 이 병의 실질적인 치료법은 없다. 단 동복견 중에 한 마리가 발병한 경우에는 다른 새끼들도 감염된 것으로 간주하여 치료한다. 이 때 발병한 새끼를 격리시키는 동시에 나머지 새끼들을 섭씨 37도 전후의 보육실로 옮기는데, 이것은 허피스바이러스가 섭씨 35~37도에서 가장 활발히 증식하는 특성을 이용한 것이다.

예방방법

- 개허피스바이러스의 증식방식, 발병, 잠복 등에 대해서는 알려진 것이 별로 없고, 예방약도 개발되지 못했다. 불행히도 이 병이 발병한 경우, 발병한 견사, 산실 등을 30%로 희석한 염소계 세제로 소독한다.
- 예방을 위해 사육환경을 항상 청결하게 유지해야 하고, 새끼가 허피스증으로 급사했거나, 임신 중에 새끼가 죽거나, 미이라변성에 의한 유산이나 사산의 경험이 있는 암컷은 임신하지 않도록 하는 것이 좋다.

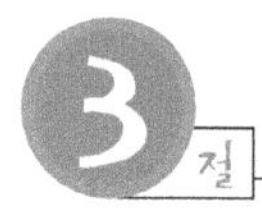

3절 세균감염증

1 렙토스피라증

■ 인간에게도 감염하는 심각한 병

이 병은 렙토스피라라는 세균에 감염에 의해 나타나는 감염증으로, 출혈성 황달이나 요독증을 일으킨다. 또한 급성에서 만성까지 폭넓은 증상을 보이며 사망률이 높다. 개 외에 많은 포유동물에도 감염되고 인간에게도 감염된다.

증 상

- 렙토스피라증은 불현성형과 출혈형, 그리고 황달형으로 구분된다. 대부분은 특별한 증상을 보이지 않으며 시간이 지나면 자연치유 되는 불현성형이지만, 이 불현성형에 감염된 개는 장기간에 걸쳐 오줌을 통해 균을 배출하므로 인간이나 다른 개에게 병을 옮기는 감염원이 된다.
- 출혈형과 황달형은 감염되는 렙토스피라균의 종류와 관계가 있다. 출혈형은 개렙토스피라균이 원인이고, 황달형은 황달출혈 렙토스피라균이 원인인데, 증상만으로는 구별하기 힘들다.
- 개 렙토스피라균에 감염되면 신장염, 출혈성 위염, 궤양성 구내염 등의 증상이 나타난다. 처음에는 40도 전후의 고열이 나고 기운과 식욕이 없어진 후 입의 점막이나 눈의 결막이 충혈된다. 그리고 소화기에 균이 침입하여 구토와 피 섞인 변을

보고, 비뇨기에 균이 침입하면 오줌을 누지 못하거나 고약한 냄새가 나는 오줌을 누는 등의 증세를 보인 후 마지막으로 탈수증세를 일으켜 사망하거나 회복해도 만성 신장염에 걸리게 된다. 그리고 간에 균이 침입하면 입의 점막이나 눈의 결막, 심할 경우에는 배의 피부가 누렇게 변하는 황달 증세를 보인다.

- 황달출혈 렙토스피라균에 감염되면 그 증세가 개 렙토스피라균에 감염되었을 때보다 심하다. 갑작스럽게 고열이 나고 식욕이 없어지며, 쇠약해지고 전신이 떨리고 구토를 하게 된다. 입의 점막이나 잇몸, 결막이 충혈 혹은 출혈하며, 요독증을 일으킨다. 이 균에 감염된 개의 약 70%가 황달 증세를 보이며, 발병 수 시간 후에 죽거나 1주일 이상 살아 남아서 결국 회복하는 등 여러 가지 형태를 보인다.

원 인

- 이 병을 일으키는 렙토스피라균에는 많은 종류가 있는데, 대표적인 것이 개 렙토스피라균과 황달출혈 렙토스피라균이고, 보균동물의 오줌을 통해 배출된다.
- 개와 인간 이외에 쥐, 소, 돼지 등에도 감염되는데, 특히 쥐가 감염원이 되는 경우가 많은데, 쥐는 이 병에 걸려도 거의 증상이 나타나지 않기 때문에 죽을 때까지

[그림 2] 렙토스피라균의 감염원

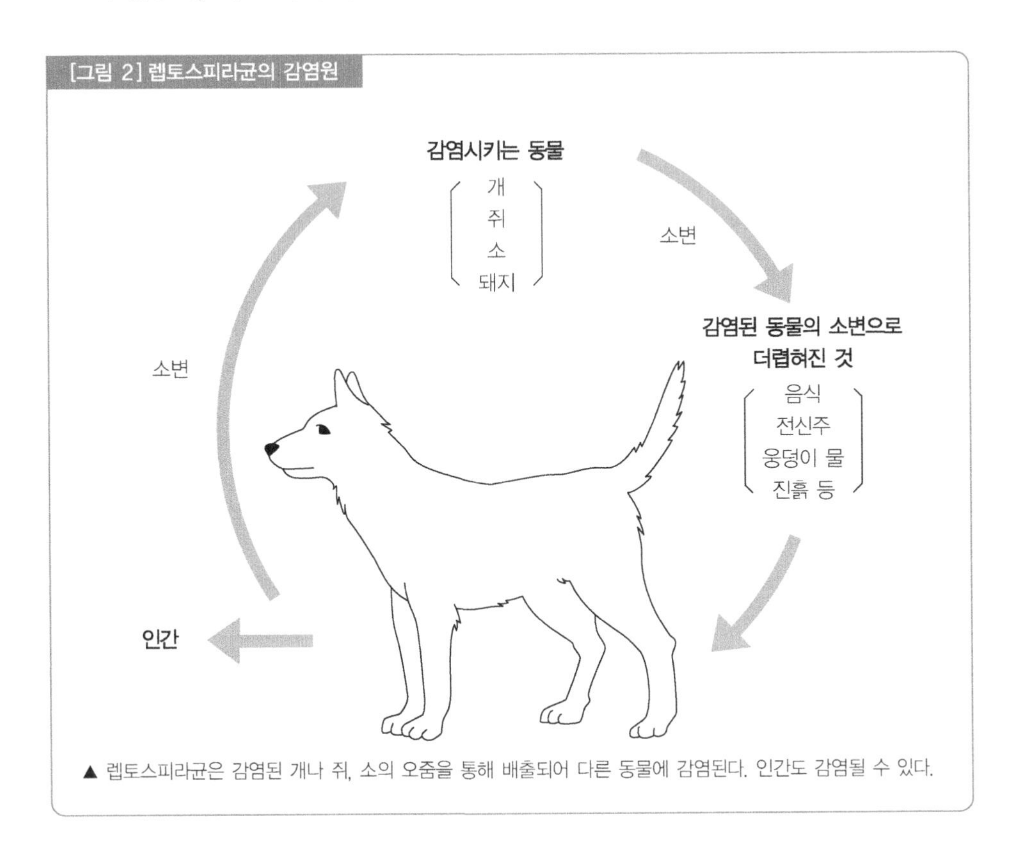

▲ 렙토스피라균은 감염된 개나 쥐, 소의 오줌을 통해 배출되어 다른 동물에 감염된다. 인간도 감염될 수 있다.

여기저기 균을 퍼뜨린다. 물론 감염된 개도 이와 같이 장기간 오줌을 통해 균을 배출한다. 일반적으로 렙토스피라균은 개의 혈액이나 장기에서 증식하는데, 특히 신장 속의 요세관에 옮아 그 속에서 1년 정도 생존한다고 한다.

- 렙토스피라균이 포함된 오줌이나, 그것에 오염된 물이나 흙과의 접촉, 혹은 오줌에 오염된 먹이나 물을 마시게 되면 입의 점막이나 피부의 상처를 통해 감염된다. 또 개들끼리 서로의 성기를 핥거나 오줌의 냄새를 맡는 것을 통해 감염되는 경우도 있는데, 특히 수컷이 이러한 습성이 강해 수컷의 감염률이 암컷보다 높다.

진단 · 치료 · 예방

진단방법

- 렙토스피라증은 병의 발생원인과 감염경로와 분포, 증상, 예방접종의 유무 등을 통해 거의 확실한 진단이 가능하다.
- 동물병원에서는 감염된 개의 오줌을 현미경으로 관찰하여, 전진 혹은 후진하거나 회전, 굴신하는 가늘고 긴 세균을 찾아낸다.
- 검사실에서는 급성기와 회복기의 혈청을 추출하여 그 속의 항체가(세균이 침입했을 때 체내에서 만들어지는 면역글로블린의 양)를 비교하거나 혈액을 배양해서 균을 분리 · 동정을 통해 진단한다.

치료방법

- 먼저 원인이 된 세균을 제거하는 것이 중요한데, 페니실린이나 스트렙토마이신 등으로 신장 내의 렙토스피라균을 제거할 수 있다. 만일 탈수 증세를 보이고 있다면 유당링거 등으로 수액하면 된다. 또 요독증이나 간장애를 일으킨 경우에는 비타민 B나 포도당, 간기능강화제, 이뇨제 등을 투여하며, 요독증에 대해서는 복막투석을 하는 경우도 있다. 그리고 증상이 잘 나타나지 않는 불현성 렙토스피라증에 걸린 개에게도 균이 나오지 않을 때까지 항생물질을 투여한다.
- 렙토스피라증은 인간과 동물 모두가 감염될 수 있는 병이므로 감염된 개나 균을 가지고 있는 개는 주의하여 다뤄야 한다.

예방방법

- 이 병은 예방접종을 통한 예방이 가능하므로 정기적인 예방접종이 가장 중요하다. 접종방법에는 단독접종과 3, 5, 7종 혼합 접종이 있다.
- 렙토스피라균은 오줌을 통해 배출되고 소독약에 약하므로, 만약 개가 이 균에 감

염되었다면 언제나 견사를 소독하고, 실수라도 오줌이나 오줌에 오염된 것을 핥거나 만지지 않도록 조심한다. 개와 함께 산보할 때에는 개가 길가의 물웅덩이나 다른 개가 눈 오줌을 핥지 않도록 주의해야 한다. 그리고 렙토스피라증뿐만 아니라 여러 가지 전염병의 매개체인 쥐를 잡는 것도 중요하다.

2 브루셀라증

■ 생식기를 공격하는 병으로 치료법이 없다.

이 병은 개 브루셀라(브루셀라 케니스)이라는 세균의 감염에 의해 발병하며, 암컷의 유산, 사산 또는 불임의 원인이 된다. 성견이 이 병에 걸려 죽는 일은 없지만, 인간에게도 감염되므로 조심해야 한다.

증 상

- 감염이 되도 몸 표면의 림프절만 부어오르는 정도로 생식기 이외의 부분은 건강을 유지한다.
- 수컷은 한쪽 또는 양쪽 고환(정소)이 부어오르거나 반대로 작아지는데, 아픔 때문인지 핥기 때문에 음낭이 빨갛게 되거나 염증이 생긴다.
- 생식기에 이상이 생기므로 개는 교배욕을 잃어 버린다. 이 병에 걸린 수컷은 정상적인 정자를 만들지 못하고 움직임이 없는 기형적인 정자의 수가 많아지는데 이 기형 정자가 불임의 원인이다. 한편 암컷의 경우 불임과 임신 30일 이후(보통은 45~55일)의 임신 후기에 유산이나 사산을 하게 된다. 유산한 암컷은 질에서 녹갈색 혹은 회녹색의 분비물을 수 주간 배설한다. 이렇게 유산이나 사산을 경험한 암컷은 이후에도 계속 유산을 하거나 불임이 될 가능성이 높다.

원 인

- 원인이 되는 유산균에는 몇 가지의 종류가 있지만 주된 원인은 개 브루셀라균이다. 이 세균은 개의 호흡기, 소화기, 생식기 등의 점막을 통해 체내에 침입, 림프절이나 생식기에서 증식하는데, 수컷의 경우 전립선이나 고환이, 암컷의 경우는 태반이 공격당한다. 따라서 교배시켜도 불임하거나 임신해도 유산이나 사산된다.
- 감염은 교배, 또는 애견 호텔이나 개들이 많이 모이는 장소에서 일어난다.

진단 · 치료 · 예방

진단방법

- 쉽게 진단할 수는 없지만 불임이나 유산, 고환의 이상 혹은 기형정자, 림프절의 이상 등의 증상을 통해 브루셀라증을 의심하게 된다.
- 검사실에서는 혈청응집반응으로 항체가를 검사하거나(렙토스피라증 항목 참조), 혈액, 오줌, 질의 분비물 또는 사산된 새끼의 태반 등을 재료로 샘플을 배양하여 세균을 분리하여 검사한다.

치료방법

- 아직 효과적인 치료방법은 없다. 테트라사이클린, 스트렙토마이신, 미노마이신 등의 항생물질을 투여하여 치료하지만 그렇게 만족스러운 효과는 볼 수 없다.

예방방법

- 브루셀라증 이 발생한 견사에서 이 균을 뿌리뽑는 것은 매우 어려우니 발병한 개는 다른 개와 격리시키고 절대로 교배시켜서는 안 된다. 그리고 언제나 소독에 주의하고 청결을 유지한다.
- 브루셀라증 은 인간에게도 감염되므로 감염된 개의 오줌이나 유산 또는 사산한 암컷의 분비물 등을 맨손으로 만지지 않도록 한다.

3 파상풍

■ 대개는 5일 내에 사망한다.

흙 속에 존재하는 파상풍균은 개의 몸 표면이 흙에 오염됐을 때 상처를 통해 침입, 체내에서 독소를 만들어내는데, 이 독소에 의해 발생하는 급성 감염증이 파상풍이다. 이 병에 걸리면 운동신경과 중추신경이 손상을 입고 그 결과 전신이 강직성 경련을 일으킨다. 개가 파상풍균이 존재하는 장소에서 외상을 입었을 때나, 거세 또는 꼬리를 자르는 수술을 받았을 때 특히 조심해야 한다.

증 상

- 보통 감염 5~8일 후에 발병하는데, 먼저 두부 측면 근육에 강직성 경련이 일어나는데, 이 경련 때문에 눈꼬리가 치켜 올라가고, 콧구멍이 벌어지며 입을 다물 수

없게 되어 먹지도 마시지도 못하게 된다. 그리고 목과 전신의 근육에 강직과 경련이 일어나 사지의 관절이 굽히지 못하고 걷지도 못하게 되므로 뉘어놔도 서있을 때처럼 네 다리를 쭉 뻗는 자세가 된다. 이런 상태가 된 개는 소리나 진동, 약간의 빛에도 과민한 반응을 보이게 되고 때때로 몸을 활처럼 굽히게 되며, 결국 호흡곤란에 빠져, 대부분은 발병 5일 이내에 죽는다. 운 좋게 낫게 되는 개도 이러한 증상이 2주정도 계속되며, 증세가 전신성이므로 완전한 회복은 힘들다.

원 인

• 파상풍균은 흙 속에서 장기간 생존할 수 있는데, 이 균이 상처 등을 통해 몸의 심부조직에 침투, 증식하여 테타노톡신이라는 독소를 만들어내면 발병한다. 이 독소는 중추의 운동신경세포를 집중적으로 공격하므로 전신의 근육이 강직, 경련을 일으키거나 지각과민 증상이 나타난다.

[표 2] 주요 예방약의 종류

	7종 혼합 백신	5종 혼합 백신	3종 혼합 백신	광견병 백신
예방할 수 있는 병	디스템퍼	디스템퍼	디스템퍼	광견병
	개전염성간염	개전염성간염	개전염성간염	
	제 2형 개 아데노 바이러스감염증 (켄넬코프)	제 2형 개 아데노 바이러스감염증 (켄넬코프)	제 2형 개 아데노 바이러스감염증 (켄넬코프)	
	파라인플루엔자 (켄넬코프)	파라인플루엔자 (켄넬코프)	파라인플루엔자 (켄넬코프)	
	파보바이러스	파보바이러스		
	렙토스피라(2종류)			

[그림 3] 강아지 예방접종 프로그램

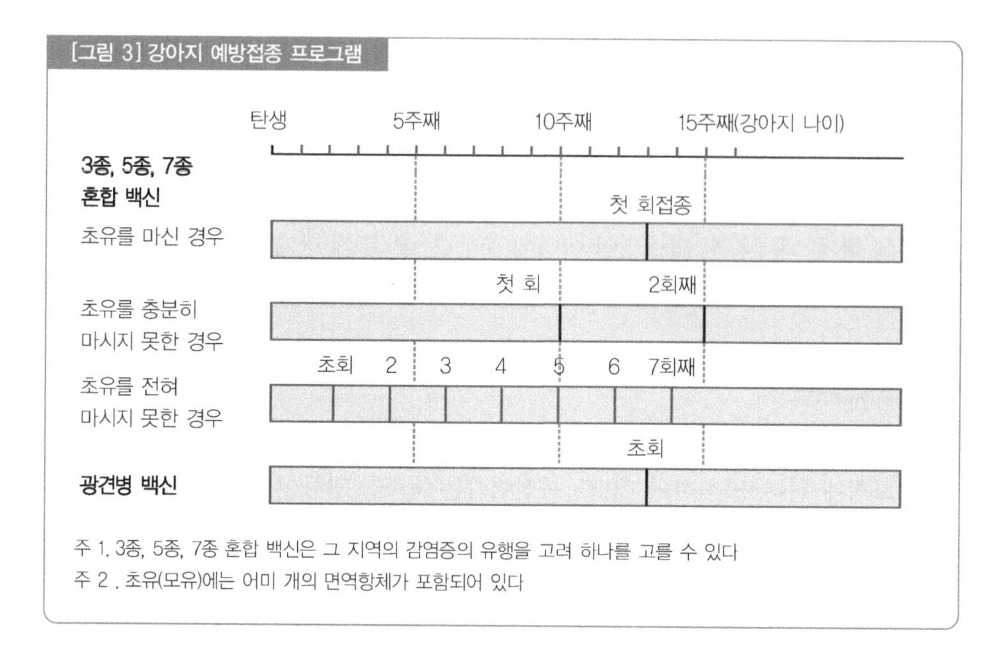

주 1. 3종, 5종, 7종 혼합 백신은 그 지역의 감염증의 유행을 고려 하나를 고를 수 있다
주 2 . 초유(모유)에는 어미 개의 면역항체가 포함되어 있다

진단 · 치료 · 예방

진단방법

- 이 병의 병증은 상당히 독특하여 딴 병으로 착각하는 일은 없다. 그러므로 전술한 증상과 수술의 흔적이나 상처의 유무를 통해 진단한다.
- 파상풍균을 발견하면 확실히 파상풍으로 진단하나 보통은 상처가 작고, 증상이 나타날 때쯤에는 이미 아물기 시작하기 때문에 감염부위가 확실치 않아 세균의 분리가 어렵다.

치료방법

- 증상이 진전되면 치료가 힘드나, 일반적으로 상처부위를 도려내고 옥시돌로 충분히 소독한 후 페니실린을 전신에 투여한다. 그리고 이것과 동시에 병원균이 만들어낸 독소를 중화하기 위해 항독소혈청을 사용한다.
- 병에 걸린 개는 조용하고 어두운 곳에서 안정시키고 영양제를 투여한다. 강직과 경련을 완화시키기 위해서 진정제를 사용하고, 만약 호흡곤란을 일으킨 경우에는 산소호흡을 시킨다.

예방방법

- 파상풍톡소이드라는 변종 독소를 백신으로 주사하면 예방할 수 있지만 개에게는

사용하지 않는다.

- 개가 상처를 입었을 경우에는 옥시돌로 잘 소독해 주고, 거세를 했거나 꼬리를 잘라 생긴 상처에 흙 등이 묻지 않도록 주의한다. 사람도 파상풍에 걸릴 수 있지만, 개에게서 개에게, 사람에게서 사람에게 감염되는 일은 없고, 어디까지나 흙 속의 세균이 감염원이므로 상처입지 않도록 주의한다.

4 세균성 장염

■ **최초의 증상은 설사**

세균의 감염에 의해 생기는 점막의 염증이다. 원인균이 무엇이든 설사가 주된 증상이다.

증 상

- 장염의 증상은 병원균의 종류, 염증 부위, 급성인지 만성인지에 따라 다르지만, 한 가지 공통점은 반드시 설사를 한다는 점이다.
- 변의 상태는 부드러운 죽과 같은 연변과 피가 섞인 물과 같은 변 등 다양하다. 설사가 심하면 단시간 내에 탈수증상을 일으키며, 생기가 없어지고 음식을 먹지 않으며 털의 윤기가 없어진다. 그리고 장이 심하게 움직이므로 배에서 소리가 나는 등의 공통된 증상을 보인다. 이러한 증상은 성견보다 어린 개가 더 심하고, 죽을 가능성도 있으므로 충분히 주의해야 한다. 단독발병의 경우 보통은 캄필로박터균에 의한 감염일 경우가 살모넬라균의 경우보다 증상이 경미하다. 그러나 이들 세균과 함께 파보바이러스나 코로나바이러스가 함께 감염되면 증상이 심해지고 사망률이 높아진다.

원인

- 장염을 일으키는 원인에는 여러 가지가 있지만, 살모넬라균, 클로스트리듐균, 캄필로박터균, 스피로헤타균 등의 세균이나 곰팡이 등을 들수 있는데 이외에도 대기에 존재하는 대장균, 프로테우스균, 녹농균 등에 의해 발병하는 경우도 있다.
- 이 중에서도 살모넬라균과, 캠필로박터균이 주된 원인으로 꼽히는데 이들 세균에 오염된 먹이를 먹거나 물을 마심으로써 입을 통해 감염된다.
- 일단 입으로 들어간 세균은 장에서 증식하여 장점막 내부에 침입하거나, 독소를

생성하여 장에 피해를 입힌다. 이 병은 주로 지저분한 환경에서 대량으로 사육되는 어린 개가 잘 걸린다. 하지만 건강상태가 좋지 않거나 수술이나 먼 여행으로 인해 스트레스가 쌓인 성견에게 나타나기도 한다.

진단 · 치료 · 예방

진단방법

- 동물병원의 진료실에서는 원인균의 종류를 알아낼 수 없다. 그러나 항생물질을 투여하여 병의 경과를 관찰하고, 만약 증상이 호전되면 세균성 장염으로 진단된다. 그러나 항생물질을 투여하기 전에는 반드시 원인균의 검사재료로서 개의 변을 채취해 둔다.
- 검사실에서는 개의 변 샘플을 직접 슬라이드그라스에 발라 현미경으로 균의 존재를 확인하는데, 확실한 진단을 위해서는 샘플을 배양하여 세균을 분리, 동정할 필요가 있다.

치료방법

- 세균성 장염에는 여러 가지 원인균이 존재하기 때문에 균을 배양하여 그 균에 맞는 항생물질을 감수성 시험을 통해 선택, 투여하는데, 클로람페니콜, 가나마이신, 겐타마이신, 에리스로마이신, 테트라사이클린 등의 항생제가 효과가 있다. 그리고 장염에 걸리면 탈수증상이 일어나므로 링거액이나 포도당액 등을 수액하면서 장 점막보호제도 같이 사용한다.

예방방법

- 아무리 건강한 개라도 그 중 10%는 살모넬라균이나 캠필로박터 균을 포함한 여러 가지 균을 가지고 있다. 이들 균은 보통 때는 별로 문제될 것이 없으나 개의 체력이 떨어지면 발병하는 수가 있으므로, 견사나 그 주변이 변이나 오줌으로 더러워졌을 때나 개가 식기를 사용한 후에는 반드시 철저히 소독해 청결한 환경을 유지해야 한다. 그리고 이러한 세균들은 인간에게도 감염되므로 아이가 있는 집에서는 개의 변, 특히 설사의 처리에 주의를 기울여야 한다.

면역과 백신

동물의 면역은 우리 인간들의 기억과 비슷한 기능을 갖추고 있다. 처음으로 어떠한 종류의 세균이나 바이러스에 감염되어 이것을 몸 밖으로 내보내려는 면역반응이 일어나는데, 이 때 면역은 이 바이러스나 세균을 항원으로 기억하게 되는데 이 것이 바로 우리의 기억과 비슷한 기능이라 할 수 있다. 그리고 이렇게 기억된 바이러스가 두 번째로 침입했을 때, 체내의 면역은 앞의 몇 개인가의 단계를 건너 뛰게 되기 때문에 더욱 빨리 반응하게 되어 더욱 효과적인 대처가 가능하다. 이러한 면역의 특성을 '획득면역계'라고 하는데, 백신은 이러한 면역의 성질을 이용한 것이다. 즉 죽이거나 약하게 만든 바이러스나 세균을 개에 감염시켜 개의 체내에 이 획득면역계를 만들어 자연의 세균이나 바이러스에 감염되었을 때에 대비하는 것이다.

■ **백신의 종류**

현재 일반적으로 사용되는 백신에는 '생독 백신'과 '불활화 백신'이 있다. 생독 백신이란 살아있는 세균이나 바이러스를 약으로 약하게 만들어 사용하는 것으로, 자연스러운 면역기능을 이용하기 때문에 효과가 좋고, 지속력이 있다. 한편 불활화 백신이란 세균이나 바이러스를 포르말린을 이용해 죽인 것이다. 죽어있기 때문에 이것 자체가 개에게 감염되는 일은 없으나 면역반응을 불러일으키는 힘은 남아 있다. 그러나 생독 백신에 비해 예방효과의 지속력이 약하다. 최근에는 새로운 타입의 백신도 개발되었다. 바이러스의 본체를 이루고 있는 단백질 중에 개의 면역반응을 불러일으키는 성분(항원)만을 추출하여 만든 '성분 백신'이나 바이러스의 유전자에서 항원이 되는 유전자만을 추출하여 감염역이 없는 별도의 바이러스 유전자와 합성시킨 '신생독 백신' 등이 그것이다. 백신은 주사를 통해 투여하는데, 하나의 백신은 그에 맞는 특정 유전자에만 반응한다. 때문에 일반적으로 여러 종류의 백신을 혼합한 백신을 투여해 한번에 여러 종류의 병을 예방한다. 이러한 혼합 백신에는 2종 종합 백신, 3종 혼합 백신, 5종 혼합 백신, 그리고 7종 혼합 백신 등이 있다. 백신은 엄중한 품질관리 하에 만들어지고 특히 유효성과 안정성에 신경을 쓴다. 그러나 생독 백신의 경우, 아무리 독성이 약하다 해도 어디까지나 살아있는 바이러스나 세균이므로 개의 몸 상태에 따라 감염하는 경우도 있다. 개의 몸 상태가 나쁠 때 백신을 접종하면 알러지 반응이나 저혈압 증상을 일으킬 수도 있으니, 접종 후 개의 상태에 신경을 써야 한다. 백신을 접종한 개는 높은 치사율의 감염증에 잘 걸리지 않고, 개의 건강관리가 쉬워진다. 그렇기 때문에 백신접종은 개 보호자에게나 개에게나 중요하지 않을 수 없다.

제16장 기 생 충

기생충이란

개의 내장이나 혈관 속에는 기생충이라는 벌레가 살고 있는 경우가 있다.
이들 기생충은 개의 영양을 빼앗아 살고 있으므로, 개가 생기를 잃거나 영양불량, 구토, 설사 등의 병증이 나타나기도 한다.

제16장 기 생 충

1절 내부 기생충이란?

1 내부기생충이란 무엇인가

어떠한 생물이 다른 생물의 몸에 살게 되는 것을 기생이라고 하고, 그 생물을 기생충이라고 한다. 이러한 기생충에는 세균이나 진균 등의 식물성과 원충이나 흡충과 같은 동물성, 그리고 바이러스와 리케차와 같이 양쪽 어디에도 속하지 않는 것 등의 여

[그림 1] 개에 사는 주된 기생충

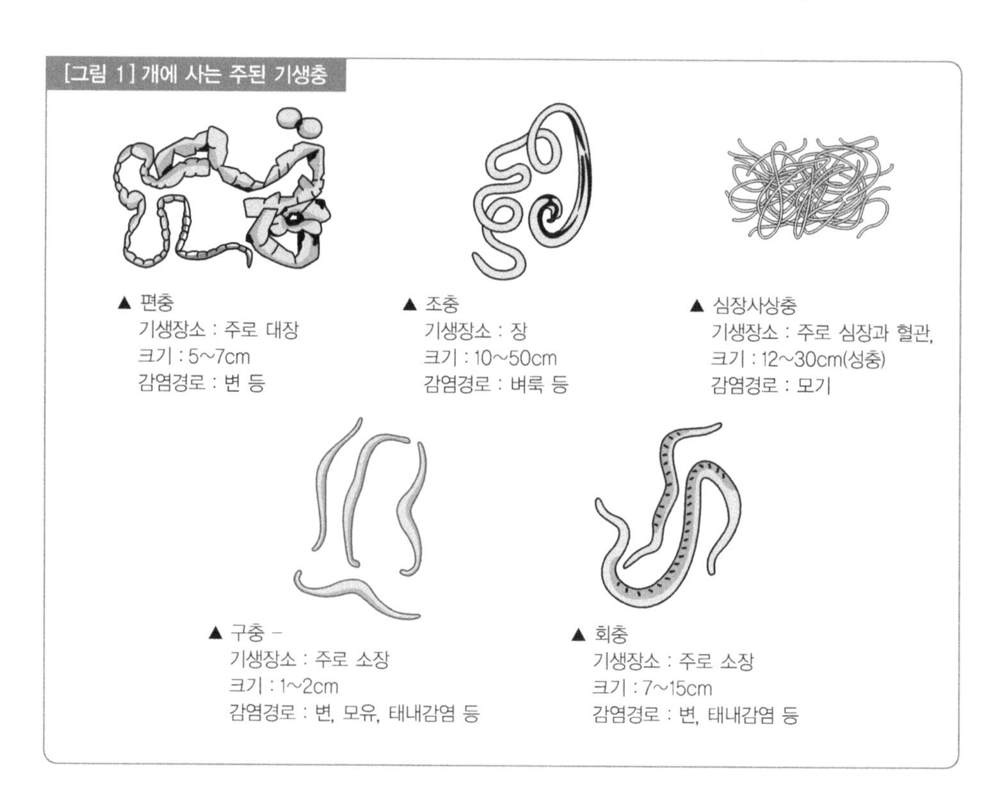

▲ 편충
기생장소 : 주로 대장
크기 : 5~7cm
감염경로 : 변 등

▲ 조충
기생장소 : 장
크기 : 10~50cm
감염경로 : 벼룩 등

▲ 심장사상충
기생장소 : 주로 심장과 혈관,
크기 : 12~30cm(성충)
감염경로 : 모기

▲ 구충 –
기생장소 : 주로 소장
크기 : 1~2cm
감염경로 : 변, 모유, 태내감염 등

▲ 회충
기생장소 : 주로 소장
크기 : 7~15cm
감염경로 : 변, 태내감염 등

러 가지 생물이 있다. 이번 장에서는 이들 기생생물 중에서도 개의 몸에 살면서 병을 일으키는 기생동물(기생충)과 그들이 일으키는 병에 대해 알아보도록 하겠다. 기생충은 서식장소에 따라 크게 두 가지로 나뉜다. 그 중 하나는 소화관이나 혈관과 같은 몸 내부기관에 기생하는 '내부기생충' 이고, 다른 하나는 털과 같은 몸의 외부에 살면서 주로 피를 빨아먹고 살아가는 '외부기생충' 이다. 내부기생충에는 가장 원시적인 원충을 비롯하여 흡충, 조충, 선충 등이 있으며, 그 모양과 서식도 다양하다. 한편 외부기생충은 이나 벼룩 같은 절족동물이 주를 차지하고 있다. 기생충은 자기의 힘으로 먹이를 찾지 않으며, 남의 영양을 빼앗아 살아가며 자손을 늘리는 데만 전념한다. 때문에 기생당하는 개는 영양장애나 순환장애를 일으키며, 건강이 나빠진다.

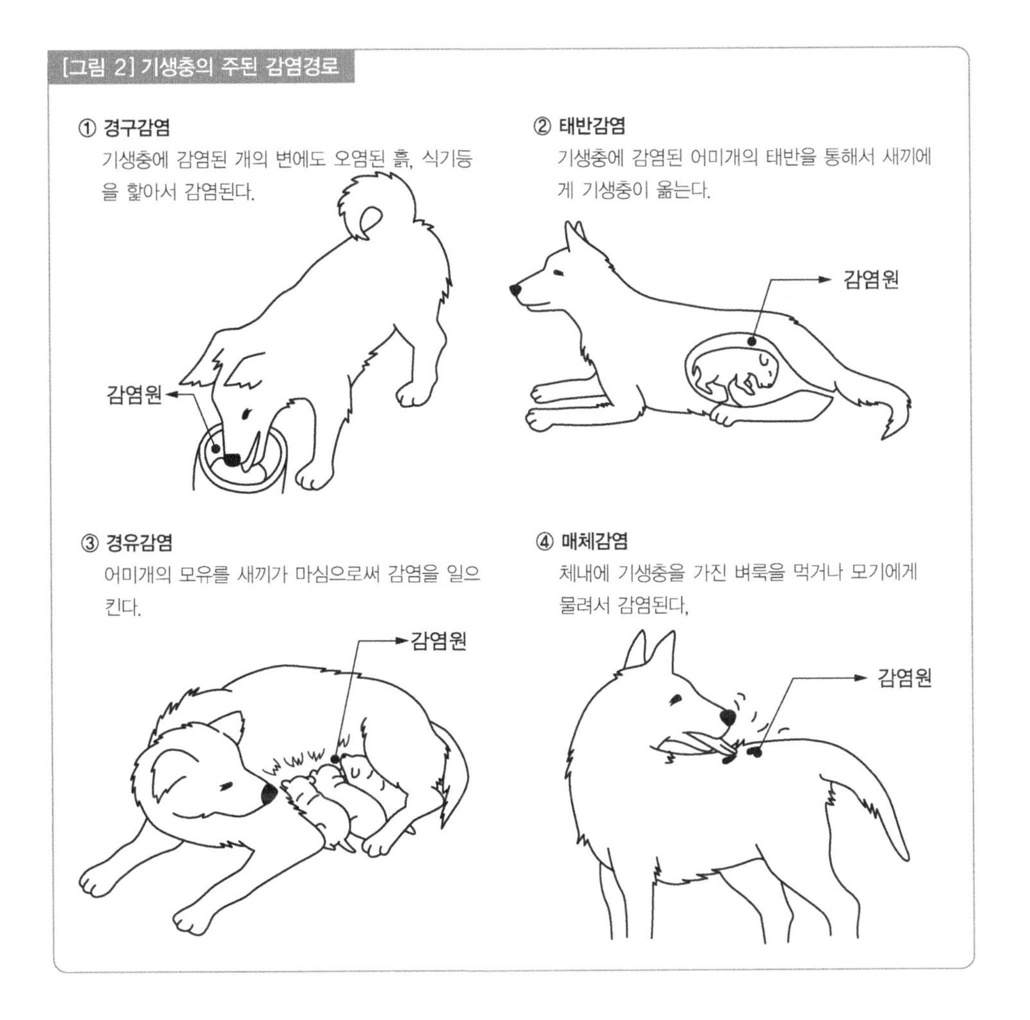

[그림 2] 기생충의 주된 감염경로

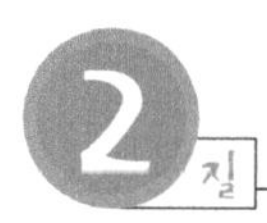

2절 개 내부기생충

1 회충증

■ 중증으로 발전하면 사망할 수도 있다.

개에게 기생하는 회충에는 개회충과 사자회충이 있고, 이들 기생충의 성충이 소장에 기생하면 소화기에 장애가 일어나고, 구토와 설사를 하게되는데, 이것이 바로 회충증이다. 특히 강아지의 감염률이 높고, 주요 감염증 중 하나다.

증상

• 개회충의 수가 적은 경우 커다란 증상은 나타나지 않는다. 그러나 강아지에게 다수의 개회충이 기생하게 되면 확실한 증상이 나타난다. 먼저 배가 불러오고 먹은 것과 회충을 토하거나 복통이나 점액성 설사 등의 만성위염 증상이 나타난다. 결국에는 발육불량에 걸려 기운도 없어지며, 마르고 빈혈을 일으킨다. 때로는 회충뭉치에 소장을 막아 장폐쇄증을 일으키기도 하고, 회충의 독소 때문에 경련이나 간질과 같은 발작 등의 신경증상이 나타난다. 또한 유충이 대량으로 몸속을 이동하면 기침을 하거나 폐렴을 일으킬 수도 있다. 사자회충에 의한 증상은 보통 생후 4개월 이상의 어린 개나 성견에게서 볼 수 있는데, 식욕에 기복이 심하고 먹은 것을 토하거나 설사를 하게 되고 털의 윤기가 없어지면서 마른다. 그리고 아무리 회충증이라고 해도 증세가 심하면 죽는 수도 있으니 주의해야 한다.

원인

• 회충은 흰 지렁이처럼 생겼고, 길이가 7-15cm 정도로 둥근 띠 형상을 한 벌레다. 대변에 섞여 배출된 알은 밖에서 발육 · 성장하여 성숙란이 되고, 개가 입으로 먹이를 먹을 때 같이 삼킴으로써 감염된다(경구감염). 이 성숙란이 소장에서 부화하여 새끼가 되는데, 개회충과 사자회충은 서로 발육방법이 틀리다. 개회충에는 두 가지 타입이 있다. 하나는 체내에서 움직이는 것으로, 새끼가 장벽의 내부에 침입하여 림프액이나 혈액을 타고 간장과 심장을 거쳐 폐로 이동하고, 게다가 기관지에서 목을 거쳐 소장에 도달하여 성충이 된다(기관형 이행). 다른 하나는 기

관형 이행과 마찬가지로 소장에 도달한 새끼가 전신을 흐르는 혈액(체순환)을 타고 여러 장기에 도달하여 새끼상태로 머문다(전신형 이행).

- 전자는 생후 약 40일 이하의 강아지에서 볼 수 있는데, 시간이 흐르면 후자가 많아진다. 생후 6개월 이상의 개에서 발견되는 것은 거의 전신형 이행이다. 때문에 성충의 기생은 적어지고, 개가 한살 이상이 되면 거의 없어진다. 즉 임신한 개가 감염되면, 체내를 이행하고 있는 새끼가 어미개의 태반을 통해 태아의 장으로 이행한다(태반감염). 때문에 갓 태어난 강아지에는 개회충병이 많다. 한편 사자회충의 새끼는 개회충과 같은 체내이행은 하지 않는다. 일시적으로 소장의 벽에 침입하지만, 바로 장내에 머물며 그곳에서 성충이 된다. 또 태반감염도 없기 때문에 보통 어린 개와 성장한 개 모두에게서 발견된다.

진단 · 치료 · 예방

진단방법

- 강아지의 복부팽창과 점액성 변은 회충병 진단의 간단한 척도다. 하지만 이 병을 확실하게 진단하기 위해서는 대변속의 알을 검사해야 하는데, 변을 슬라이드글라스에 도말하여 관찰하거나(직접 도말법), 포화식염수 등에 녹여 부유액을 슬라이드글라스에 취해(부유법) 현미경으로 확인한다.

치료방법

- 구충약을 먹인다(경구투여). 1회 투여 후 반드시 2주일 이후에 재검사를 해야 하는데 결과에 따라 재투여가 필요하다. 구충에 의해 증상은 개선되지만, 체력을 회복시키기 위해 정장제, 영양제 등을 먹이기도 한다. 개 보호자 중에는 개도 데려오지 않고 변도 가져오지 않은 채 구충약만 달라고 하는 사람들이 있다. 하지만 구충약은 변 검사의 결과에 따라 가장 효과적인 약을 개의 체중에 맞춰 투여하는 것이 일반적이다. 반드시 가장 최근의 변을 새끼손톱 크기만큼 가져가서 수의사의 지시에 따라 구충한다.

예방방법

- 개의 대변은 내버려두지 말고 그때그때 처리한다. 또 번식예정인 개는 태반감염을 예방하기 위해 회충알을 확실하고 효과적으로 구제해야 하는데, 수의사와 상담하면 증상에 맞는 구제약을 처방해 준다. 개회충은 사람에게도 감염된다. 알이 입으로 들어가면 소장에서 새끼가 되고 장벽에서 여러 장기로 옮기며 인체에 여러 가지 장애를 일으키므로 강아지와 접촉이 많은 3~5세의 아이가 감염에 주의한다.

[표 1] 개가 사람에게 옮기는 병(인수 감염증)

	개의 병명 (병원체)	개에서 사람에게 감염되는 경로	사람의 증상
기생충	에키노코쿠증 (다포조충, 단포조충)	대변의 오염물이 입으로 들어간다. 체모의 충란이 입으로 들어간다. 모기에 물린다.	복부불쾌감. 뇌나 간장에 낭종. 중증에서는 황달, 복수 등의 증상으로 사망할 수 있음.
	심장사상충증 (심장사상충)	대변의 오염물 등에 접촉한다(피부를 통해 감염).	폐에 기생하는 경우, 기침 발열 등의 증세. 피부밑을 이동하여, 피하나 눈, 자궁 등에 혹을 만들기도 함.
	조충증	대변의 오염물이 입으로 들어간다.	피하를 유충이 돌아다니며, 피부염 등의 증상 유발(개구충이나 개회충 등의 유충이 일으키는 증상을 총칭하여 유충이행증이라 함).
	회충증	체모의 충란이 입으로 들어간다.	간장이 붓거나, 발열이나 기침 증세. 드물게는 눈에 유충이 들어가 실명하기도 함.
	벼룩알러지성피부염 (개벼룩, 고양이벼룩)	접촉	피부에 지독한 가려움증. 빨갛게 된다.
	옴(옴벌레)	접촉	지독한 가려움. 발진 등.
	백선(개 소포자균 등)	직접적인 접촉, 개의 주위와 접촉한다.	머리에 원형 탈모, 피부습진 등.

3 편충증

■ 기생충의 수가 늘어나면 영양실조나 빈혈을 일으킨다.

길이 5~7cm의 편충이 주로 맹장 등에 기생하여 빈혈, 장염, 영양불량 등을 일으키는 병이다.

증 상

- 이 병의 증상은 기생하는 개 편충의 수에 따라 틀리다. 수가 적으면 별다른 증상이 없지만, 수가 많으면 심한 증상을 보인다. 그리고 개 편충 이외의 다른 장내 기생충과의 혼합감염되면 증상은 더욱 악화된다.
- 기생하는 수가 적은 경우는, 가끔 묽은 변을 보거나, 배변 후에 몇 방울의 혈변을 보이는 정도로 중대한 증상은 보이지 않는다. 그러나 기생하는 수가 많으면 격한 복통을 일으키고 식욕이 없어져 항상 설사를 하며 점성의 피 섞인 변을 누게 되다가, 결국 거의 변을 못 누게 된다. 또 영양불량이 되어 야위기 시작하며 털의 윤기도 잃어버리며, 빈혈이나 탈수증 등의 전신증상도 나타난다.

원 인

- 개에 기생하는 편충을 개편충이라고 하는데, 이 기생충은 가늘고 긴 몸의 전단부를 맹장이나 혹은 결장의 점막에 깊이 박은 상태로 기생한다.
- 성충은 다수의 충란을 낳아 변과 함께 밖으로 배출되는데, 배출된 충란은 2~4주 사이에 알를 밴 성숙란이 된다. 개가 이 성숙란에 오염된 먹이를 먹거나 식기를 핥거나 하면 성숙란이 체내로 들어가 감염된다. 삼켜진 성숙란은 주로 소장에서 부화하여 그 점막의 내부에 침입하여 발육을 계속하고, 그 후 다시 소장내로 나와 맹장 혹은 결장에 도달한다.

진단 · 치료 · 예방

진단방법

- 개가 피가 섞인 점액성 설사를 하면, 개편충증을 의심할 수 있다. 그러나 확실한 진단을 위해서는 변을 받아 직접 도말법이나 부유법으로 개편충의 알을 찾아내야 한다.

치료방법

- 별 증상이 없거나 혹은 가벼운 증상인 개에게는 구충약을 먹이든가 피하주사를 놓는 것으로 충분하다. 증상이 심한 개는 구충증과 같은 방법의 대응요법을 처방한다.

예방방법

- 다른 장내기생충의 예방과 마찬가지로 대변처리는 그때그때 해 준다. 외부에서의

성숙란은 풀 밑에서 1년 이상을 살아있을 수 있다. 그러나 건조하고 더운 환경에 약하므로 개의 생활환경을 청결하게 유지하고 적절하게 건조시켜 주는 것이 좋다. 개가 사용하는 깔개나 모포 등은 진공청소기로 털고 일광소독하면 좋다.

4 구충증

■ 1세 이하의 개에게 발병한다.

이 병은 십이지장충증이라고도 불리며, 실보푸라기 같은 길이 1~2cm 정도의 흰 벌레가 소장에 기생하여 발병한다. 이 벌레는 개의 소장 점막에 달라붙어 피를 빨며 살기 때문에 개는 심한 빈혈이나 장염에 걸리고 영양불량에 빠진다. 특히 어린 강아지에게 감염되면 쇼크증상을 보이기도 한다.

증 상

- 구충증은 보통 1세 이하의 개에게 발병하며, 기생율이 높고 기생수도 많다. 증상은 가벼운 것부터 장염과 빈혈로 쇠약해져 사망하는 심한 것까지 여러 가지가 있다. 증상은 다음의 세가지로 나뉜다. 첫째는 모급성형으로 어미개의 태반 또는 젖에서 감염된 새끼 강아지(포유견)에게 보이는 증상이다.
- 생후 1주일 정도부터 설사가 시작되고, 그 설사가 점혈변이 변하고 젖을 못 먹게 되어 급격히 쇠약해지며 극도의 빈혈로 쇼크 상태에 빠져 사망하게 된다. 둘째는 주로 중증의 감염된 강아지나 어린 개에게서 나타나는 증상으로 급성형이라고 한다. 식욕이 없어지고, 말라가며, 변은 끈끈한 점혈변이 되고, 혈변 때문에 눈의 결막이나 입의 점막이 하얗게 되며, 복부가 아프기 때문에 등을 구부린 자세(배만자세)를 취하고 배를 웅크린다. 셋째는 만성형이라고 하며, 가장 일반적으로 보이는 병이다. 변검사를 하면 구충란이 발견되나, 눈에 띄는 증상은 없다. 그러나 이 병에 걸리면 대개의 개가 빈혈 및 설사 기미로 털의 윤기가 없어지는 등의 만성적인 병세를 보이게 된다.

원 인

- 개에게 기생하는 구충을 개구충이라고 한다. 대변과 함께 밖으로 배출된 충란은 부화하여 감염유충가 되어 주로 흙속에서 살게 된다. 개에게는 경구감염과 경피감염에 의해 감염된다. 경구감염의 경우는 감염유충이 먹이나 식기에 붙어 입을

통해 장으로 들어가면 일시적으로 소장의 벽에 침입, 다시 장관내에 돌아가 성충이 되는데 이것이 일반적인 감염경로다. 이에 비해 경피감염의 경우는 감염유충이 피부나 모공을 통해 개의 체내로 들어간 뒤, 개회충과 마찬가지로 기관을 통해 소장에 도달하고 그곳에서 성충이 된다.

- 또 혈액이나 림프액에 들어간 유충이 개의 전신을 순환하여 여러 장기에서 장기간 살아있는 경우가 있는데, 이런 상태의 암컷이 임신하면 유충은 유방에서 모유(주로 초유)를 통해 새끼 강아지에게 감염되거나(경유감염), 혹은 자궁에서 태반을 통해 새끼에게 감염된다(태반감염).

진단 · 치료 · 예방

진단방법

- 대변속에 배출된 충란을 현미경으로 찾아낸다. 검사 방법은 회충알의 경우(회충병의 항 참조)와 마찬가지로 직접도말법이나 부유법 등을 이용한다. 단 포유류의 새끼에게 보이는 모급성 구충증의 경우 구충이 성장하여 알을 낳기 전에 증상이 나타나는 경우가 있는데 이럴 때는 빈혈상태, 끈적한 설사 등으로부터 구충증을 판단하여 치료한다.

치료방법

- 증상이 가벼울 때는 구충약을 먹이거나 피하주사를 놓는 것만으로 충분하지만, 보통은 개가 만성적으로 건강하지 못한 상태가 되므로 장염에 대한 처치나 영양보급 등을 한다. 또 모급성 및 급성구충증으로 증상이 나빠지고 빈혈이 심해져 쇼크상태가 되면 수혈을 하는 등의 구급처치도 필요하다.

예방방법

- 평소에 위생관리를 철저히 하는 것이 중요하다. 집 안팎의 개의 사육환경은 청결하고 건조하게 유지하며 대변은 곧바로 처리하도록 한다. 구충의 감염유충은 흙속에서 개가 오기를 기다고 있으므로 다른 개의 변 등으로 오염되어 있을 만한 장소는 피해서 산보시킨다. 또 경유감염 혹은 태반감염을 예방하기 위해 암컷이 임신하기 전에 올바른 구충을 하는 것이 좋다. 동물병원에서 정기적으로 변검사를 받고 기생충의 조기발견에 힘쓰도록 하자.

5 개조충증

■ 먼저 벼룩을 구제하여 예방한다

개에게는 7종류의 조충이 기생하며, 가장 흔한 것이 개조충이다. 성충의 모양이 납작한 오이씨가 이어져 있는 듯한 형태를 하고 있어 개오이조충이라고도 한다. 이 병은 벼룩이 중간숙주가 되어 감염되므로, 먼저 벼룩을 구제하는 일이 중요하다.

증 상

- 다수의 개조충이 기생하는 경우 개는 식욕이 없어지고 묽은 변 혹은 설사를 하며 털의 윤기가 없어지고 영양불량의 상태가 되기도 한다. 그러나 대개의 경우 확실한 증상이 나타나지 않는다. 일반적으로 배설된 조충의 편절이 항문주위를 자극하므로, 개는 소양감을 느껴 항문부를 끊임없이 핥거나 엉덩이를 지면에 밀착시킨 채 질질 끌거나 하는데, 이 때 주의깊게 관찰하면 엉덩이 주위에 하얀 깨같이 말라붙은 조충의 편절을 볼 수 있다.

원 인

- 개조충은 100개가 넘는 참외씨와 같은 형태의 마디(편절이라고 한다)가 이어져 있고 머리에 있는 흡판으로 개 소장의 벽에 흡착하고 있으며, 긴 것은 길이가 50cm 이상이나 된다. 내부에 8~15개의 충란을 지닌 편절이 하나씩 떨어져 대변과 함께 배출되는데, 배출된 편절은 시간이 지나면 변의 표면이나 항문의 주변 털에 붙은 채 건조된다. 그리고 건조된 편절이 부서지면 내부의 충란이 흩어진다. 이 충란을 벼룩의 유충이 먹으면 충란은 벼룩의 체내에서 감염유충이 된다. 개가 자신의 몸을 핥거나 물거나 할 때 이 벼룩의 성충을 삼키면 개조충에 감염된다. 이렇게 개의 체내에 들어간 개조충의 감염유충은 소장 내에서 2~3주 후에 성충이 된다.

진단 · 치료 · 예방

진단방법

- 지면에 엉덩이를 붙이고 질질 끄는 듯한 동작을 하고, 또 항문의 주변에 말라붙은 편절이 붙어있거나 대변의 표면에 편절이 부착하여 꿈틀거리는 것을 볼 수 있다면 쉽게 개조충증이라고 진단할 수 있다. 또 그 편절을 으깨서 현미경으로 보면 충란을 확인할 수 있다.

치료방법

- 구충약을 먹이든지 주사를 놓는다. 개가 영양실조인 경우에는 비타민제나 영양제를 투여하고 필요와 증상에 맞춰 치료한다.

예방방법

- 개조충증을 예방하는 데는 조충을 매개하는 벼룩을 구제하는 것이 가장 효과적이다. 개에게 벼룩의 구제약을 투여하거나 약용샴푸로 몸을 청결하게 하고 아울러 개집에는 살충제를 뿌려 벼룩을 구제한다. 벼룩이 기생하고 있는지 개가 항문부에 신경을 쓰고 있지 않은지 항상 관찰하는 것이 좋다.

인수공통의 기생충

개의 기생충은 사람에게도 감염되는 경우가 있다. 그 중 대표적인 것이 회충과 구충이다. 이들 기생충은 개의 몸속에서는 수 cm~10cm까지 성장하는데, 사람 몸속에서는 성충이 되지 않고 유충인 채로 있으며 피부 아래나 내장속 등을 돌아다니는데 때로는 눈에 들어가 실명하거나 뇌에 들어가 심각한 병을 일으키기도 한다. 개의 기생충이 인간에게 기생하는 경로는 세 가지 정도 들 수 있다. 첫째는 기생충의 알이 포함된 개의 대변이 흙을 오염시키고, 그 흙이 사람의 입을 통해 체내로 들어가는 경우다. 둘째는 개의 몸에 붙어 있던 알이 먼지와 함께 입으로 들어가는 경우이고, 셋째는 개의 기생충에 감염된 소나 닭 등을 사람이 날것으로 먹는 경우다.

6 심장사상충증

■ 증상이 급성일 경우 사망할 수도 있다

심장사상충증(개 심장사상충증)은 개사상충증이라고도 불리며 모기에 의해 심장사상충(개사상충)이 개에서 개로 감염되어 일어나는 병이다. 심장사상충은 주로 개의 심장과 폐동맥에 기생하며 심장을 비롯하여 폐, 간장, 신장 등에 다양한 피해를 입히는 개에게 있어서는 대단히 중대한 병의 하나다. 심장사상충증에는 예방약이 있으므로 수의사의 지시에 따라서 정기적으로 약을 먹이면 감염은 예방할 수 있다.

증 상

• 기생하고 있는 성충의 수, 감염기간, 기생장소, 개의 체격의 대소 등에도 좌우되지만 일반적으로 기생하는 심장사상충의 수가 적으면 별다른 증상은 없다. 그러나 수가 많으면, '만성 개심장사상충증' 이나 '급성 개심장사상충증' 으로 다양한 증상을 나타내게 된다. 감염초기(초기 6개월간)에는 별 증상이 없으나, 이 기간을 지나면 먼저 폐의 울혈 때문에 가벼운 기침이 나오게 되고 이어서 운동을 싫어하게 된다.

• 식욕은 있는데 체중이 감소하고, 털의 윤기가 없어져 피부의 가려움, 탈모 등의 피부병이 나타나기 쉽다. 더욱 증상이 진전되면, 달리는 등 조금 격한 운동을 하면 숨이 차 호흡이 거칠어지고, 우심부전(심장비대 등)의 증상을 보이게 된다. 대부분 개가 기침을 하거나 운동을 싫어하게 되므로 보호자가 눈치채게 된다. 그러나 눈치채지 못하고 방치하면 결국 배에 물(복수)이 차서 북처럼 부풀어 오르는데, 복수가 차게 되면 사지에 물집이 생기고 비정상적으로 물을 마시려 드는 것이 특징이다. 이와 같은 증상이 나타날 때까지는 통상 수 년 걸리지만, 이때가 되면 목숨을 잃는 수도 있으므로 조기치료가 필요하다.

• 심장사상충증에는 만성형과 급성형이 있다. 급성형의 원인은 별로 알려진 것이 없다. 그러나 만성적인 심장사상충증이 있을 때 심장의 우심실로에서 폐동맥에 걸쳐 기생하고 있는 심장사상충이 이동하여 우심실에서 우심방, 또는 대정맥으로 기생영역이 넓어지는 경우가 있다. 그 결과 개는 갑자기 힘이 없어지고, 호흡곤란과 황달 등의 증상을 보이기도 한다. 급성 심장사상충증의 특징은 커피나 정유와 같은 적갈색의 오줌(혈색소뇨)의 배출이다. 급성형은 발견되는 즉시 수술을 하여 심장사상충을 제거하지 않으면 죽음으로 이어진다.

• 만성형과 급성형 외에 아주 드물게 '기이성색전증' 이 일어나는 수가 있다. 이것

은 심장의 기형(좌우의 심실, 심방을 잇는 구멍이 있다)이 원인으로, 심장사상충이 우심계에서 좌심계로 들어와 동맥으로부터 나가, 하반신의 말초의 가는 동맥에 쌓이는 병이다. 이 때 몸의 말단의 조직에 흐르는 혈액이 멈추게 되어 걸을 때에 뒷발을 끌거나 심할 때는 서있지도 못하게 되어 하반신이 마비되는 경우도 있다.

원 인

- 심장사상충은 유백색을 한 소면과 같은 형태의 가늘고 긴 기생충으로, 숫컷은 길이 12~18cm, 암컷은 25~30cm 정도다. 개에게 기생하는 심장사상충은 혈액 속에 길이 0.2~0.3mm 정도의 마이크로 심장사상충로 불리는 새끼를 낳는다. 이 새끼는 개의 혈액과 함께 전신을 돌며 모기가 개를 물때 피와 함께 흡입되기를 기다린다. 모기에게 빨린 마이크로심장사상충은 모기의 몸속에서 2주간 정도에 감염유충으로 성장한다. 그리고 숙주인 모기가 개를 물었을 때 개의 몸속에 침입한다. 개의 몸속에 들어간 감염유충은 피하조직, 근육 등의 내부에서 2~3개월에 걸쳐 2cm 정도의 길이로 발육하고, 그 후 혈관에 들어가 혈액을 타고 심장의 우심실 및 폐동맥으로 이동한다. 그곳에서 다시 성장을 계속하여 성숙할 때까지 3~4개월 걸린다.
- 심장사상충은 감염 약 6개월 정도 후에는 완전히 성장하게 된다. 그리고 성장한 성충은 개의 심장 내에서 약 5~6년이나 살아간다. 이 기생충에 감염된 개에는 우심실에서 폐동맥에 걸쳐 다수의 심장사상충이 기생한다. 그 때문에 혈액의 흐름이 나빠지고, 심장에 부담이 쌓여 심부전으로 발전하고, 그 결과 간장이나 신장, 폐 등에 중요한 장기가 울혈을 일으켜, 심장비대, 간경변, 신부전 등 여러 가지 병을 일으킨다. 보통 모기들이 이 병의 중간 숙주이기 때문에, 모기가 나타나는 여름을 한번이라도 지낸 개라면 이 기생충에 감염되었을 가능성이 있다.

진단 · 치료 · 예방

진단방법

- 개의 혈액을 현미경으로 관찰하여 마이크로심장사상충의 유무를 확인하면 간단히 진단할 수 있다. 그러나 성충이 마이크로심장사상충을 낳지 않은 경우에는 이 방법이 통하지 않는다. 그럴 때는 심장사상충의 항체를 면역적으로 조사하여 진단한다. 초음파검사로도 존재를 확인할 수 있다.

치료방법

- 일단 심장사상충증이라고 진단이 내려지면 약으로 사멸시키는 방법을 취한다(약물요법). 약에 의해 사멸된 심장사상충은 폐동맥의 혈액 속에서 분해되어 사라져 버린다. 그러나 기생충의 수가 많을 경우에는 많은 죽은 충체가 폐동맥을 막을 수도 있어 굉장히 위험하다. 때문에 약물요법을 취한 후 4~6시간 정도는 개로 하여금 안정하게 해야 한다. 될 수 있는 한 산보 등은 피한다. 급성 심장사상충증에는 약물요법은 위험성이 높으므로 외과수술을 행한다.
- 끝이 핀셋과 같은 기구를 경동맥에서 심장까지 넣어서 심장사상충을 적출해 낸다. 약물요법이나 외과요법을 통한 성충의 구제로부터 3~6주 후에 마이크로심장사상충을 구제한다. 마이크로심장사상충이 남아 있으면 유충이 신장에 피해를 주거나 다른 개에게 전염되기 때문이다.

예방방법

- 개의 심장사상충증의 예방을 위해서는 먼저 모기에 물리지 않도록 조심하는 것이 중요하다. 그러나 모기의 공격을 완전히 막는 것은 불가능에 가깝다. 때문에 사용되는 것이 예방약이다.
- 예방약은 크게 2가지 타입이 있다. 그 중 한 가지는 감염 직후의 유충을 사멸시키는 기능만을 가진 것으로 매일 또는 이틀 간격으로 투여하는 타입(정제 또는 비스켓 형태)이다. 그리고 나머지 한 가지는 1개월에 한번 투여하는 것(정제 또는 과립형)으로 유충이 심장에 이르는 데 걸리는 1~2개월 정도의 시간 내에 유충을 구제한다. 매일 또는 이틀에 한번 투여하는 약은 먹이는 것을 잊어버릴 염려도 있으므로 매월 1회 투여하는 타입이 편리하다.
- 약은 모기가 출현하는 기간 중에 투여한다. 보통 모기는 3~4월부터 출현하지만, 매월 1회 투여하는 약은 침입한 지 1개월 된 유충까지 죽일 수 있으므로, 4월부터 투여하기 시작한다. 그리고 이 약은 초보자가 투여해서는 안 된다. 수의사의 지시에 따라 개의 체중에 맞는 분량의 약을 투여해야 한다. 때맞춰 정확히 투여하면 심장사상충은 완전히 예방되며, 바르게 사용하면 부작용이나 태아에의 악영향도 없다. 심장사상충의 침범으로부터 애견을 지켜주도록 하자.

[그림 3] 심장사상충의 감염

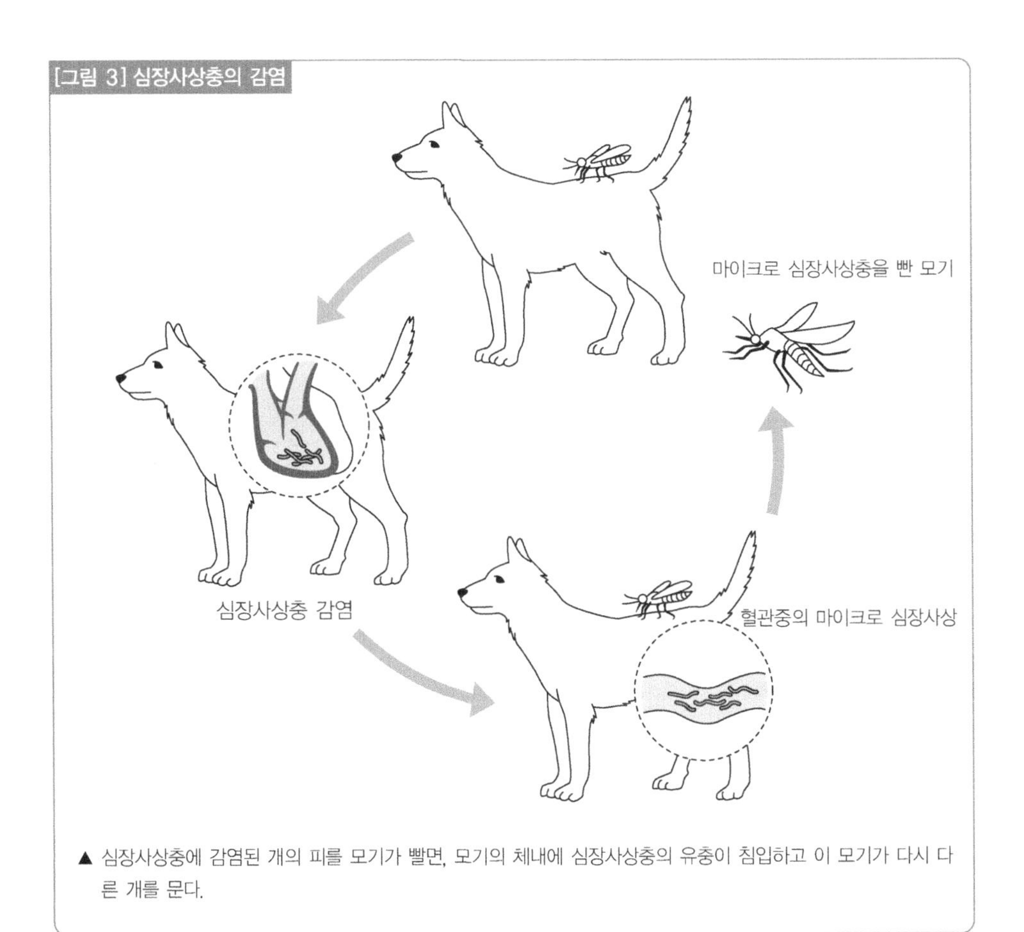

▲ 심장사상충에 감염된 개의 피를 모기가 빨면, 모기의 체내에 심장사상충의 유충이 침입하고 이 모기가 다시 다른 개를 문다.

제17장 피부병

개의 피부 구조

개의 몸은 수많은 털이 난 피부에 둘러싸여 있다.
피부는 몸속의 수분의 급격한 증발을 막고, 체외의 세균으로부터 몸을 지킬 뿐만 아니라, 체온조절의 역할도 하며, 주위의 상황을 살필 수 있는 감각기관도 갖추고 있다. 더욱이 피부에서는 여러 가지 냄새가 나므로, 개들이 서로의 존재를 구별하는 중요한 표시가 되기도 한다. 개의 피부는 인간의 그것보다 훨씬 얇고 상처가 나기 쉽고, 털로 두텁게 둘러싸여 있기 때문에, 때때로 오물이나 세균이 붙어서 잘 떨어지지 않는다.
개가 인간보다 피부병에 걸리기 쉬운 이유는 이 때문이다.

제17장 피부병

개 피부의 구조

개의 피부는 표피와 진피로 구성되어 있고, 피부 밑에는 지방이 많이 포함된 피하조직이 있다.

1 표피의 신진대사

표피는 피부세포가 죽어서 각질로 변한 케라틴이라는 물질로 둘러싸여 있다(각질화). 이 각질화 현상은 피부의 신진대사에 의해 일어난다. 피부의 가장 아래층(기저세포층)은 언제나 새로운 세포를 만들어 몸의 표면으로 밀어 올린다. 이 세포는 표면을 향하는 도중 서서히 수분을 잃게 되고, 결국 피부 표면에서 죽어 케라틴이 되며, 이 케라틴은 때나 각질 형태로 끊이지 않고 몸에서 떨어져 나간다. 건강한 개의 경우 세포가 태어나서 죽을 때까지 21일 정도 걸리며, 이 과정은 항상 반복된다.

2 진피의 역할

진피에는 피지라는 기름을 배출하는 피지선과 땀을 배출하는 땀샘 등이 있으며, 이 기름과 땀은 모공을 통해 체외로 배출된다. 개의 털에는 윤기가 있고 물에 반발하는 성질이 있는데, 이것은 개의 모낭에 피지가 붙어 있기 때문이다. 개의 땀샘은 사람의 땀샘만큼 발달되지 않았기 때문에 체온조절에는 별로 도움이 되지 않는다. 그리고 진피에는 혈관과 신경이 있다. 이 진피에 퍼져 있는 신경이 열이나 차가움, 아픔 등을 느끼기 때문에, 개는 위험에서 자신의 몸을 지킬 수 있다. 또한 진피의 혈관은 퍼지거나 오므라들어 체온을 조절하는 기능을 하고, 자외선으로부터 몸을 보호하는 멜라닌을 만들어내는 곳도 진피다. 이렇게 진피는 체외의 수많은 이물질로부터 몸을 보호하고, 몸에서 수분이 증발하는 것을 막으며, 땀이나 피지를 배출하고, 체온을 조절하는 등 중요한 기능을 한다. 따라서 피부병이 심해지면 몸 전체에 문제가 생기기도 한다. 개의 피부는 인간보다 섬세하다. 개의 건강을 위해서 털이나 피부의 상태를 잘 관찰하는 것이 좋다.

[그림 1] 개의 피부 구조

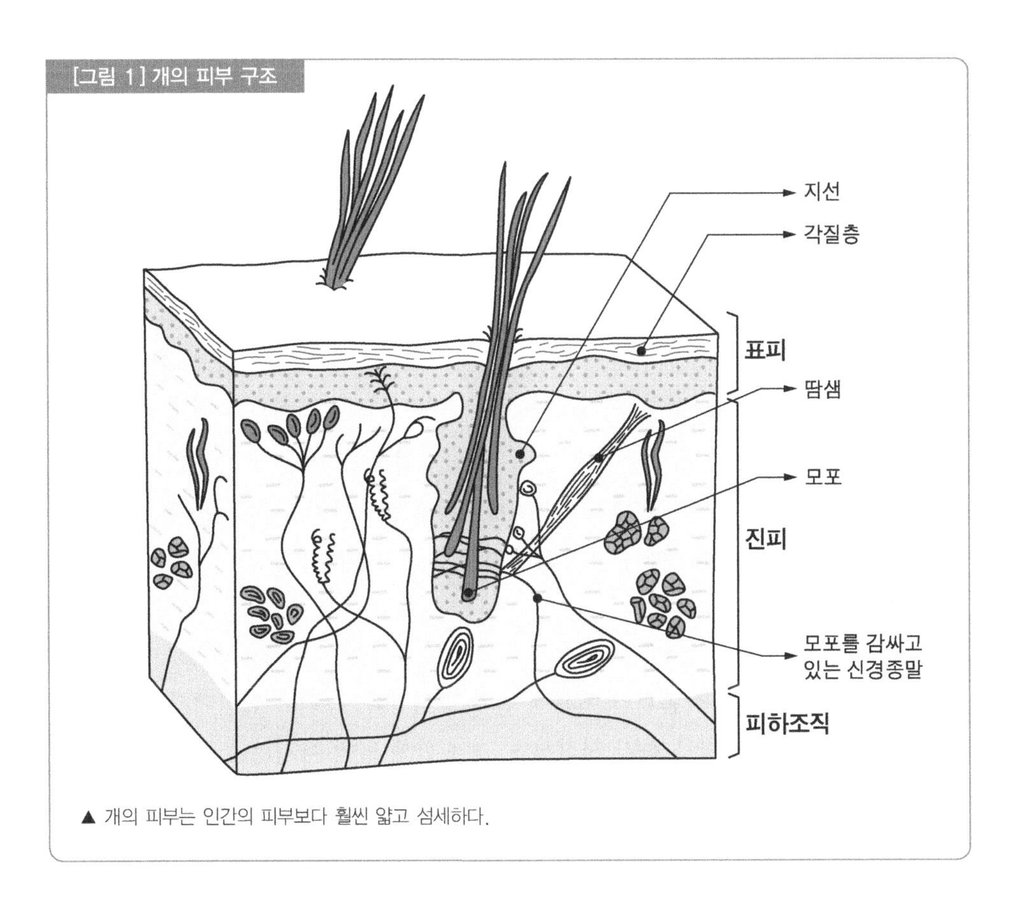

▲ 개의 피부는 인간의 피부보다 훨씬 얇고 섬세하다.

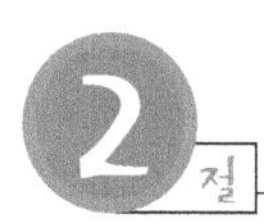

2절 일반적인 피부병

개의 피부에는 탈모 또는 종기 등이 잘 생기는데, 이러한 이상은 피부 자체의 문제에서 비롯되는 것도 있지만, 몸 전체의 병이 원인인 경우도 있다.

1 탈모증

■ **부분적인 탈모는 주의할 필요가 있다**

개의 피부는 촘촘한 털로 뒤덮여 있다. 봄이나 여름에는 여름털이라는 짧고 딱딱한 털에 덮여 있지만, 가을에서 겨울에 접어들면 이 여름털 위에 부드럽고 긴 겨울털이 돋아나 체온조절을 돕는다. 그리고 다시 기온이 따뜻해지면 이 겨울털이 빠지게 되는데, 이것은 자연스러운 현상이므로 걱정할 필요는 없다. 그러나 부분적으로 탈모가 일어나거나 몸 전체의 털이 극단적으로 줄어들 경우에는 병이라고 볼 수 있다.

증 상

• 개의 탈모에는 생리적인 것과 병적인 것이 있다. 생리적인 탈모는 계절이 바뀔 때 일어나는 탈모로, 이른바 '털갈이' 라는 것이다. 이 생리적인 탈모는 몸 전체에서 일어나며, 가려움이나 발진 등을 동반하지 않는다. 보통 봄이 되면 길고 부드러운 겨울털이 빠져 여름에 대비하게 된다. 그러나 부분적으로 눈에 띄게 탈모가 진행되어 개의 피부가 눈으로 보일 정도가 되는 경우는 병적인 탈모다. 피부가 빨갛게 되거나, 색소가 한곳에 집중하여 검게 변하는 경우도 있고, 가려움과 악취 등의 증상이 동반되는 경우도 있다. 그리고 부분적인 탈모가 아니라도 몸 전체의 털이 비정상적으로 빠질 경우에는 병적인 탈모로 볼 수 있다.

원 인

• 생리적인 탈모는 보통 봄부터 여름에 걸쳐 일어난다. 그러나 집안에서 키우는 개의 경우, 겨울에 난방을 하기 시작하면 그와 함께 털이 빠지는데, 최근에는 개를 집안에서 키우는 경우가 많아서, 이런 종류의 탈모가 늘었다. 병적인 탈모의 주된 원인은 알러지, 내분비장애, 그리고 기생충이나 진균, 세균 등에 의한 감염증이다

(알러지에 의한 피부병, 기생충에 의한 피부병, 호르몬성 피부병 항목 참조). 알러지나 감염증의 경우, 모근이 있는 모공이 항원에 침범당해 털이 빠지게 되고, 이로 인해 개는 가려워서 몸을 긁게 된다. 그리고 내분비장애의 경우에는 호르몬의 분비량이 변해 모공의 활동이 멈추게 되어, 털이 빠지게 된다. 이런 종류의 탈모는 작용하는 호르몬에 따라 털이 빠지는 부위가 틀리며, 가려움증은 없다. 개의 품종에 따라서는 푸들, 비숑프리제, 요크셔테리어 등과 같이 털갈이를 하지 않고 계속 털이 자라는 것이 있는데, 이러한 개들이 탈모를 일으키면 병으로 보는 것이 옳다.

진단 · 치료

진단방법

- 탈모가 주기적인 것인지, 개의 주변 환경은 어떤지, 탈모 부위는 어디인지, 양은 어느 정도인지, 다른 증상이 있는지 등의 조건을 관찰하여 생리적 탈모인지 병적인 탈모인지 판단한다. 다른 병이 원인으로 생각되어질 경우에는, 세균의 감염여부, 혈액 속의 호르몬 상태, 모공의 상태 등을 검사하여 원인을 밝혀낸다.

치료방법

- 탈모가 생리적인 것인지 병적인 것인지를 밝혀낸 후에 치료하게 되는데, 병적인 경우에는 그 원인을 규명한 후에 치료를 시작한다. 감염증에 의한 탈모인 경우, 세균이나 기생충과 같은 원인을 제거하면 2~3주 안에 다시 털이 나기 시작한다. 호르몬성의 탈모인 경우에는 다시 털이 나기까지 적어도 1개월 이상 걸리기 때문에 끈기 있게 치료하는 것이 중요하고, 원래 상태로 털이 나더라도 당분간은 계속 투약할 필요가 있다.

콜리 노우즈 (일광성 피부염)

개의 품종에 따라 햇빛(적외선)에 상당히 약한 종류가 있다. 특히 추운 지방이 원산지여서 멜라닌 색소가 적은 콜리종이나, 털이 하얀 개들의 경우 여름에 햇빛에 노출되면 코나 눈꺼풀이 붉게 변하고 진무르게 되는데, 이러한 경우 개는 위화감을 느껴 코끝을 계속 핥게 되어 코끝에 상처를 입게 된다. 그리고 심할 경우에는 코끝이 무너져 내리는 경우도 있다. 이러한 적외선에 의한 피부병을 콜리 노우즈(콜리의 코) 또는 일광성 피부염이라고 한다.

2 농피증

■ 피부에 화농이 생겨 심하게 가려워진다

개의 피부나 털에는 언제나 적지 않은 세균이 붙어 있지만, 피부가 건강한 경우에는 세균이 번식하여 병을 일으키는 일은 없다. 이는 피부 자체가 이상적인 균의 번식을 막는 힘을 가지고 있기 때문이다. 그러나 몸의 면역력이 저하하거나 나이를 먹어 피부의 저항력이 약해지면 세균이 번식하여 피부에 화농이 생기는 경우가 있는데, 이것을 농피증이라고 한다.

증 상

- 세균의 번식에 의해 피부가 부분적으로 붉게 변하고 점점 가려워진다. 이런 농피증은 몸의 모든 부위에서 나타나는데, 특히 얼굴과 겨드랑이 그리고 사타구니, 발가락 사이 등에 자주 나타난다. 초기에는 모공에만 세균이 증식하여 붉은 발진이 나타나나, 병이 진행됨에 따라 병변부가 둥글게 퍼지면서 중심부에 색소가 집중되어 검게 변하는데, 이것이 마치 소의 눈처럼 보인다하여 "bull' s eye"라고도 한다. 이 병은 심하게 간지럽기 때문에 발병부위를 개가 핥거나 긁게 되는데, 이 때문에 순식간에 넓은 범위의 털이 빠져서 개 보호자를 놀라게 한다. 이러한 갑작스러운 탈모는 다리나 엉덩이 부분과 같이 핥거나 물기 쉬운 부분에 잘 나타난다. 농피증은 여름에 발병하기 쉬우며 병이 진행되면 그 영향이 피부 속까지 미쳐 환부가 부풀어 오르거나 고름이 생기고, 발열하기도 한다.

원 인

- 피부에 붙어 있는 황색포도상구균이 증식, 농피증으로 발전하는데, 증세가 심한 경우에는 녹농균 등의 악성세균이 검출되기도 한다. 피부의 세균이 증식하는 원인에는 만성 피부병이나 면역의 이상, 영양부족, 호르몬병, 그리고 부신피질 호르몬약 등의 약물의 과다투여 등이 있다. 그 외에 너무 자주 목욕을 시키거나 개에게 맞지 않는 샴푸를 사용하거나 피부병을 제대로 치료하지 않고 방치해 두는 등 보호자의 부주의에 의해 발생하기도 한다.

진단 · 치료 · 예방

진단방법

- 증상이 특이하므로 증상만으로 판단할 수도 있다. 정확한 진단을 위해 피부조직

을 배양하여 검사하기도 하지만, 보통 피부에는 세균이 붙어있으므로 꼭 정확하다고 말하기는 어렵다. 그렇기 때문에 보통 항생물질을 투여하여 약의 효능여부를 봐 가면서 진단한다.

치료방법

- 피부표면만 감염됨 경우에는 애완견용 샴푸로 씻어내고 항생물질을 투여하여 세균의 증식을 막는다. 그러나 피부의 심층부에까지 세균이 퍼져 있는 경우에는 샴푸와 항생제만으로는 대체할 수 없다. 이런 경우에는 보통 다른 병을 가지고 있는 경우가 많아 같이 치료할 필요가 있다. 샴푸는 세균의 감염을 막는 성분을 포함한 것을 선택하고, 사용횟수는 주 2회로 제한한다. 너무 자주 샴푸로 씻어주면 피부가 건조해져 오히려 증상이 악화될 수 있다.

발진(피진)의 식별방법

피부의 일부분이 빨갛게 변하거나 부어오르고, 짓무르는 등의 증상을 보이는 눈으로 보거나 만져서 진찰 가능한 피부 관련 병을 '발진' 또는 '피진'이라고 한다. 발진에는 병의 초기에 나타나는 것과 상당히 진행한 후에 나타는 것 이렇게 두 가지가 있는데, 앞의 것을 원발진, 뒤의 것을 속발진이라고 한다. 그리고 이것을 구별함으로써 개의 피부병이 초기 증세인지 만성적이 것인지를 구별할 수 있다.

■ 초기 발진과 만성 발진

초기 발진(원발진)은 피부표면의 좁은 범위에 나타나나 만성 발진(속발진)은 피부표면 뿐만 아니라 피부의 깊은 층에까지 증상이 진행되어 있으며 개 중에는 진피에까지 미치는 것도 있다. 원발진에는 피부의 색이 붉게 혹은 검게 변하는 것과 물집이나 고름이 생기는 것, 조직이 증식하여 부풀어 오르는 것 등이 있다. 피부병이 좀처럼 낫지 않으면 이 발진이 점점 넓게 퍼지거나 피부의 색이나 모양이 변하는 등의 2차적인 발진이 나타난다. 이렇게 속발진의 단계에 접어들면 피부의 일부가 벗겨져 떨어지거나 진물러서 궤양으로 변하거나 색소가 집중되어 검게 변하는 현상이 나타난다. 최근 개에게 잘 나타나는 피부 관련 병에는 알러지에 의한 피부병이나 세균이 증식하여 피부가 썩는 농피증(사진 참조), 벼룩이나 이의 기생에 의한 피부병, 그리고 종양 등이 있다. 그리고 발진의 관찰을 통해 이러한 피부병의 진단이 쉬워진다.

■ 초기발진(원발진)

- 반점 : 피부의 표편은 편평하지만 변색한 것을 말한다. 피부가 빨갛게 되는 홍반,

검게 변하는 흑반 등이 있다. 급성 피부염이나 호르몬의 이상에 의해 생긴다.

- 농포 : 피부의 표층부에 고름이 고여서 부풀어 오른 상태를 말한다. 세균이 증식해서 생기는 농피증의 경우 볼 수 있다.
- 종양 : 큰 콩보다 큰 혹 같은 모양으로 부풀어 오르며, 비만세포종, 섬유종, 멜라노마 등의 종양세포가 원인으로 발생한다.

■ 만성일 경우의 발진(속발진)

- 반흔 : 어떠한 이유에 의해 피부조직이 손상되면 그 부분이 새로운 조직(육아조직)으로 채워지며, 표피는 얇아져 움푹 파인다. 화상이나 중증인 피부병이 나을 때 나타난다.
- 각열 : 피부가 탄력을 잃어 표면의 근육을 따라 주름이 생긴 것이다. 이나 벼룩 등에 의한 피부병이나 알러지에 의한 피부병, 귀의 가장자리, 콧등, 발의 불룩 튀어나온 살에서 볼 수 있다.
- 짓무름 : 피부의 표면이 파괴되어 없어진 상태를 말한다, 수포나 농포가 찢어져서 생긴다.
- 궤양 : 피부조직의 표면뿐만 아니라 진피나 피하조직까지 파괴되어 없어진 상태를 말한다. 종양, 너무 핥아서 생긴 지성피부염, 농피증 등에서 나타나는 증세다.
- 인설 : 피부표면은 죽은 세포에 의해 생긴 각질층에 싸여 있는데, 이 각질층이 벗겨져서 떨어지는 것이 인설이다. 이것은 언제나 만들어져 떨어지고 있는 것이지만, 피부의 건조나 알러지에 의한 피부병, 지루증(피부 지방의 과다분비), 호르몬 이상에 의한 피부병이 생겼을 경우 그 양이 늘어난다.
- 못 : 피부의 일부 각질층이 비정상적으로 두꺼워진 것이다. 유해물질과 접촉하면 접촉성피부염을 일으켜 못이 생기는 경우가 있다. 생리적인 이상에 의해 팔꿈치나 무릎 등에 생기기도 한다.
- 색소침착 : 햇빛(자외선)으로부터 피부를 보호하는 멜라닌 색소의 양이 증가하여 피부의 일부에 집중된 것을 말한다. 호르몬에 의한 피부병이나 피부의 일부가 검어져 두꺼워지는 병(흑색피부비후증), 그 외 만성 피부병의 경우 나타난다.

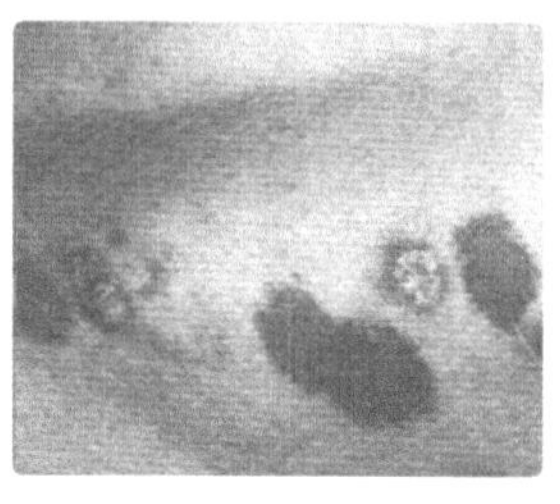

◀ 표피 표면에 세균이 늘어서 피질이 점점 넓어져가고 있다.

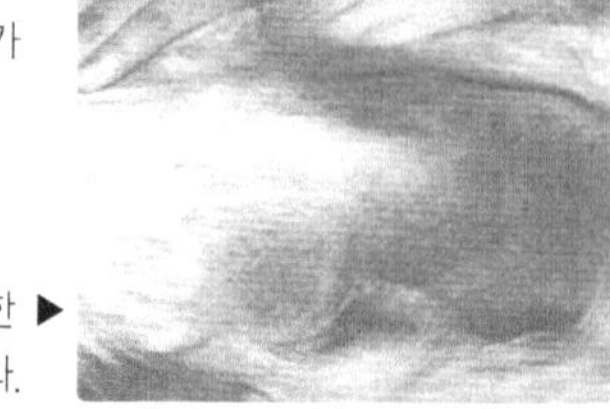

알러지에 의한 ▶ 피부병으로 빨갛게 되었다.

3 지루증

■ 피부가 끈적끈적해지거나 거칠어진다

영양의 불균형이나 기생충이나 세균의 감염에 의해, 피부에 지방분이 과다하게 분비되거나 각질화가 극단적으로 진전될 수 있는데, 이것을 지루증이라고 한다. 고양이에게는 별로 없지만 개에게는 흔한 병이다.

증 상

- 흔히 몸 냄새가 심해지고 몸에 기름기가 많아지는데(유성지루증), 주로 코커스패니얼과 시추에게 잘 나타난다. 이와는 달리 피부가 심하게 건조해지고 인설의 양이 늘어나는 경우도 있다(건성지루증). 지루증은 알러지나 호르몬 분비량의 이상, 기생충의 감염 등에 의해 발생할 수도 있고, 발진이나 탈모 등의 증상이 관찰되기도 한다.

원 인

- 호르몬 분비량이나 먹이에 포함된 지방분이 지나치게 많거나 적을 경우 피지의 양이 비정상적으로 증가하여 유성지루증이 나타난다. 그리고 피지의 양이 너무 많아지거나 줄면 피부의 신진대사가 빨라져서 각질화가 진행되어 건성지루증이 발생한다. 이 외 다른 피부병에 의해 발병하기도 한다.
- 그렇다면 지루증의 주된 원인을 알아보자.
  ① 호르몬의 이상(내분비장애) – 갑상선호르몬이나 성호르몬의 분비량이 변하면 피지가 비정상적으로 분비되거나 각질화가 진행되어 지루증이 된다.
  ② 지방분의 부족 – 먹이 속에 포함된 지방의 질이 나쁘거나 지방의 양이 적어서 발생한다. 보통 먹이 속의 지방분이 줄면 일시적으로는 피지의 양이 줄어드나, 호르몬 등의 작용에 의해 다시 그 양이 늘어난다. 먹이 속의 지방은 18%가 가장 좋은데, 지방이 췌장이나 간장, 장 등에서 충분히 흡수되지 않을 때도 이 병에 걸린다.
  ③ 미네랄이나 비타민 부족 – 구리나 아연, 비타민 A 등이 부족하면 각질화가 빨라진다.
  ④ 알러지 – 알러지가 만성화하면 지루증이 될 수도 있다. 특히 알러지의 치료약으로 스테로이드약을 쓰면 신진대사가 빨라져서 각질화도 빨라진다. 그리고 이 때 각질에 세균이 증식하면 표피의 각질화가 더욱 빨라지고 잘 낫지 않는

다. 이러한 경우의 지루증은 농피증의 증상까지 합쳐져 복잡한 증상을 보인다.

⑤ 기생충, 진피감염 – 옴벌레나 벼룩 이 등, 기생충이나 사상균(곰팡이의 일종), 진균 등에 감염되면, 때때로 감염부위에 지루증이 발생한다. 최근 말라세지아증에 의한 지루성 외이염이 자주 발생하고 있다.

진단 · 치료 · 예방

진단방법

- 증상의 특성으로 진단한다. 어떠한 다른 병에 의해 지루증이 발생하는 경우가 많으므로 그 병이 무엇인지를 알아내는 것이 중요하다.

치료방법

- 다른 병이 원인인 경우에는 지루증 뿐만 아니라 원인이 된 병도 치료해야 한다. 지루증에 대한 치료는 그 증상에 맞춰서 하는데, 유성인 경우에는 지방산제제나 동물성지방, 옥수수 기름 등을 먹인다. 항지루샴푸(유황, 셀레늄, 타르계 샴푸)를 사용해도 효과를 볼 수 있는데, 이 타입의 샴푸는 자주 사용하면 각질층이 녹아버려서 각질층의 형성 자체가 힘들어지므로 피부가 심하게 건조해질 수도 있다. 따라서 주 2회 이상의 사용은 피하는 것이 좋다.
- 건성지루증으로 인설의 양이 증가한 경우에는 일반적으로 비타민 A제제나 아연제제를 투여한다. 호르몬분비이상이나 갑상선호르몬의 분비량이 적은 경우에는 호르몬제를 투여한다.
- 피부가 건조하여 인설이 심할 경우에는 샴푸 후에 보습을 위해 피연화 린스를 사용하기도 한다.

예방방법

먹이의 영양의 균형에 주의한다.

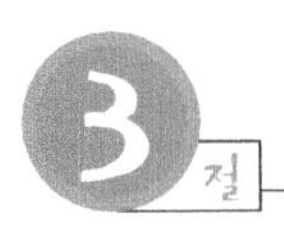

3절 기생충이나 곰팡이에 의한 피부병

언제나 주위의 위생에 신경 쓰는 인간에 비해 개의 주위환경은 비위생적인 경우가 많다. 따라서 이나 벼룩, 혹은 곰팡이류가 기생하기 쉽고 이로 인해 여러 가지 피부병이 발생한다. 또 개에 기생하는 곤충이나 곰팡이 중에는 인간에게도 옮는 것도 있다. 평소 개의 생활환경의 위생에 충분한 주의를 기울이는 것은 개뿐만 아니라 사람의 건강을 지키기 위해서도 중요하다.

1 벼룩에 의한 피부염

■ 사람에게도 해를 입힌다.

벼룩이 개의 피를 빨 때, 그 타액이 원인이 되어 알러지성 피부염이 발생하는데, 이것을 벼룩알러지성피부염이라고 한다. 이 병을 치료하기 위해서는 환부의 치료와 함께 원인인 벼룩을 구제해야 한다.

증 상

- 개의 몸 표면, 특히 귀 뒤나 등에서 허리까지의 부분, 혹은 꼬리에서 고환이나 음부까지의 부분의 피부의 털이 빠지거나 좁쌀 같은 발진이 나타난다. 개는 가려움 때문에 환부를 긁거나 핥아서 상처를 만들게 된다. 또한 너무 많은 벼룩이 기생하면 심한 가려움증 때문에 개는 수면부족에 빠지게 되고, 이것이 원인으로 빈혈을 일으키기도 한다. 이러한 증상을 보이는 개의 몸에서는 길이 2mm 정도의 재빠르게 움직이는 흑갈색의 곤충을 볼 수 있는데, 이것이 벼룩이다.
- 검은 가루와 같은 벼룩의 분비물을 젖은 종이에 올려놓으면 혈액이 말랐을 때와 같이 갈색의 얼룩이 된다. 그리고 바닥에 놓으면 잘 굴러가는 0.5mm 정도의 벼룩의 알이 발견되기도 하고, 개집의 깔개에서 2~3mm 정도의 벼룩의 유충을 발견할 수도 있다.

원 인

- 벼룩의 타액에는 펩틴이라는 물질(부분항원)이 들어있는데, 이것이 개의 피부에

들어가면 알러지 반응을 일으키게 되고, 피부염(발진)으로 발전한다.

- 개에게 기생하는 벼룩에는 개벼룩과 고양이벼룩이 있는데, 대부분의 개에게 기생하는 벼룩은 거의가 고양이벼룩이다. 고양이벼룩은 개벼룩과 마찬가지로 촌충의 중간숙주이므로, 벼룩이 기생하는 개는 촌충에 감염될 위험이 있다. 그리고 벼룩이 없어져도 증상이 계속되는 경우 다른 피부병일 가능성이 있으므로 수의사의 진찰을 받는 것이 좋다.
- 벼룩에 대한 반응은 개에 따라 달라서 많은 벼룩이 기생함에도 불구하고 전혀 가려워하지 않는 개도 있다.

진단 · 치료

진단방법

- 허리에서 등까지 부분의 털을 깎아보면 피부염의 증상을 금방 알 수 있다. 게다가 벼룩이 살고 있는 것이 확인되면 틀림없이 벼룩알러지성피부염이다.

치료방법

- 먼저 개의 몸과 생활환경에서 벼룩을 구제한다. 벼룩은 실내의 카펫이나 융단 등에서도 번식하여 다른 개나 고양이에게도 기생하게 되므로, 넓은 범위의 구제가 필요하다.
- 구제약에는 내복약, 벼룩제거목걸이, 피부에 붙이는 타입, 입욕제 등 여러 가지 타입이 있고, 이러한 약을 서로 합쳐서 사용한다. 벼룩에 의해 피해를 입은 피부에는 가려움을 억누르는 외용약을 발라준다. 그리고 알러지 반응을 막는 약(항 알러지약)이나 가려움을 막는 약, 피부를 보호하는 비타민제 등을 복용시킨다. 벼룩이 사람을 물면 무릎의 아랫부분에 격심한 가려움을 동반하는 발진(벼룩알러지성피부염)이 일어난다. 그리고 벼룩은 개나 고양이에 기생하는 촌충을 옮기므로 평소 개에게 벼룩이 기생하지 않도록 개의 생활환경에 신경을 쓰는 것이 중요하다. 벼룩의 구제방법은 수의사와 상담하면 좋다.

2 모낭충증(아르카스)

■ **벼룩이 모근에 기생하는 피부병**

개의 털의 모낭에 있는 피지선에 벼룩의 일종인 모낭충이 많이 기생하게 되면 탈모와 피부염을 일으킨다. 개가 걸리는 대표적인 피부병의 하나로 예전에는 낫기 힘든 피부병 중에 대표적 병이기도 했다. 그러나 요즘에는 이 모낭충을 죽이는 약물이 개발되었고, 그 외의 치료법도 발달했기 때문에 치료가 가능해져서, 한 때 거의 멸종한 듯이 보였으나, 최근 들어 다시 발병예가 늘었다.

증 상

- 생후 4~9개월 정도의 개, 즉 성적으로 성숙하는 시기에 자주 발병한다. 입과 아래턱, 눈 주위, 그리고 앞발의 전면 등, 피지선이 많이 분포한 피부에 자주 나타난다. 털이 빠진 부분이 점점 넓어지고 여드름 같은 농포가 많이 생기며 피부가 짓무른 것 같은 상태가 된다. 때로는 환부에 세균이 감염하여 화농이 생기거나 짓무르는 경우도 있다.
- 개 보호자가 개의 이상을 알게되는 초기에는 가려움증이 없는 것이 특징이다. 그러나 증상은 점점 심해져서 머리와 등, 허리, 항문 주위, 하복부, 무릎의 안쪽과 발의 앞쪽 등의 털이 빠지기 시작하면 가려워지기 시작하고, 심한 경우 그 증상이 온몸에 퍼지기도 한다.

원 인

- 피지선에 미세한 모낭충이 기생하여 탈모나 피부염 등의 증상을 일으킨다. 모낭충이 기생하는 개에게는 탈모나 피부염 등의 증상이 일어난다. 모낭충은 일반적으로 이미 감염된 개와의 접촉을 통해 감염되는데, 대개의 경우 어미의 젖을 빨 때 감염되어 발육기에 발병한다.
- 개의 반수 이상이 이 모낭충을 가지고 있다고 알려져 있으나, 보균하고 있는 모든 개가 발병하는 것은 아니다. 모낭충증의 발병은 각각의 개의 면역과 저항력, 호르몬의 균형, 먹이의 성질 등과 관계 있다. 그리고 최근에는 청년기의 개뿐만 아니라 10살 이상의 노령기의 개에게서도 이 병이 관찰되는 경우가 늘었다.
- 나이 든 개에서 이 병이 발병하면 낫기 힘든데, 노령에 의한 호르몬의 불균형, 저항력 저하 등이 그 원인이다.

진단 · 치료

진단방법

- 피부에 나타나는 병의 특징을 보고 진단한다. 환부에서 피지선의 내용물을 채취하여 현미경으로 관찰, 모낭충의 존재를 확인한다.

치료방법

- 모낭충이 발견되면 될 수 있는 한 빨리 치료하는 것이 중요한데, 모낭충을 죽이는 약물을 내복시키고 모낭충을 죽이는 약을 뿌려준다. 이 병의 치료에는 오랜 시간이 필요한데, 수의사의 치료계획을 잘 지켜서 치료한다면 완전히 나을 수 있다.

3 옴

■ 옴벌레가 피부에 기생해서 생긴다

피부에 벼룩의 일종인 옴벌레가 기생하여 생기는 병으로, 피부에 각질이 생기고 격심한 가려움을 동반하는 피부염을 일으킨다. 그리고 이 옴벌레는 사람에게도 옮는다.

증상 · 원인

- 개의 귀 가장자리나 얼굴, 무릎, 팔꿈치, 발꿈치, 발등 등의 피부가 딱딱해지고 각질이나 격심한 가려움증을 동반하는 발진이 일어나고, 심해지면 두꺼운 딱지가 생기고 그 밑에서 옴벌레가 증식하게 된다.
- 접촉에 의해 간단하게 감염되기 때문에 개를 집단으로 사육하는 가정이나 견사 등에서 한 마리가 감염하면 주위가 모두 감염될 수 있다.
- 이 피부병에 걸린 개를 사람이 만지면 사람에게도 감염되어 팔이나 가슴에 작고 빨간 발진이 일어나고 가려움증이 일어난다. 그리고 고양이에 기생하는 옴벌레도 개나 사람에게 감염되면 같은 증상을 일으킨다.

진단 · 치료

진단방법

- 두껍고 딱딱한 딱지를 떼어내서 기름종이 같은 것으로 싸두면, 잠시 후에 0.5~1mm 정도의 크기의 벼룩을 관찰할 수 있다. 그리고 환부의 피부를 메스나 가위의 날 등을 이용하여 채취하여 시약에 잠시 담궈 부드럽게 만든 후 현미경으

로 관찰하면 옴벌레나 그 알을 발견할 수 있다.

치료방법

- 우선 전신의 털을 깎아 환부의 범위와 정도를 관찰하는 것이 중요하며, 치료효과도 상승한다. 벼룩을 죽이는 외용약을 도포하거나 약욕을 시키고, 약물을 내복시키는 동시에 가려움증을 완화시키는 약이나 피부의 회복을 돕는 약을 복용시킨다. 치료를 시작하면 금방 증세가 좋아지나, 자칫 재발할 위험이 있으므로 옴벌레가 완전히 구제되어 환부가 완전히 나을 때까지 수의사의 지시에 따라 계속 치료하는 것이 좋다.
- 다른 개나 고양이를 함께 기르고 있는 경우에는 이 동물들에 대한 검사도 필요하며, 옴벌레를 구제한 후에도 생활환경을 위생적으로 유지해야 할 필요가 있다.

개와 사람에게 감염되는 기생충

동물의 몸의 표면에 기생하는 기생충 중에는 사람에게도 피해를 주는 것들이 있는데, 이처럼 동물과 사람이 같은 기생충에 감염되어 생기는 병(기생충증)을 인수공통감염증이라고 한다. 일반적으로 수의사는 개의 병의 치료뿐만 아니라 사람의 생활환경에도 신경 쓰기 때문에, 이들 기생충에 의한 개의 병에는 심각하게 대처하고 있다. 이 코너에서는 개와 사람의 피부병의 원인이 되는 주된 기생충을 소개하겠다. 왼쪽 밑의 사진은 개에게 기생하며 알러지성 피부염을 일으키는 벼룩의 사진인데, 벼룩은 사람에게도 감염하여 같은 피부염을 일으킨다. 그리고 그 위의 사진은 개에 기생하는 발톱진드기의 사진으로 모두 피부염을 일으키며 사람에게도 감염된다. 오른쪽 위의 사진은 백선을 일으키는 균의 사진이고, 그 아래의 사진은 이 균에 감염되어 원형 탈모를 일으킨 개의 사진이다.

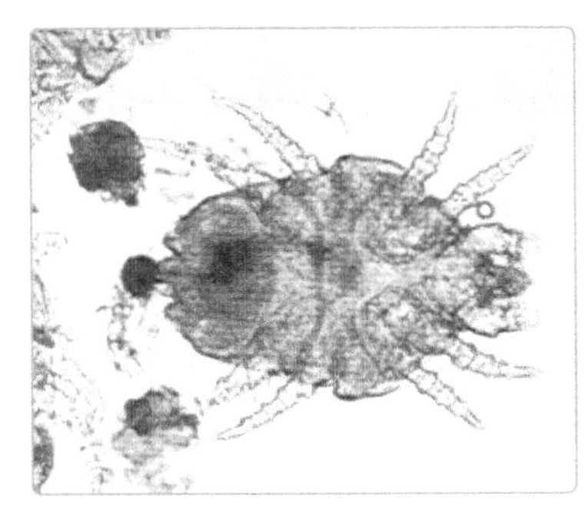
▲ 개에 기생하는 발톱이의 현미경 사진

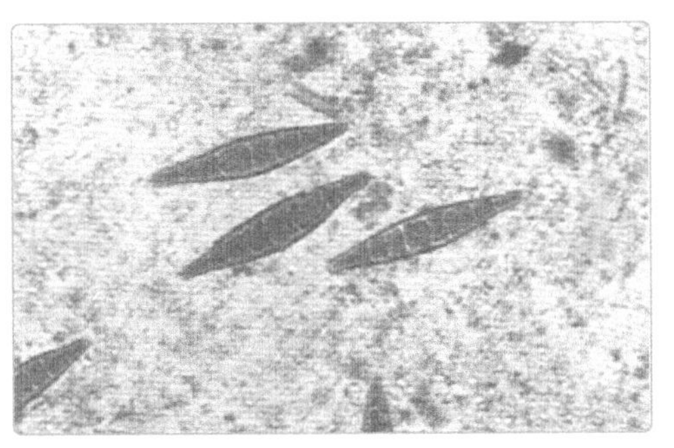
▲ 백선을 일으키는 균의 하나인 개 소포자균

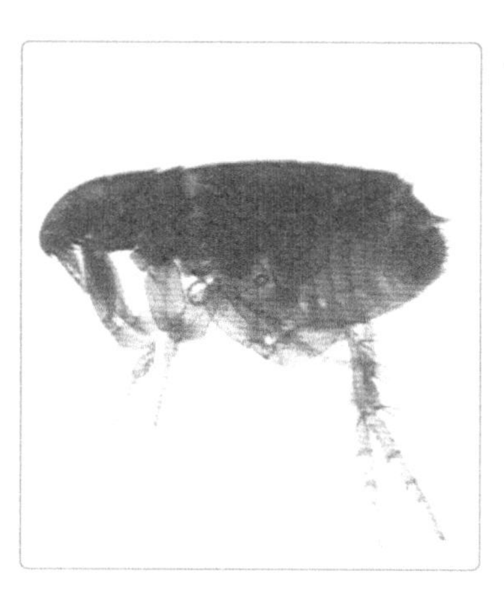

◀ 개에 기생하는 대개의 벼룩은 이 고양이벼룩이다.

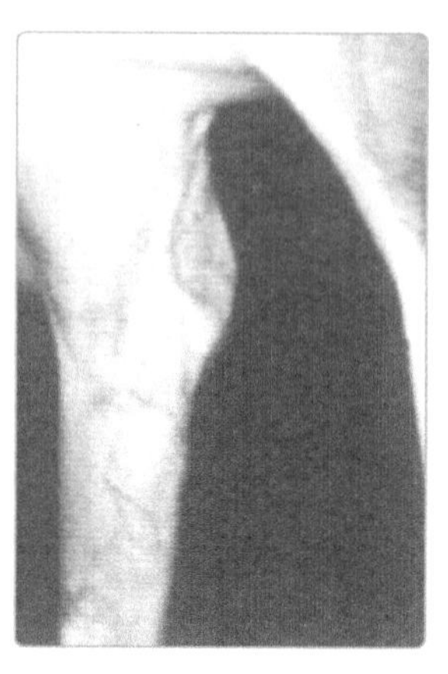

▶ 그리고 그 균이 기생하게 된 개의 사진

4 발톱이에 의한 피부염

■ 많은 양의 각질이 생긴다

발톱이의 기생에 의해 일어나는 피부염으로 접촉에 의해 사람에게도 감염된다.

증상 · 원인

• 개의 털을 헤쳐서 피부의 표면을 관찰해 보면 각질이 딱지처럼 두꺼워져 있는 것을 관찰할 수 있는데, 이 딱지가 미세하게 움직이는 것처럼 보이면 그 밑에 발톱진드기가 집단으로 서식하고 있는 것이다. 때로는 털의 뿌리 부분에 진드기가 하얀 가루처럼 붙어 있는 경우도 있는데, 이런 개를 안거나 함께 자면 사람에게도 이가 감염되어 격심한 가려움증을 동반하는 붉은 발진이 발생한다.

• 개를 기르기 시작해서 바로 이러한 증상이 나타나면 동물병원에 가서 개를 검사해봐야 한다.

• 개의 피부염을 일으키는 발톱진드기는 개 특유의 것으로 카펫이나 융단 등에 살면서 사람에게 기생하는 것과는 별개의 것이다.

진단 · 치료

진단방법

• 환부의 피부를 채취하여 현미경으로 관찰하면 커다란 발톱을 가지고 있는

0.5mm 정도의 발톱 진드기를 발견할 수 있다.

치료방법

• 발톱진드기가 대량으로 기생하고 있는 경우 개 전신의 털을 깎아야 될 때도 있다. 치료에는 발톱진드기를 죽이는 약욕제가 쓰이는데 가정에서 목욕시킬 때는 개의 머리, 어깨, 허리 순으로 몸의 정면을 정성껏 문질러 각질을 떨어뜨려준다. 목욕 후에는 개의 피부가 발갛게 짓무를 때도 있으나 환부가 건조하면 나으므로 걱정할 필요는 없다.

5 진드기의 기생

■ **피를 빨고 콩 만하게 부풀어 오른다.**

진드기는 봄부터 초여름에 걸쳐 나무나 풀이 많은 지역이나 산에 가까운 곳에서 길러지는 개에게 기생하며, 개의 피부에 붙어서 피를 빨며 크게 부풀어 오르는 특징이 있다.

증상 · 원인

• 진드기는 보통 수목이나 풀잎 끝에 살고 있는데, 개가 이곳을 지나치면 개에게 들러붙는다. 도시에서는 공원이나 도로변의 새로 심은 나무나 잔디로부터 개에게 옮기도 한다. 개의 털에 붙은 진드기는 피부의 부드러운 부분에 빨대처럼 생긴 입을 꽂아 피를 빤다.

• 개의 몸 표면에 달라붙어 팥이나 큰 콩만한 크기로 검붉게 부풀어 오른 것이 발견될 때가 있는데, 이것은 몸 길이 2~3mm의 진드기가 개의 피를 빨아서 부풀어 오른 것이다. 진드기는 개의 몸 중에서도 눈 주변이나 귀와 머리가 맞닿는 곳, 개의 뺨, 어깨, 앞발 등에 주로 기생하는데, 때때로 발바닥에서 발견되기도 하고, 발바닥에 진드기가 있는 개는 발을 절룩거리게 된다. 보통은 2~3마리 정도가 기생하지만 때로는 개 한 마리에 수 십에서 수 백마리의 진드기가 기생하기도 한다.

진단 · 치료

진단방법

• 진드기가 피를 빨면 몸이 크게 부풀어오르므로 맨눈으로도 쉽게 식별 가능하다.

치료방법

- 2~3마리 정도가 기생하는 경우에는 핀셋 등으로 피부에서 떼어내어 주는 것만으로 치료가 끝난다. 이 때 진드기가 입을 박고 있는 곳을 잘 떼어내 주지 않으면 진드기의 머리가 피부에 남게 되니 주의하도록 한다. 그리고 눈 주위에 달라붙은 진드기를 핀셋으로 잡을 때에는 핀셋으로 인해 개가 상처입지 않도록 주의해야 한다.
- 진드기가 대량으로 기생하는 경우나 반복해서 옮는 경우에는 진드기에 죽이는 외용약이나 기생충의 감염을 막는 약제, 또는 기생충을 죽이는 약물을 정기적으로 투여하여 구제와 예방을 함께 행하도록 한다.
- 지역에 따라서 진드기가 적혈구에 기생하는 원충이나 인간에게도 감염하는 야토증(림프절이 부어올라 궤양을 일으키는 병) 등을 옮기기도 하므로, 피를 빨아서 부풀어 오른 진드기를 처리할 때에는 절대로 터뜨리지 않도록 하고 휴지 등으로 싸서 버리도록 한다.

6 긁는이에 의한 피부염

■ 피부가 불결해진다

최근에는 이에 의한 피부염이 거의 없어졌으나 같은 이의 종류 중에 개 긁는이는 아직도 자주 볼 수 있다.

증상 · 원인

- 개 긁는이의 기생은 작은 물방울 모양의 알이 개의 털에 부착해 있는 것을 발견하는 것으로 알 수 있다. 개의 털을 헤쳐서 피부표면을 관찰하여 2mm 정도의 갈색을 띄는 회백색의 벌레가 움직이는 것이 보이면 이것이 긁는이다. 긁는이는 뺨이나 머리, 목, 허리 등에 자주 기생하며 피는 빨지 않으므로 가려움증도 없고 별 피해도 없지만 피부가 불결해지므로 다른 세균에 감염되기 쉽다.

치 료

- 외용의 살충제를 도포하거나 살포한 후 약을 이용한 목욕을 수 차례 반복하거나, 살충제를 넣은 목욕물로 씻어서 구제한다. 긁는이에는 살충제가 약효가 좋아 간단한 치료를 반복하면 구제할 수 있다. 만약 집단으로 사육하는 개 중 한 마리에서 긁는이가 발견되면 모든 개를 검사해 적절할 조치를 취해야 한다. 얼마 전까지

는 굵는이의 기생이 거의 없어져서 진찰할 기회가 거의 없었지만, 최근에 들어 다시 사례가 늘었다. 굵는이는 고양이에도 기생하나 이 종류는 그 종류에 따라 숙주의 종류가 정해져 있기 때문에 개에게 옮는 일은 없으며, 개에게 기생하는 이가 인간에게 옮는 일도 없다.

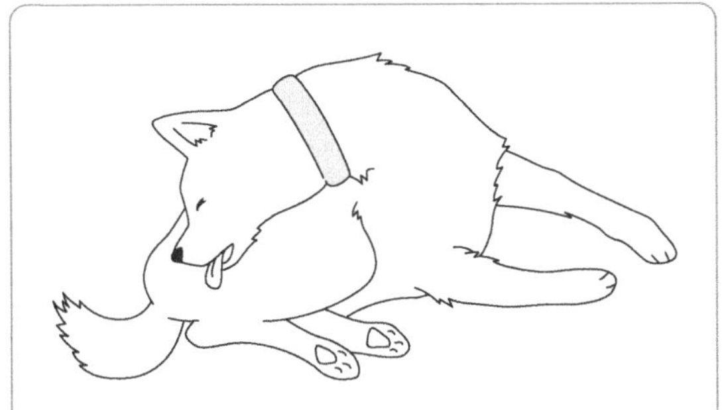

▲ 개가 심하게 가려워하는 경우에는 벼룩이나 진드기의 기생을 의심해 봐야한다.

7 파리유충증

■ 파리의 유충이 피부를 파고 든다.

파리가 개의 몸 표면에 알을 낳으면 그 유충이 피부를 파고 들어 피하조직을 상처입히게 되는데, 이 때 개는 심한 고통을 느끼게 된다.

증상 · 원인

• 밖에서 길러지는 몸이 약한 개는 파리유충증의 피해를 입기 쉽다. 따뜻한 계절에 파리가 이러한 개의 흉터나 더러워진 귓구멍, 또는 항문, 외음부 등에 알을 낳고, 알에서 깨어난 유충이 피부를 파고 들게 되면 피부 밑 조직까지 피해를 입는다. 개의 몸 표면에 악화된 종양이나 궤양, 혹은 농 등이 있고 새벽 4시에서 6시 경, 혹은 심야에 개가 비명을 지르고 계속 울 때에는 이 병에 걸린 가능성이 크다.

진단 · 치료

• 환부에 상처가 있거나 더러워져 있기 때문에 주변의 털을 깎고 더러워진 부위나 딱지 혹은 파리의 알을 구제하고 소독한다. 그 후 피하조직까지 파고들어간 유충을 제거해 주는데, 이 때 살충제는 사용할 수 없으므로 가벼운 마취제나 진정제를 투여하여 개가 움직이지 않게 하고 분무기를 사용하여 물의 압력으로 유충을 씻어낸다. 유충에 의한 피부의 상처는 환부에 종양 등이 없는 한 비교적 빨리 낫는다.

8 백선

■ **원형탈모를 일으킨다.**

사람에게 기생하는 무좀의 원인인 백선균의 친척인 곰팡이가 개의 몸에 기생해서 발생하는 병이다. 원형탈모가 일어나므로 링웜(환충)이라고도 한다.

증 상

- 머리나 눈 주위, 귀, 그리고 피부가 부드러운 부분에 원형탈모가 일어나고, 털이 빠진 자리에는 각질형태의 미세한 딱지가 진다. 그 주위의 피부는 약한 붉은 색으로 부어오르고 주위의 털이 쉽게 빠지거나 바스라진다.
- 가려움은 거의 없는 것이 특징이며, 피부의 저항력이 약한 개나 털갈이 시기의 개가 쉽게 걸린다. 강아지나 고양이가 많은 장소에 개를 맡기거나 그러한 곳에서 개의 털을 깎거나 목욕을 시킨 후에 이런 증상이 나타나면 이 병을 의심해 봐야 하며, 기르기 시작해서 얼마 안 된 개에게 이러한 증상이 나타날 경우도 같다.
- 백선에 걸린 개의 몸에 접촉하면 사람에게도 감염되어 피부염을 일으키거나, 아기의 머리에 심한 피부병을 일으키기도 한다. 피부의 저항력이 약한 아기가 잘 걸린다.

원 인

- 개털이나 피부에 곰팡이의 일종인 사상균이 기생하여 균이 피부나 모근에 침입하게 되면 탈모나 피부 이상이 일어난다.
- 이 피부병을 일으키는 사상균에는 개 소포자균, 석고상소포자균, 모창백선균이 있으며, 대개는 개 소포자균이 원인이다. 그리고 석고상소포자균은 흙 속에 서식하기 때문에 흙을 파는 것을 좋아하는 개나 그러한 곳에서 사는 개가 걸리기 쉽다.

진단 · 치료

진단방법

- 피부의 증상을 검사하여 진단한다. 개 소포자균은 적외선을 쬐이면 특유의 색깔로 발광하기 때문에 어두운 방에서 적외선램프를 환부에 쪼여 피부 주위를 관찰한다. 그리고 환부 주위의 털을 현미경으로 관찰하거나 털에 붙어있는 균을 배양하여 곰팡이의 존재를 확인하기도 한다.

치료방법

- 우선 전신의 털을 깎아서 원인인 곰팡이를 제거하는데, 환부 이외의 장소에도 기생하고 있으므로 전신의 털을 반복해서 깎고 완전히 곰팡이를 제거하는 것이 치료의 지름길이며, 사람에게 전염되는 것도 막을 수 있다. 그리고 1주일에 1~2회 곰팡이를 죽이는 약으로 목욕을 시키고, 백선에 효과가 있는 연고나 약물을 투여한다. 이런 치료는 증상이 사라진 후에도 균이 완전히 없을 때까지 계속해야한다. 치료에는 보통 1개월 이상의 시간이 필요한데, 도중에 그만두지 않고 끝까지 치료하는 것이 중요하다.
- 백선은 원래 고양이가 걸리는 병이나, 고양이에게서 개에게, 개에게서 고양이에게로도 감염하므로 개나 고양이를 함께 키우고 있는 경우, 한 마리가 감염하면 다른 동물들도 검사해 봐야한다. 최근 지역에 따라 도둑고양이 사이에 백선이 유행하고 있으므로, 이 병에 걸린 고양이와 개가 접촉하지 않도록 유의해야 한다.
- 백선은 유아나 여성의 뺨, 팔, 가슴 등의 부드러운 피부에 쉽게 감염되며, 백색의 건조한 원형의 피부염을 일으킨다. 특히 유아의 머리에 백선에 의한 심한 화농이 생기는 일이 있는데, 이 때는 동물뿐만 아니라 사람도 피부과의 검진을 받는 것이 좋다.

항생물질(이버멕틴)

흔히 항생물질이라고 하면 세균의 감염증의 치료약정도로 생각하기 쉽다. 그러나 최근 출시된 이버멕틴(이즈의 골프장의 흙에서 발견한 방선균으로 만드는 물질)은 세균뿐만 아니라 여러 가지 기생충의 예방과 구제에도 효과가 있다. 또한 피부병의 원인인 모낭충이나 옴 등의 진드기류, 심장에 기생하는 개심장사상충(필라리아), 장 속에 기생하는 선충류 등에도 효과가 있다. 이 항생물질에 의해 이제까지 치료하기 힘들었던 병을 치료할 수 있게 되어 동물 의료도 크게 진보했다.

9 효모균에 의한 피부병

■ 증상이 나타날 때가지 알아차리지 못한다.

개의 몸이나 피부에는 여러 가지 세균이나 곰팡이가 기생하고 있는데, 이들 세균은 보통 해를 입히는 일이 없으나 어떠한 이유로 증식하면 가려움이나 피부병을 악화시키기도 한다. 곰팡이의 친척 중 하나인 효모균은 일반적으로 개의 귀지에서 번식한다. 그러나 지루성 피부염이나 아토피성 피부염에서도 검출되기 때문에 이 병을 악화시키는 원인으로 보여 진다. 사람에게 기생하는 효모균도 아토피를 악화시키는 원인으로 알려져 있다.

증상 · 원인

- 잘 낫지 않는 만성적인 외이염에 걸렸거나, 귀지가 많아지거나, 귀지의 색깔이 초콜렛색으로 변한다든지 귀에서 쉰내가 나면 이 병에 걸린 것이 아닌가 의심할 필요가 있다.
- 귀 이외에도 기름이 많은 피부의 표면이나 분비선이 많은 발가락 사이 등에도 서식한다. 효모균의 증식은 지루성 외이염이나 지루성 피부염, 또는 아토피성 피부염 등의 가려움을 악화시키는 원인이다.

진단 · 치료

진단방법

- 귀지나 발가락의 사이의 축축한 피부 등을 채취, 염색하여 현미경으로 관찰하면 효모균을 발견할 수 있다. 그리고 이와 동시에 균을 배양해서 검사하기도 한다.
- 평소 개에 기생하는 효모균은 별다른 해를 입히지 않으므로 대량으로 번식하고 있는지 어떤지를 검사한다.

치료방법

- 귀지나 피부의 지방 등에 효모가 번식하여 가려움 등의 해를 입히기 때문에 균이 증식하지 않도록 귀의 상태를 청결히 해야 한다.
- 원인인 병을 치료하는 것은 물론 지방이 많은 먹이를 피하여 몸의 분비물을 줄이며, 비만이 되지 않도록 식사량을 관리하고 잘 운동시키는 등 개의 생활 전반에 걸쳐 주의를 기울여야 한다.
- 귀나 피부는 언제나 청결하게 유지하고 살균성이 있는 약욕제나 강한 산성의 액

체로 정성껏 씻어주면 좋다. 산성이 강한 액체에 대해서는 수의사와 상담하여 사용하는 것이 좋으며 효모균의 번식을 막는 효과가 있는 약물을 복용시킨다. 그리고 사람은 효모균의 일종인 칸디다가 피부나 점막에 감염, 증식하여 피부염이나 점막에 염증을 일으키나, 개에게는 잘 나타나지 않는다.

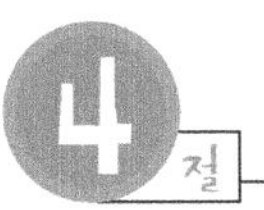

알러지에 의한 피부병

다른 보통의 사람은 괜찮으나, 어떠한 사람들은 일정한 음식을 먹으면 두드러기를 일으키거나 토하는 경우가 있다. 그리고 먼지나 꽃가루 등을 들이마시면 눈물이 나거나 재채기를 계속하게 되는 사람도 있다. 이렇게 다른 사람들은 아무런 반응을 보이지 않는 것에 대해 과민한 반응을 보이는 것을 알러지라고 한다. 그리고 사람과 같이 개에게도 이러한 알러지 증상이 나타난다. 알러지의 원인이 되는 물질(알러젠)을 입이나 코로 흡입하거나 먹거나 만지면 이러한 알러지 증상이 나타난다.

1 아토피성 피부염

■ **격심한 가려움증에 의해 몸을 계속 긁는다.**

먼지나 진드기, 꽃가루 등에 민감하게 반응하여 이것들이 공기와 함께 입이나 코에 들어오면 알러지 증상을 일으켜 피부를 계속 핥거나 긁는 개가 있다. 이렇게 알러지를 일으키는 원인물질(알러젠)을 들이마셔 나타나는 병을 아토피라고 하는데, 알러지의 대표적인 예이다.

증 상

- 귀나 눈 주위 등 안면이나 발끝 겨드랑이 관절의 안쪽, 몸통과 네 다리의 이음새의 안쪽 등에 지독한 가려움증이 생기기 때문에 개는 그 부분을 계속해서 핥거나 긁기 때문에 피부에 상처가 생긴다. 그리고 앞발의 안쪽 또는 뒷다리의 뒤쪽의 피부가 두꺼워지며 건조하는 경우도 있다. 만성화된 아토피는 일단 완치하여도 다

시 재발한다.

원 인

- 알러지는 몸의 면역이 몸에 해를 끼치지 않는 물질에 대해서 과다한 반응을 보여 일어난다. 이처럼 개가 공기 속에 떠돌아다니는 알러젠을 흡입하면 면역이 작용하여 알러지 반응이 나타나는데 이것이 아토피다. 개의 알러지의 주된 원인은 먼지, 진드기, 꽃가루 등이 많다.
- 개가 알러젠을 흡입하면 개의 몸속에서 면역글로블린이라는 물질이 만들어지는데, 이 물질이 피부와 반응하여 염증을 일으키는 물질을 대량으로 만들어내는데, 이 때문에 피부가 가려워지거나 염증이 생긴다. 때로는 혈관이 넓어지거나 부어오르는(부종) 경우도 있다.
- 아토피의 75%가 생후 6개월에서 3살 정도의 개에게 처음으로 발병하며, 유전적으로 아토피에 걸리기 쉬운 개도 있다.

진단 · 치료

진단방법

- 아토피의 주된 증상은 가려움증이나, 가려워한다고 전부 아토피라고 할 수는 없다.
- 진드기나 세균감염, 짓무름, 피부의 건조, 간장이나 신장의 병에 의해서도 가려워질 수 있으므로 이것들을 구별할 필요가 있다. 그리고 알러지가 일어나기 쉬운 요인이나 병 등을 고려하는 것도 중요한데, 이 들 요인을 제거함으로써 아토피가 일어나지 않고 일어나더라도 쉽게 가라앉을 수 있기 때문이다. 따라서 먼저 아토피와 함께 발병하기 쉬운 병이나 아토피를 일으키기 쉬운 병 즉 농피증, 효모균증, 옴, 벼룩 등의 기생의 유무를 검사한다. 이 중에 아토피에 걸린 개는 농피증에 걸리기 쉬우므로 농피증의 치료하기 위한 약물을 투여함으로써 증상이 가벼워지기도 한다.
- 골든 레트리버, 래브라도 레트리버, 셔틀랜드 쉽도그 등이 자주 이러한 아토피 관련의 농피증에 걸린다.
- 개에게 있어서의 피부조직의 시험이나 혈청학적 검사 등을 통한 알러지 진단이나 알러젠의 판정과 같은 진단방법은 아직 연구 중으로, 시험약의 입수가 힘들고, 판정이 복잡하며 검사기관이 부족한 것이 그 이유다.

[그림 2] 알러지

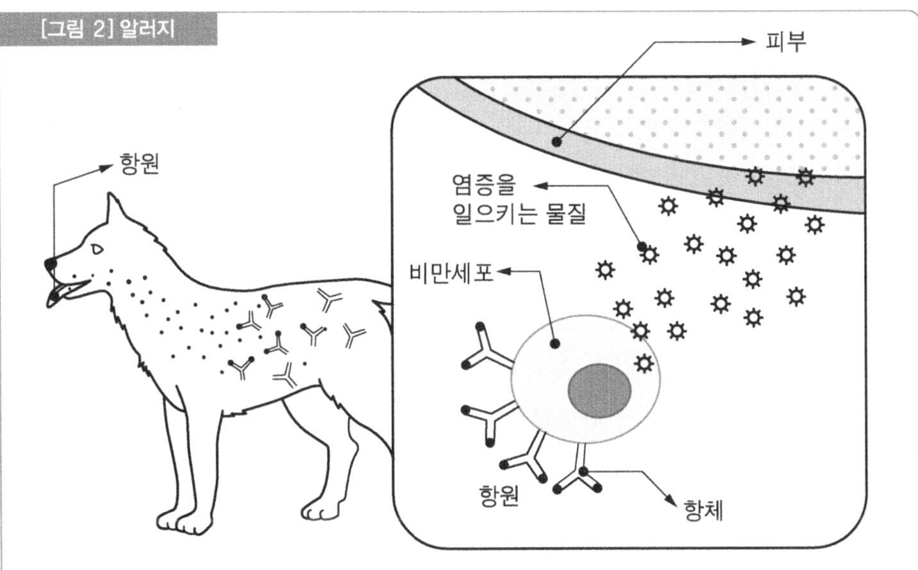

▲ 알러지 – 면역기능에 의해 체내에 들어온 이물질을 유해하다고 판단되면 항체를 만든다. 그리고 다시 같은 물질이 몸속에 들어오면 항체는 그 물질과 결합하여 알러지를 일으킨다.

치료방법

- 치료는 약물요법을 중심으로 행해지며, 몸을 씻어 알러젠을 제거하거나 보습제 등을 발라 피부가 건조해지지 않게 하는 것도 중요하다.
- 집밖에서 키우는 개의 경우, 벼룩이나 진드기, 먼지 등의 원인을 제거하기 위해 개집을 자주 청소하고 자주 목욕시켜야 한다. 약물요법에는 부신피질호르몬약(부신피질스테로이드약)이나 항히스타민제 등이 쓰인다.
- 부신피질호르몬약으로는 프레드니솔론이나 프레드닌이 사용되는데, 부작용이 많기 때문에 그것을 방지할 필요가 있다.
- 항히스타민약은 가려움증에 대한 효과가 그렇게 뛰어난 편은 아니지만 장기적인 투여 혹은 다른 약과의 병용으로 효과를 볼 수도 있다. 그리고 리놀산이나 리놀렌산, 에이코사펜타에노산 등의 지방산을 사용하는 경우도 있는데, 이들 물질은 가려움증과 염증을 일으키는 아라키돈산이나 염증성 대사산물이 만들어지지 않게 하는 역할을 한다.
- 지방산과 클레마스타인이나 클로르페니라민과 같은 항히스타민약을 함께 사용하면 가려움증을 완화시킬 수 있다. 최근에는 새로운 치료법으로써 한방약을 다른 약과 함께 사용하는 것도 검토되고 있다. 그리고 먼지나 꽃가루 등의 알러젠을 씻기 위해 가끔 목욕을 시켜주는 것도 좋은 방법이다.

- 샴푸에는 여러 가지 종류가 있으므로 수의사와 상담하여 적당한 것을 사용하도록 한다. 농피증의 경우 클로로헥시딘 샴푸를, 지루증에는 셀레늄 계의 샴프를 사용하는 것이 일반적이다. 그러나 너무 자주 씻어주면 피부가 건조해서 오히려 증상이 악화되는 경우도 있으니 주의해야 한다.
- 아토피에 있어서 피부의 건조는 피해야한다. 따라서 프로필렌글리콜이나 글리세린 등을 보습제나 린스로 사용하는 것도 좋다. 아토피에 걸린 개의 보호자는 한 가지 치료법에 의한 완치를 기대하기 쉬우나, 일단 가려움증이 완화되면 충분히 치료효과를 본 것으로 간주, 부작용이 강한 부신피질호르몬약만의 치료법에서 다른 치료법으로 이행하는 것이 일반적이다.

2 식이알러지

■ 끈기를 가지고 치료해야 한다.

먹이가 원인으로 일어나는 알러지다. 먹이 속의 어떠한 물질에 대해 개의 몸속의 항체가 만들어지게 되면, 다시 그 먹이를 먹었을 때 알러지가 일어난다. 계란이나 우유 등 단백질이 많이 포함된 음식물이나 특정의 개먹이 등에 의해 일어나는 경우도 있는데, 개에 따라 그 원인도 여러 가지다.

증 상

- 먹이에 의한 알러지는 개 알러지 전체의 수 %정도로 발생률은 그다지 높지 않다. 식이성 알러지는 먹이를 먹은 후 비교적 짧은 시간 내에 증상이 나타난다.
- 일반적으로 안면이 가려워지고 붉어지거나 발열하는데, 구토나 설사를 동반하는 경우도 있다. 이러한 증상은 금방 낫지만, 같은 음식을 먹으면 다시 나타나며 만성화하면 증상이 안면뿐만 아니라 전신에 퍼진다. 아토피나 벼룩알러지, 그리고 농피증을 동반하는 경우도 있다.

원 인

- 먹이가 원인이 되어 알러지가 나타난다. 일반적으로 동물성 단백질이 원인이 되기 쉽다고 알려져 있지만 확실한 원인은 알려져 있지 않다.
- 사람에게 음식물 알러지를 일으키는 음식으로는 계란, 우유, 대두 등 단백질이 많이 들어있는 식품, 혹은 시금치, 가지, 죽순 등의 야채, 파파야, 파인애플, 키위 등

의 과일이 있다. 그리고 일반적으로 알러지를 일으키지 않는 식품이라도 보존상태가 나쁘면, 식품 속의 아미노산이 효소에 의해 분해되어 알러지의 원인이 되기도 한다. 그리고 이러한 음식물 모두가 개에게도 알러지를 일으키는지는 알 수 없다.

- 식이성 알러지는 일반적으로 2살 안팎의 개에게 나타나며, 품종별로는 래브라도 레트리버, 저먼 셰퍼드, 푸들 등에게 잘 나타난다.

진단 · 치료

진단방법

- 알러젠으로 추정되는 것을 뺀 먹이를 주면서 증상의 변화를 관찰한다. 특정 음식물을 뺀 먹이를 주어 증상이 나아지면 그 음식물에 의한 알러지로 판단한다. 물론 이렇게 음식물을 주는 동안에는 다른 것은 먹여서는 안 된다. 이 방법은 일반적으로 2~10주 정도의 시간이 걸리므로 개 보호자의 충분한 이해가 필요하다. 인간의 경우 혈청학적인 검사가 가능하지만, 개의 경우 이것만으로 정확한 판단을 할 수는 없다.

치료방법

- 먹이를 알러젠이 들어 있지 않은 저알러 식으로 바꾼다. 일반적으로 시판되는 저알러지 먹이나, 키우는 개가 이제까지 먹어보지 않은 것을 먹이면 좋은데, 시판되는 것에는 쌀과 어육이나 양고기 같은 육질이 4:1의 비율로 들어있다. 그리고 약물 요법은 별로 효능이 없다.

3 접촉에 의한 알러지

■ 평소에 자주 접촉하는 것이 알러지의 원인

특정한 것과의 접촉에 의해 일어나는 알러지다. 개가 일상적으로 사용하는 물건이나 기구 중에 알러젠이 포함되어 있으면 알러지를 일으켜 피부가 붉어지거나 가려워진다.

증상 · 원인

- 개 중에는 벼룩을 쫓기 위한 목걸이나 플라스틱으로 만든 식기, 융단 등에 반응하

여 목 주위가 빨갛게 붓거나 탈모 또는 가려움증을 일으키는 개가 있다. 그리고 샴푸나 비누, 약물, 습포제 등을 사용했을 때도 이와 같은 붉은 발진 혹은 가려움증을 일으키기도 하는데, 이는 개가 접촉하는 기구나 용구, 약품 등에 알러젠이 들어있기 때문이다.

진단 · 치료 · 예방

진단방법

• 원인으로 짐작되는 기구나 용기, 약품 등을 수 주일간 사용하지 않도록 하고, 개의 반응을 관찰하여 증상이 개선되면 사용하던 물건 등을 알러젠으로 진단한다.

치료방법

• 원인이 되는 기구나 용기, 약품의 사용을 중지한다.

예방방법

• 샴푸 등을 사용했을 때는 잘 씻어서 피부에 남지 않도록 하고, 벼룩 쫓는 목걸이 등을 사용할 경우에는 사용설명서를 잘 읽고 나서 사용하도록 하는데, 처음 사용할 경우에는 2~3일 간격으로 목걸이를 풀어서 피부의 상태를 잘 관찰하도록 한다.

4 자가면역성 피부병

■ 코나 귀의 털이 빠지고 딱지가 앉는다.

동물은 자신의 몸을 보호하기 위해 면역이라는 기능을 체내에 가지고 있는데, 체내에 유해한 물질이 침입할 경우 면역은 이것을 공격하여 몸 밖으로 배출하는 역할을 한다. 그러나 면역이 어떠한 이유에서인가 이상을 일으켜 자신의 몸을 공격하는 경우가 있는데 이것을 자가면역질환이라고 한다. 이러한 병은 개에게 잘 나타나며 대개의 경우 피부에 이상이 생긴다.

증 상

• 대개의 경우 천포창이라는 피부병의 증세가 나타나는데 탈모나 딱지, 입안 점막의 이상 등이 그 증상이다.

• 일반적으로 콧등의 털이 빠지기 시작하고 피부가 질척해진 후 딱딱한 딱지가 앉

는다. 증상은 눈이나 입 주위, 귀, 사지, 항문, 음부, 음낭 등으로 천천히 번져 가는데, 귀나 사지에서 증상이 시작되는 경우도 있다.

- 털이 빠진 곳에 가려움증이 나타나는 일은 거의 없고 손상된 피부나 딱지가 떨어진 곳에는 고름이 생기거나 통증을 동반하기도 한다.

원 인

- 면역기능이 자기 몸의 성분과 반응하는 물질을 피부의 표면에 만들고, 이것이 피부를 공격한다. 때문에 세포와 세포를 연결하는 물질이 파괴되어 세포가 서로 떨어지고 피부에 이상이 생긴다.
- 알러지의 일종인 이병은 봄이나 여름 등 햇빛이 강한 계절에 잘 나타나며 자외선에 약한 흰 털을 가진 개에게도 잘 나타나므로 자외선이 병의 원인 중 한가지로 추정된다. 그러나 발병은 계기가 되는 것은 이외에도 여러 가지가 있다.

진단 · 치료

진단방법

- 대개의 경우 진단과 치료가 곤란하다. 진단은 일반적으로 병의 경과의 세밀한 관찰과, 피부조직검사를 통해 이뤄진다. 조직검사를 할 때는 현미경으로 피부의 세포가 제각각 떨어져 있는가를 관찰한다. 그리고 특별한 야광물질로 피부를 염색하여 항체의 존재 여부를 확인한다. 단 검사의 조건에 따라 서로 틀린 결과가 나오는 경우도 있으므로 숙련된 수의사가 아니면 판단하기 힘들다.

치료방법

- 약물요법으로 치료하며, 보통 부신피질호르몬약, 한방약, 비타민 E, 면역억제제 중에서 몇 종류를 골라서 사용하는데, 어떠한 약을 선택, 조합하여 사용하는가가 치료의 포인트다. 그리고 이러한 치료와 함께 될 수 있는 한 자외선에 노출되지 않게 하는 것도 중요하다.
- 일반적으로 피부병의 치료는 시간이 걸리며, 그만큼 개 보호자의 끈기가 필요한데, 특히 이병은 더 많은 끈기가 필요하다. 따라서 수의사는 개 보호자에게 치료법이나 증세의 경과 등에 대해 자세히 설명해 가면서 끈기있게 치료하는 것이 보통이다.

5절 호르몬 이상에 의한 피부병

동물의 체내에서는 여러 가지 호르몬이 분비되고 있고, 각각의 호르몬들은 몸의 기관이나 장기를 조절하는 기능을 한다. 그리고 호르몬은 피부나 털에도 중요한 역할을 하고 있어, 발육을 촉진시키거나 일정한 시기에 털갈이를 하도록 조절한다. 호르몬은 각각 독립적으로 기능하지 않으며 서로 돕거나 서로의 기능을 억제하는 등의 기능을 가지고 있어 몸 전체의 균형을 유지한다. 그렇기 때문에 호르몬의 분비량에 이상이 생기면 피부병이나 다른 많은 병이 생긴다.

1 호르몬성 피부염(내분비성 피부염)

■ 털이 많이 빠지며 건강을 잃는다.

호르몬 이상에 의한 피부병은 4~5살 이상의 개에게 잘 나타나며, 가장 알기 쉬운 증세가 탈모다. 병의 초기에는 거의 가려움증이 없다. 털갈이 시기가 아닌데도 털이 쉽게 빠지고 살갗이 보일 정도로 털이 빠지면 이 병을 의심하도록 하자.

증 상

- 분비 이상을 일으킨 호르몬의 종류에 따라 탈모하는 부위도 틀린데, 예를 들어 부신피질호르몬의 분비량이 적어지면 몸통의 털은 빠지지만 머리와 사지의 털은 빠지지 않는다.
- 성호르몬의 분비량에 이상이 생기면 생식기나 항문 주변의 털이 빠진다. 갑상선호르몬의 양이 적어지면 개의 품종에 따라 몸통의 양쪽 털이 대칭적으로 빠지기도 하며, 개에게 나타나는 가장 흔한 증상이기도 하다. 이러한 탈모의 특징을 알고 있으면 피부병을 진단할 때 도움이 된다.

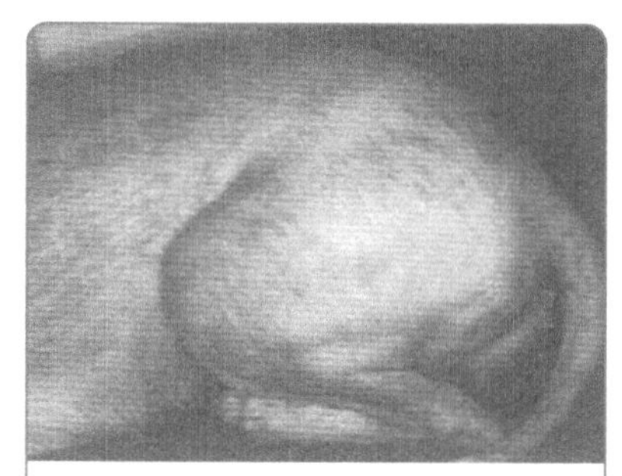

▲ 호르몬 분비 이상에 의한 피부병. 넓은 부위에 걸쳐 털이 빠진 것을 볼 수 있다.

- 호르몬은 내장의 기능에도 관계가 있기 때문에 호르몬 이상에 의한 피부병 이외의 증

상이 동반되기도 한다. 부신피질호르몬의 분비량이 늘어나면 많은 물을 마시게 되며 오줌의 양이 늘어나고 먹이를 많이 먹게 된다. 그리고 갑상선호르몬의 분비량이 모자라면 더위나 추위에 약해지고 살이 찐다.
- 성호르몬에 이상이 있을 경우에는 발정주기가 이상해진다. 길어지기도 하고 주기 자체가 짧아지기도 하며, 번식력이 저하하기도 한다. 이러한 전신에 나타나는 증상을 관찰하는 것도 호르몬 이상을 판단하는 데 대단히 도움이 된다.

원 인

- 호르몬의 분비량이 너무 많아지거나 너무 줄어들면 피부병에 걸린다. 피부에 영향을 미치는 호르몬 이상에는 부신피질호르몬의 과다분비, 갑상선호르몬의 감소, 성호르몬의 과다분비와 과소분비, 성장호르몬의 감소 등이 있다.
- 털은 뿌리가 있는 모낭의 기능을 통해 자라난다. 모낭은 주기적으로 활동과 휴식을 반복하는데, 호르몬성 피부병에 걸리면 모낭이 휴식한 채로 다시 활동하지 않으므로 털이 빠진다.

진단 · 치료

진단방법

- 증세를 관찰하고 혈액검사를 받아 이상분비가 의심되는 호르몬의 양을 측정한다.

치료방법

- 호르몬약 등의 약물을 투여해서 치료하는데, 종양 등에 의한 호르몬 분비 이상일 경우에는 종양을 적출한다.
- 약물요법은 부작용의 가능성이 있으므로 충분한 진단을 통해 필요하다고 생각되는 약물을 투여하며, 치료효과가 나타날 때까지 수 개월 이상 걸리는 경우도 있으므로 정기적으로 건강진단을 받아가며 치료를 계속한다.

2 갑상선호르몬의 이상

■ 털이 빠지고 피부가 검게 변한다

갑상선호르몬의 분비량이 너무 적으면 피부가 보일 정도로 털이 빠지기도 한다. 개의 품종에 따라 몸통 양쪽 같은 곳의 털이 빠지기도 하는 병으로, 개의 호르몬 이상병 중 가장 흔하다.

증 상

- 주된 증상은 탈모다. 복서처럼 비교적 큰 개의 몸통의 털이 대칭적으로 빠지는 것을 흔히 볼 수 있는데, 모든 개에게서 관찰되지는 않는다.
- 털이 빠진 부분에 가려움증이 발생하지는 않지만 때때로 검은 색소가 집중되어 피부가 검게 변하기도 한다. 피부의 이상 외에도 생기를 잃거나 동작이 둔해지고 추위와 더위에 약해지며, 비만해지거나 번식력이 떨어지기도 한다.

원 인

- 갑상선호르몬의 분비량이 충분하지 못할 때 나타나는 병으로 중형견 이상의 개에게 자주 발병한다.
- 호르몬의 분비량이 줄어드는 주된 원인은 갑상선이 선천적으로 위축되어 있거나, 어떠한 원인에 의해 위축된 경우를 들 수 있다. 그리고 약물의 투여나 마비, 또는 스트레스에 의해 분비량이 주는 경우도 있다.

진단 · 치료

진단방법

- 증세를 관찰하는 한편 혈액 속의 갑상선호르몬의 양을 측정한다. 호르몬의 양은 여러 요인에 의해 변하기 쉬우므로 수치만으로 판단으로는 오진하기 쉽다. 따라서 종합적인 판단이 필요하다.

치료방법

- 일반적으로 장기간에 걸친 갑상선호르몬약의 투여가 필요하며, 적절하게 투여량을 조절하면 부작용의 염려도 거의 없다. 그러나 다시 털이 나기까지는 보통 수개월이 걸리므로 보호자는 느긋이 상태를 지켜보는 것이 좋다.

개의 털 손질

개와 같이 생활하면서 가장 골치 아픈 것 중 하나가 개의 털의 손질이다. 개의 선조는 주로 지구의 북반구, 즉 추운 지역에서 진화한 것이 많기 때문에, 지금의 개도 추위와 상처로부터 몸을 보호하기 위해 촘촘한 그러나 결코 길지 않은 털이 난 가죽을 가지고 있다.

그러나 현재 순종으로 불리는 품종은 인간이 인공적인 교배를 통해 만들어낸 것으로, 이러한 품종의 털은 인간이 봐서 아름다운 외관상의 특징이 강조된 것이 많다.

그렇기 때문에 일부의 품종, 즉 푸들, 시추, 말티즈, 코커스패니얼, 요크셔테리어 등은 비정상적으로 긴 털을 가지게 되었고, 이것은 몸을 보호하는 원래의 기능에서 크게 벗어나 살아가는 데 방해가 되는 경우도 많다. 또한 푸들처럼 곱슬곱슬한 털을 가진 개가 있는 한편, 도베르만이나 그레이트 덴, 에어데일테리어 등처럼 짧고 빳빳한 강모를 가진 개도 있는데, 곱슬곱슬한 털을 가진 개는 털갈이를 해도 털이 잘 떨어지지 않고 뭉쳐버리고, 강모를 가진 개는 앉을 때 체중이 걸리는 곳이 빳빳한 털에 찔려 염증이 생기기도 한다.

따라서 이러한 개들은 보호자가 충분히 털의 손질을 해주지 않으면 건강을 해치기도 한다. 특히 개는 봄부터 초여름에 걸쳐 털갈이를 하기 때문에 충분히 손질해 주지 않으면 주위에 많은 양의 털이 날려, 이웃의 불만을 사는 원인이 되기도 한다. 최근에는 잡화점에서 개의 털의 손질을 위한 여러 가지 도구들을 팔고 있으므로, 개를 기르고 있는 집이라면 몇 종류 정도는 사두는 것이 좋다.

특히 ① 촘촘한 철심으로 만들어진 슬리커 브러시, ② 강모로 만들어진 브러시, ③ 금속제 빗, ④ 헝클어진 털을 자르기 위한 가위 등은 개와의 공동생활에서 빼놓을 수 없는 도구(그루밍 툴)다. 이 외에 애완견용 발톱깎이를 준비하면 개의 발톱의 손질도 할 수 있다.

개의 털을 손질할 때는 등뿐만 아니라 목 주위와 다리, 꼬리 주변, 배 부분도 부드럽게 빗질해 준다. 금속제 빗의 촘촘한 이는 벼룩을 잡는 데 효과적이므로, 목 주변이나 꼬리와 몸이 맞닿는 부분 등을 이 빗으로 빗어주면 간단하게 벼룩을 잡을 수 있으며, 벼룩의 유무를 체크할 수도 있다.

그리고 개의 주변에 빠지는 털을 위한 청소기를 준비해 두면, 빠진 털이 주위에 날리거나 하는 것을 막을 수 있다.

제18장 눈 관련 병

개의 눈의 구조

눈은 바깥세계의 상황을 받아들이는 아주 중요한 기관이지만,
그 일부가 외부에 노출되어 있기 때문에 세균에 감염되거나 상처받아 병에 걸리기도 쉽다.
평소에 개의 눈의 상태나 행동에 주의하면 눈의 이상은 쉽게 알 수 있다.
눈에 관련된 병을 치료하지 않고 방치해 두면, 시력이 저하하여 회복되지 않거나 실명할 수도 있다.

제18장 눈 관련 병

개 눈의 구조

1 안구

눈은 크게 안구(eyeball)와 안부속기(accessry organ)로 구분을 한다.

안구는 외막, 중막, 내막 및 안내용물로 이루어지며, 외막의 표면적은 앞쪽 1/6을 차지하는 투명한 각막과 뒤쪽 5/6을 차지하는 흰색의 공막으로 구성된다. 그리고 중막은 외막의 내면에 있는 혈관성 조직으로서 포도막이라 하며 홍채, 모양체, 맥락막으로 구성되어 있다. 내막은 안구의 가장 안목에 있는 막으로 망막이라 하며 이 망막은 시각(visual angle) 에 가장 중요한 구실을 하는 투명한 신경조직이다. 안내용물 안에는 수정체, 유리체, 방수 (aqueous humor)가 있다. 눈을 카메라와 비교해 보면 홍채는 조리개, 수정체는 렌즈, 망막은 필름에 해당한다.

[그림 1] 눈의 단면

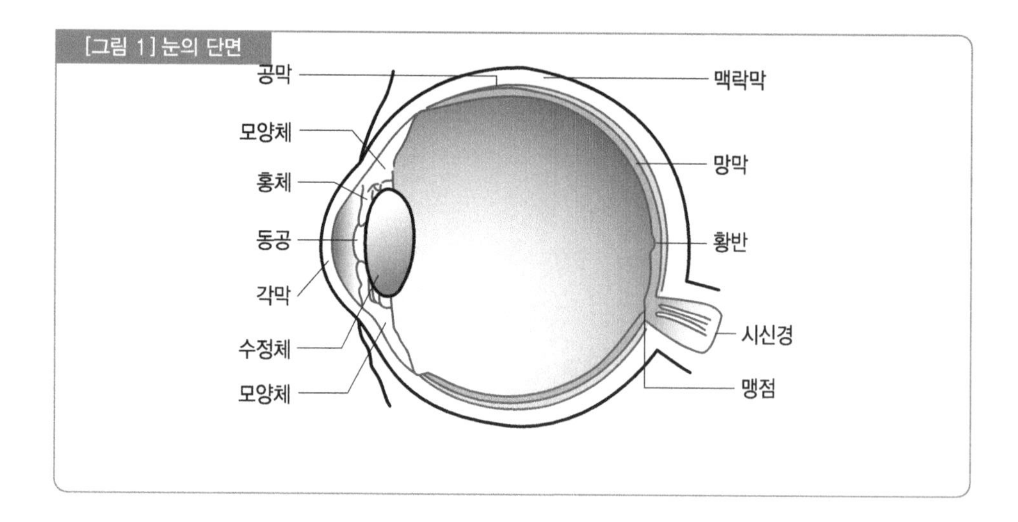

2 눈꺼풀(안검)

사람은 상안검, 하안검의 2개의 눈꺼풀을 지니고 있지만 개는 하나 더 있어 총 3개의 눈꺼풀을 지니고 있다. 이렇게 사람과 다르게 추가된 눈꺼풀을 제3안검이라 하며 위치는 누점이 있는 눈의 안쪽 가장 자리이다.

[그림 2]

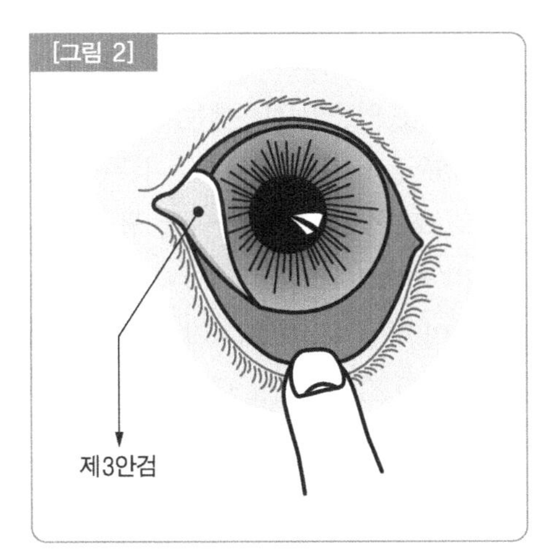

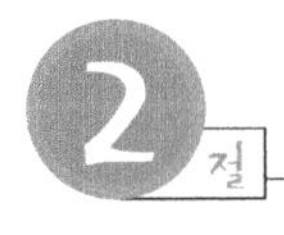

2절 각막과 결막에 관련된 병

1 각막염

■ 각막에 염증이 생겨서 심하게 아파한다.

각막에 염증이 생긴 상태를 각막염이라고 한다. 각막은 각막상피, Bowman층, 각막간질, Descemet막, 각막내피의 5개 층으로 구성되어 있는데, 어디에 어느 정도의 염증이 생겼는가에 따라 불리는 병명이 달라진다.

1. 표층성 각막염 – 각막의 표층(각막상피 또는 Bowman층)에 생기는 염증
2. 심층성 각막염 – 표층성 각막염보다 깊은 부분에 생기는 염증
3. 궤양성 각막염 – 염증이 각막의 깊은 부위까지 퍼져서 궤양으로 변한 것
4. 기타 – 이외에 급성각막염, 만성각막염, 건성각막염 등의 분류도 있다.

증 상

• 각막에 염증이 생기면 아주 심한 통증을 느끼게 되므로 개는 눈을 계속 감고 있거나 계속해서 눈을 깜빡거리거나 앞발로 문지르는 등의 눈에 이상이 있는 듯한 행동을 반복한다. 때로는 얼굴을 바닥에 문지르며 아파하기도 하고 눈물을 많이 흘려 항상 눈 주위가 젖어있거나 눈꼽으로 인해 눈 주위가 더러워지기도 한다. 그리

고 눈을 문지르기 때문에 눈 주위가 발갛게 부어오르기도 한다.

- 가벼운 염증일 경우에는 그렇게 아프지 않지만, 염증이 심하게 진행된 궤양성 각막염 등의 경우에는 통증이 무척 심하며 눈꺼풀에 경련이 일어나기도 한다. 눈으로 확인할 수 있는 각막에 생기는 변화는 각막염의 증상 정도에 따라 다르다. 작은 염증이 생긴 정도로는 눈으로 봐서는 알 수 없으나, 염증이 진행함에 따라 각막이 하얗게 혼탁해지기 때문에 눈으로도 확인할 수 있다. 그리고 염증이 더욱 악화되면 각막이 부풀어 오르고 각막 주위에 생긴 혈관을 눈으로 볼 수 있게 된다. 이것은 염증을 가라 앉히기 위해 새로 생긴 혈관으로 '판누스(pannus)' 라고 하며, 이 정도의 증세를 보이게 되면 각막염도 만성화되어 상당히 악화된 것으로 판단할 수 있다.
- 판누스 등의 신생조직은 염증이 나은 뒤에도 검게 남게 되고 각막의 투명도를 떨어뜨리기도 한다. 특히 궤양성 각막염의 경우 각막 표면의 변화가 분명하게 드러나는데 많은 판누스나 결합조직이 생겨나고 각막이 하얗게 부풀어 올라 찌그러져 보이게 된다.

원 인

- 각막염은 외상성과 비외상성으로 구분할 수 있다. 외상성은 주로 눈을 비비거나 눈 주위의 눈썹이 눈을 계속 찌르거나 샴푸 등의 약품이 눈에 들어가 눈을 자극하여 생기며, 비외상성의 원인으로는 곰팡이, 세균이나 바이러스(개디스템퍼바이러스 등)에 의한 감염증, 대사장애, 그리고 알러지 반응 등을 들 수 있다. 바이러스에 의한 원인으로는 개전염성간염에 의한 각막염인 '블루아이' 가 유명한데, 이 병은 각막이 청백색으로 혼탁해져 눈이 파랗게 물든 것처럼 보이며 증세가 오랫동안 남는 경우도 있다.

진단 · 치료

진단방법

- 밝은 불빛으로 개의 눈을 면밀히 관찰하는데, 통증이 심한 경우에는 점안용 마취제 등으로 눈의 통증을 없앤 다음에 개의 눈을 충분히 벌리고 검사한다. 각막에 신생혈관이나 결합조직이 생기고 각막이 하얗게 혼탁해져 있으며 개가 통증을 느낀다면 각막염으로 진단할 수 있다. 그러나 초기단계에서는 신생조직이 별로 없고 각막의 변화도 그렇게 심하지 않으므로 플루오레세인이라는 색소로 각막표면을 염색하여 염증의 유무를 판별한다. 이 색소로 염색하면 염증이 있는 부위가 형

광녹색으로 물들기 때문에 염증의 위치나 크기, 병의 진행 정도를 알 수 있다.

치료방법

• 각막염의 치료는 먼저 원인이 되는 병을 치료하는 것부터 시작한다. 따라서 원인이 무엇인지를 정확히 파악하는 것이 중요하다. 원인을 파악하고 원인을 제거한 후에는 1~3 종류의 안약을 투여하는 내과적인 치료를 한다. 단 시판되고 있는 안약을 가정에서 사용할 경우에는 병이 낫지 않거나 악화되는 경우도 있는데, 이럴 때는 수의사와 상담하는 것이 좋다. 개가 통증 때문에 눈을 비벼 각막염이 악화될 경우에는 목에 엘리자베스 칼라(그림 3) 등을 해주어 눈을 보호하거나 앞발에 붕대를 감아눈을 비비지 못하게 한다. 치료 후 각막염 자체는 나아도 각막의 표면이 흰색 또는 검은색으로 혼탁해지는 경우가 생길 수 있는데, 일찍 발견하여 조기에 치료하면 이러한 현상을 막을 수 있으니 눈의 치료는 가능한 한 빨리 해주는 것이 좋다.

[그림 3]

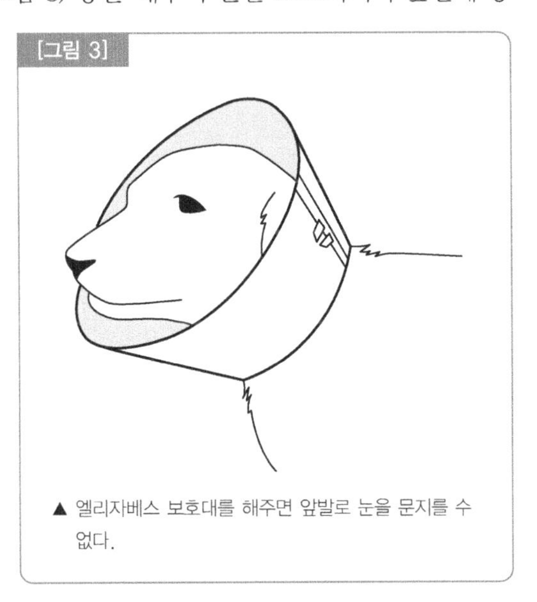

▲ 엘리자베스 보호대를 해주면 앞발로 눈을 문지를 수 없다.

2 각막열상

■ **각막의 상처로부터 안구의 내용물이 튀어 나온다.**
각막에 상처가 생긴 상태를 각막열상이라고 한다.

증 상

• 각막의 표면에 얕은 상처가 생긴 경우에는 각막염과 흡사한 증상을 보이게 된다. 하지만 상처가 더 깊은 경우, 예를 들어 각막에 뾰족한 것이 박혀서 구멍이 생긴 경우라도 각막 표면의 상처가 자연적으로 막히기 때문에 악화된 각막염과 흡사한 증상을 보인다. 그러나 상처가 너무 커서 자연적으로 치유가 되지 않는 경우에는 상처에서 안방수(각막과 홍채 사이(전안방), 그리고 홍채와 수정체의 사이(후안

방)를 채우고 있는 액체)가 흘러나오고, 각막이 일그러지기도 한다.

• 더 큰 열상의 경우에는 다른 안구 내용물이 튀어 나올 수도 있다. 눈의 표면에 무엇인가가 튀어나와 부풀어 있는 것이 보이면 최대한 빨리 수의사에게 치료를 받아야 한다.

원 인

• 각막열상의 원인은 개들끼리의 싸움이나 교통사고, 그리고 그 외의 사고에 의한 것이 대부분이다. 그리고 각막염이나 궤양성 각막염이 악화되어 각막에 구멍이 날 수도 있으며, 각막염으로 통증을 느끼는 개가 눈을 심하게 비벼서 각막에 열상을 입힐 수도 있다.

진단 · 치료

진단방법

• 밝은 불빛으로 눈을 비추어서 상처의 상태를 조사한다.

치료방법

• 커다란 상처가 아니라면 각막염과 같은 안약으로 치료한다. 이 때 각막을 보호하기 위해 위아래의 눈꺼풀과 함께 제3안검을 같이 꿰매어 안대를 대신하기도 한다. 열상이 크거나 각막에 깊은 상처가 난 경우에는 각막의 봉합이 필요할 수도 있는데, 먼저 제3안검을 봉합하여 안대 대신으로 삼고 안약을 투여하여 치료하고, 필요한 경우에는 내과적인 치료를 행한다.

• 각막의 상처에서 홍채가 튀어나온 경우에는 홍채를 원래대로 밀어 넣든지 절단하고 봉합해야 한다. 홍채는 원래 상태로 돌아가기도 하지만 각막과 유착, 변형되어 본래의 기능을 회복하지 못하는 경우도 있고, 각막은 봉합해도 뿌옇게 변하거나 변형될 수도 있다. 각막에 너무 큰 열상이 발생하면 완전히 치료하는 것은 힘들고, 홍채와 더불어 수정체까지 튀어나온 경우에는 안구 자체를 적출하기도 한다.

3 결막염

■ 가장 일반적인 눈병

결막에 염증이 생긴 것으로 결막염이라고 한다. 개의 눈에 관련된 병 중에서 가장 흔하다.

증 상

- 결막염에 걸리면 눈꺼풀의 주위가 아프거나 가려워지기 때문에 개는 앞발로 눈을 비비거나 바닥에 얼굴을 문지르는 등의 행동을 보인다.
- 결막이 붉게 충혈되고 부종을 일으켜 부어오르기도 하는데, 청결한 손으로 개의 눈꺼풀을 들어올려 보면 이러한 증상을 잘 관찰할 수 있다. 그리고 눈을 자주 문지르게 되기 때문에 눈꺼풀 주위가 붉게 변하거나 눈물 때문에 눈 주위가 젖게 되고 눈꼽이 많아지게 된다.

원 인

- 원인에는 눈을 세게 문지르거나 눈에 털이 들어가는 등의 물리적인 자극에 의한 것과, 샴푸나 약품 등에 의한 화학적인 자극에 의한 것, 그리고 세균이나 바이러스의 감염, 알러지 등의 병에 의한 것이 있다. 결막염의 증상이 한쪽 눈에만 나타난 경우는 대부분 물리적인 원인에 의한 것이나, 양쪽 눈에 모두 증상이 나타난 경우에는 감염증이나 알러지 등의 전신성 질환에 의한 것이라 볼 수 있다.

진단 · 치료

진단방법

- 불빛으로 개의 눈을 비춰 결막의 상태를 조사한다. 개의 경우 눈꺼풀 주위의 털이나 눈썹이 결막을 자극하여 결막염을 일으킬 수 있으므로 원인이 무엇인지 확인하는 것이 필요하다.

치료방법

- 눈 주위의 털이 눈을 자극한 것이 원인이라면 그 털을 제거해주고 전신성의 병이 원인이라면 그 원인이 되는 병의 치료부터 먼저 실시한다. 원인의 제거가 끝나면 1~3 종류의 안약이나 연고로 염증을 치료한다. 일반 가정에서는 눈의 주위를 붕산수 등의 소독약으로 씻고 가능한 한 청결하게 해 주고, 개가 앞발로 눈을 비비

지 못하도록 주의한다. 필요에 따라 앞발에 붕대를 감거나 목에 엘리자베스 칼라를 부착하여 눈을 보호한다. 그러나 가정에서 치료할 때는 얼굴을 닦아줄 때 통증이 강해지거나 악화될 수 있으므로 조심해야 한다. 바이러스 감염증이 원인인 경우에는 다른 병이 원인으로 결막염이 생기는 것과 결막에만 바이러스가 감염되는 경우가 있다. 앞의 경우에는 다른 병을 치료하지 않으면 결막염도 낫지 않게 되나, 뒤의 경우처럼 직접적인 감염에 의한 결막염이나 물리화학적인 자극에 의한 결막염의 경우는 치료만 잘 하면 빨리 회복될 수 있다.

4 건성각결막염

■ 눈이 건조해지고 각막과 결막에 염증이 발생한다

어떠한 원인에서인가 눈물의 눈비가 적어지거나 눈 표면에 말라서 결막과 각막에 염증이 생기는 병으로 일시적인 경우와 만성적인 경우가 있다.

증 상

- 일시적인 건성각결막염일 경우에는 가벼운 결막염이나 각막염과 비슷한 증상이 나타난다. 그러나 만성적인 건성각결막염일 경우에는 누선(눈물샘)의 이상으로 눈물이 부족한 상태가 오랫동안 지속되어 가벼운 결막염이나 각막염의 증상이 길게 지속된다. 따라서 각막은 광택과 투명도를 잃어버리고 결막은 붉게 충혈되고 두터워진다.
- 시간이 더 흐르면 각막은 검은색으로 혼탁해지고 투명도를 완전히 잃게 되며, 결막에서 피가 나고 심한 눈꼽이 결막 전체를 둘러싸게 되는데, 이대로 방치할 경우 각막에 구멍이 생기고 눈꺼풀이 달라붙는 등의 합병증을 동반하기도 한다.

원 인

- 여러 가지 원인이 있으며 그 중에는 원인이 명확하지 않은 경우도 있다. 일반적인 건성각결막염의 원인은 누선이 없어서 눈물이 전혀 나오지 않거나 누선이 위축되어 눈물이 충분히 나오지 않는 것이다. 이러한 경우 눈이 건조되어 이 병이 생기는데 누선의 이상은 선천적인 경우와 바이러스 감염이나 노화에 의한 것과 같이 후천적인 경우가 있다. 그리고 다른 병의 영향으로 눈물이 나오지 않거나 눈물은 나오나 결막염 등의 영향으로 눈의 표면에 충분히 나오지 않아 발병하는 경우도 있다.

진단 · 치료

진단방법

- 누액시험지를 하안검의 안쪽에 끼워서 분비되는 눈물의 양을 조사하는 것이 일반적이나, 이러한 검사 없이도 눈을 잘 관찰하면 눈물의 양이 충분한지 아니면 부족하거나 없어 눈이 건조한지 등을 알 수 있다. 그 다음으로 어떠한 원인에 의한 것인지 조사한다.

치료방법

- 이 병의 원인은 조사해도 잘 밝혀지지 않는 경우가 많아 증상에 맞게 치료할 수밖에 없는데, 각막과 결막을 보호하기 위해 인공적인 눈물을 점안하거나 안구표면과 결막을 보호하기 위해 연고를 바르거나 눈물의 분비를 촉진시키기 위한 약을 투여한다. 그리고 눈을 자주 씻어주면 효과를 볼 수도 있다. 그러나 이러한 치료에도 증상이 나아지지 않고 악화되는 경우에는 누선 대신 귀의 이하선관을 결막에 이식하는 수술을 통해 치료하기도 한다.

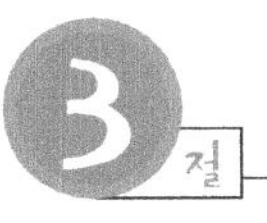

안검(눈꺼풀)과 눈물기관에 관련된 병

1 안검염

> ■ **방치하면 만성화하여 잘 낫지 않는다.**
> 눈꺼풀(안검)이나 그 주변이 붉게 부어오르는 병이다. 오래되면 완치하기 힘들다.

증 상

- 눈 주위가 붉게 부어오르고 그 부위의 털이 빠지는 증상이 나타나는데, 통증을 동반하기 때문에 개가 눈 주위를 문지르게 된다. 심해지면 습진이 발생하고 눈 주위의 피부가 짓무르며 피부가 썩어서 고름이 나기도 한다. 그리고 개가 눈 주위를 앞발로 문지르기 때문에 앞발이 더러워진다.
- 결막염 등의 합병증이 발생하면 통증이 심해져서 눈을 깜빡거리거나 눈꺼풀에 경

련이 일어나는데, 그대로 방치해 두면 만성화하여 눈꺼풀이 딱딱하게 부어오른다. 이렇게 되면 치료를 해도 좀처럼 낫지 않게 된다.

[그림 4]

▲ 눈 주위의 오물은 젖은 솜을 이용해 닦아준다.

원 인

- 알러지성 피부염, 모낭충 등의 기생충에 의한 피부병, 진균(곰팡이)이나 세균의 감염에 의한 피부병이 원인으로 안검염이 발생할 수 있다. 이 경우 몸의 다른 부분에도 탈모나 붉게 부어오르는 증상이 나타나며 가려워진다.
- 이 밖에 유루증이나 결막염, 각막염 등의 원인으로 개가 눈을 심하게 비벼서 안검염이 발생하기도 하고 교통사고나 동물끼리의 싸움으로 발생하기도 한다.

진단 · 치료

진단방법

- 안검염에는 여러 가지 원인이 있으므로 눈 뿐만 아니라 온몸의 상태를 잘 검사하여 원인을 찾는다.

치료방법

- 안검염이 다른 병에 의해 2차적으로 발생한 경우에는 그 병을 치료하는 동시에 눈의 주위를 청결히 하고 내과적인 치료를 한다. 가려움증으로 개가 눈을 비벼 결막염이나 각막염 등의 2차감염을 일으킬 수도 있으므로 필요에 따라서는 가려움증이 없어질 때까지 엘리자베스 칼라를 목에 두르거나 앞발에 붕대를 감아서 눈을 보호한다.

안약 투여 방법

개의 눈에 사용하는 약에는 안약(점안액)과 연고가 있다. 약을 넣을 때는 개의 눈을 부드럽게 눌러서 눈을 벌린다. 안약은 개의 눈 중앙에 흘려넣듯 서너 방울 투여하고, 연고는 아래 눈꺼풀(하안검)의 안쪽에 선을 긋듯이 바르고 눈을 감게 한 후 몇 초간 눈을 뜨지 못하게 하여 연고가 녹아들게 한다. 이때 안약 용기의 끝이 개의 눈에 닿지 않도록 조심해야 한다.

2 안검내번증

■ 눈꺼풀이 안쪽으로 말려들어 간다

눈꺼풀이 눈 안쪽으로 구부러져 말려들어간 상태를 안검내번증이라고 하는데, 이렇게 되면 눈 주위의 털이나 눈썹이 결막을 자극하여 각막염이나 결막염을 일으킬 수도 있다. 단 눈꺼풀이 안쪽으로 말려들어간 상태 자체는 2차감염을 일으키지 않는 한 그대로 놓아두어도 괜찮다(그림 6 참조).

증 상

- 증상은 눈꺼풀이 어느 정도 말려 올라갔는가에 따라 다르게 나타난다. 가볍게 말려 올라간 경우에는 가벼운 결막염이 간헐적으로 발생할 뿐이지만, 털이나 눈썹이 눈을 자극하여 결막염이나 각막염이 발병하면 그 결과 가려움증이나 통증을 느끼게 되어 눈을 비비거나 눈꺼풀이 경련을 일으키거나 눈물과 눈꼽이 많아지는 등의 증상을 보이게 된다.
- 조기에 적절한 치료를 하지 않으면 만성적인 각막염 등을 일으켜 각막이 뿌옇게 흐려지거나 검게 물들어 투명도를 잃어버리기도 한다. 그리고 이러한 증상이 반복되면 결막염이나 각막염이 만성화하여 원인이 된 내번증을 치료해도 다른 증상이 완치되지 않는 경우도 있다.

원 인

- 눈꺼풀이 안쪽으로 말려 올라가거나 눈썹이 안쪽을 향해 자라는 것은 선천적인 요인에 의한 것이 많다. 이 밖의 이유로는 결막염이나 외상 등에 의한 눈꺼풀의 변형, 결막염에 의한 부종이 생겨서 일시적으로 안쪽으로 말려 올라간 것 등이 있다.

진단 · 치료 · 예방

진단방법

- 눈꺼풀이 안쪽으로 말려 올라간 상태를 살펴보고 그 원인을 확인한다. 그리고 이 병에 의해 다른 눈병이 생겼는지를 살핀다.

치료방법

- 경미한 증세의 경우 결막염이나 각막염의 원인인 털이나 눈썹을 제거해 주면 전체적인 붓기가 빠지고 증상이 좋아진다. 그러나 병의 정도가 심해서 각막 등을 심

하게 자극한 경우에는 수술을 해야 할 수도 있는데, 수술 등으로 눈꺼풀이 말려 올라간 것을 치료한 후에 각막염 등을 치료한다.

예방방법

• 안검내번증으로 인해 생기게 되는 각막염이 궤양성 각막염이나 심층성 각막염으로 발전하여 만성화되면 치유되기 힘든 경우도 있다. 따라서 강아지 때부터 눈꼽이 많이 끼거나 신경을 쓰는 경향이 있으면 조기에 수의사에게 진찰받아 적절한 조치를 취한다.

3 안검외번증

■ 눈꺼풀이 바깥쪽으로 말려 내려간다

눈꺼풀이 바깥쪽으로 말려 내려간 상태를 안검외번증이라고 한다. 이때 각막이나 결막이 노출되기 때문에 염증이 생기거나 상처입기 쉽다.

증 상

• 눈꺼풀이 바깥쪽으로 말리면 합병증으로 결막염이나 각막염을 일으키게 되는 경우가 많으며, 개가 눈을 비비거나 눈꼽이 많이 끼게 된다. 결막이 노출되기 때문에 유루증(눈물이 계속 흘러내림)이 나타나기도 하며, 정도가 심하면 눈꺼풀이 항상 말려 있어 결막이 완전히 노출되기도 한다. 이 증상은 거의가 아래 눈꺼풀에 나타난다.

원 인

• 눈꺼풀의 외번은 주로 외상에 의한 안면신경의 마비에 의해 나타나지만, 그 밖에 결막염 등에 걸린 영향으로 나타나기도 하므로 평소에 개를 잘 관찰하여 치료에 참고하도록 한다. 세인트 버나드, 불도그, 코커스패니얼 등 안면 피부가 늘어져 있는 개들은 선천적으로 이 병에 걸리기 쉽다.

진단 · 치료

진단방법

• 눈꺼풀의 외번의 상태를 관찰하여 그 원인을 규명하고 외번에 의한 결막염 등의

[그림 5]

▲ 불도그는 안검외번증에 걸리기 쉽다.

[그림 6]

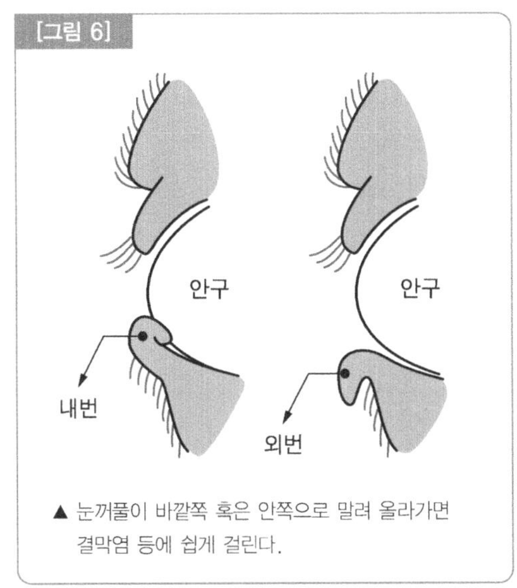

▲ 눈꺼풀이 바깥쪽 혹은 안쪽으로 말려 올라가면 결막염 등에 쉽게 걸린다.

발생 유무를 확인한다.

치료방법

- 외번증이 나타난 개는 만성의 결막염이나 각막염을 일으키는 경우가 많으므로 먼저 확인하여 치료한다. 가벼운 외번의 경우는 결막의 부종이나 염증 등의 상태가 완화되면 어느 정도 낫기도 한다. 그리고 눈꺼풀에 의해 외상을 입으면 눈물이 밖으로 계속 흘러내리게 되고 이것으로 인해 만성각막염에 걸리기 쉽다.
- 눈꺼풀의 주위를 자주 씻어주거나 연고나 인공눈물 등을 투여하면 효과가 있다. 외번의 정도가 심하면 수술을 하는 경우도 있다.

4 유루증

■ **눈물이 멈추지 않고 계속 흐른다.**

항상 눈물이 흘러내리는 증상으로 눈 주위가 더러워지기 쉬우므로 청결에 신경 쓰지 않으면 결막염 등에 걸릴 위험이 높다.

증 상

- 눈물이 계속 흘러내려 눈 주위를 더럽히고, 이것이 원인으로 눈꺼풀에 염증이 생기기도 하는데, 털이 하얀 개의 경우 눈언저리가 갈색으로 더러워지기 때문에 금

방 알 수 있다.

- 눈물과 함께 눈곱이 나오기 때문에 코 주위가 더러워져서 피부가 부어오르는 등 습진 증상을 보일 수도 있는데, 이렇게 되면 개는 통증과 가려움증으로 눈을 비비게 되어 증상이 더욱 악화된다.

[그림7] 눈물기관의 구조

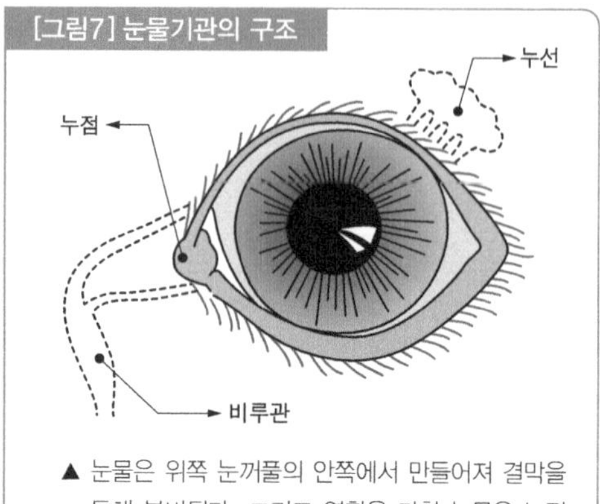

▲ 눈물은 위쪽 눈꺼풀의 안쪽에서 만들어져 결막을 통해 분비된다. 그리고 역할을 다한 눈물은 누점에 흡수되어 코로 흘러 들어가는데, 이 배출 과정에 이상이 생기면 눈물이 넘치게 된다.

원 인

- 눈물은 위쪽 눈꺼풀(상안검)의 안쪽에 있는 눈물샘(누선)에서 만들어져서 결막을 통해 눈의 표면에 분비된다.
- 눈에 낀 더러움을 씻어 내거나 결막이나 각막에 수분을 공급하는 등의 기능을 마친 눈물은 누점에 흡수되어 누소관과 코에 있는 비루점을 통해 밖으로 배출된다(그림 7). 그러나 어떠한 원인으로 눈물의 분비가 늘어나거나 누소관이 막혀서 눈물을 배출하지 못하게 되면 눈물이 계속 흘러내리게 된다. 그 원인은 여러 가지가 있는데, 각막염이나 결막염의 영향으로 일시적으로 눈물의 양이 많아지거나, 결막염으로 인해 누소관이 막혀버려 눈물의 배출이 잘 되지 않는 경우도 있으며, 눈 주위의 근육이 약해져서 눈물을 흡수하지 못해 이 증상이 생길 수 있다. 그리고 원인이 눈이 아닌 코에 있는 경우도 있는데, 비염 등으로 비루점이 막혀 눈물이 배출되지 못하는 경우도 있다. 어떠한 경우이건 눈물이 잘 배출되면 눈물의 분비가 아무리 많아져도 유루증이 나타나지 않는다.

진단 · 치료

진단방법

- 누액시험지를 사용하여 눈물의 분비량을 체크하기도 하지만 누소관 등에 이상이 있는 경우가 많으므로 다음과 같은 검사를 실시한다.
- 색소를 결막에 떨어뜨려 그것이 눈에서 배출될 때까지의 시간과 비루점을 통해 배출될 때까지의 시간을 잰다. 모든 기관이 정상일 경우 색소가 배출되는 데 걸리는 시간은 수 분 정도이지만 그렇지 않다면 많은 시간이 걸리게 된다. 이 검사를 통해 눈물이 배출되는 기관 중 어디에 이상이 있는지 진단이 가능하다.

치료방법

- 눈이나 코의 병으로 인해 생긴 경우에는 먼저 그 원인이 되는 병을 치료해야 한다. 외상이나 염증에 의해 누점이 막혔거나 어긋난 경우, 혹은 누소관이 막힌 경우에는 개를 마취시키고 가는 관을 개의 누점이나 누소관에 찔러 넣어 막힌 부분을 세척하고 뚫어준다. 그러나 이러한 처치를 하여도 다시 막히거나 완전히 낫지 않는 경우도 있다.
- 유루증의 증상이 나타나면 눈꺼풀을 청결히 하고 자주 눈물을 닦아준다. 눈꼽이 많을 경우에는 수의사에게 점안액(안약) 등을 처방받아 결막염 등이 생기지 않도록 신경을 써야 한다. 이 증상은 끈기를 가지고 치료해야 한다.

5 체리아이

■ **제3안검이 빨갛게 부어오른다.**

제3안검의 안쪽에 있는 제3안검선이 빨갛게 부어올라 밖으로 돌출되는 증상이며, 여러 가지 눈병이 함께 나타나기도 한다.

증 상

- 제3안검이 빨갛게 팽창하여 바깥쪽으로 튀어나오는데, 이것이 체리처럼 보이므로 일반적으로 '체리아이'라고 부른다. 크게 부풀어 오른 제3안검은 눈을 직접 자극하거나 눈머리의 불결로 개가 눈을 비비게 되기 때문에 결막염이나 각막염을 일으킬 수도 있다.

[그림8] 체리아이

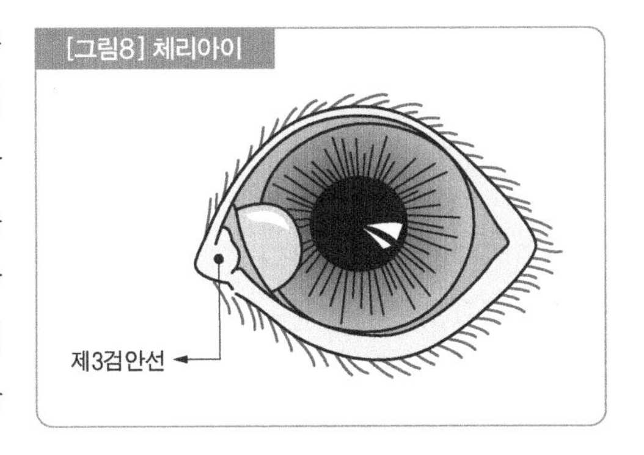

원 인

- 제3안검선은 보통의 건강한 개의 경우에는 밖에서 관찰해서는 안 보인다. 그리고 이 제3안검의 뒤쪽에 제3안검선이 결합조직에 의해 고정되어 있다. 그러나 이 결합조직이 선천적인 이유로 없거나 고정이 불충분하면 제3안검선이 제3안검의 밖으로 튀어나와 염증을 일으켜 커다랗게 부풀어 오르는데, 이것을 무리하게 원래

의 위치로 밀어 넣어도 다시 튀어나와 버린다.

- 비글, 코커스패니얼, 페키니즈 등의 개는 선천적인 원인으로 젊을 때 발병하는 경우가 많다.

진단 · 치료

진단방법

상당히 눈의 띄는 증상이므로 눈으로 금방 식별할 수 있다.

치료방법

- 체리아이는 일반적인 염증과 달리 안약 등에 의한 치료가 거의 불가능하다. 증상에 따라서는 개를 마취시킨 후 튀어나온 제3안검선을 절제해야 하는 경우도 있다. 절제 후에는 2차적인 감염을 막기 위해 내과요법을 병용하여 치료하는데, 대개의 경우 깨끗하게 낫는다.

4절 안구의 병

1 안구돌출

> **■ 안구가 튀어 나온다.**
> 안구가 눈꺼풀 밖으로 튀어나오는 증상으로 그대로 두면 안구 표면이 말라서 농이 생기거나 일부 조직이 파괴된다.

증 상

▲ 안구가 탈출하기 쉬운 시추

- 안구가 튀어나와도 안구 자체에 상처가 없는 경우에는 피는 나지 않지만 염증이 생겨서 빨갛게 부어오른다. 튀어나온 안구에 잡아당겨져서 눈꺼풀이나 결막에 부종이 생기거나 끈끈한 액체가 나오기도 한다. 안구의 탈출을 오랫동안 방치해

두면 안구의 표면이 마르거나 안구 전체에 화농이 생겨 안구 조직이 파괴되고 너덜너덜해질 수도 있다. 머리나 몸에 심한 충격을 받아서 안구가 튀어나왔을 때는 안구 내부에 출혈이 보이기도 한다.

원 인

- 대개의 경우 교통사고나 싸움 등의 사고가 원인이다. 또한 평소에도 눈이 튀어나와 있는 시추, 퍼그, 칭, 불도그 등의 단두종에서 잘 나타나는 증상이다. 이런 개들은 가벼운 꾸지람으로 가볍게 머리를 때린 정도로도 눈이 튀어나올 수 있으니 조심해야 한다.

진단 · 치료

진단방법

- 안구가 튀어나왔을 때 받은 충격이나 튀어나온 뒤 흐른 시간 등에 따라 증상이 달라진다.
- 커다란 충격 없이 안구가 탈출했을 경우에는 안구 내의 출혈은 거의 없다. 동공이 수축해 있다면 안구를 씻어서 식힌 후 동공을 누른 채 눈꺼풀에 주의하며 안구를 원래의 위치로 밀어 넣은 후 내과적 치료를 하면 완치될 수 있다.
- 부종이 심하고 안구가 크게 부어있을 경우에는 눈꺼풀의 일부를 절제하여 안구를 원래의 위치에 돌려 놓는다. 그러나 동공이 풀리고 안구와 같이 끌려나온 시신경이 상처를 입은 가능성이 있는 경우, 또는 전안방(각막과 홍채 사이)에 출혈이 보일 경우에는 안구를 원래대로 되돌려도 시력장애가 발생할 수 있다.
- 안구가 크게 변형되었거나 안구 표면에 심한 농이 생겼거나, 조직이 파괴되지 않은 이상은 가능한 한 안구를 원래대로 되돌리는 것이 보기에도 좋다. 그러나 안구의 손상이 심한 경우에는 수술을 통해 적출한다.

2 전안방출혈

■ **출혈로 안구가 빨갛게 물든다**

각막과 홍채 사이의 전안방에 일어나는 출혈이다.

증 상

- 각막의 바로 뒤의 전안방에서 피가 나서 개의 눈을 빨갛게 물든 것처럼 보이게 한다.
- 시력이 떨어질 정도의 출혈이 있으면, 개는 운동능력이 제한되기도 한다. 외상에 의한 경우가 아니면 통증은 별로 없는 듯하여 개가 눈에 신경을 쓰는 행동을 하지 않는다. 단 포도막염이 생긴 경우에는 심한 통증을 느끼기 때문에 개는 계속 눈에 신경을 쓰게 된다.

원 인

- 눈의 혈관의 선천적인 이상이나 혈액응고장애(혈액이 잘 엉겨 붙지 않는 장애), 혹은 혈관이 약해져서 쉽게 출혈하는 특별한 병 등이 원인으로 작용하기도 하나, 일반적으로는 교통사고 등으로 눈 주위에 심한 충격을 받는다든지, 날카로운 물건으로 각막에 구멍이 생기는 등의 외상에 의해 생기는 경우가 많다. 이외에 포도막염이나 만성녹내장으로 인하여 전안방에 출혈이 일어나는 경우도 있다.

진단 · 치료

진단방법

- 전안방에 출혈증상이 나타나면 눈으로 보아도 금방 알 수 있으므로, 원인 규명을 위한 검사만 실시하면 된다.

치료방법

- 전신성 질환이 원인인 경우에는 그 질환을 먼저 치료해야 한다.
- 전안방의 출혈은 그 양이 적을 경우 그대로 놔두면 자연스럽게 몸에 흡수되므로 재출혈이 없는 한 며칠만 지나면 원래대로 돌아간다. 그러나 출혈이 흡수되는 것이 늦을 경우에는 포도막염 등의 보다 심각한 병이 생겼을 가능성이 있다. 그리고 이런 합병증을 일으킨 경우에는 홍채가 다른 조직과 유착하는 경우도 있으므로 홍채를 강제로 개폐시킴으로써 안방수(안방을 채우고 있는 액체)의 흐름을 원활하게 해서 홍채의 유착을 막는다. 합병증으로 포도막염이 생기는 것을 막기 위해

서 전신적인 내과 치료를 병행하기도 한다.

3 포도막염

■ 안구가 뿌옇게 흐려지거나 피가 난다.

포도막이란 홍채, 모양체, 맥락막 등 혈관이 분포하는 막의 총칭으로 이곳에 염증이 생기는 것을 포도막염이라고 한다.

증 상

- 포도막의 앞부분(홍채와 모양체)에 염증이 생기면, 각막의 뒤편에 염증으로 인한 물질이 쌓여서 각막이 뿌옇게 변하거나 출혈이 일어난다. 그리고 홍채가 부어올라 모양이 변형되어 보이거나 홍채에 무엇인가가 붙어있는 것처럼 보이며, 증세가 심할 경우에는 홍채가 각막의 뒷편 또는 수정체의 표면에 달라붙어 축동(동공이 오그라듦)현상이 생기기도 한다.
- 통증이 동반되므로 개는 눈을 비비게 되어 눈물과 눈꼽이 늘어난다.

원 인

- 포도막염에는 외상, 세균이나 바이러스의 감염, 진균(곰팡이)의 감염 등에 의해 직접적으로 생기는 경우와 알러지나 중독 등 다른 병의 일종으로 발생하는 경우가 있다. 이 밖에 각막염이나 결막염이 원인으로 포도막이 상처받는 일도 있다. 개의 경우 몇 가지의 면역반응이 관련된 과민반응으로 인한 포도막염이 많이 발생하는데, 대개의 경우 그 원인이 확실치 않다.

진단 · 치료

진단방법

- 전신검사나 눈검사를 통해 병의 원인을 찾는다.

치료방법

- 포도막염을 일으키는 원인이 확실히 규명된 경우, 그 치료와 함께 눈에 대해 내과적 치료를 한다. 그러나 일반적으로 원인을 규명하기 힘든 경우가 많은데, 이때는 나타나는 증상에 맞는 치료를 한다.

- 눈이 많이 아플 경우에는 개가 자신의 눈에 상처를 내지 않게 하기 위해 개의 목에 엘리자베스 칼라를 둘러주거나 앞발에 붕대를 감아주어 눈을 보호해준다. 원인이 면역과 관계있다고 판단되는 경우에는 면역억제제 등을 사용하여 치료하기도 한다.

4 녹내장

■ 병이 깊어지면 낫기 힘들다

안압(안내압이라고도 하며 안방수의 분비와 순환에 따라 압력이 유지됨)이 높아지면서 그것에 시신경이 영향을 받아 시야가 좁아지는 병이다. 병이 깊어지면 실명할 수도 있다.

증 상

- 병의 증상이 가벼울 경우 그렇게 눈의 띄는 증상은 찾아볼 수 없다. 그러나 병이 진행함에 따라 안구가 아파지면서 이 병의 특징인 산동(동공이 열린 채로 있는 것) 현상이 나타나는데, 밝은 곳에서는 닫혀야 정상인 동공이 열린 채로 있기 때문에 눈의 색이 달라 보인다. 망막의 안쪽에 있는 반사판이라는 빛을 반사하는 조직의 색깔에 따라 개의 눈이 평상시보다 녹색 또는 붉은색으로 보인다.
- 안압이 높아지기 때문에 심한 경우에는 눈이 밖으로 튀어나와 보이기도 하고, 각막의 지각능력이 약해지거나 각막염이나 결막염을 일으키는 경우도 있다. 증상이 더욱 진행되면 시야이상이나 시력장애를 일으키며, 그대로 방치하면 실명할 수도 있다.

원 인

- 녹내장의 종류에는 다른 병을 동반하지 않고 단독으로 발병하는 원발성의 것과 다른 병을 동반하는 속발성의 것이 있다.
- 이 병은 안방수가 잘 배출되지 않아서 안압이 높아지고 시신경이 압박받아 발병한다. 정상적인 눈일 경우, 안방수는 후안방의 모양체 상피에서 형성되어 후안방과 동공을 통해 전안방 속에 흘러 들어가 순환하고, 배액각(홍채각막각)의 공각막소주세망조직의 미세한 소주 외부공간을 통해 정상적으로 배액되며, 나머지 안방수는 포도막공막배출관을 통해서 배출된다. 따라서 녹내장의 원인이 될 수 있는

것은 후안방에서 전안방으로의 순환장애, 배액각이 좁아지거나 폐쇄되는 경우, 심한 염증의 부산물들로 인한 공각막의 소주세망조직의 폐쇄 등이다.

진단 · 치료

진단방법

- 눈에 빛을 비춰 동공반사를 조사한다. 녹내장일 경우에는 동공이 빛에 반응하지 않는다. 안압의 정상여부는 안구를 손가락으로 가볍게 눌러보면 대체적으로 알 수 있고, 정확한 진단을 위해서는 안압계를 사용하여 안압을 측정한다.

치료방법

- 동공을 오므라들게 하는 축동제나 안방수의 유출을 촉진하는 약 등을 사용하여 내과적 치료부터 시작한다. 그리고 안방수가 만들어지는 것을 막거나 안방수의 유출을 촉진하기 위해 외과적인 수술을 하는 경우도 있다. 그러나 만성화된 녹내장은 치료를 해도 잘 낫지 않을 수 있다.

개의 시력과 시야

인간의 눈에 비해 개 눈의 망막에는 색을 느끼는 세포가 극히 적고, 그 대신 흑백의 명암차를 감지하는 세포가 발달해 있다. 따라서 개의 눈에 비치는 풍경이나 물체는 흑백의 윤곽에 엷은 색을 띠고 있다. 그러나 개의 눈에는 반사판이라는 빛을 모으는 조직이 있어 밤이나 어둠 속에서도 비교적 정확히 물체의 윤곽을 볼 수 있다. 그리고 개는 인간에 비해 넓은 시야를 가지고 있다.

인간의 시야는 코를 중심으로 좌우 100도 정도의 범위지만, 개의 시야는 200도 이상에 미치며 최대 270도까지 볼 수 있다. 그렇기 때문에 똑바로 앞을 향한 채로도 머리 옆쪽이나 후방에서 움직이고 있는 물체까지 볼 수 있다. 단 개는 시력이 그렇게 좋지 않아서 움직이지 않는 물체는 잘 볼 수 없다. 움직이고 있는 물체라면 꽤 멀리 떨어진 거리에서도 볼 수 있지만, 바로 앞에 있는 물체라도 움직이지 않는 것은 형태를 잘 알아보지 못한다.

5 백내장

■ 병이 깊어지면 실명할 수도 있다.

눈의 수정체의 일부 또는 전부가 하얗게 혼탁해지는 병이다. 병이 깊어지면 실명할 수도 있다.

증 상

- 백내장은 수정체에 나타나는 변화로, 수정체의 일부 혹은 전부가 흰색으로 혼탁해진다. 눈의 구조상 수정체는 동공보다 안쪽에 있으므로 개의 동공 안쪽을 들여다봤을 때 희게 보이면 이 병을 의심해 봐야 한다.
- 각막염 등의 병으로 눈 표면이 하얗게 변하거나 포도막염 등이 원인이 되어 홍채의 표면이 혼탁해지는 일도 있지만, 백내장과는 다른 증상들이다. 수정체가 하얗게 변해 시력이 떨어지기 때문에, 이 병에 걸린 개는 휘청거리기도 하고 계속 무엇인가에 부딪치기도 하기 때문에 개 보호자가 알아차리게 된다.
- 중증 백내장으로 진행되면 수정체가 파괴되기도 하는데, 이렇게 되면 포도막의 앞부분에 심한 염증이 발생하기도 한다.

원 인

- 선천적인 경우와 후천적인 경우가 있는데, 후천성의 백내장인 경우가 더 많다. 후천성 백내장의 원인으로는 먼저 노령을 들 수 있는데, 6살 이상 나이를 먹은 개에게 이 증상이 서서히 보이기 시작하면 노령에 의한 것이다. 그리고 만 6살 미만의 개가 이 병에 걸리면 선천성인 경우가 많다. 그 밖에도 외상, 당뇨병, 중독 등의 원인으로 백내장이 발생하기도 한다.

진단 · 치료

진단방법

- 안저경으로 눈 속을 주의 깊게 살펴보면 빛이 어느 정도 망막에 도달하는지 알 수 있어, 병의 진행 정도를 판단할 수 있다.

치료방법

- 백내장이 초기 단계일 때는 시력장애는 없고 수정체가 약간 혼탁해져 보일 뿐, 개의 행동에 특별한 변화는 없다. 그러나 증상이 악화되면 시력장애를 일으키므로

충분한 간호가 필요하다. 설사 개가 완전히 시력을 잃어버린다고 해도, 앞이 안보이는 것에 익숙해지면 집에서의 생활에는 큰 문제가 없다. 단 먹이를 먹거나 배변을 할 때 불편이 많으므로 가족들의 도움이 필요하다.

- 치료는 내과적인 것을 행하나, 치료의 주된 목적은 병의 진행을 차단하는 것이기 때문에 백내장이 뚜렷하게 개선되는 경우는 거의 없다. 인간의 백내장과 마찬가지로 외과적인 수술(장애를 일으킨 수정체 부분을 떼어내고 봉합한다)을 할 때도 있으나, 일반적으로 수술을 하지는 않는다.

눈이 나쁜 개와 생활하기 위해서는

눈병이나 다른 병에 의해 개의 눈이 나빠지거나 실명하는 경우가 있다. 그리고 나이를 먹으면 수정체가 뿌옇게 되거나(백내장) 시력이 떨어지는 노령화 현상이 나타난다. 그러나 개는 사람과는 달리 귀나 코의 감각이 굉장히 발달해 있기 때문에 설령 완전히 볼 수 없게 되어도 쉽게 일상생활에 적응할 수 있고, 자신이 잘 알고 있는 집이나 뜰 안 정도라면 발달된 청각이나 후각으로 별 장애 없이 생활할 수 있다. 그렇기 때문에 개 보호자가 개의 눈에 생긴 이상을 알아차리기 힘들며, 이사를 하거나 집안의 가구의 배치를 바꾸었을 때 비로소 개의 이상을 알아차리게 된다.

이렇게 눈이 나빠진 개와 생활할 때에는 가능한 한 가구의 배치를 바꾸지 말고, 산보를 시킬 때도 세심한 주의가 필요하다. 그리고 개의 불안을 줄이기 위해 자주 만져주거나 이야기를 걸도록 하는 것이 좋다.

6 망막박리

■ 망막이 벗겨지고 때로는 실명하기도 한다.

망막의 일부 또는 전부가 안구벽으로부터 벗겨지는 병이다. 사고나 병이 원인으로 발생하기도 하고 선천성 망막형성부전인 경우도 있다.

증 상

- 망막에 생기는 다른 눈병에 비해 발병률이 낮고, 경미한 경우에는 특별한 증상이

나타나지 않으므로 모르고 지나치기 쉬워서 다른 눈병을 검사할 때 발견되기도 한다.

- 망막박리를 일으키면 시력장애가 나타나거나 시력을 상실할 수도 있다. 그러나 개는 원래 눈이 별로 좋지 않기 때문에 망막박리가 일어나도 일상생활에 별다른 이상을 보이지 않으며, 이 때문에 보호자가 알아차리는 것이 늦어지기도 한다.

원 인

- 망막박리는 망막이 안구벽의 맥락막으로부터 벗겨지는 병이다. 선천적인 기형이 원인인 경우도 있으며, 콜리종에게 흔히 나타난다.
- 망막과 맥락막의 사이에 염증 등이 생겨 그 찌꺼기가 쌓여서 망막박리를 일으키기도 한다. 또 안구에 들어있는 유리체가 염증에 의해 변형되거나 위축되어 망막을 앞으로 끌어당겨 박리가 생기기도 하고 사고 등의 충격에 의해 벗겨지기도 한다.
- 망막이 맥락막에서 벗겨지면 맥락막에서 망막으로의 영양공급이나 대사가 원활하지 못하게 되어 망막의 신경세포가 죽어서 시력이 떨어지기도 한다.

진단 · 치료

진단방법

- 도상검안경을 사용하여 안저검사를 한다. 망막이 완전히 박리된 경우, 유리체 속에 혈관과 함께 벗겨진 망막이 떠다니는 것을 볼 수 있다.

치료방법

- 다른 병에 의해 망막박리가 일어난 경우에는 그 병을 우선 치료한다. 그러나 현재로서는 일단 박리된 망막을 치료할 수 있는 효과적인 방법이 없으므로 가능한 한 개를 안정시키고 머리에 충격을 주지 않도록 주의하며 간호한다.

제19장 귀질환

애견의 귀 구조

귀는 소리를 듣기 위한 기관이다.
애견의 귀는 뛰어난 집음 장치로 작은 소리까지 민감하게 들을 수 있다.
또한 귀는 평형 감각을 담당하는 기관이기도 한다.
애견의 귀는 비교적 커다랗고 질환에 걸리는 경우도 많다. 특히 귀가 늘어진 애견이나 털이 긴 애견은 귀질환에 걸리기 쉬우므로 주의를 기울여야 한다.

제19장 귀질환

1절 개 귀의 구조

1 귀의 구조

개의 귀는 이개(귀바퀴), 외이도, 중이, 내이로 구분된다. 이개란 귀의 구조 중에서 머리 바깥으로 튀어나온 부분을 말한다. 개의 이개 종류로는 서 있는 것과 늘어져 있는 것이 있는데, 이 것은 이개 속에 있는 이개 연골에 따라 결정된다. 원래 귀가 서 있는 종의 개도 이 연골이 약해지면 늘어진 귀로 바뀐다. 외이도의 내부에는 이모라 불리는 털이 있는데, 이 이모의 길이나 양은 견종에 따라 다르다. 이모가 귀의 염증을 일으키는 경우도 있다. 외이도 속에는 고막이 있으며 고막을 경계로 외이와 중이로

[그림 1] 귀의 구조

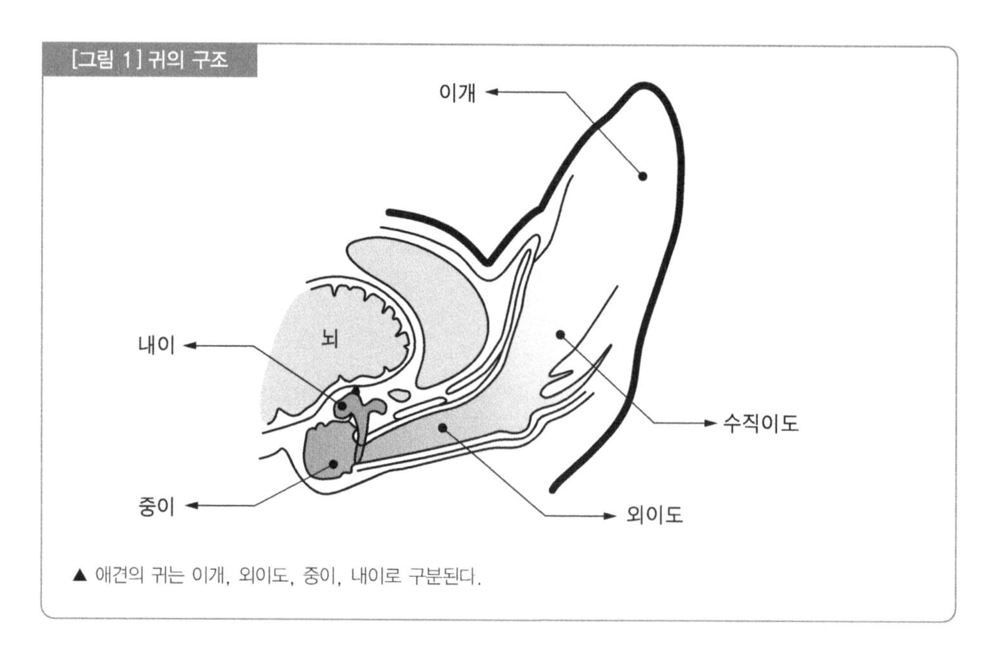

▲ 애견의 귀는 이개, 외이도, 중이, 내이로 구분된다.

구분한다. 중이는 뼈로 이루어진 고실의 내부의 있으며 그 안에는 이소골(청소골)이라 불리는 세 개의 작은 뼈가 있다. 애견의 중이 공간은 인간보다 넓다. 중이의 더 깊은 곳에는 청각과 평형감각을 담당하는 내이가 있다.

2 소리를 듣는 방법

귀는 다음과 같은 방법으로 소리를 듣는다. 외이도를 통해 들어온 소리는 고막에 도달한다. 고막에는 세 가지 이소골(청소골이라 하며 망치뼈, 모루뼈, 등자뼈의 순서이다)이 이어져 있으며 고막의 진동을 조절하여 내이의 달팽이관이라 불리는 부분에 전해진다. 이 구조는 사람의 귀와 거의 동일하다. 귀질환은 외이의 염증이 안쪽까지 퍼지거나 반대로 귀속의 중이나 내이에서 염증이 파급되는 등 질환이 동시에 일어나거나 연달아 일어나는 경우가 많다. 또한 염증이 생긴 장소에 따라 난청이 되거나 연동장애 등과 같은 전신증상을 일으키기도 한다.

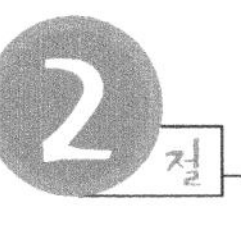

귀질환

1 이혈종

■ **외상으로 인해 귀가 붓는다.**

귀의 상처 등이 원인이 되어 이개(귀바퀴)에 혈액이나 장액(점성이 약한 투명한 분비액)이 고여 붓게 되는 경우가 있다.

증 상

- 이개에 혈액이나 장액이 고여 볼록 솟아 오른다. 약간의 열이 나고 가벼운 통증이 있어 개는 귀를 만지는 것을 싫어하게 된다. 한 쪽 귀에만 나타나는 경우가 많으나 양 쪽 귀에 동시에 증상이 일어나는 경우도 있다.

원 인

• 귀를 맞거나 다른 동물에게 물려 생긴 상처 등으로 이개에 혈액이나 장액이 고이게 되는 경우가 많다. 면역이상으로 혈관에서 흘러나온 액이 고이는 예도 있다.

[그림 2] 이혈종

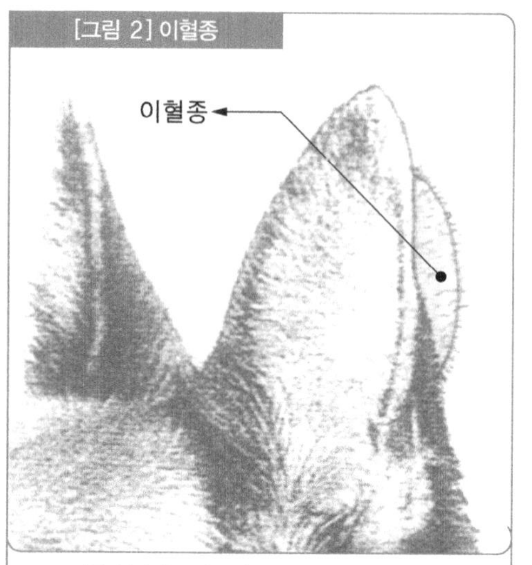

▲ 귀를 심하게 부딪치거나 다른 애견 등에게 물리면 이개에 혈액이나 장액이 고여 부어오르는 경우가 있다.

치 료

• 환부에 주사침을 찔러 혈액이나 장액을 빨아들이거나 환부를 절개하여 액을 빼낸다. 그 후 환부를 압박할 수 있도록 붕대를 감는 등 다시 액이 고이지 않도록 조치한다. 그리고 지혈제나 세균 등의 감염을 막기 위한 항생물질, 염증을 억제하기 위한 부신피질호르몬제제(스테로이드 제제) 등을 환부에 주입한다. 또한 머리 주위에 엘리자베스 칼라를 둘러 개가 귀를 긁지 못하도록 한다. 액이 고이지 않게 되면 대부분의 경우 부어올랐던 환부는 다시 원상태로 줄어들게 된다.

2 외이염

■ 귀지가 쌓이거나 가려움증을 유발한다.

외이도가 염증을 일으켜 계속 귀지가 쌓이게 된다.

증 상

• 갈색이나 황색 등 여러 가지 색을 띤 귀지가 외이도에 쌓이게 된다. 귀지는 액체나 왁스 형태로 냄새가 있고 닦아 내도 수 일 후에는 또다시 쌓이게 된다. 외이도 염증의 영향으로 이개의 이개의 피부까지 빨갛게 부어오르는 경우도 있으며 그럴 경우 개는 계속해서 귀를 긁게 된다.

• 알러지 체질의 개는 전신으로 가려움증이 확산되기도 한다. 외이염이 만성화되면 외이도와 그 주변의 피부가 두터워지고 이도를 막아버리는 경우도 있다.

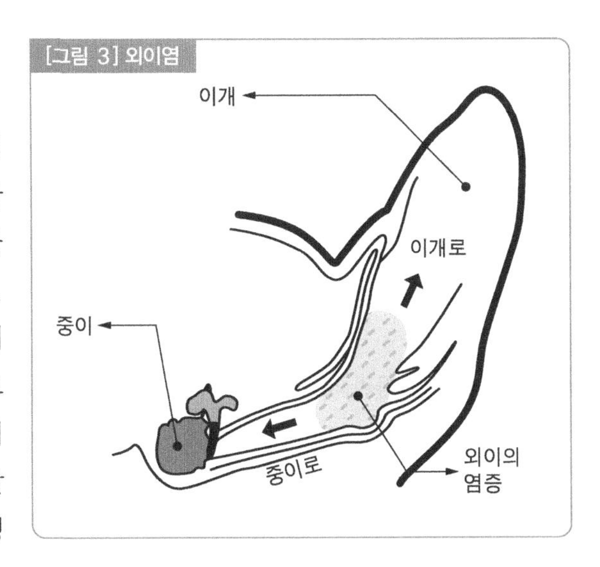

[그림 3] 외이염

원 인

- 황색 포도상구균에 의한 세균 감염, 말라세지아(malassezia)에 의한 진균(곰팡이) 감염이 대표적이다. 심할 경우에는 녹농균 등의 병원균이 감염되는 경우도 있다. 알러지나 호르몬 분비 이상인 개나 늘어진 귀를 갖고 있는 개들은 외이염이 생기기 쉽다.

진단 · 치료

진단방법

- 귀의 분비물을 채취한 후 염색하여 현미경으로 검사한다. 세균검사에서는 어떤 종류의 세균이 감염되었는가를 검사하는 것보다는 어떤 종류의 항생물질이 더 효과적인가를 확인하는 항생물질 감수성 검사가 더 중요하다.
- 효모나 말라세지아 같은 진균에 대해서는 현미경 검사 외에도 배양을 이용한 진단을 할 수 있다.

치료방법

- 원인균을 확인한 후에는 그에 적합한 항생물질이나 항진균제를 이용한다. 이도에 연고나 크림 제제를 사용하기 전에는 이모(귀털)를 뽑고 귀를 깨끗하게 씻은 다음 소독을 한다.
- 이도 내에는 예민한 부분이 있으므로 소독을 할 때는 자극이 적은 소독약이나 오일을 사용하도록 한다. 또한 너무 자주 귀 청소를 하면 오히려 염증을 악화시킬 수 있으므로 주의해야 한다.
- 만성염증으로 인해 외이도가 막힌 경우에는 외과적으로 수술을 하기도 한다. 외이염은 만성화되기 쉽고 재발하기 쉬운 질환이므로 지속적으로 꾸준히 치료하는 것이 중요하다.

3 중이염

■ 소리가 잘 들리지 않게 된다.
외이도의 염증이 중이로 확산되어 일어난다.

증상 · 원인

- 외이의 염증이 중이로 확산되어 일어난다. 대부분의 경우 외이염 증상도 함께 보이므로 중이염만의 증상을 확인하는 것은 어려우며 난청이 되는 경우가 많다.
- 고막에 구멍이 생기는 경우도 있다.

진단 · 치료

진단방법

- 수의사는 귀 내부를 관찰하기 위해 이경(耳鏡)이라 불리는 기구로 귀를 들여다보며 고막에 상처나 구멍 등이 있는지 확인한다. 고막에 구멍이 생겼을 경우에는 중이염을 의심하도록 한다.

[그림 3] 중이염

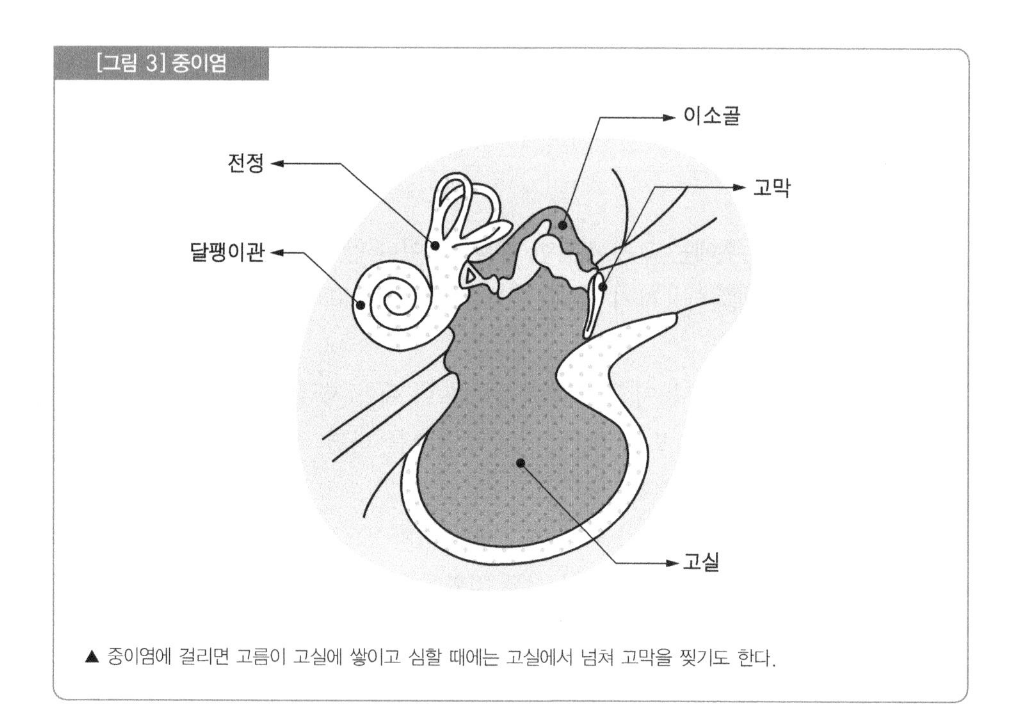

▲ 중이염에 걸리면 고름이 고실에 쌓이고 심할 때에는 고실에서 넘쳐 고막을 찢기도 한다.

치료방법

• 외이염에 대한 치료를 하면 외이도로부터 치료약이 중이까지 내려가 약효를 보인다. 그러나 고막이 파손된 경우에는 약액으로 외이도를 세정해야 한다.

귀청소

귀가 늘어뜨려진 스패니얼이나 시추, 레트리버, 그리고 귀속에도 털이 있는 푸들이나 말티즈, 또 귀 내부의 주름이 큰 불도그나 퍼그 등은 귀가 더러워지기 쉬우므로 세균 등의 미생물에 감염되기 쉬워 외이염 등의 귀질환에 걸리기 쉽다. 이러한 개의 경우 정기적으로 귀를 살펴보고 청소를 해 줄 필요가 있다. 1개월에 1회 정도씩, 적신 면봉이나 면으로 귀지나 분비물, 오염물 등을 조심스럽게 닦아준다. 단 너무 자주 하거나 세게 하고, 귀 깊숙한 곳까지 닦으면 오히려 귀에 상처를 주어 염증이 생길 수 있으므로 주의 해야 한다. 오일을 뿌려 가볍게 닦아주는 것도 좋다.

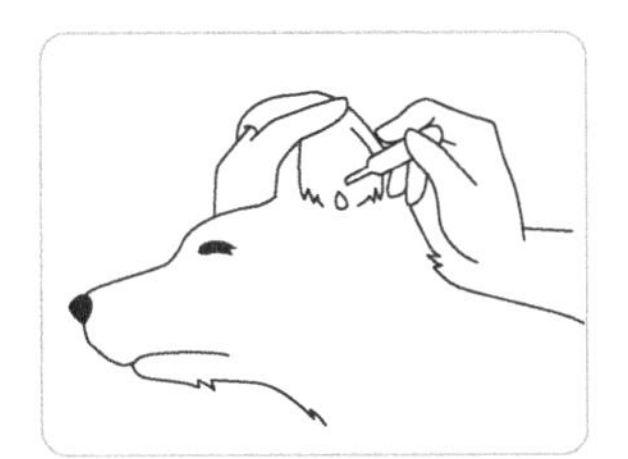

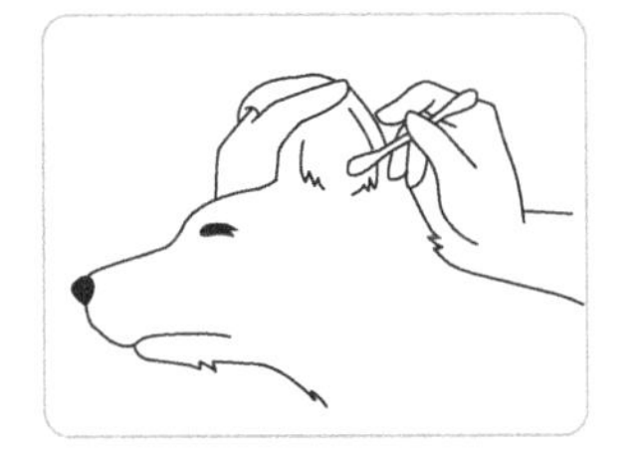

4 내이염

■ **심할 때는 걸을 수 없게 된다.**

귀의 가장 깊숙한 곳에 있는 내이의 신경이 염증을 일으킨다.

증 상

• 귀의 가장 깊은 곳에 있는 내이에는 달팽이신경과 전정신경이 있다. 달팽이신경은 청각기능을 가지고 있으며 후자는 몸의 평형을 유지해주는 기능을 가지고 있다. 때문에 달팽이신경에 염증이 생기면 개는 난청에 걸리게 된다.

• 난청이 되면 보호자가 소리를 내거나 가까운 곳에서 커다란 소리가 나도 개가 둔한 반응 밖에 보이지 않게 된다.

• 개는 귀가 조금씩 점점 안 들리게 되기 때문에 보호자가 눈치채지 못하는 경우도 있다. 전정신경이 염증을 일으키게 되면 몸의 평형을 유지하지 못하게 되고 앓고 있는 귀 쪽의 방향으로 원을 그리며 걷게 된다. 이 때 개는 머리를 앓는 귀 방향으

로 기울이게 된다. 또한 안구는 좌우로 흔들린다. 더 심해지면 개는 걸을 수 없게 되고 좌우로 흔들리며 구르게 되는데, 이것은 전정염의 전형적인 증상이다. 이러한 전정장애는 갑자기 나타나서 보호자를 놀라게 한다. 전정신경과 달팽이신경의 장애가 동시에 나타나는 경우는 거의 없다.

[그림 4] 내이염

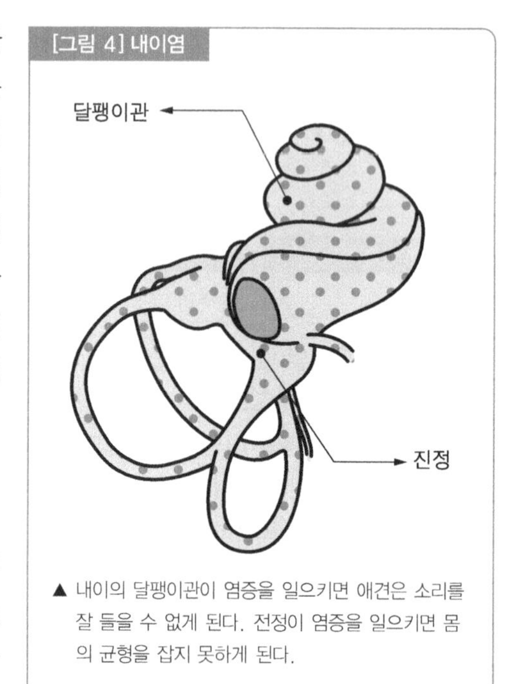

▲ 내이의 달팽이관이 염증을 일으키면 애견은 소리를 잘 들을 수 없게 된다. 전정이 염증을 일으키면 몸의 균형을 잡지 못하게 된다.

원 인

- 만성외이염이나 외이염의 치료 후에 생길 수 있다. 귀의 타박이 원인이 되어 생기기도 하나 원인을 알 수 없는 경우도 있다. 외기압이나 날씨와 관계가 있다는 설도 있다. 나이든 개는 내이염에 걸리기 쉽다. 드물게는 종양으로 인해 생기는 경우도 있으나 대부분의 경우 원인을 잘 알 수 없다.

진단 · 치료

진단방법

- 청각을 진단할 때 소리를 낸다거나 금속음을 내는 방법 등으로 개가 어떤 반응을 하는지 관찰하는 것이 보통이다. 그러나 난청인지 아닌지 확인하는 것은 쉬운 일이 아니다. 특히 동물병원 등에서는 개가 긴장하게 되므로 반응을 쉽게 알 수 없다.
- 보호자가 평소의 행동과 어떻게 다른지 관찰하는 것이 가장 확실한 확인 방법이다. 전정 장애는 그 특징적인 증상으로 진단한다.

치료방법

- 난청 치료에는 특별히 효과적인 방법이 없다. 전정장애는 부신피질호르몬제제나 비타민 B1을 투여하면 좋아진다. 그러나 귀 종양 등의 질환이 원인일 경우에는 그 질환에 대한 처치가 필요하다.

5 외이도의 이물

■ 잘못 건드리면 위험

귀속에 물이나 식물의 씨앗, 작은 벌레 등의 이물이 들어가는 경우가 있다.

증 상

- 개는 계속해서 머리를 흔들고 이물감이 느껴지는 쪽의 귀를 아래로 기울인다. 귀가 빨갛게 곪기도 한다. 이물 때문에 고막이 파열되는 경우도 있으며 그러면 이물이 더욱 깊은 곳까지 들어가 심한 염증을 일으킨다.
- 식물의 씨앗이나 벌레가 귀에 들어가는 경우도 있다. 그것들은 면봉 등으로 문지르면 귀속으로 더욱 침입하는 성질이 있으므로 주의해야 한다.

원 인

- 몸을 씻을 때 샴푸나 물이 귀에 들어가 염증을 일으키기도 한다. 그것들이 소량이라면 개가 머리를 흔들거나 수건으로 닦아내어 제거할 수 있다.
- 때로는 풀숲 근처에서 식물의 씨앗이나 벌레가 귀에 들어가기도 한다.

진단 · 치료

진단방법

- 개가 머리를 갑자기 심하게 흔들거나 기울일 때에는 이물이 들어갔을 우려가 있다. 손전등 등의 불빛을 비춰 외이도를 검사하면 발견할 수도 있지만, 개가 흥분하거나 아픔을 느껴 확인이 힘들 수도 있다. 수의사의 정확한 진단을 받아야 한다.

치료방법

- 흥분한 애견을 보호자가 치료하는 것은 위험하다. 원인이 물이나 샴푸라면 탈지면이나 면봉 등으로 귀를 닦아준다.
- 벌레나 식물의 씨앗이라면 그러한 행동은 오히려 개에게 매우 위험한 행동이 될 수 있으므로 보호자는 치료를 하려고 해서는 안된다.

위험한 식물씨앗

햇볕이 좋은 들판이나 길거리에서는 수크령(실생이, 랑미초)이라 불리는 볏과의 식물을 자주 볼 수 있다. 수크령은 늦여름 즈음에 긴 털이 붙은 씨앗이 생긴다. 개의 발가락 사이에 이 씨앗이 끼면 잘 빠지지 않는다. 또한 귀에 들어가게 되면 쉽게 귀속까지 들어가 딱딱한 털이 고막을 찢는 경우도 있다.

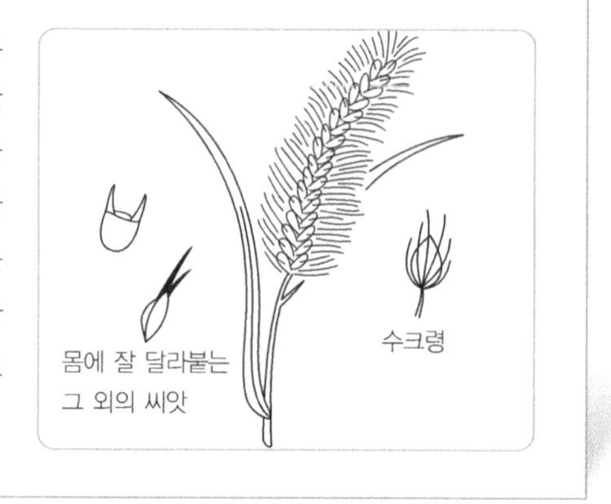

6 귀진드기(귀응애, otodectes cynotis) 감염

■ **자꾸만 귀를 긁고 머리를 흔든다.**

귀지 등을 먹고 사는 귀진드기가 개의 외이도에 기생하는 경우가 있다.

증 상

- 귀진드기가 기생하면 외이도에는 악취가 나는 흑갈색의 귀지가 생기게 되며, 개는 가려움증을 느껴 자꾸만 귀를 긁거나 머리를 흔든다.

원 인

- 외이도에 몸 길이 0.5mm 정도의 하얀 귀진드기(좀진드기라고도 함)가 기생하여 생기는 질환이다.
- 이 귀진드기는 고양이에 기생하기도 하지만 인간의 귀에는 기생하지 않는다. 귀진드기는 이도 내의 표피 부분에 붙어살며 귀지나 귀의 분비액을 먹으면서 생활한다. 귀진드기는 귀에 알을 까고 점점 늘어난다. 알이 부화된 후 어린 귀진드기 시기

[그림 5] 귀진드기

▲ 애견의 귀에 살면서 귀지나 귀의 분비물을 먹는 귀진드기이다. 이 귀진드기가 기생하면 애견은 가려움증 때문에 귀를 긁거나 머리를 흔들게 된다.

를 거쳐 약 3주 동안 완전히 다 자라게 된다. 귀진드기가 기생하는 개와 접촉을 하게 되면 감염될 수 있다.

진단 · 치료

진단방법

- 외이도에서 귀지를 파서 까만 종이 위에 올려놓고 돋보기로 관찰해 보면 움직이는 귀진드기가 보인다.

치료방법

- 귀지를 깨끗하게 파낸 후 살충제를 사용하여 귀진드기를 없앤다. 살충제로 귀진드기를 없애도 알은 살아있을 수 있기 때문에 알이 부화할 때까지 기다렸다가 다시 한 번 살충제를 사용한다. 일주일에 2~3회 정도 살충제를 사용한다.

7 귀의 종양

■ 종양이 커지면 귀가 들리지 않을 수도 있다.
귀속에 돌기모양의 종양이 생긴다. 그 크기나 수는 다양할 수 있다.

증 상

- 이개(귀바퀴)나 외이도 내부에 돌기 모양의 종양이 몇 개 생긴다. 처음에 작을 때에는 특별한 증상이 없으나 종양이 커지면 그 일부는 염증이 생기고 출혈을 할 수도 있다.
- 통증이 있는 경우도 있다. 외이도 내부에 생긴 것이 커지면 이도를 막아버릴 수 있다.

원 인

- 나이가 많이 든 개에서 발생되기 쉬운 질환이다.

진단 · 치료

진단방법

- 때로 악성 종양(암)일 수도 있으므로 양성과 악성을 구별하기 위하여 종양의 조직

을 채취하여 조직검사를 실시한다.

치료방법

- 양성으로 크기나 숫자가 변하지 않는 경우에는 상태를 관찰한다. 그러나 종양이 커지거나 수가 늘어날 경우 악성일 가능성이 있으므로 수술로 제거해야 한다.

애견 질환의 치료에 사용된다

– 항생물질 –

개가 병에 걸려 동물병원에 가면 '항생물질(항생제)'를 처방하는 경우를 자주 볼 수 있다. 왜 항생물질이 자주 사용되는 것일까?

항생물질이란 원래 미생물이 만들어내는 화학물질로 그것을 만들어 낸 생물 스스로에게는 무해하지만 다른 미생물을 죽이거나 그 성장을 억제하는 능력을 가지고 있다. 그래서 이 화학물질을 약으로 사용하기 위해 인공적으로 만든 것이 병원에서 처방되는 항생물질이다. 현재는 매우 많은 종류의 항생물질이 만들어지고 있으며 인간이나 동물 질병의 치료에 사용되고 있다.

항생물질을 질병의 치료약으로 사용하는 가장 큰 목적은 병원균(질병을 일으키는 세균)의 감염으로 생긴 질병을 치료하기 위함이다. 항생물질을 적절하게 사용하면 뛰어난 효과를 발휘할 수 있으며 방치해 두면 사망할 수도 있는 중대한 질병에 효과가 있다. 그러나 항생물질을 사용할 때에는 전문가적인 지식이 필요하다. 항생물질의 종류에 따라 효과적인 질병이 있는가 하면 전혀 효과가 없거나 오히려 부작용이 생기는 경우도 있기 때문이다. 또한 항생물질을 다른 약과 섞어 사용하면 원래의 효과보다 더 좋은 효과를 얻을 수도 있다. 예를 들어 염증을 억제하는 약(항염제)과 같이 사용하면 치료 효과가 더욱 높아진다.

또한 많은 사람들이 잘못 알고 있는 내용으로 항생물질은 세균에 의한 질병이나 바이러스에 의한 질병 모두에 효과가 있다는 것이다. 이것은 잘못된 내용으로 항생물질은 세균을 죽이거나 억제할 수는 있어도 바이러스에는 효과가 없다. 그렇기 때문에 세균감염으로 생긴 질병의 치료는 할 수 있어도 바이러스 감염으로 생긴 질병에는 효과가 없다. 단 바이러스감염증에 걸린 개에게 항생물질을 투여하면 질병이 치료되는 경우를 자주 볼 수 있다. 그래서 수의사는 바이러스감염증에도 항생물질을 처방하는 경우가 많다. 이것은 바이러스감염(1차 감염)으로 개의 몸이 약해지면 세균이 침입(2차 감염)하여 병을 더 나쁘게 하거나 다른 병에 걸리게 할 수 있기 때문에 이 세균을 항생물질로 막는 것이다. 이렇게 하면 세균의 2차 감염으로 인해 질병이 더 심해지거나 새로운 질병에 걸리는 것은 방지할 수 있으므로 질병을 치료하는 것과 관계가 있다.

수의사가 처방하는 항생물질은 크게 주사제와 경구제가 있는데, 경구제에는 액제와 정제가 있다. 액제는 주사기나 스포이드를 사용하여 개에게 직접 마시게 하거나 먹이에 섞어 먹게 한다. 그리고 정제의 경우에는 개가 좋아하는 먹이에 섞어 먹이면 저항감 없이 먹일 수 있다.

제20장 치아와 구강의 질환

개는 원래 먹이를 사냥해서 먹는 동물이다.
치아의 구조상 먹이감의 고기나 뼈를 씹은 후 입안에 찌꺼기가 남게 되어 있다.
그런데 현재 애견의 먹이는 부드러운 음식물이나 사료이며, 그것은 치아 질환에도 연관이 있다.

제20장 치아와 구강의 질환

1절 개의 치아와 구강의 구조

1 구강과 치아의 기능

개의 입 속(구강)은 음식을 먹기 위한 중요한 기관이며 위나 장 등의 소화기로 들어가는 입구이기도 하다. 개는 입에 들어간 음식물을 강한 치아로 씹어 소화되기 쉽게 만든다. 또한 입에서 타액을 분비하여 음식물이 식도를 부드럽게 지나 위까지 다다르게 한다. 또한 개의 치아는 적으로부터 자신의 몸을 지키기 위한 기관이라는 점에서도 중요하다. 상대방에게 공격을 받을 경우 개는 날카로운 송곳니와 어금니로 몸을 보호한다. 그래서 개의 어금니 대부분은 위쪽이 뾰족한 톱 모양을 하고 있다. 사람의 어금니와 같이 평평한 경우는 극히 드물다. 개는 고기를 먹는 동물(육식동물)이다. 그 특징은 뾰족한 송곳니와 어금니에서 잘 나타난다. 개의 턱에는 강한 근육(저작근)이 있어 고기를 자르고 뜯을 수 있는 강한 힘을 낸다. 위아래 치아로 씹는 힘을 교합력(咬合力)이라고 하고, 사람과 비교해서 개의 교합력이 수십 배 이상 크다.

[그림 1] 개의 치아와 구강

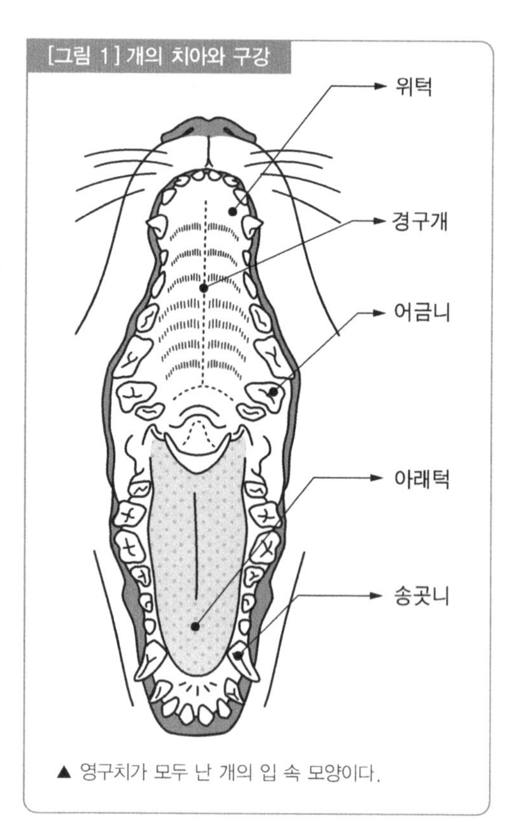

▲ 영구치가 모두 난 개의 입 속 모양이다.

2 타액의 기능

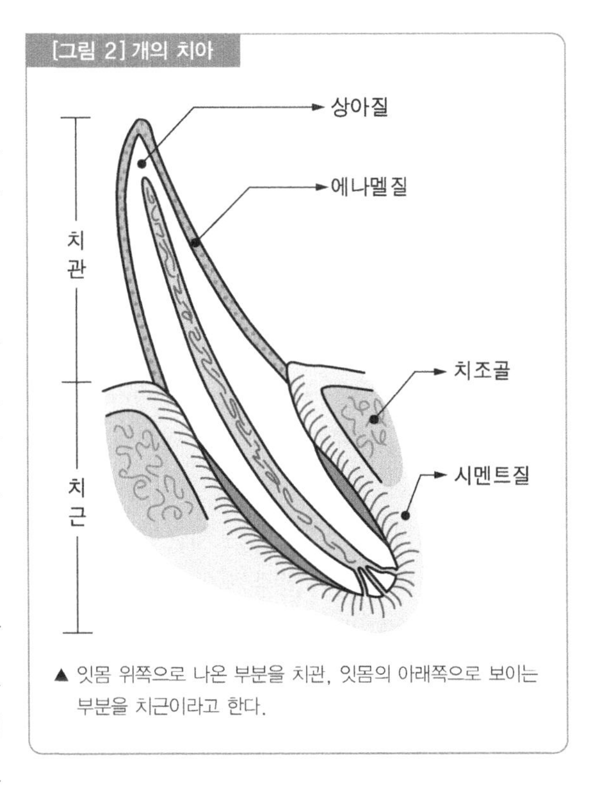

▲ 잇몸 위쪽으로 나온 부분을 치관, 잇몸의 아래쪽으로 보이는 부분을 치근이라고 한다.

입은 무언가를 먹거나 소화를 돕는 이외에도 중요한 역할을 담당한다. 입의 점막에서는 지속적으로 타액이 나오는데 이 타액에는 세균이나 바이러스의 감염을 막는 면역물질이 들어 있어, 이 면역물질로 몸 안으로의 감염이나 입 점막으로의 감염을 어느 정도까지는 막을 수 있다. 몸이 약해지면 입의 면역기능도 저하되기 때문에 몸 상태가 나쁠 때 처음 증상이 입의 점막 이상(구내염 등)으로 나타나는 경우가 있다. 치아 주위에 생기는 병을 치주질환이라고 한다. 치주질환은 잇몸에 염증이 생기는 잇몸병으로 시작된다. 병이 진행되어 치아의 뿌리가 손상되거나 치아와 잇몸 사이의 홈이 매우 깊어진 상태를 치주염이라고 한다.

2절 치아 질환

1 치주질환

■ 치주질환

악화되면 전신에 병을 일으킨다.

증상

• 치주질환의 초기 단계에 개 잇몸의 염증 정도를 잘 살펴보아야 한다. 개의 잇몸의

색깔이 조금이라도 바뀌었으면 잇몸염증을 의심해 볼 필요가 있다. 이렇게 잇몸의 색깔 변화를 확인하기 위해서는 평소에 개의 입속을 관찰하는 것이 필요하다. 건강한 개의 잇몸은 깨끗한 핑크색을 띈다.

- 잇몸염증이 진행되어 치주염에 걸린 상태가 되면 치아의 뿌리(치근)부터 곪기 때문에 입냄새(구취)가 심해진다. 개의 입에 코를 가까이 대 보면 부패한 냄새가 난다. 또한 치아 주위에서 출혈이 생기는 수도 있으며 통증이 생긴다. 더욱 진행되면 치아와 잇몸 사이의 틈이 매우 깊어져 소위 '치조 포켓'이 생기며, 여기에 고름이 고이게 된다. 또한 치아의 뿌리가 헐거워지거나 치아가 흔들리는 등의 증상도 나타난다. 이렇게 되면 개는 먹이를 먹기 힘들어져 먹이를 먹는데 시간이 오래 걸리고 식욕도 없어진 것처럼 보이게 된다.
- 치아 주위의 농 부분에서는 세균이 독소를 만들어내기 때문에 개의 혈액 속 암모니아 농도가 높아질 수도 있다. 그리고 오랜 동안 입안 감염이 지속되어 생긴 잇몸염증이나 치주염의 경우 개는 가벼운 요독증을 일으켜 구토를 계속하기도 한다.

원 인

- 치주질환의 원인에는 외상(상처)과 세균감염을 들 수 있다. 개가 딱딱한 것을 씹어 먹으면서 입 속에 상처가 생기거나, 입쪽에 강한 충격을 받으면 잇몸에 염증이 생겨 잇몸염증에 걸리게 된다.
- 일반적으로 이러한 외상성 잇몸염증은 커다란 증상 없이 자연스럽게 치료된다. 이에 반해 세균감염인 경우 가장 큰 원인은 입 속의 오염이다. 치아와 치아, 치아와 잇몸 사이에 남은 음식물 찌꺼기나 치석에서 세균이 증식하여 그 세균에 의해 잇몸염증이 된다. 이것이 계속되면 세균은 치아를 지탱하는 치조골의 조직을 파괴하기 시작하며 잇몸에서 고름과 피가 나오고 치아가 흔들리게 되는 등 치주염 증상이 나타난다. 또한 잇몸이 위축되어 치아가 밖으로 더 나와 치아가 이전보다 더 길어진 것처럼 보이기도 한다. 이러한 감염성 치주질환은 점점 심한 전신적인 증상을 동반하는 만성질환을 일으키게 된다.
- 입 속에서 오랫동안 세균감염이 계속되면 그 세균들이 잇몸에서 혈관 속으로 침입하여 혈액을 타고 전신으로 이동하게 된다. 세균은 뇌, 신장, 심장, 폐질환 등의 원인이 될 수 있다. 또한 개가 당뇨병에 걸리거나 호르몬이나 영양 균형이 깨지면 치주염이 발생되기 쉽다. 알러지성 질환이나 바이러스성 질환에 걸린 경우도 마찬가지이다.

진단 · 치료 · 예방

진단방법

- 치주질환의 진단은 먼저 잇몸의 색깔 변화, 붓기, 줄어듦(퇴축), 괴사, 궤양 등의 상태를 관찰하고, 치아 X선 사진을 찍어 치아의 뿌리에 염증이 있는지 혹은 치조골이 작아졌는지를 확인한다. 또한 치조 포켓에 침 등을 찔러 넣어 깊이를 확인한 후 잇몸 질환의 진행 정도를 확인한다. 이렇게 해서 치주질환의 초기의 잇몸염증인지 아니면 더 진행된 치주염인지를 진단한다. 그리고 치주질환이 전신적인 증상을 유발하였다고 판단되는 경우나 반대로 당뇨병이나 호르몬 이상 등에 의해 치주질환이 생겼다고 판단되는 경우에는 혈액에서 생화학적 검사와 혈구 검사를 실시한다.
- 염증부분 세포를 채취하여 검사하면 염증의 정도를 확인할 수 있으며 또한 그것이 악성 종양(암)은 아닌지 진단하는 데 도움이 된다.

치료방법

- 치주질환의 치료는 세균에 의한 감염증을 없애는 것이다. 이를 위해서는 우선 치석 제거를 실시한다. 만약 치아의 뿌리까지 세균이 감염되었다면 그 부분도 깨끗하게 해야한다. 이 때 중요한 것은 고름을 전부 제거하여 치아 뿌리에 붙어 있는 치석과 까맣게 변한 표면을 완전히 제거해야 한다는 점이다. 그 후에 항생물질과 구강청정제 등을 투여한다.
- 치주질환 때문에 다른 병이 생긴 경우나 당뇨병 등 때문에 치주질환이 생긴 경우에는 그 원인에 대한 치료를 실시한다.

[그림 3] 치주질환

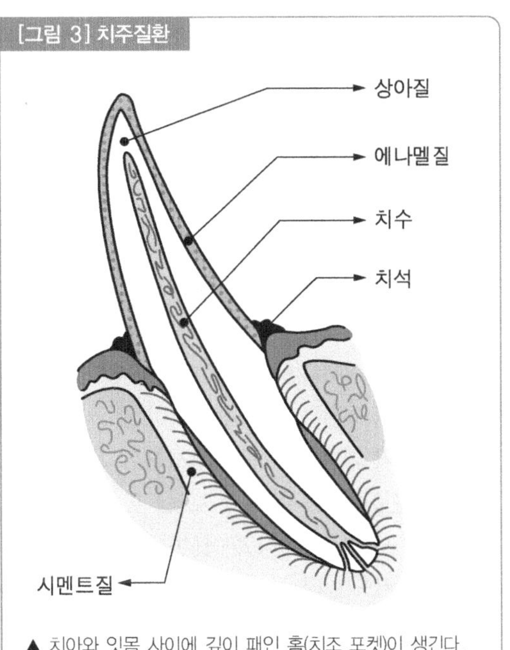

▲ 치아와 잇몸 사이에 깊이 패인 홈(치조 포켓)이 생긴다. 여기서 더 진행되면 잇몸이 헐거워져 치아의 근원이 드러나게 된다.

예방법

- 치주질환은 예방이 중요하다. 예방을 위해서는 잇몸의 혈액순환을 좋게 해주어야 한다. 혈

액순환만 잘해도 예방은 충분하다고 할 수 있다. 만약 세균 등에 감염되어 조직이 상해도 혈액순환만 잘되도 금방 회복이 될 수 있으며 재감염을 막을 수 있다. 보호자는 평소에 개의 잇몸 마사지에 신경을 써야 한다.

• 개에게 잇몸 마사지 습관을 들이기는 힘들겠으나 끈기를 가지고 지속하는 것이 중요하다. 잇몸 마사지에 이용되는 여러 도구는 시중에 나와 있는 제품들을 사용하면 되며, 보호자와 동물이 모두 사용하기에 좋은 것(동물용 칫솔이나 거즈 등)을 고르면 된다.

개 치아의 발생

개의 유치는 보통 생후 3~4주 사이에 생겨나기 시작한다. 치아의 종류에 따라 생겨나는 시기가 조금씩 차이가 있기는 하나 대부분 생후 6주까지 모두 생겨난다. 유치의 숫자는 위턱 아래턱 각각 14개씩 모두 28개이다.

영구치는 생후 3개월쯤에 생겨나기 시작해 생후 6~7개월에는 모두 생겨난다. 영구치의 개수는 위턱 20개, 아래턱 22개 합계 42개이다. 개는 보통 영구치가 나기 시작하면 유치가 빠진다. 그러나 때로 영구치가 나지 않고 유치가 그대로 남아 있는 경우도 많다.

몸집이 작은 소형견에 유치가 남아 있는 경우가 많은데, 요크셔테리어, 포메라니언, 미니어처푸들, 말티즈, 시추 등은 생후 1년 이상이 되어도 일부 유치(주로 송곳니와 앞니가 많다)가 남아 있는 경우가 많다. 이렇게 유치가 남아 있으면 '부정교합(입을 다물었을 때 위,아래 치아가 제대로 맞지 않는 것)' 이 생겨 치아 주위에 병이 생기기 쉽다. 혹은 영구치가 생겨난 후에도 유치가 빠지지 않고 남아 있는 경우도 있다. 이 역시 몸집이 작은 소형견에서 많이 볼 수 있고 송곳니나 앞어금니의 경우가 많다. 이렇게 치아가 이중으로 난 상태가 2주 이상 지속되면 역시 부정교합이 되거나 치주염 등 치아질환이 생길 수 있다. 또한 유치가 있기 때문에 나중에 나온 영구치가 정상적인 위치에 자리잡지 못하고 이상하게 날 수 있는데, 이런 경우 비정상적인 영구치는 발치를 해주기도 한다.

2 치근농양

■ 치아의 뿌리에 고름이 고인다.

치아의 뿌리(치근) 주위에 발생하는 심한 염증이다. 조직이 파괴되고 고름이 생긴다.

증 상

- 치근 주위에 생기는 치근농양은 송곳니에 가장 발생하기 쉬우며 이어 4번째 작은 어금니에 자주 생긴다.
- 치근의 염증이어서 밖에서는 보이지 않아 보호자는 이 병이 어느 정도 진행될 때까지 알아채지 못하는 경우가 많다. 그러나 주의깊게 살펴보면 개의 행동변화를 알 수 있다. 예를 들어 딱딱한 것을 씹지 않으려 하거나 성격이 변하거나 머리가 흔들리거나 치아에 구멍이 생기는 등의 행동이 나타난다. 송곳니의 치근농양인 경우에는 코에서 피나 고름이 나오기도 한다.

원 인

- 타박 등의 외상으로 치아가 부러지거나 빠져 치수가 노출되었을 때 주변 조직에 세균이 감염되어 농양이 생긴다. 세균는 혈액을 통해 확장, 이동되므로 치수가 노출되지 않아도 농양이 생기는 경우도 있다.

진단 · 치료

진단방법

- 치아의 X선 사진을 찍어보면 농양이 까맣게 찍힌다.

치료 방법

- 농양의 범위나 환부 조직의 상태에 따라 치수를 빼어 충전을 하거나 치아를 뽑아 낸다.

개의 치아 닦기

■ **개 칫솔과 씹는 장난감**

개의 잇몸을 부드럽게 마사지하여 혈액순환을 좋게 한다. 치아에 치석이 쌓이면 치주질환이나 충치의 원인이 된다. 처음에는 세균과 음식물 찌꺼기 덩어리(플라그)는 손가락으로 문지르면 간단히 없어지기는 하나 이것을 그대로 방치하면 딱딱한 치석으로 변하여 치과 의료도구를 사용해야만 제거된다. 개의 치석제거시에는 마취를 해야 한다. 가정에서 가능한 치아 관리에는 두 가지 방법이 있다. 첫째는 신선한 먹이나 껌, 장난감을 주어 개의 치아가 자연스럽게 깨끗해질 수 있게 하는 것이다. 두 번째는 정기적으로 칫솔질을 해주는 것이다. 단 개가 자란 후 치아를 닦는 습관을 가지게 하는 것은 쉬운 일이 아니다. 개는 입을 억지로 벌리게 하거나 치아가 떨리는 것을 싫어하기 때문으로, 그래서 어렸을 때부터 습관을 들일 필요가 있다. 칫솔질하는 방법은 사람과 똑같다. 치아와 잇몸 경계를 45도 각도로 칫솔을 대고 치아와 잇몸을 부드럽게 마사지하듯 움직여준다. 손가락에 거즈를 감아 칫솔 대신 사용하거나 치약 대신 엷은 소금물을 사용하기도 한다.

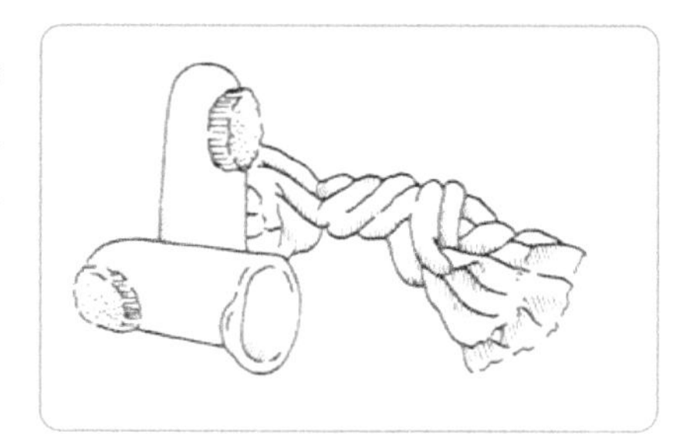

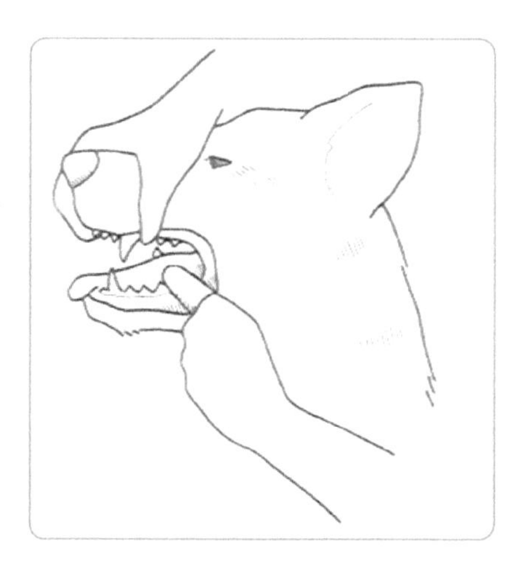

3 충치

■ **치아에 구멍이 뚫리고 구취가 심해진다.**

예전에는 개의 충치가 별로 없다고 생각되었으나 현재는 입 속 질환의 10%는 충치 때문이라고 여겨지고 있다. 충치는 개가 3~6세 정도가 되었을 때 자주 나타나며 특히 나이가 들수록 많이 발생한다.

증상

- 치아 색이 변하고 그 부분의 조직이 물러져서 구멍이 생기거나 홈이 생긴다. 개의 경우 잇몸 바로 위 부분이나 위, 아래 치아가 맞닿는 부분이 충치에 걸리기 쉬운 부위이다. 음식 찌꺼기가 쌓이기 쉬운 부분이기 때문이다.
- 충치의 증상이 계속되면 이가 시리거나 통증이 나타나고 구취도 심해진다.

원인

- 타액 속에서 음식물의 찌꺼기나 떨어져 나간 상피세포, 곰팡이, 세균 등이 쌓인다. 이것들이 타액에서 분리되어 서로 섞여 끈적끈적한 액상 물질로 변한다.
- 입 속 청결을 유지하지 않으면 이것이 치아의 표면에 부착되어 세균의 온상이 되는데, 이것이 플라그이다. 플라그 속 세균의 활동으로 음식물의 탄수화물에서 젖산이 만들어진다.
- 젖산은 평소에는 타액으로 묽어지거나 중화되나 이 경우 플라그 속에 있기 때문에 그 역할을 할 수 없게 되고 직접 치아의 표면에 접촉하여 거기에 농축되어 남게 된다. 이 젖산으로 인해 치아 속의 석회를 탈각시켜 치아가 물러지고 구멍이 생기면 상아질도 잇달아 세균에 감염되고 충치는 치아의 더욱 깊은 곳까지 진행되어 결국에는 치수까지 이른다.

진단 · 치료 · 예방

진단방법

- 충치를 진단할 때에는 치아 내부의 충치 진행을 알아보는 것이 매우 중요하다. X선검사 등으로 상태를 확인한다.

치료방법

- 충치를 치료할 때 우선 충치 부위의 에나멜질과 상아질을 깎아 낸 후 그 나머지를 충전하여 수복시킨다.
- 충치가 치수까지 진행된 경우에는 치수를 제거하는 처치가 필요할 수도 있다. 개의 경우 보호자가 충치를 늦게 발견하게 되는 경향이 있다. 그래서 병원에서 치료를 할 때에는 이미 증상이 꽤 진행되어서 치아를 뽑아야 되는 경우가 많다.

예방법

- 정기적으로 치과검진을 받는 것이 중요하다. 또한 평소에 충치에 걸리기 쉬운 부

위에 플라그나 치석이 쌓이지 않도록 입 속 위생을 유지시켜주어야 한다. 치아를 항상 깨끗하고 상쾌하게 해주면 충치를 막을 수 있다.

4 에나멜질형성부전

■ 이가 약해지고 빠지기 쉽다

치아의 표면에 있는 에나멜질(법랑질)의 발달이 충분치 못하여 치아가 잘 부러지게 된다. 개에는 자주 나타나는 증상이다.

증 상

- 치아 표면의 딱딱하고 광택이 있는 층을 에나멜질이라 한다. 개에 따라 이 보호층이 비정상적으로 얇거나 움푹 패인 곳이 있거나 흠이 나 있기도 하다. 이러한 에나멜질의 흠집과 손상은 치아의 일부분일 경우도 있는가 하면 표면 전체인 경우도 있다. 거기에는 플라그가 쌓이기 쉬워 충치나 기타 치아질환에 걸리기 쉽다. 또한 딱딱한 에나멜질의 보호층이 없어서 치아의 강도가 약해져 잘 부러지게 된다.
- 에나멜질이 비정상적으로 얇거나 에나멜질이 전혀 없어 내부의 상아질이 드러나 있으면 차가운 물이나 차가운 공기, 차가운 음식물 등이 치아에 닿으면 과민반응을 일으키게 된다.

원 인

- 개 치아의 에나멜질이 형성되는 시기에 어떠한 장애를 겪게 되면 에나멜질 형성이 충분치 못하거나 전혀 형성되지 않을 수도 있다. 그 원인으로는 바이러스 감염, 고열 발생, 영양 부족, 심각한 기생충 감염 등을 들 수 있다.

진단 · 치료

진단방법

- 치아의 표면을 잘 보면 증상 부분에서 설명한 것과 같이 에나멜질의 흠집이나 손상의 상태를 알 수 있다.

치료방법

- 지각 과민을 일으키는 경우 에나멜질이 얇아졌거나 흠이 난 부분을 외부에서 다

른 물질(상아질 보전제)로 덮어 싸면 지각 과민을 해소할 수 있다.

- 치아 위쪽(치관, 구강 내에 노출된 부분)에는 보전제 등으로 수복하면 겉모습으로는 정상적인 상태에 가깝게 만들 수 있다. 그러나 이렇게 해서 치아의 강도가 개선되는 것은 아니다. 개가 딱딱한 것을 씹지 않도록 주의해야 한다.

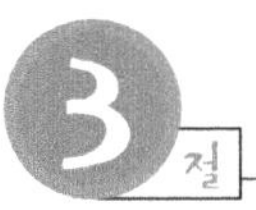

구강 질환

1 구내염

> ■ **전신성 질환이 원인이 되기도**
> 구내염은 구강 내의 점막에 나타나는 염증의 총칭이다. 구내염은 전신적인 질환의 영향으로 생기는 경우가 있는가 하면 국부적인 질환이나 상처가 원인이 되기도 한다. 염증의 모양도 빨간 발진 상태의 것, 수포 상태의 것 등 여러 가지가 있다. 상태에 따라 몇 가지로 나눌 수 있는데 여기서는 개에게 자주 나타나는 것을 다루고자 한다.

1. 계통성 구내염

> ■ 전신성 질환 증상의 하나가 구내염으로 나타나는 것이다.

증 상

- 식욕부진 또는 배가 고픈데도 먹지 않는 등의 증상이 나타난다.
- 개는 앞발로 입 주위를 긁는 버릇을 보이고 침을 많이 흘리며 구취가 심해지고 미열이 나기도 한다. 환부에는 빨간 부종이나 진물이 보인다.

원 인

- 전신성 질환이 원인이 되는데, 대표적인 것으로 세균감염에 따른 렙토스피라증,

알러지성 피부병인 천포창(큰 물집이 생기는 피부병)을 들 수 있다. 이 외에 당뇨병이나 비타민 부족질환, 어느 정도 진행된 신장질환 등도 원인이 된다. 또한 오랫동안 항생물질을 투여한 개에게 궤양성 구내염이 생기는 경우도 있으며 이것 또한 계통성 구내염에 포함된다.

치료 · 예방

치료방법

- 전신적인 질환이 원인인 경우에는 그것에 대한 치료를 시행한다. 비타민 부족질환 등에는 비타민제를 투여한다.

예방법

- 충치를 치료하는 등 구강 내의 환경을 좋게 보존하면 예방이 된다. 그러나 면역이 관계된 병이 원인이라면 이러한 예방처치로는 별로 큰 기대를 할 수 없다.

2. 궤양성 구내염

■ 입 속 점막이 짓무르는 궤양성 염증으로 잇몸에 먼저 발병하는 것이 특징이다.

증 상

- 개의 구취가 심해지거나 많은 양의 끈적끈적한 타액을 흘리게 된다. 강한 통증도 동반하기 때문에 식욕은 당연히 감퇴된다. 이 구내염은 대부분의 경우 갑작스럽게 발생한다. 우선 잇몸에 급성 염증이 생기고 거기에 얇은 막(위막)을 동반해 궤양이 생긴다. 궤양은 입 안의 다른 점막으로 퍼져나간다. 더 진행되면 궤양이 잇몸을 침범하여 속에 있는 치조골을 드러나게 한다.

원 인

- 병이나 피로 등으로 입 속 점막의 저항력이 약해졌을 때 세균에 감염되어 염증이 생기게 되면 거기에 스피로헤타(spirochaetaes)나 방추균 등의 세균이 더해져 궤양을 만든다.

치료 · 예방

치료방법

• 입 속을 청결하게 하고 항생물질 등 세균을 죽이는 약물을 투여한다.

예방법

• 치석을 제거하는 등 입 속 청결을 유지한다. 또한 몸이 약해지는 경우가 많으므로 고단백의 먹이를 주는 등 충분한 영양을 공급한다.

3. 괴사성 구내염

■ 잇몸 앞 쪽 치아 표면에서 조금 떠 있는 부분에 생기는 염증이 궤양으로 진행된다. 한 번 치료해도 재발한다는 특징이 있으며 정식으로는 재발성 괴사성 구내염이라고 한다. 체력이 약해 개가 걸리기 쉬운 병이다.

증 상

• 평소보다 타액이나 침이 조금 증가한 정도에서부터 식욕이 전혀 없어지거나, 극심한 통증을 느끼거나, 구취가 심해지거나 활력이 없어지는 등 여러 가지 증상이 나타난다.

원 인

• 가장 많은 원인은 개가 치주질환에 걸려 그것이 잇몸염증으로 확대되고 구내염을 유발한 경우이다.

진단 · 치료

진단방법

• 환부에서 조직을 떼내어 배양을 해보면 포도상구균이나 칸디다 등의 세균을 볼 수 있다. 생화학검사를 해보면 갑상선기능저하증과 매우 비슷한 수치를 보이며 개의 림프구가 소멸된 것을 확인할 수 있다. 이것들을 종합하여 진단한다.

치료방법

• 충치나 치주질환 등에 대한 치료를 시행한다. 구내염에 대해서는 통증을 멎게 해

주거나 항생물질을 투여한다. 재발하기 쉽기 때문에 치료 후에도 2주에 1회 정도 검사를 받아 예방을 해야한다.

개에게 많은 치아 문제

선천적으로 치아에 이상이 있는 개를 자주 볼 수 있다. 또한 딱딱한 것을 씹는 습성이 있기 때문에 치아가 부서지는 경우도 종종 있다. 개의 치아 건강을 유지하기 위하여 보호자는 평소부터 개의 치아 상태를 잘 관찰해 둘 필요가 있다.

■ 흠치(欠齒)와 과잉치(過剩齒)

개의 치아가 정상보다 그 숫자가 적은 경우가 있다. 이것을 흠치 또는 부분적 무치증이라 하며, 특히 순혈통의 개에게 많이 보인다. 이것과 반대로 치아의 숫자가 정상보다 많은 경우도 있는데, 이것을 과잉치라고 한다. 양쪽 모두 일상 생활에 지장이 없다면 치료 없이 그대로 두어도 문제는 없다.

■ 매복치(埋伏齒)

치아(치관)의 일부분 혹은 전체가 잇몸 아래로 들어가 밖에서 보이지 않는 상태를 의미한다. 몇몇 개에게 보이는 증상이며, 특히 몸집이 작은 소형견에서 많이 보인다. 치아가 부분적으로 보이지 않는 경우에는 잇몸을 절제하는 수술을 시행하여 정상적으로 노출시킬 수 있다. 치아가 완전히 숨어있는 경우에는 세균 등에 감염되기 쉬우므로 치아를 뽑아야 한다.

■ 마모치(磨耗齒)

개는 치아로 무언가를 갉는 습성이 있기 때문에, 치아가 조금씩 닳는다. 천천히 마모가 되면 그것을 회복하기 위한 상아질이 자연스럽게 형성되므로 문제는 없다. 그러나, 마모가 갑자기 진행되면 자칫 치수가 노출되는 경우가 있다. 이렇게 되면 치아가 약해지고 부러지기도 한다. 치아가 빨리 마모되면 개가 딱딱한 것을 씹지 않도록 주의해야 한다.

■ 변색치(變色齒)

외상으로 인해 치수에 출혈이 있으면 치아 색깔이 변하기도 한다. 이런 경우에는 X선 촬영을 해서 치아의 상태를 진단한다. 치수가 손상되거나 괴사가 진행되면 치아의 뿌리 주변에도 병변이 생기기도 한다. 증상에 따라 치료한다.

■ **파절치(破折齒)**

개가 딱딱한 것을 씹다가 혹은 사고 등으로 외상을 입어 치아가 부러지기도 한다. 치아가 부러진 것을 현장에서 보게 된다면 주인도 즉시 알게 되지만 그렇지 않은 경우에는 의외로 주인도 알아채지 못하는 경우가 많다. 그러나 치아가 근원부터 부러져 치수가 노출된 경우에는 개가 통증을 느끼는 모습을 보이기 때문에 주인도 알게 된다. 유치가 부러진 경우 치수가 노출되면 치아를 빼야한다. 영구치가 부러지면 상태에 따라 치과 치료를 실시하거나 치아를 뽑기도 한다.

2 구순염

■ **개만 걸리는 병**

구순염은 입술에 염증이 생기는 병으로 개에게만 나타나는 병이다.

증 상

- 개는 간신히 고통이 있다는 것을 나타내며 자신의 얼굴을 긁으면서 입술을 할퀸다. 환부에는 탈모 증상이 보이며 불결한 냄새가 난다.
- 개는 몸의 구조에 따라 구순염이 발생하기 쉬운 종류가 있다. 예를 들어 코커스패니얼이나 퍼그, 칭 등 목이 짧은 종류들이다. 몸집이 큰 대형견 중에는 세인트버나드에게서 자주 보인다.

원 인

- 입술에 상처를 입거나 무언가에 자극을 받거나 하면 세포 등에 2차 감염이 되어 생기는 병이다. 구순염을 발생시키는 자극으로는 식물의 씨앗과의 접촉, 플라스틱 식기 알러지, 입술에 나 있는 털뿌리 부분의 화농 등을 들 수 있다. 이러한 자극을 받은 부위는 황색포도상구균을 비롯한 세균에 감염되기 쉽다.

진단 · 치료

진단방법

- 입술과 입 속을 육안으로 검사하여 진단한다.

치료방법

• 자극시키는 원인을 없애거나 개를 자극의 원인이 되는 것에서 거리를 두도록 한다. 예를 들어 플라스틱 식기에 알러지가 있으면 다른 재질의 식기로 교체해 준다. 그리고 환부를 항균성 성분이 있는 비누로 잘 씻어 주는 것이 중요한 치료법이다. 증상에 따라서는 항생물질을 몸 전체에 퍼지도록 투여하기도 한다.

재해시 개의 긴급 피난

지구상에는 대지진이나 화산폭발, 태풍, 수해 등 자연 재해가 자주 일어난다. 그래서 자연재해가 발생했을 때의 긴급 피난 대책을 준비해 두어야 하는데, 개나 고양이 같은 반려동물(동물 가족)에 대해서도 마찬가지이다. 재해가 닥쳤을 때에 가장 먼저 해야 할 일은 사람과 소중한 반려동물의 피난이다.

피난 장소에 개나 고양이를 데리고 가도 좋을지 어떨지 고민할 필요는 없다. 우선 데리고 가는 것이 최우선이다. 재해의 규모나 중대함에 따라 다르겠으나 늦어도 수일 내에는 지역의 수의사협회나 동물보호단체, 자원봉사자 및 지자체가 협력하여 동물들을 받아들일 태세를 갖추고 있기 때문이다. 만약 고양이나 개를 집에 남겨두고 왔는데 그 곳이 위험지역으로 지정되었다면 후에 도움을 받을 방법이 없어져버릴 지도 모른다. 그렇게 되면 동물들은 불안과 공포, 상처와 굶주림으로 사망할 가능성이 높다. 이러한 긴급 상황에서 그들을 데리고 피난할 수 있도록 하기 위해서는 평소에 적절한 습관과 건강 관리가 필요하며 다른 많은 동물들과 섞여 있어 헷갈리거나 놓치더라도 발견할 수 있도록 개체 식별 방법을 장치해두는 것이 보호자의 책임이라 할 수 있다. 또한 피난 장소에서 다른 개나 고양이와 예상치 못한 교미나 접촉을 할 수도 있으므로 사전에 불임, 거세수술, 백신 접종, 내외 기생충 구제 등을 실시해두어야만 한다. 개체 식별을 위해서는 허가증이나 이름표를 붙여 둘 뿐만 아니라 목걸이가 떨어져도 식별할 수 있는 마이크로칩을 머리 뒤쪽 피부 밑에 삽입해두는 것도 좋다.

운반용 가방에 들어가 있게 하는 습관을 들여둘 필요도 있다. 그렇게하면 가방에 들어가 있을 때 공포도 적게 느끼고 이동 중에 뛰쳐나가거나 피난한 곳에서 행방불명될 걱정을 덜 수 있다.

그리고 예의범절 훈련은 무엇보다 중요하다. 예의를 모르고 싸움을 걸거나 짖어대는 개는 집단 생활 중에 다른 사람과 동물에게 폐가 되어 보호자가 비난을 받을 수 있다. 동물들은 이러한 환경에서는 재해에 대한 공포, 소란스러운 상태에 대한 공포심, 환경이 갑자기 변한 것에 대한 혼란, 보호자와 떨어져 있는 분리 불안 등을 겪게 되어 보통 때와는 완전히 다른 심리상태에 빠진다고 생각해야 한다.

피난 때에는 최소한의 필수품을 준비해야 한다. 보통 때 '피난 세트'를 미리 준비해 두는 것이 좋은데, 첫째, 운반용 가방과 목줄, 둘째, 3~5일 분의 식사와 물, 그리고 보통 사용하는 식기, 셋째, 깔개와 장난감 등, 넷째, 질환 기록표와 복용중인 약, 백신접종 기록표, 내외 기생충 구제 시기, 불임, 거세수술 유무, 치료받고 있는 특정 병원 등을 기록한 건강 수첩, 다섯째, 보호자와 함께 찍은 사진 등이다. 그 밖에도 그 개나 고양이에게 특별히 필요한 것이 있으면 각자 준비해야 한다.

재해시 긴급 피난을 할 때 여러 마리의 동물을 기르고 있는 경우라면 모두를 안전하고 확실하게 피난시키기란 쉬운 일이 아니다. 더욱이 야생동물을 기르고 있다면 무사히 피난시키기가 더욱 힘들어진다. 긴급 상황에서의 대처가 세워지지 않은 환경에서 방심하고 동물을 기르는 것은 무책임한 행동이다.

피난장소에 준비된 동물 피난처에 개나 고양이를 맡긴 경우에는 가능한 한 자주 만나야 한다. 개나 고양이는 불안에 떨면서 보호자를 계속 기다리고 있다. 그리고 하루라도 빨리 함께 지낼 수 있도록 대책을 세워야 한다.

그들에게 안전한 하루하루를 되돌려 주는 것이 보호자의 최소한의 책임이자 그것이 바람직한 사람과 동물의 유대관계라 생각한다.

▲ 동물사랑실천협회에서 국내최초로 유기견과 유기묘를 대상으로한 〈구호동물입양센터〉모습
사진 / 동물사랑실천협회

제21장 마음의 병

인간과 마찬가지로 애견도 마음의 병에 걸릴 수 있다.
마음의 병은 대부분 인간과의 사회 생활에 애견이 적응을 하지 못하기 때문에 생긴다.

제21장 마음의 병

1절 마음의 병은 왜 생기는 것일까

1 군집 생활을 하는 개

개는 원래 군집 생활을 하는 동물이다. 군집 생활에는 우두머리(무리의 리더)가 있어 무리를 통솔한다. 우두머리의 역할은 무리를 외적으로부터 지키고 식량을 확보하는 일이다. 또한 무리에는 서열이 있어 각자가 그 서열에 맞추어 질서있는 생활을 한다. 사람과 함께 생활하는 개도 사람들의 가족을 하나의 무리로 여기고 그 일원으로서 행동한다. 개에게 사람이 훌륭한 우두머리 역할을 할 경우 개는 안심하고 생활을 하게되지만 그렇지 않은 경우에는 자기 자신이 우두머리가 되려고 한다. 그 결과 사람의 생활양식에 적응을 하지 못하고 각종 마음의 병이 생기게 된다. 사람은 자신들의 목적에 맞추어 개를 이용하기 때문에 체력, 몸집의 크기, 운동능력, 감각, 정서 등 여러 특징을 가진 품종(견종)을 만들어 내었다. 우수한 형질을 유전적으로 고정시키기 위하여 혈연 관계가 있는 개체들 끼리만을 교배시키기도 한다. 그 결과 우수한 형질이 나옴과 동시에 원치 않는 유전적인 성질이 악화되는 경우도 있으며 비정상적으로 공격적인 성격을 가진 개나 신경과민으로 늘 불안을 느끼는 개도 나올 수 있다.

2 현대 생활과 애견의 습성

현대인들의 생활양식이나 가치관이 크게 바뀌었다. 이전에는 집을 지키는 동물로서 생각하던 '개(가축)' 가 '개(반려동물)' 즉 사람과 함께 생활하는 마음의 벗으로 주목을 받게 된 것도 생활양식이나 가치관의 변화와 관계가 있다. 그러나 이런 변화 속에서 개 본래의 습성은 사람과의 생활에 적합하지 않는데, 집을 지키는 개로서는 유익하여 칭찬을 받던 것이 아파트나 주택밀집지역에서의 생활에서는 어울리지 않게 된 것이 좋은 예이다. 이렇게 개가 사람 중심의 일상 생활에 적응하기 힘든 것은 개로서는 매우 심각한 문제이다. 생활환경에 적응하지 못한 개는 스트레스가 계속해서 누적되고 결국에는 '마음의 병'에 걸리게 된다.

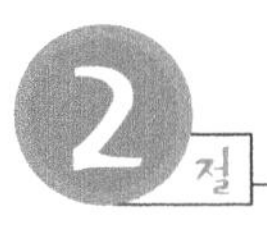

2절 마음의 병

1 강박성이상증(강박신경증)

■ 의미가 없는 행동을 반복한다

사람의 경우 다른 사람이라면 아무 것도 아니라 여기는 것도 본인으로서는 힘든 것으로 받아들여 주변의 사람들이 보면 이해할 수 없는 행동을 할 때가 있다. 강박 관념에 휩싸여 자신의 사고나 행동을 조절할 수 없는 마음의 병을 강박신경증이라고 한다. 예를 들어 불쾌 공포증, 탈것에 대한 공포증, 고소공포증 등의 증상을 나타낸다. 스트레스가 많은 현대 사회의 사람과 함께 살아가는 개 역시 사람의 강박신경증과 비슷한 기묘한 행동을 하기도 한다. 개는 말을 할 수가 없기 때문에 그 생각을 알아차리기가 힘드므로 행동으로서 그러한 증상이 나타나면 그것을 강박성이상증이라고 한다.

증 상

- 특별히 의미가 없는 행동을 반복하고 그것을 중단시키기 힘든 경우도 있다. 눈에 보이지 않는 벌레를 쫓아 허공을 향해 짖는 동작을 반복하거나 사냥감을 잡기라도 하는 듯 장시간 동안 움직이는 빛을 쫓아다니기도 한다. 또한 자신의 꼬리를 쫓아 빙글빙글 돌다가 자신의 꼬리를 물어 상처를 내기도 한다.
- 그 외에도 병적으로 발바닥이나 발톱을 핥아 육아종(피부를 너무 핥아서 생기는 피부병. 지성지단피부염이라고도 함)이 생기기도 한다.

원 인

• 정확한 원인은 알 수 없다. 개가 가축화된 후 원래의 성질이 억압될 때 생기는 것이 아닌가 추정된다. 과거 수백년 동안 개는 각종 용도에 따라 교배되어 여러 품종(견종)이 생겨났다.

• 예를 들면 테리어나 하운드는 사냥을 하는 사냥개로, 콜리는 양을 지키는 목양견으로 만들어진 품종이다. 그러나 현대 사회에서 대다수의 개는 그러한 용도와 상관없이 길러지고 있으며 하루 중 대부분을 하는 일 없이 보호자가 돌아오면 함께 산책을 나가거나 놀아주기를 계속 기다리고 있다. 이러한 경우 어떤 스트레스를 받게 되면 그것이 계기가 되어 그 계기를 준 대상을 향해 돌진하거나 쫓아가는 등 본능적인 행동을 병적으로 반복하게 되는 것은 아닌가 추측한다.

[그림 1]

▲ 강박성 이상증에 걸리면 자신의 꼬리를 쫓아 도는 등의 행동을 보인다.

치료 · 예방

치료방법

• 특정 행동을 의미도 없이 반복할 때에는 강박성이상증을 가능성이 있다. 단 뇌나 신경 계통의 질환 등 신체적인 질병과 같은 증상이 보이므로 강박성이상증이라고 판단하기 전에 신체의 일반적인 검사를 충분히 실시할 필요가 있다.

• 치료법으로는 엔돌핀차단약 등 우울증 치료제를 투여하는 방법이 시도되고 있다. 그것만으로 완전히 치료될 수 없겠으나 증상은 어느 정도 완화된다. 또한 충분한 운동을 시켜 개 본래의 능력을 발산시켜 주어 스트레스가 쌓이지 않게 하는 등의 방법을 모색할 필요가 있다. 그렇게 하면 치료효과가 있을 뿐만 아니라 병을 예방할 수도 있다.

예방법

• 오랜 시간 동안 개를 방치해 두지 말고 가능한 한 함께 지내거나 산책이나 운동하는 시간을 만들어주어야 한다.

2 지배성 때문에 생기는 공격성

■ 보호자를 위협한다.

애견은 함께 생활하는 가족이나 다른 동물을 무리 속의 하나로 생각한다. 그러나 그 중에는 자신이 무리의 리더라고 생각하고 무리를 통솔하고자 공격적인 행동을 하는 개도 있다.

증 상

- 개는 다른 동물이나 사람을 지배하려는 목적으로 공격적인 행동을 보일 수 있다. 예를 들면 귀를 앞쪽으로 세워 눈을 크게 뜨고 꼬리를 세워 위협을 하거나 물려고 한다면, 이것은 다른 대상을 지배하고자 하는 경향이 유전적으로 강한 개에서 나타나며 특히 개가 정신적으로 성숙해진 1~3세 정도에 자주 나타난다.
- 지배성이 강한 개는 다음과 같을 때에 보호자나 그 가족에게 공격적인 행동을 보일 수 있다. 첫째, 개에게 특별한 가치가 있는 물건, 예를 들면 먹을 것이나 그 개가 즐겨 갖고 놀던 장난감이나 도구(가방, 구두 등)를 빼앗았을 때, 둘째, 개가 자신이 좋아하는 장소, 예를 들면 의자나 소파 위, 방 문 등에서 쉬고 있는데 거기서 쫓겨났을 때, 셋째, 가족 중 개가 특별히 좋아하는 사람에게 다른 사람이 닿았을 때, 넷째, 개가 좋아하는 사람이 자신 이외의 사람이나 동물에게 잘해주려고 할 때, 예를 들면 손님에게 차를 타 주려고 서 있을 때, 다섯째, 자신이 우두머리(무리의 리더)라고 생각하고 있는 개에게 보호자나 그 가족이 그 지위를 위협하는 행동을 할 때, 예를 들면 머즐 컨트롤(muzzle control, 개의 주둥이를 사람이 손으로 감싸 쥐고 행동에 제약을 가하는 훈련 행동)을 하거나 눈을 직시하거나 안아 들어올리거나 목줄을 세게 끌거나 체벌을 가할 때 등이다.

[그림 2]

▲ 머즐 컨트롤이란 손으로 애견의 코와 입을 부드럽게 감싸 쥐는 것을 말한다.

원 인

- 이러한 성질은 유전적으로 공격성을 가진 개에서 볼 수 있다.
- 구체적으로는 개에게 모노아민옥시다아제의 감소로 인한 신경전달물질인 세로토닌(serotonin)의 감소와 깊은 관계가 있다고 여겨진다. 또한 사람이 개에게 리더

쉽을 발휘하지 못하거나 개가 자신을 가족의 우두머리라고 생각하는 경우에도 생긴다.

[표 1] 견종별 성향

견 종	성격(일반적인 경향. 개체 상의 차이는 있음)
웨스트 하이랜드 화이트 테리어(west Highland White Terrier)	• 보호자는 잘 따르나 기가 세고 수컷끼리는 적대심을 품고 공격적이다.
웰시 코기(welsh Corgi)	• 잘 따르지만 모르는 사람을 보면 잘 짖거나 무는 경향이 있다.
셔틀랜드 쉽도그(shetland Sheepdog)	• 지능이 높고 보호자는 잘 따르지만 신경질적이고 겁이 많다. 모르는 사람에게는 잘 짖는다.
시추(shih Tzu)	• 머리는 좋으나 완고하다. 마음에 들지 않으면 공격적으로 변한다.
시베리안 허스키(siberian Husky)	• 선조인 이리와 같이 반항적이다. 다른 개와 적대적인 관계가 되기 쉽다. 멍멍 짖지 않고 우렁차게 짖는다.
차우차우(chow Chow)	• 완고하고 길들이기가 힘들다. 모르는 사람을 위협하고 아이들을 물기도 한다. 다른 개에게도 적대심을 가지기 쉽다.
비글(beagle)	• 놀기 좋아하고 활발하지만 완고하다. 높은 소리로 잘 짖고 주위에 문제가 발생하기 쉽다. 방랑벽이 있어 목줄을 놓치면 행방불명이 되기도 한다.
복서(boxer)	• 온순해서 길들이기도 쉽지만 다른 개에게 적대심을 품고 공격적인 경향이 있다.
포메라니언(pomeranian)	• 신경질적이고 경계심이 많다. 아이들이 예기치 못한 행동을 하면 물어 버리기도 한다.
말티즈(maltese)	• 기억력이 강하나 경계심이 많다. 잘 짖는다.

*주 / 여기에는 성격이 비교적 확실한 견종을 소개한다. 보호자가 이러한 성격을 이해한 후 애견이 어릴 때부터 애정과 인내심을 가지고 길들인다면 성격적인 문제는 생기지 않는다.

자료 / Dogs : The Ultimate Care Guide 등

치료 · 예방

- 유전이 관여된 경우가 많으므로 일반적으로는 완전히 개선될 수 없지만 수컷은 거세를 하여 유전적 소인을 없앨 수 있다.
- 치료법으로는 행동요법과 약물요법을 함께 시행해야 한다. 행동요법은 행동학에 정통한 수의사의 지도를 근거로 2단계로 나누어 실시한다. 1단계는 생리적인 생활 조건을 충족시켜준 후 개를 무시하는 방법으로 다음의 1~6번을 실행한다.

제1단계

1. 하루에 두 번 보호자가 식사를 한 다음에 먹이를 준다.
2. 개가 항상 신선한 물을 마실 수 있도록 준비해 둔다.
3. 산책을 데리고 나가지 않는다. 밖에 나가는 것은 배설할 때만으로 제한한다.
4. 개와 눈을 맞추지 않는다.
5. 개에게 말을 걸지 않는다.
6. 개가 다가와도 무시한다.

이러한 행동 요법을 지속하여 개가 사람에게 다가서거나 어리광을 피우지 않는 등 행동의 변화가 나타나면 그 후에 제2단계 행동 요법으로 들어간다. 이것은 사람의 서열이 개보다 높다는 것을 개에게 알려주기 위한 것이다.

제2단계

1. 눈을 마주친다. 단 지배성이 강한 개는 눈을 마주치면 갑자기 공격하는 경우가 있으므로 주의할 필요가 있다.
2. 개를 안아 올린다.
3. 개를 반듯이 눕혀 복부를 쓰다듬는다.
4. 머즐 컨트롤을 시행한다.
5. 보호자가 먼저 식사를 한다.
6. 개와 마주보고 서로 당기지 않는다.
7. 공 등을 던져(발 밑이라도 상관없다) 그것을 보호자에게 갖고 오게 한다. 문제 있는 개는 사람에게 공을 주지 않

[그림 3]

▲ 행동 요법으로는 애견이 다가와도 무시한다.

을 수도 있다.

8. 함께 자지 않는다.
9. 앉아, 엎드려, 기다려 등의 지시에 따르게 한다.
10. 개가 무엇인가를 요구할 때에는 앉아, 엎드려 등을 시킨 후에 요구를 들어준다.

지배성이 강한 개는 스스로의 지위를 지키려고 더욱 공격적으로 변하는 경우가 있으므로 수의사의 지시에 따라 신중하게 대응해야 한다. 약물요법으로는 뇌 속에 있는 세로토닌 감소에 따라 공격성이 강해진다고 한다. 근래에는 선택적 세로토닌 재주입 조해제(sSRI)등도 사용하고 있다.

눈을 마주친다

눈을 마주치는 것은 개와 보호자가 보다 좋은 관계를 형성하기 위한 방법 중 하나이다. 우선 장난감이나 먹을 것 등 개가 흥미를 가지고 있는 것을 준비한다. 개의 코 앞에다 먹을 것을 내밀어 주목하게 한다. 다음으로 먹이를 쥐고 있는 손을 개의 코끝에서 자신의 코끝 또는 입주위까지 이동한다. 그렇게하면 먹을 것에 주목하고 있던 개의 눈과 자신의 눈이 마주친다. 그 때 개의 이름을 한 번 부르고 칭찬하는 상으로 먹을 것을 준다. 이렇게하면 개는 보호자의 눈을 보면 좋은 일이 있구나 하는 인상을 주게 되고 개가 보호자에게 주목하게 된다.

3 공포 때문에 생기는 공격성

■ 익숙하지 않은 것을 보면 짖는다.

공포를 느껴 공격적인 행동을 하는 개도 있다.

증 상

• 공포를 느끼는 경향의 개는 지배성이 강한 개와 매우 비슷한 공격적인 행동을 한다.

[그림 4]

▲ 지배성 때문에 생기는 공격일 경우 귀나 꼬리를 세운다(우). 공포 때문에 생기는 공격일 경우에는 귀를 눕히고 꼬리를 다리 사이로 집어넣는다.

• 지배성 때문에 생기는 공격성과 공포 때문에 생기는 공격성의 차이점은, 지배성으로 인한 경우 개는 귀나 꼬리를 세워 위협을 하는 반면 공포로 인한 경우에는 귀를 아래로 내리고 꼬리를 뒷다리 사이로 말아 넣거나 공격을 할 때 그 장소에서 뒷걸음질을 치는 등의 행동을 보인다. 또한 지배성이 강한 개는 친한 가족에게도 공격적인 모습을 보이기도 하는데, 공포 때문에 공격성이 생긴 경우에는 공포를 느끼는 상대에 대해서만 공격적인 모습을 보인다.
• 예를 들면 익숙하지 않은 장소, 처음 보는 사람, 자기보다 강해 보이는 개, 익숙하지 않은 사물, 모자를 쓴 사람 등에게 공포를 느끼며 그것을 위협하거나 궁지에 몰리면 물려고 하는 등의 행동을 보인다.

원 인

• 개가 어렸을 때부터 바깥 세상과 접촉 경험이 적고 사회화되지 않은 경우에 나타나는 현상이다. 특히 태어나서 바로 사람의 손에 의해 길러져 보육기간 중(생후 3개월 정도까지)에 다른 개와의 접촉이 적은 경우나 생후 50일 이전에 어미개와 헤어진 경우에는 새로운 자극에 대해 특히 민감하게 반응하고 공포심으로 인해 공격적인 행동을 하게 된다.

치료 · 예방

치료방법

• 신경안정제나 진정제 등을 이용한 약물요법과 행동요법을 동시에 사용한다. 또한 여러 가지 자극에 서서히 익숙해지는 탈감작(脫感作)요법도 효과가 있다.
• 탈감작요법이란 공포를 느끼는 자극과 음식물이나 장난감 등 개가 좋아하는 이미지의 물건을 동시에 제시하여 개가 자극에 대한 나쁜 이미지를 떨쳐 내고 그것에 서서히 적응하도록 하는 방법을 말한다. 또한 산책 등 가능한 한 외출을 많이 하여 많은 사람들과 접촉하게 하여 사회화를 시켜 개의 공포심을 없애줄 필요가 있다.

예방법

- 태어난 후 빠른 시간에 애정이 깊은 어미개(또는 대리모)가 기르게 하여 정신적으로 안정된 어린 시절을 보내게 하는 것이 좋다. 또한 생후 1년 정도까지 개가 장래 만나게 될 여러 가지 사항들을 체험하게 하거나 사람들에 충분히 익숙하게 하여 사람을 비롯한 여러 사물들에 대한 불안감을 가지지 않게 한다.

4 영역을 지키기 위해 생기는 공격성

■ 침입자를 쫓아내야겠다고 생각하면 점점 공격적으로

개 중에는 영역을 지키려고 공격적인 행동을 하는 개도 있다.

증 상

- 자신의 영역이라고 생각하는 영역(territory)에 모르는 사람이나 동물이 침입하면 개는 종종 영역을 지키려고 과잉 방어적으로 변하거나 심하게 짖거나 물려고 하는 등의 행동을 보인다. 지배성 때문에 생기는 공격적 행동이 집안 사람들에 대한 것인 반면 이 타입의 공격은 모르는 사람이나 동물에 대해 생긴다.
- 암컷보다도 수컷이 공격적인 경우가 더 많으며 집안 사람이 주위에 있을 때보다도 혼자서 있을 때에 더욱 공격적이다. 예를 들어 집 앞을 지나가는 사람을 향해 짖는다든지 정원에 들어온 동물이나 우체부, 택배 배달원 등을 침입자로 여겨 공격적으로 변한다. 때로는 보호자에게 맞서 있는 사람에게 공격적인 태도를 취하기도 한다.

원 인

- 영역을 지키려고 하는 본능적인 행동이다. 침입자를 향해 짖어서 침입자를 쫓아낼 수 있다고 생각하는 개는 더욱 공격적이 된다. 예를 들면 우체부는 편지를 배달하고 돌아간 것이지만 개는 그가 돌아간 것은 자신이 짖었기 때문에 돌아간 것이라고 믿고 더더욱 공격성을 보이는 경우가 있다(공격성의 학습, 강화).

치료 · 예방

- 언제 누구에게 공격적으로 변하는가 등 그 개의 공격성 성향을 정리하고 분석한다. 그 후 개가 공격적으로 변하는 사람에 대해 서서히 익숙해질 수 있도록 탈감작요법을 시행한다. 예를 들면 공격적으로 변하는 사람에게 개를 짖지 않는 위치

까지 데려다 놓고 개의 눈을 보지 않고서 먹이를 던져 주게 해 본다.

- 점차로 개와 거리를 좁혀가면서 반복하고 마지막에 개가 그 사람의 손에서 바로 먹이를 받아먹을 때까지 지속한다.

5 놀이 중에 생기는 공격성

■ 흥분을 억제하지 못하게 된다

인간이나 동물과 놀다가 너무 흥분한 나머지 상대를 정말로 공격해 버리는 경우가 있다.

증 상

- 놀이로 사람에게 달려들거나 다른 동물과 서로 깨무는 장난을 치다가 감정이 고조되어 상대를 공격하는 경우가 있다. 또한 가족 중 서열을 의식적으로 확인할 때도 갑자기 공격적으로 변하기도 한다.

원 인

- 놀이를 계속하다가 흥분이 고조되어 자신의 행동을 억제하지 못하게 되었기 때문이라 생각된다.

치료 · 예방

- 놀이를 하다가 으르렁거리는 소리를 내거나 이를 드러내어 화난 표정을 보일 때에는 즉시 놀이를 중단하고 개의 흥분을 가라앉힌다.

6 포식성 때문에 생기는 공격성

■ 움직이는 것을 향해 짖는다.

사냥감을 포획하려는 본능에서 공격적인 모습을 보이는 개도 있다.

증 상

- 자동차나 자전거 등 움직이는 것을 쫓아가며 짖거나 달려들면 제지하기가 힘들

다. 어린아이들은 예기치 못한 행동을 하는 경우가 많기 때문에 개의 공격성을 유발하기 쉽다. 그 경우 개는 사냥감이라고 생각되는 것이 움직이지 않을 때까지 공격을 하므로 주의가 필요하다.

원 인

• 사냥감을 잡으려는 본능적인 행동이라고 여겨진다.

치료 · 예방

치료방법

• 본능적인 공격 행동이므로 대부분의 경우 치료는 힘들다. 어린 개인데도 포식성 때문에 공격적인 행동을 보인다면 주의해야 한다.

예방법

• 개는 어린아이를 어른과는 다른 동물로 인식하므로 어린 강아지 때부터 어린아이에 익숙해지게 해야 한다. 특히 아기들에게 익숙하게 호의를 가질 수 있도록 아이가 있을 때만 개에게 주목을 해주고 아기가 없을 때는 개를 무시하는 등의 방법으로 개가 '아기가 있는 곳에는 좋은 일이 있구나' 라고 생각하게 하는 것이 중요하다. 유아는 예측할 수 없는 행동을 할 경우가 있는데 그것이 개의 공격성을 유발할 수 있다. 유아에게 매우 익숙해져 있는 개도 유아의 행동에 따라 갑자기 공격적으로 변할 수 있으므로 개와 유아만을 방치하지 말고 반드시 어른이 그 둘을 감시하여야 한다.

지능이 높기 때문에 마음의 병이 생긴다

개는 지능이 높은 동물이어서 그저 본능만에 의지해서 행동하며 살아가지 않는다. 개의 지능은 사람보다는 많이 떨어지지만 다른 많은 동물들 보다 뛰어나다.

개의 기억력이 얼마나 뛰어난지는 개를 키우는 사람이라면 자주 느꼈을 것이다. 개와 같이 지능이 높은 동물은 경험을 통해 학습하는 학습 능력이 높으며 또한 사회적인 행동 능력을 갖추고 있다. 사회적 행동이란 다른 개나 사람과 자신과의 관계를 이해하고 그것을 기본으로 행동을 한다는 의미이다. 그래서 개의 행동이나 심리(마음의 행동)는 지능이 낮은 동물에 비해 복잡하다.

외부에서 들어온 여러 가지 정보와 자신이 처한 상황에 민감하고 그것이 자신에게 좋은 것인가 위험하거나 고통스러운 것인가 등을 항상 느끼게 된다. 인간 사회에서 사람과 함께 살아가는 개로서는 무엇이든 자신의 생각대로 되지 않는다는 것을 학습하게 된다. 항상 줄에 묶여 있어 마음대로 행동할 수 없고 보호자나 가족이 매일 몇 시간 동안이나 외출을 하고 있는 동안 개집이나 집안에서 가족들을 기다려야 하며 때로는 마음대로 실컷 뛰거나 짖고 싶어도 그렇게 할 수 없는 등 개의 생활에는 자유가 거의 없다. 그러나 그런 것들을 참을 수 없고 익숙해지지 못하면 개는 살아갈 수 없다. 실제로 개들은 이러한 상황을 어느 정도 받아들이는 유연성도 갖추고 있으며 따라서 보호자의 관리가 적절하다면 그것이 개에게는 매우 행복하게 여겨질 수도 있다. 그러나 개가 바라는 환경이 현실과 전혀 맞지 않으면 그것은 개에게 커다란 스트레스를 주어 육체적인 건강을 잃게 될 뿐만 아니라 개의 마음도 병들 수 있다.

개의 이상한 행동이 관찰되면 그것은 개가 부적절한 환경을 참지 못하고 마음의 병에 걸렸다고 보아야 한다. '달려들려고 한다, 계속해서 짖는다, 배설 습관이 흐트러졌다, 사람에게 달려들어 양다리로 사람의 발을 감싸안고 떨어지지 않는다, 무언가 특정한 것을 너무 무서워한다' 등의 행동은 개의 정신 상태가 비정상적으로 불안정하거나 어떠한 이상이 있다는 것을 나타낸다.

■ 개와 생활하기 위하여

개는 원래 수렵 동물이며 지능이 높고 활동적이며 호기심이 강한 동물이다. 또한 길들이기에 따라 자신의 본능적인 욕구를 어느 정도 다스리고 사람이나 다른 개와 사귀는 방법을 익힐 수 있는 능력을 가지고 있다.

개가 이러한 성질을 경시하거나 무시하는 환경에 오랫동안 놓이게 되면 그것은 개에게 강한 스트레스가 되어 결국에는 우리 사람과 마찬가지로 마음의 병을 얻게 되어 이상한 행동을 취하게 된다. 보호자는 인간 위주로만 생각하여 개를 억압할 것이 아니라 개의 입장에서도 생각하여 함께 쾌적하게 생활할 수 있는 방법을 생각하여 실천하여야 한다. 그렇게 해야 개는 건강한 마음을 유지할 수 있으며, 잘못되어 마음의 병에 걸린 개의 경우라도 건강을 되찾아 함께 생활하는 사람에게도 커다란 기쁨을 줄 것이다.

7 환경 변화(빛, 어둠) 때문에 생기는 불안

■ 커다란 소리나 빛에 놀라 공황 상태가 된다.

과민한 개는 커다란 소리나 갑자기 강해지는 빛을 매우 무서워하기도 한다.

증 상

• 과민한 개는 전화 소리나 폭죽, 사이렌, 팬히터 등의 커다란 소리나 귀에 익숙하

지 않은 소리, 번개 등의 갑작스러운 빛에 민감하게 반응하여 호흡이 거칠어지거나 배설을 하거나 짖거나 혹은 그 장소에서 도망가기 위해 문을 들이받기도 한다. 특히 뇌우가 내릴 때에는 천둥소리나 커다란 빗방울 소리 그리고 번개 등 음과 빛의 자극이 동시에 오기 때문에 개에 따라서는 공황 상태에 빠져 어딘가를 향해 달려들거나 공포에 떨기도 한다.

원 인

• 피난갈 장소를 찾지 못해 극도로 불안해진 것으로 생각된다.

치료 · 예방

치료방법

• 안정제를 사용한 약물요법과 탈감작요법을 동시에 시행한다. 탈감작요법의 예로 개가 불안이나 공포를 느끼는 소리를 녹음하여 처음에는 작은 소리로 재생한 후 서서히 볼륨을 높여가며 익숙해지도록 하는 방법을 들 수 있다. 이 때 먹이를 함께 주어 불안의 원인인 자극과 먹이(좋은 것)를 연관지어 자극에 대해 좋은 이미지를 가질 수 있는 조건을 만들면 효과적이다(역조건 만들기).

예방법

• 예방법은 개에게 항상 훌륭한 우두머리(리더)가 있다고 믿도록 하여 안심하며 생활할 수 있도록 하는 것이다. 보호자가 좋은 리더 역할을 하기 위해서는 행동요법을 시행하면 된다. 또한 일상 생활에서 개가 안심하고 피난할 수 있는 장소(침대나 개 운반 가방 등)를 확보해 둘 필요가 있다.

8 분리 불안

■ 보호자에게서 떨어지면 불안해한다.

항상 보호자 옆에 있는 것을 좋아하는 개가 혼자 있으면 강한 불안을 느껴 사물을 무서워하거나 심하게 짖거나 화장실이 아닌 곳에다 배변(부적절한 배변)을 하는 등의 행동을 보이기도 한다. 비교적 보호된 환경에서 길러지고 보호자에게 강한 애착을 지닌 개에게서 나타나는 현상이다.

증 상

- 보호자가 없어진 후 30분 이내에 짖고, 보호자가 가진 것이나 집의 문을 망가뜨리고 잘못된 장소에 배뇨, 배변을 하는 등의 행동이 한 가지라도 보인다면 분리불안이라고 생각할 수 있다.

원 인

- 보호자에게 깊이 의존하고 보호자와 개 사이의 과잉 애착 때문에 개의 정신이 충분히 발달하지 못하여 정신적으로 미성숙한 것이 원인으로 여겨진다. 품종(견종)이나 연령을 불문하고 생기는데, 특히 유아기에 어미개나 형제와 이별하는 등 심리적 상처를 받은 어두운 과거를 가진 개에게 많이 보인다.

치료 · 예방

치료방법

- 이러한 개의 보호자는 개가 보호자에게 의존하고 강한 애착을 가진 것에 만족하고 있는 경우가 많다. 외출 중 문제 행동을 하는 것을 개의 응석이라고만 해석하고 개가 불안해서 고통스럽다고는 생각하지 않기도 한다. 그래서 치료를 할 때에는 먼저 보호자가 개의 병을 이해하고 스스로 의식을 바꾸어 개의 불안이나 고통에 공감해야만 한다. 그리고 나서 보호자와 개의 과잉 애착을 확인한 후 개의 정신을 발달시켜 주어야 한다.
- 구체적인 치료는 행동 요법과 약물요법이 함께 이용된다. 행동요법으로는 탈감작요법중 한가지로 현관을 들어오거나 나가기를 반복하여 보호자의 외출에 익숙해지도록 만든다. 또한 외출을 할 때는 급히 서둘러 나가지 말고 5분 정도 천천히 느긋하게 조용히 나간다. 그 때 '집 잘 지켜' 등 말을 거는 것은 금물이다. 또한 텔레비전이나 라디오를 틀어 놓아 사람이 집에 있는지 없는지 잘 모르게 하는 등의 방법도 생각해 두면 좋다.
- 개가 특히 불안을 느끼는 최초 30분 동안은 먹을 것이나 장난감에 집중할 수 있게 해 준다. 예를 들어 인공 뼈에 먹이를 조금 묻힌 것을 준다. 인공 뼈에는 표면과 뼈 내부에 먹이를 붙인다. 그렇게 하면 개는 처음에 뼈 바깥에 붙어 있는 먹이에 집중한 후 그 다음에 뼈 속에 있는 먹이를 꺼내 먹으려고 하는데, 그렇게 하는 중에 피곤을 느껴 잠이 들 것이다.
- 분리불안에 걸린 개를 운반 가방이나 상자에 가두어 두면 더욱 불안을 느낄 수 있으므로 주의해야 한다. 약물 요법으로는 염산 클로미프라민(clomipramine, 항우

울제)을 투여하면 효과가 있다.

예방법

• 개의 신체적인 성장에 맞추어 정신도 함께 발달할 수 있도록 해야 한다. 그렇게 될 수 있도록 많은 애정을 기울어야 하는데, 개의 행동이나 욕구에는 반드시 보호자가 주도권을 가지고 대응해야 한다. 개가 어릴 때부터 행동 요법을 실시해 두는 것이 좋다.

[그림 5]

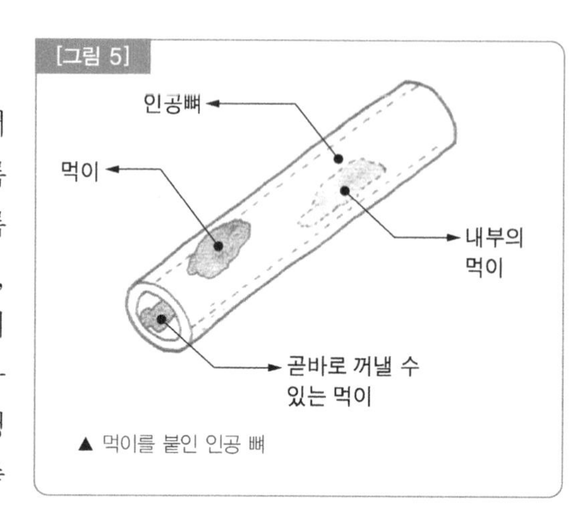

▲ 먹이를 붙인 인공 뼈

표2. 기타 문제 행동

문제 행동	예방법 · 길들이는 법	주의 사항 등
무는 버릇 옷이나 구두를 물어뜯거나 잡아 뜯는다. 특히 치아가 처음 생기거나 새로 생기는 어린 애견에게 자주 보인다.	· 물어뜯는 장난감을 준다. 애견이 삼키지 못할 것, 쉽게 부서지거나 찢어지지 않는 것이 좋다.	애견은 새것과 낡은 것을 구분하지 못하므로 낡은 구두나 옷을 주어 물어뜯게 하면 새것까지 물어뜯으려 한다.
이유 없이 짖는 버릇 보호자나 가족 이외의 사람이 가까이 왔을 때나 새로운 소리를 들으면 계속해서 짖는다. 보호자가 집에 돌아올 때 기쁨의 표시로 짖는다.	· 함께 놀러 나가거나 운동을 하여 욕구불만을 해소해 준다. · 어린 애견일 경우 익숙하지 않은 소리를 접하면 무서워하므로 소리가 어디에서 나오는지 보여주어 불안을 해소시켜 준다. · 어린 애견 때부터 인간에게 최대한 익숙해질 수 있게 한다.	못하게 하는 명령어는 가능한 짧고 쉬운 한 단어로 정한다.
싸움 대부분의 경우 같은 성의 개끼리 서로 짖고 달려들려고 한다.	· 적대심을 가진 개를 만나면 바로 머리를 딴 곳으로 돌리게 하고 눈이 마주치지 않게 한다.	목줄을 세게 당기면 더욱 흥분할 수도 있다.

문제 행동	예방법 · 길들이는 법	주의 사항 등
	· 다른 곳으로 관심을 쏟게 하기 위해 장난감 등을 보여준다. · 거세 · 불임수술 등을 해 준다.	
복종에 의한 배뇨 자기보다 상위의 애견이나 보호자를 만나면 소변을 흘린다.	· 상위의 애견이 지배적인 포즈를 취하는 상황을 만들지 않도록 한다. · 소변을 흘려도 무시한다.	복종에 의한 배뇨를 했을 때 꾸짖으면 더욱 두려워하여 증상이 악화된다.
훔쳐먹는다 가만히 둔 음식을 먹는다. 쓰레기통을 뒤진다.	· 먹을 것을 개 가까운 곳에 두지 않는다. · 쓰레기통의 뚜껑을 꼭 닫아 둔다.	훔쳐먹는 버릇이 있는 개는 식중독에 걸리거나 바이러스 및 세균 등에 감염될 가능성이 높다.
쫓아가는 행동 달리는 자전거나 자동차를 본능적으로 쫓아간다.	· 트레이닝을 충분히 시켜 보호자가 제지하는 명령어를 잘 듣게 한다.	본능적인 행동이므로 개가 다 자란 후에는 교정하기 힘들 경우가 많다. 평소 외출할 때에는 반드시 목줄을 사용하도록 한다
교미하는 듯한 행동 수컷이 발정기인 암컷을 만난 후에 흥분하여 보호자의 다리를 부둥켜안거나 물건을 덮치는 등의 행동을 보인다	· 거세한다(교미하는 듯한 행동은 남아 있으나 거세하였으므로 욕구 불만 증세는 거의 없다). · 욕구 불만을 해소시키기 위해 충분한 운동이 필요하다.	개가 어렸을 때 형제끼리 교미하는 듯한 행동을 보일 수도 있으나 이것은 자연스러운 행동이므로 걱정할 필요 없다.

제22장 외상 · 화상 · 열사병

애완동물에게 자주 일어나는 사고 및 상처

애완동물도 사람과 마찬가지로 일상생활에서 여러 가지 사고나 위험에 노출되어 있다. 이럴 때에 적절히 대응하여 애완동물에게 생길 위험을 덜어 주거나 생명을 구할 수 있다.

제22장 외상 · 화상 · 열사병

1절 애완동물에게 자주 발생하는 사고 및 외상

동물이 자주 겪게 되는 돌발 사고나 외상에는 '차에 치인다, 유리 조각에 발을 벤다, 뜨거운 물에 데어 화상을 입는다, 이물을 삼킨다, 여름에 일사병이나 열사병에 걸린다' 등을 들 수 있다.

이러한 위험에 대해 적절한 응급 처치에 대해 설명하고자 한다. 사고나 상처는 여러 가지 상황에서 일어나므로 상식에 맞게 대처하여야 한다.

평소부터 동물을 위험한 장소에서는 놀지 못하게 하고, 작은 공과 같이 동물이 쉽게 삼킬 수 있는 것은 주지 말아야 하며, 뜨거운 난로 옆에는 가까이 가지 못하게 하고, 여름에 밀폐된 차나 방에 방치 해 두지 않는 등 어린 아이에게 하는 것과 똑같은 주의를 기울여 사고나 위험을 예방하는 것이 최우선이다.

[그림 1]

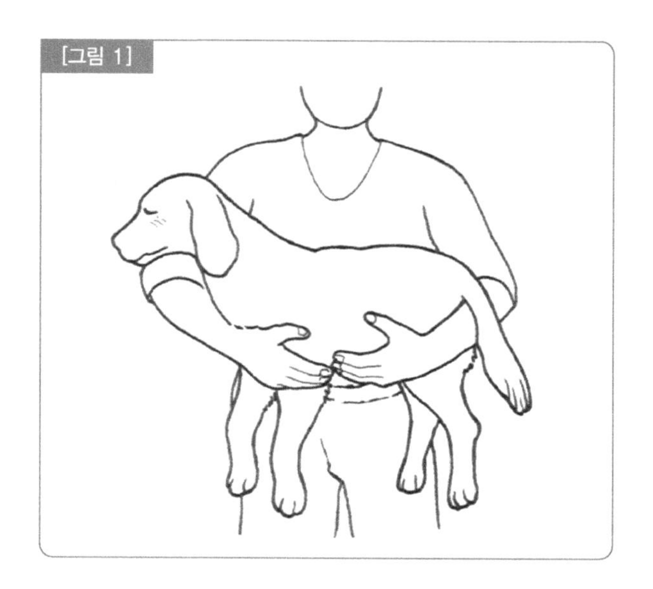

교통사고 대응 칼럼

동물이 교통사고를 당한 경우 대처방법에 대해 몇 가지 주의해야 할 점이 있다. 애완동물이 도로에서 쓰러졌을 때에는 우선 동물을 위험하지 않은 장소로 이동시킨다. 모포나 코트 등을 들 것 대신 사용하여 애견의 몸이 가능한 한 움직이지 않게 하여 운반한다.

이 때 동물은 통증과 쇼크 때문에 평소와 같은 상태가 아니다. 동물이 어릴 때부터 절대로 사람을 물지 않도록 엄하게 길들여져 있는 동물 이외에는 설령 보호자가라고 해도 몸에 닿으면 물어 버릴 위험이 있으므로 주의를 기울여야 한다. 애견의 입을 끈이나 스카프 등을 이용하여 간이 입마개을 만들어 채우는 것도 효과적이다(아래 그림 참조).

동물을 안전한 장소에 옮기고 나면 동물의 전신을 살펴보아 골절이나 출혈부위가 없는지 확인한다. 출혈이 있으면 수건 등을 대어 피를 멈추게 한다. 골절이 있으면 그 부분에 가능한 한 닿지 않도록 한다.

그 후 동물의 몸을 모포나 코트 등으로 싸서 차가워지지 않도록 하여 동물병원으로 데리고 간다. 사전에 전화로 연락해서 수의사가 대기할 수 있게 하면 좋다. 또한 동물의 호흡이 멈춘 경우에는 인공 호흡을 하는 것도 좋은 방법이다.

교통사고가 났을 때 동물이 곧바로 서서 아무렇지 않게 걸을 수 있다 해도 장기나 뇌에 손상을 입었을 수 있다. 특히 머리나 몸을 강하게 부딪쳤을 때에는 동물병원으로 데려가 전신을 검사해 보아야 한다.

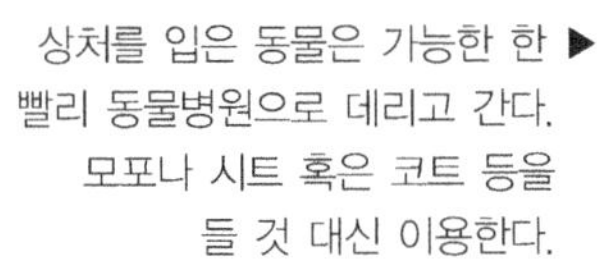

상처를 입은 동물은 가능한 한 ▶ 빨리 동물병원으로 데리고 간다. 모포나 시트 혹은 코트 등을 들 것 대신 이용한다.

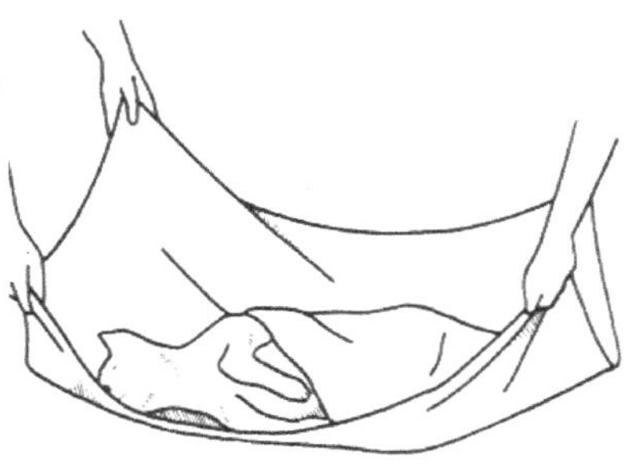

▲ 동물은 통증이나 흥분 때문에 사람을 물 위험이 있으므로 끈이나 수건을 사용하여 입을 막는다. 코 위쪽으로 한바퀴 돌려 교차하고(매듭은 짓지 않음) 머리 뒤쪽으로 확실하게 묶는다.

1 교통사고로 인한 외상

■ **동물은 자주 교통사고를 당하게 된다. 동물의 골절 원인 대부분이 교통사고이다.**

교통사고 때문에 생긴 상처에는 역상(바퀴에 치어 생긴 상처), 염좌, 골절, 탈구 그리고 타박에 의한 내장 출혈 및 내장 파열 등 여러 가지를 들 수 있다. 상처의 종류도 상처 난 부위도 한 두 군데가 아닌 경우가 많다.

또한 겉으로 보아서는 특별한 이상이 보이지 않아도 내장이나 뼈, 뇌 등에 손상을 입은 경우도 있으므로 확실하게 경상이라고 판단할 수 있는 경우를 제외하고는 동물병원으로 데리고 가 정밀 진단을 받는 것이 좋다(교통사고의 응급 처치에 대해서는 앞 페이지의 칼럼 참조. 골절과 탈구에 대해서는 '뼈와 관절 질환'을 참조).

증 상

- 동물이 골절이나 탈구를 입은 경우 설령 보호자가라고 해도 동물의 몸에 닿으면 통증이 매우 심하기 때문에 동물은 물기도 한다. 개방골절(골절된 뼈가 피부 바깥으로 나온 상태)로 출혈이 심한 경우를 제외하고는 30분~1시간 정도 안정을 취하게 하는 것도 좋은 방법이다. 그 후 동물병원으로 데리고 간다.
- 단 겉으로 보았을 때 상처가 보이지 않는다 해도 동물이 축 늘어져 있는 경우에는 즉시 병원으로 데리고 가야 한다. 잇몸 색깔이 청백색 혹은 백색으로 변했다면 체내에 현저한 출혈을 일으키고 있다는 증거다. 또한 코나 입에서 피가 나오는 경우에는 주로 폐출혈(거품이 있는 선홍색)이나 위출혈(암적색인 경우가 많음)이 의심되므로 주의해야 한다.
- 간장이 파열되어 뱃속에서 출혈이 일어나거나 방광이 파열되어 소변이 뱃속으로 쌓여 들어가면 치명적인 결과로 이어질 수 있다.
- 이러한 경우 병원에 데리고 가는 동안에 이미 호흡부전이나 순환부전 등을 일으켜 요독증을 일으켜 마취가 되지 않아 수술이 힘들어지기도 한다.

진단 · 치료

진단방법

- 동물병원에서는 동물의 상태에 맞추어 진정제를 투여하거나 마취시켜 X선검사를 하고 전신의 상태를 상세히 진단해야 한다. 예를 들어 언뜻 보면 염좌처럼 보이는 것이 실제로는 골절인 경우도 있다. 치료하기 전에 반드시 확인해야 한다.

치료방법

- 찰과상인 경우에는 과산화수소수나 초산화수로 소독한 후 항생물질 등을 투여하여 화농이 생기지 않도록 조치한다.
- 역상일 때는 상처가 피부 이외에도 인대나 근육, 뼈에까지 번진 경우도 있으므로 증상에 적합한 치료를 해야 한다.
- 특히 인대가 끊어지거나 근육이 떨어져 나간 경우 등 상처가 심할 때에는 상처 부위에 흙이나 배설물이 들어가 세균감염이 될 우려가 있다. 때문에 진정제를 투여하거나 마취시켜 신속히 치료한다.
- 동물에게 일어나는 골절의 가장 큰 원인은 교통사고이다. 골절의 종류도 단순골절, 복합골절, 개방골절, 경추나 요추골절과 같은 척추가 손상되는 중상 등 여러 가지이며 수술해서 완치가 가능한지 여부는 상태에 따라 다르다.
- 보호자는 그대로 두면 어떻게 되는지, 수술하면 완치될 수 있는지, 후유증은 어떤지에 대해 수의사에게 충분한 설명을 들은 후 어떻게 대응할 지 결정해야 한다(정보제공, informed consent). 이 때 냉정한 판단이 요구된다.

2 일상적인 외상

■ 동물끼리의 싸움이나 사고

동물끼리 싸우거나 유리 조각, 금속 조각에 베고 찔린 상처 등 동물에게 일어날 수 있는 일상적인 외상은 매우 많다. 외상의 정도에 따라 그 대응도 달라진다.

증 상

- 싸워서 생긴 상처는 찰과상이나 피하 출혈, 피부가 떨어져 나가는 정도에서부터 마취 상태에서 봉합 수술이 필요할 정도로 깊은 상처, 동맥이나 정맥이 잘려 피가 멎지 않는 정도에 이르기까지 매우 다양한다.
- 동물이 산책을 하다 유리나 금속 조각에 발이 찔려 상처가 생길 수도 있다. 특히 동물을 아무 데서나 놀게 하거나 밤에 산책을 나가면 이와 같은 일이 자주 일어나며 그래서 야간에 긴급수술을 하게 되는 경우도 종종 있다.
- 또한 동물이 높은 곳에서 떨어지다 나뭇가지나 땅에 떨어져 있는 금속물에 몸이 찔리는 사고도 있다.

응급처치

- 비교적 가벼운 상처라면 가정에서 응급처치(소독, 붕대 감기 등)를 한 후 동물병원으로 데리고 올 수 있다.
- 동맥이 끊어져 선홍색의 동맥혈이 멎지 않는 경우에는 그 상처보다 심장에 가까운 곳을 붕대 등으로 세게 매어 지혈시킨다. 암적색의 정맥혈이 멎지 않을 때는 상처 부분을 조금 세게 붕대로 감는다. 그 후 병원으로 데리고 간다.

진단 · 치료

진단방법

- 금속이나 유리 조각에 벤 상처는 파편이 체내로 들어갔을 수 있다. 금속 조각은 X선검사로 쉽게 찾아낼 수 있으나 유리 조각일 경우에는 확인이 어려우므로 주의를 요한다.

치료방법

- 상처의 정도에 따라 치료법이 달라진다. 가벼운 상처일 때는 소독한 후 항생물질을 투여한다. 상처가 큰 경우에는 마취한 후 봉합한다. 피부가 심하게 찢겨져 나간 경우에는 몸의 다른 부위에서 피부를 떼어 이식하는 수술이 필요하기도 하다. 가벼운 상처는 가정에서 치료할 수 있으나 상처가 깊거나 출혈이 심한 경우에는 동물병원에서 치료해야 한다. 평소에 진료 받고있는 병원의 진료 내용이나 치료 시간 등을 메모해 두어 돌발적인 사고에 대비해야 한다.
- 평소에 이러한 사고를 예방하기 위해서는 위험한 장소에서 동물이 놀지 못하게 해야 한다.

3 이물을 삼켰을 때

■ 낚시 바늘, 이쑤시개, 골프공

동물은 입에 넣은 것을 곧바로 삼키는 습성이 있어 그것이 목이나 식도, 장에서 걸리거나 막혀 문제를 일으킬 수 있다.

동물이 잘 삼키는 것으로는 딱딱한 고깃덩어리, 낚시바늘, 바늘, 이쑤시개, 탱탱볼이나 골프공, 과일의 씨앗, 작은 돌멩이, 생선뼈, 동전, 단추 등이 있다. 해외에서는 포크나 드라이버를 삼킨 예도 보고된 바 있다.

증 상

- 무엇을 삼켰는지 몸 속 어느 부위에 걸렸는지에 따라 증상이 다르다.
- 십이지장이나 소장에 이물이 걸린 경우에는 침, 구토, 복통 등의 증상이 나타난다. 그러나 위 속에 탱탱볼이나 과일 씨앗, 작은 돌멩이 등이 들어간 경우에는 병적인 증상이 전혀 나타나지 않는 경우도 있다. 다른 질환으로 진찰을 받던 중 X선검사를 했더니 이물이 발견된 경우도 종종 있다. 대표적인 예로 다음과 같은 것들을 들 수 있다.

고기 · 씨앗 · 생선뼈

- 포메라니언 등의 몸집이 작은 개는 고기나 식물의 씨앗을 삼켜 식도에 걸려 호흡곤란으로 청색증(青色症, cyanosis; 산소 부족 때문에 혀나 구강 점막, 잇몸이 파랗게 변한다)이나 부정맥 등을 일으키기도 한다.
- 또한 동물이 생선을 먹다 뼈가 치아 사이나 목구멍, 흉부 식도 등에 걸려 식도가 파열되기도 한다.

낚시바늘 · 바늘

- 동물이 제방이나 낚시터 근처에서 산책을 하다 땅에 떨어진 낚시바늘을 삼켜 낚시 바늘이 입술과 목구멍, 흉부 식도에 걸리는 경우가 있다.
- 특히 잉어 등을 잡을 때 사용하는 갈고리가 있는 침이 여러 개 달려 있는 낚시 바늘을 삼킨 경우에는 사태가 심각해진다.
- 동물이 가정에서 사용하는 바늘을 삼켜 버리는 경우도 종종 있다. 바늘에 실이 꿰어져 있으면 위까지 도달하기 전에 실이 어딘가에 먼저 걸릴 확률이 높으나 바늘만 삼킨 경우에는 위까지 도달한 경우가 많다.
- 낚시바늘이나 바늘이 입술이나 목구멍에 찔린 경우 동물은 통증을 호소하는 몸짓을 보이며 침을 흘린다. 흉부 식도에 이물이 걸린 경우에는 침, 호흡곤란, 청색증 등의 증상을 나타낸다. 토하려고 하지만 입에서는 아무 것도 나오지 않는다.

이쑤시개

- 이쑤시개를 삼켰을 때는 식도에 걸리지 않고 위까지 달하는 경우가 많다. 끝이 뾰족하기 때문에 막대가 위를 찌르거나 위를 관통하여 간장이나 폐, 심할 때는 심장을 찌르는 경우도 있다.

탱탱볼 등

- 탱탱볼은 잘 튀기 때문에 비글 등의 사냥개 계통견이 이것을 쫓아 가다가 삼키는 경우를 자주 볼 수 있다. 위 속에 여러 개가 들어 있는 경우도 있으며 작은 공이라서 십이지장에 걸려 장폐색을 일으키기도 한다. 몸집이 큰 동물은 골프공을 삼킨 사례도 있다.

작은 돌 · 모래

- 애견 중 드물지만 모래나 벽을 먹으려 하는 종류가 있다. 이식증(異食症, Pica, 이상한 것을 먹는 것)은 동물이 어릴 때의 미네랄 부족이 그 원인이라고 추측되고 있다. 이러한 동물은 작은 돌이나 모래를 삼켜 목구멍에 걸릴 수 있다. 또한 나이 든 동물이 치매에 걸려 벽을 핥다가 모래 등의 이물을 삼킬 수도 있다.

응급처치

- 삼킨 이물이 작고 동그란 형태라면 가정에서 사용하는 과산화수소수를 10배정도 희석하여 동물에게 마시게 할 수 있다. 마시는 양은 10~100cc 정도로 하고 동물의 크기에 따라 양을 조절한다. 토하려고 하는 경우도 있다.
- 보호자는 평소 동물이 항상 가지고 놀던 장난감(플라스틱 재질이나 고무 재질 등)이 없어지지는 않았는지 잘 관찰해야 한다.

발톱이 빠졌을 때

동물의 발톱이 빠지면 부위를 소독한 후 당분간 붕대를 감아 두면 치료된다. 그러나 세균이 감염될 우려가 있으므로 병원에서 확실한 치료를 받는 것이 좋다.

발톱이 빠지는 경우는 집안에서 기르는 동물, 특히 몸집이 작은 동물에게서 자주 보인다. 대부분의 경우 발톱이 너무 자라서 발톱이 빠지는 것이 대부분이다. 매일 적절하게 산책시켜 발톱이 자연스럽게 닳을 수 있도록 해야 한다. 앞발의 엄지발톱은 다른 발톱에 비해 잘 자라므로 수시로 확인하도록 한다.

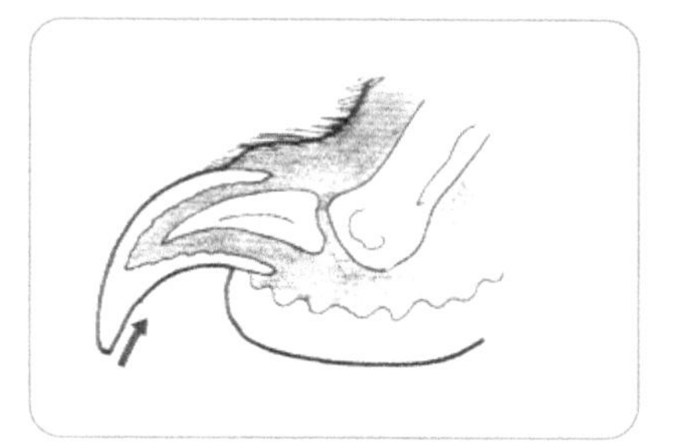

동물의 발톱 내부에는 혈관과 신경이 지나고 있다. 때문에 발톱을 자를 때는 끝 부분만을 조심스럽게 잘라 주어야 한다.

치료 · 예방

진단방법

- 동물이 무언가를 삼킨 것을 보호자가 발견하면 그 때 그 상황을 수의사에게 정확하게 알려야 한다. 수의사는 필요에 따라 X선검사를 시행하여 이물이 어디에 있는가를 확인한다.

치료방법

- 갈고리가 달려 있는 낚시바늘 등이 입술이나 입 속을 찌른 경우에는 낚시바늘 앞쪽을 잘라 내고 바늘을 빼낸다. 치아 사이에 낀 생선뼈는 겸자로 빼낼 수 있다.
- 또한 식도나 위 속에 있는 이물은 그것이 식도를 부드럽게 통과할 수 있는 형태라면 끝 부분에 기구를 단 내시경을 입으로 넣어 이물을 끄집어낸다.
- 그러나 낚시바늘이나 뼈조각과 같이 끝이 거칠거나 뾰족한 것은 그대로 꺼내면 꺼내는 과정에서 식도에 상처를 낼 우려가 있다.
- 이물이 식도 안에 있는 경우 동물을 마취시켜 흉부를 열어 식도를 절개하고 직접 꺼낸다. 위나 장 속에 있는 경우도 마취시켜 배를 절개하여 꺼낸다.

4 화상

■ 심각한 화상은 생명에 지장을 줄 수도

불, 뜨거운 물, 증기, 혹은 고온의 열을 받은 금속 등에 닿아 피부가 짓무르고 벗겨져 떨어져 나간 상처를 열증, 일반적으로는 화상이라고 한다.

화상은 여러 가지가 원인이 되어 생긴다. 동물이 교통사고를 당해 지면에 많이 쓸려 마찰로 인한 화상을 입거나 여름철 뜨거운 태양 아래서 아스팔트나 콘크리트 도로를 산책하다 발의 볼록살 부위에 화상을 입을 수 있으며 화학약품에 접촉하여 화상을 입을 수도 있다.

또한 호기심이 강한 어린 동물은 전기코드를 물어 감전되어 입술이나 잇몸에 화상을 입기도 한다. 또한 저온화상이라고 할 수 있는 드라이기 장시간 사용으로 화상을 입을 수 있다. 화재 등으로 연기를 흡입하여 기관이나 폐에 손상을 입는 경우도 화상으로 분류된다.

동물의 몸은 대부분이 수분으로 이루어져 있으며 뜨거워지기 쉬운 성질을 가지고 있다. 반면 일단 뜨거워지면 쉽게 식지 않기 때문에 화상을 입으면 곧바로 환부를 차갑게 해 주면 상처를 최소화할 수 있다.

증 상

- 화상의 증상은 일반적으로 다음 4단계로 나뉜다. 피부가 빨갛게 되는 정도를 1도, 피부가 빨갛게 부어 올라 수포가 생긴 상태를 2도, 피부가 벗겨진 상태를 3도, 그리고 피부 아래의 근육까지 미친 것을 4도라고 한다.
- 화상을 입은 부위가 눈이나 목이 아닌 몸 외부이며 면적이 넓지 않다면 조기에 적절히 처치하면 빨리 회복될 수 있다. 그러나 몸 외부의 화상이라도 범위가 넓다면 점점 심각한 증상을 보이며 감염증 등의 전신증상을 일으키기도 한다.

응급처치

- 동물이 화상을 입었을 때 그것이 몸 외부 화상으로 피부가 빨갛게 되고 털이 조금 벗겨진 정도라면 즉시 차가운 물로 차갑게 하거나 물에 적신 타월로 상처 위를 덮어 20~30분 정도 상태를 지켜본다(물이나 타월은 수시로 바꾸어 준다). 피부가 빨갛게 된 것이 어느 정도 완화되면 연고 등을 바른 후 붕대를 감는다.
- 그러나 피부가 벗겨지거나 물집이 생긴 경우에는 동물도 매우 심한 통증을 느낀다. 거즈나 탈지면을 냉수에 적셔 환부에 올려놓고 조속히 수의사에게 연락하여 지시를 받아야 한다.

- 겨울철에 자주 볼 수 있는 사고로 동물이 고온의 난로에 닿아 몸의 넓은 부위에 화상을 입는 경우가 있다. 이런 경우 역시 우선 차가운 물로 샤워시키는 등 몸을 차갑게 해 준 후 물에 적신 타월로 몸을 감싸 병원으로 데려가 수의사의 진료를 받아야 한다.
- 또한 화상을 입은 후 적절하고 충분한 처치를 하지 않으면 환부에 화농이 생기거나 괴사(조직이 죽어 검게 변함)될 수 있다. 이 경우에도 병원에서 적절한 처치를 받아야 한다. 여름철에는 병원에 데리고 온 동물의 환부에 파리 등의 벌레가 번식해 있는 경우도 있다.

치료 · 예방

진단방법

- 일반적으로 불이나 뜨거운 물 등에 갑자기 덴 화상은 육안으로 보아 곧바로 진단할 수 있다. 그러나 드라이기 등 때문에 생긴 저온 화상은 손상된 날로부터 2~3일 가량 지난 후에 피부에 변화가 생기므로 주의가 필요한다. 보호자의 보고에 따라 원인이 밝혀지기도 한다.

치료방법

- 가벼운 화상일 때는 응급 처치에서 서술한 바와 같이 우선 환부를 차갑게 하는 것이 치료의 제1단계이다. 그 다음에 환부는 저항력이 떨어진 상태이므로 세균감염을 예방하기 위하여 소독한 후 항생물질을 투여한다.
- 상처치료법으로는 환부를 건조시켜 치료하는 방법, 붕대를 감아 건조되지 않도록 하여 치료하는 방법 등 여러 가지가 있으며 손상의 정도나 범위에 따라 달라진다.
- 예를 들어 뜨거운 난로 위에 떨어져 전신에 3도 내지 4도의 심한 화상일 경우에는 신속히 집중 치료를 해야만 생명에 위험이 없다.
- 동물이 환부를 핥거나 긁어 상처가 악화될 수도 있으므로 환부가 완전히 치료될 때까지는 붕대를 감아 두는 것이 좋다.

5 열사병

■ **체온이 급격히 상승한다.**

개는 추위에 강하고 더위에는 약한 동물이다. 개는 땀샘이 없기 때문에 체온이 상승했을 때 인간처럼 땀을 흘려 체온을 떨어뜨릴 수 없다. 개는 입을 벌려 헐떡여 공기를 체내로 통하게 하여 체온을 조절한다.

때문에 온도가 높고 환기가 되지 않는 장소에 있거나 더운 날씨에 직사광선을 계속 쬐면 애견의 체온은 급격히 상승하여 40도를 넘어가고 떨어지지 않게 된다. 심한 운동으로 체온이 급상승한 때에도 같은 증상을 보일 수 있다.

이러한 고열 때문에 생기는 장애를 열사병, 햇빛에 의해 생기는 장애를 일사병이라고 한다. 즉시 개의 체온을 내리지 않으면 사망할 수도 있다.

비만한 개는 체지방이 많아 열을 잘 발산하지 못하여 열사병에 걸리기 쉬우므로 주의를 요한다.

또한 복서, 퍼그, 페키니즈, 불도그, 시추 등 주둥이가 짧은 개도 더위에 약하다. 이들 개는 다른 개에 비해 주둥이가 짧은 만큼 두부의 기도도 짧기 때문에 공기가 기도를 통과할 때 체온을 내리기가 다른 개에 비해 힘들기 때문이다.

증 상

- 햇볕이 강한 봄이나 여름 차 속이나 좁은 방에 동물을 가두어 두면 고온, 환기 불량 등 고온 악조건 속에서 동물의 체온은 순식간에 상승한다.
- 열사병 초기에는 심한 빈호흡(panting; 호흡을 헐떡거림)과 대량의 침을 흘리는 증상을 보이다. 또한 직장 체온이 40~41도로 상승하며 맥박이 빨라지고 입의 점막이 선홍색으로 물든다.
- 그대로 방치하면 피 섞인 구토, 설사, 경련을 일으키며 혈압이 저하되고 심장 박동 소리도 약해지며 호흡부전을 일으키게 된다. 결국 쇼크 증상을 보이고 의식이 점점 없어지며 안구가 이상하게 움직이다 사망에 이르게 된다.

응급처치

- 동물이 열사병 상태를 보이면 곧바로 바람이 잘 통하는 장소로 이동시키거나 그것이 불가능하다면 창문을 여는 등 충분한 환기가 필요하다.
- 다음으로 호스로 물을 뿌리거나 욕조에 담그거나 물에 적신 타월을 몸에 둘러 주어 체온을 내려야 한다. 입의 침을 닦아주어 호흡하기 쉽도록 해주고 동물이 물을 마시고 싶어하면 먹여 준다.

진단 · 치료

진단방법

- 기온이나 습도가 높은 날 동물이 갑자기 헐떡이기 시작하거나 체온이 급격히 상승하거나 쇼크 증상 및 심한 허혈 등의 증상을 보인다면 곧바로 열사병으로 진단한다.
- 혈액검사로 혈중 산염기평형이 무너진 것을 확인하여 진단할 수 있다.

치료방법

- 우선 동물의 체온을 내린다. 직장체온(항문에 체온계를 넣어 측정)이 39.5도 까지 내려가면 몸을 그만 식히고 쇼크 예방을 위해 수액을 주사하거나 황산 아트로핀(atropine)이나 코티손(cortisone) 등을 투여한다.
- 체온이 정상으로 돌아오면 안정을 되찾은 듯 보이지만 또 다시 체온이 상승하는 경우도 있으므로 동물의 상태를 주의깊게 살펴보아야 한다.
- 열사병과 함께 혈액이 혈관 내에서 응고하고 혈중 산염기평형이 깨지거나 혹은 뇌에 부종이 생기는 등의 증상이 보일 수 있으므로 이에 대한 치료도 한다.
- 일반적으로 열사병은 초기 증상 발생 이후 30분~1시간 이내에 적절히 치료하면 회복될 가능성이 높다고 한다.
- 그러나 숨을 헐떡이는 등 초기 증상이 나타난 이후 2~3시간이 경과하고 체온이 41도 이상 상승하며 피가 섞인 배변을 하는 단계에 이르면 치료를 해도 예후가 좋지 않은 경우가 많다.

저체온증

개의 정상적인 체온은 사람보다 1도 정도 높으며 대체로 38.5~39도 사이이다. 막 태어난 어린 개를 제외하고 개가 이보다 체온이 떨어져(37.8도 이하) 전신이나 수족이 떨리는 경우 아주 중대한 질환의 조짐이라고 생각해야 한다.

저체온은 일반적으로 열이 나는 경우보다도 위험한 상태이며 방치해 두면 생명이 위험한다. 이 경우에는 곧바로 따뜻한 장소로 이동시켜 따뜻한 것을 마시게 하거나 모포로 몸을 감싸주어 몸을 데우는 응급처치를 한 후 수의사의 진찰을 받아야 한다.

6 기타 긴급 사태

■ 감전 · 독사 · 두꺼비 독 · 벌에 쏘임

■ 감전

원 인

- 동물이 전기코드를 물거나 강풍에 끊어진 송전선에 접촉하는 등으로 인해 감전될 수 있다. 특히 호기심이 강한 어린 동물들이 전기코드를 잘 문다.

증상

- 감전되면 쇼크를 받아 몸이 경직되거나 심장이 멎을 수도 있다. 전선에 닿은 부위에 화상을 입는다.

응급처치 · 치료

- 우선 전원을 끊는다. 그것이 불가능할 때는 전기가 통하지 않는 나무나 플라스틱 봉을 이용하여 애견의 몸을 전선에서 멀리 떼어 놓는다. 호흡이 멈추었을 때는 동물의 혀를 손끝으로 당긴 후 가슴을 강하게 눌러 호흡을 유도한다. 곧바로 동물병원으로 데리고 간다. 감전 후에 회복된 것처럼 보여도 몇 시간 후에 쇼크를 일으킬 수 있으므로 반드시 수의사에게 진찰을 받아야 한다.

■ 독사에 물림

원 인

- 동물이 산이나 들판에서 놀다가 독사에 물릴 수 있다. 보호자가 그 현장을 목격하기가 힘들기 때문에 사후 동물의 상태를 보고서 독사에 물린 것을 알게 된다.

증상

- 독사에 물리면 흥분, 구토, 대량의 침, 거친 호흡, 경련, 맥박수 증가 등의 증상이 나타난다. 경우에 따라서는 사망하기도 한다. 물린 부위에는 출혈이 보이고 때로

는 뱀의 치아 자국이 나타나기도 한다.

응급처치 · 치료

• 동물은 통증 때문에 제대로 걷지 못한다. 그렇게 되면 독이 더욱 빨리 몸에 돌기 때문에 우선 동물이 움직이지 않게 해야 한다. 발을 물린 경우에는 바로 위 부분을 붕대 등으로 세게 묶어 독이 전신에 퍼지지 않도록 조치한다. 개는 인간보다는 살모사 독에 저항력이 있으며 사망하는 경우도 적은 듯하다. 그러나 매우 위험하므로 즉시 동물병원으로 데리고 가야 한다.

■ 두꺼비 독

원 인

• 두꺼비의 이하선(고막 뒤쪽에 돌출된 부분)에서는 강력한 독소가 분비된다. 동물이 이 부위를 핥거나 물면 독소가 입 점막을 통해 체내로 흡수된다.

증상

• 두꺼비 독소는 심장 이상을 일으켜 동물이 사망할 수도 있다.

응급처치 · 치료

• 동물이 두꺼비로 장난을 치거나 무는 것을 보는 즉시 두꺼비를 떼어놓아 동물의 입 속을 물로 세척한다. 곧바로 수의사에게 데리고 간다.

■ 벌에 쏘임

원 인

• 봄에서 여름 사이 벌들이 활동하는 시기에 동물이 쏘일 수 있다.

증상

• 쏘인 부위에 통증이 있고 가려우며 부어 오르기도 한다. 드물게는 심한 알러지 반응을 일으키는 동물도 있으며 그 경우에는 호흡곤란, 쇼크, 구토, 설사, 기절(혼수) 등의 증상을 보인다.

응급처치 · 치료

• 쏘인 후에 발열도 없고 평소와 같은 행동을 하는 경우에는 크게 걱정하지 않아도 된다. 쏘인 부분에 벌침이 남아 있으면 빼내고 암모니아 등의 항염증제를 바른다. 그러나 한 번에 많은 벌에 쏘이거나 동물이 심한 알러지 반응을 보일 때에는 즉시 동물병원으로 데리고 간다.

제23장 중 독

중독은 이렇게 일어난다

동물은 호기심이 많고 냄새 때문에 여러 가지 것을 입에 집어넣는다.
그러나 일반 가정에 있는 살충제나 세제, 가정에서 키우는 식물이 동물에게 유독하여 중독을 일으킬 수 있다.

제23장 중 독

1절 중독은 이렇게 일어난다

1 중독의 원인

중독이란 동물의 몸에 불필요하거나 유해한 물질이 체내에 들어가 생리적인 장애가 일어난 상태를 의미한다. 그러한 물질에는 식품, 약물, 액체 및 기체, 다른 동물 등 여러 가지가 있다.

약물중독은 실수로 마시거나 먹어서 일어난 것과 인위적으로 투여되어 일어난 것으로 나눌 수 있다.

전자의 예로는 자동차 라지에이터의 냉각액으로 사용되는 부동액이 있다. 부동액의 주성분은 에틸렌글리콜(ethylene glycol)이며 애견이 좋아하는 달콤한 맛이 난다. 때문에 낡은 차의 라지에이터에서 흘러나오는 부동액 등을 동물이 잘못 먹을 수 있으며 이 중독은 겨울철에 자주 일어나는 것으로 보고된다. 또한 후자의 예로는 대표적인 심장약인 디기탈리스(digitalis)로 인해 생기는 중독을 들 수 있다.

이들 물질을 실수로 혹은 고의로 먹게 되거나 투여하게 되면 개를 비롯한 동물은 중독을 일으키므로 충분한 주의가 필요하다.

2 중독을 일으켰을 때 주의점

중독을 일으킨 동물을 진단할 때에는 보호자의 보고가 매우 중요한 역할을 할 때가 많다.

그러나 보호자가 살충제를 투여했으면서도 그것을 보고하지 않거나 동물의 생활 환경 가까운 곳에 제초제를 살포했으면서도 그 사실을 보고하지 않는 경우도 많다.

또한 중독의 증상이 발생한 후 어느 정도 시간이 경과하였는지를 정확히 보고하지 않으면 진단을 그르칠 가능성도 있다. 따라서 있는 그대로를 보고하는 보호자의 보고가 중독에 대한 진단과 치료에 매우 중요하며 좋은 결과를 얻을 수 있다는 것을 명심해야 한다.

이번 장에서는 동물이 일상 생활에서 겪기 쉬운 중독에 관해 설명하고자 한다.

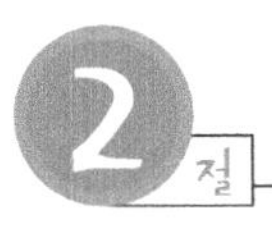

2절 음식이나 식물에 의한 중독

인간이 먹어서 중독을 일으키는 음식이라면 동물도 중독에 걸린다고 생각해야 한다. 감자의 싹(솔라닌), 복어독(테트로도톡신), 독버섯(아마니타톡신), 곰팡이류(마이코톡신, 아플라톡신) 등이 그 예이다.

동물이 이것들을 어떠한 형태로든 체내에 흡수하게 된 경우에는 중독을 일으키게 되고 그 중에는 치료방법이 전혀 없는 경우도 있으므로 충분한 주의를 요한다.

특히 개는 양파중독을 일으킬 수 있다. 또한 집 주위에 있는 식물을 먹어 중독을 일으킬 수도 있다. 마취목(馬醉木 ; 진달래 과의 상록관목으로 산과 들판에서 자생하며 가정에서 정원수로 재배하는 경우가 많다)이 대표적이다.

또한 아마릴리스, 수선화, 크로커스 등 알뿌리를 가진 알칼로이드계의 식물, 올리앤더(oleander ; 서양협죽도)나 은방울 꽃 등에 함유되어 심장에 작용하는 글리코시드 계열의 물질도 중독을 일으킨다.

1 양파중독

■ 전골, 튀김에 주의

개는 양파나 대파를 먹으면 중독을 일으킬 수 있다. 보호자가 이 야채들을 넣어 만든 전골, 국, 튀김 등을 주면 개는 용혈성 빈혈을 일으켜 여러 가지 증상을 보이다.

증 상

- 소변이 적포도주와 같은 색이 되고 빈혈, 황달을 나타내며 활기가 없고, 결막이 하얗게 되며 맥박이 빨라진다. 또한 설사, 구토를 하며 비장이 부어 오르는 등의 증상이 나타난다.
- 개의 체중 1kg 당 15~20g의 양파가 들어가면 중독이 생긴다고 알려져 있다. 별 증상이 나타나지 않는 개도 있다.

원 인

- 이것은 양파나 대파에 함유된 화학 물질(알릴프로필지설파이드) 때문에 적혈구 속에 있는 헤모글로빈이 산화되어 적혈구 내부에 하인츠소체(heinz body)라는 물질을 형성하는 것이 그 원인이다.
- 하인츠소체가 형성되면 적혈구는 혈중에 용해되거나(용혈) 비장 등의 장기에 붙어 파괴되므로 용혈성 빈혈이라 불리는 증상을 보인다.

진단 · 치료 · 예방

진단방법

- 증상을 확인하고 혈액도말검사를 통해 하인츠소체의 존재가 확인되면 양파중독으로 진단한다.

치료방법

- 개가 양파중독에 걸리면 적혈구가 없어져 생명이 위험할 수 있으므로 수혈이나 수액을 공급하여 증혈시켜 주어야 한다.

예방법

- 개는 전골 등의 음식을 보면 먹고 싶어한다고 아무 생각 없이 주는 것은 금물이다. 국물만 준다 해도 그 양이 많으면 중독을 일으킬 수 있다.

유독 식물

식물 중에는 동물이 먹으면 중독에 걸리는 식물이 있다. 인간은 꽃이나 나무를 감상하기만 하지만 동물은 식물을 먹을 수 있다. 동물이 어릴 때부터 위험한 식물을 입에 넣으면 즉시 빼앗고 떨어뜨려 먹지 않는 습관을 길러 주는 것이 중요한다. 또한 화단에 식물을 교체할 시기에 백합이나 수선화 등의 알뿌리를 방치해 두지 않도록 주의해야 한다.

정원이나 산과 들판에서 우리들이 자주 볼 수 있는 유독 식물(왼쪽)과 그것이 가진 주요 독물 명칭(오른쪽)을 소개한다(*표시가 되어 있는 것은 특히 위험하다).

글리코시드 계열의 독물을 함유한 식물

마취목	안드로메도톡신(andromedotoxin)
아마릴리스	안드로메도톡신
개꽈리	솔라닌
관상용레드후추	솔라닌
올리앤더*	넬리오드레인
디기탈리스*	디기톡신(digitoxin)
감자(싹)	솔라닌
석남화(石楠花)*	안드로메도톡신
은방울 꽃	콘바라톡신
아도니스*	아도닌
연꽃	안드로메도톡신
마취목	디기탈리스

알칼로이드 계열의 독물을 함유한 식물

주목*	탁신(taxine)
양귀비	몰핀
담배(잎)	니코틴
조선 나팔꽃	아트로핀(atropine)
투구꽃	아코니틴

기타 독물을 함유한 식물

소철 (씨앗)*	−
대황	수산
독버섯류	아마니타톡신
개아카시아	로빈
패랭이꽃	사포톡신

2 마취목중독

■ 산책 코스에 있는 마취목에 주의

전술한 바와 같이 마취목의 새순이나 껍질을 동물이 먹으면 중독된다. 양이 어느 정도여야 중독에 걸리는 지는 밝혀지지 않았다.

증 상

• 침을 흘리고 구토를 하며 휘청거리며 걷고 심장박동이 빨라지며 호흡곤란을 일으키는 등의 증상을 보인다.

원 인

• 마취목 씨앗은 마의 열매 정도의 크기로 다갈색을 띠고 있으며 방향이 있다. 이 식물의 잎이나 나무에는 유독 성분(안드로메도톡신 및 아세보비톡신)이 함유되어 있어 이것이 미주신경의 중추를 흥분 · 마비시켜 운동신경의 말단까지 마비시킨다.

치료 · 예방

치료방법

• 황산 아트로핀을 피하주사하거나 증상에 적합한 대증요법을 시행한다.

예방법

• 동물이 마취목을 물거나 싹, 껍질을 먹지 않도록 주의한다. 동물이 어릴 때부터 먹지 않는 습관을 길러 주는 것이 중요한다.

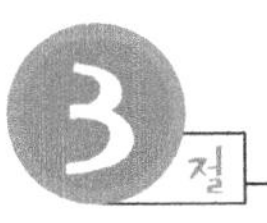

3절 약품 등에 의한 중독

1 살충제 중독

■ 약용제나 벼룩 잡는 개목걸이에 주의

우리 주위에 자주 보이는 모기나 파리, 개미, 민달팽이 등을 죽이는 살충제가 개에게 중독을 일으킬 수 있다. 또한 식물에 붙은 곰팡이나 세균을 죽이는 살충제(항생물질)가 원인이 되어 중독이 일어날 수도 있다. 여기에서는 보호자가 일상적으로 사용하는 많은 약용제와 벼룩 잡는 개목걸이 등 때문에 생기는 중독에 관해서 알아보고자 한다.

증 상

염소계 살충제 중독

• 개에 기생하는 진드기(개선충이나 모낭충 등)를 죽이기 위해 클로르덴(chlordane)이나 린덴(lindane)으로 대표되는 염소계 탄화수소를 함유한 살충제가 사용된다. 개가 이것을 핥아 중독에 걸릴 수 있다.

• 또한 이 약제는 약용제로서도 사용되고 있으므로 개의 피부로 흡수되거나 약용시에 개가 핥아 체내로 들어가게 된다. 약제의 농도가 높은 경우나 피부에 손상이 있는 경우에는 특히 주의가 필요한다(염소계 살충제는 최근에는 거의 사용되지

않고 있다).

증 상

- 개가 이 살충제를 다량으로 피부나 입을 통해 체내로 흡수 · 섭취한 경우에는 10~60분내에 중독증상이 나타나기 시작한다. 우선 불안한 태도를 보이게 되며 입에서 침을 흘리고 고개나 사지의 일부가 경련을 일으키며 입에서 거품이 나다 결국 전신이 경련을 일으키게 된다.

치 료

조치

- 침만 흘리는 상태에서 중독증상이라는 것을 알아내면 해독제로 황산 아트로핀을 투여함과 동시에 피부 세정을 한다.
- 이렇게 했는데도 경련 등이 나타나는 경우에는 진정제 및 마취제를 투여한다. 위를 세정한 후에 활성탄을 투여하는 방법도 자주 이용되는데 실제 효과는 확실치 않다.
- 또한 개의 체액을 정상 상태로 유지하기 위하여 장시간 동안 정맥 주사가 필요하다. 이러한 치료에서는 약제가 어느 정도 흡수되었는지 중독을 일으킨 지 얼마만큼의 시간이 흘렀는지 등이 개의 생사를 가르는 중요한 문제이다.

유기인계의 살충제 중독

- 유충, 진드기, 모낭충 등을 죽이기 위하여 유기인계의 살충제가 사용된다. 트리클로로폰(trichlorfon), 말라티온(malathion), 론넬, 팔라티온(palathion), 디클로로폰(dDVP), 다이아지논(diazinon) 등이 있으며 개가 이것을 입에 대면 중독에 걸릴 수 있다.
- 이 약제는 개의 벼룩잡는 개목걸이 등에 들어가 있다. 때문에 수의사가 처방한 벼룩잡는 개목걸이는 '극약지시' 로 분류되며 사용법 등에 대해 충분한 설명을 들은 후 사용해야 한다.
- 개미, 민달팽이, 단자충 등에는 카바메이트 계열의 살충제가 이용된다. 유기인계와 카바메이트계 두 가지의 장점을 뽑아 합제하기도 하며 수용제, 분사제, 분말제, 과립제 등 여러 가지 형태로 만들어지고 있다.
- 이 중 특히 과립 형태의 것은 사료에 익숙한 개가 잘못 알고 먹어 버릴 수 있으므로 충분한 주의가 필요하다.

2 취약 중독

■ 죽은 쥐를 먹어 중독에 걸린다

쥐를 잡는 용도로 쓰는 쥐약 중독은 고양이에게 많이 나타나는데 가끔씩 개도 이 중독이 걸린다. 주로 쥐약을 먹은 쥐를 고양이나 개가 먹어 2차적으로 중독 되는 경우가 많다.

쥐약에는 여러 가지 약제가 사용되는데 그 중에서도 와파린(warfarin), 탈륨(thallium), 메타알데히드(metaldehyde ; 민달팽이 구제제로도 사용됨) 등을 들 수 있다. 여기에서는 가장 일반적으로 사용되는 와파린과 메타알데히드에 대해 살펴보기로 하겠다.

증 상

- 이 살충제들을 다량으로 체내에 흡수하여 중독을 일으킨 동물은 침을 흘리고 장의 연동운동(장내의 음식물을 아래로 보내기 위하여 장이 수축과 이완을 반복하는 운동)이 빨라지며 혹은 설사, 운동장애, 근육경련, 호흡장애 등의 증상을 보이다.
- 중독이 심한 경우 동물은 산소가 부족하여 입술이나 혀가 파래지거나 하얘지는 청색증(cyanosis) 증상을 보이기도 한다. 또한 대소변을 지리거나 경련, 마비, 혼수 상태 진행 등의 증상이 나타나기도 한다.

치 료

- 유기인계의 살충제 중독은 그 화학 반응에 따라 혈중에 있는 콜린에스테라제라는 효소의 활동을 억제해서 생기는 중독이다. 콜린에스테라제는 뇌의 활동을 정상적으로 유지하는 중요한 역할을 한다.
- 때문에 그 중독을 일으킨 동물은 체내에서의 유기인계에 의한 화학반응을 멈추게 되므로 아트로핀이라는 약물을 투여하여 우선 중독에 대한 치료를 시행한다.
- 또한 근육 및 전신의 경련에 대해서는 팜(pAM)이라 일컫는 약제를 해독약으로 아트로핀과 병용한다.
- 단 팜은 유기인 중독 해독약이므로 카르바메이트계 살충제 중독에 팜을 쓰면 오히려 독성이 더 커지는 듯 하다.

와파린 중독

- 와파린은 체내에 들어가면 혈액응고작용을 한다. 일반적으로 먹이에 붙이거나 사료와 비슷한 고형제로 만들어져 사용된다. 쥐가 소량씩 여러 번 먹으면 혈액 응고

억제 작용 때문에 안저 출혈을 일으키고 그 때문에 밝은 곳으로 가서 사망하는 것이 특징이다.

- 만약 동물이 이 약제(혹은 이 약제를 먹은 쥐)를 여러 번 먹거나 한번에 다량으로 먹게 되면 중독을 일으킨다.

증상 · 원인

- 이 약제 때문에 비타민 K가 파괴되고 혈액을 응고시키는 능력이 없는 이상한 단백질이 간장 속에 쌓여 출혈이 생긴다.
- 개나 고양이는 체중 1kg 당 11mg을 5~15일 동안 입으로 섭취하면 사망한다. 또한 개는 체중 1kg당 한번에 섭취하는 양이 20~50mg인 경우 사망하고, 고양이는 체중 1kg당 한번에 섭취하는 양이 5~50mg을 한번에 섭취하면 사망한다.
- 와파린 중독에 걸리면 개의 혀나 구강 내의 점막은 치아노제를 일으키고 구강 점막 및 눈의 결막에 반점 상태의 출혈이 나타나고 또한 안저 출혈 증상도 보이다.
- 맥박과 호흡이 거칠고 빨라지며 활기가 없어진다. 대소변이나 구토 속에 피가 섞여 나오며 복부에 피하출혈이 발생하기도 한다.

치 료

- 중독을 일으킨 동물의 혈액을 모두 신선한 혈액으로 바꾸는 수혈이 가장 확실한 치료법이나 보존 혈액의 양이나 혈액형 문제에서 곤란한 경우가 많다.
- 초기 치료로는 10~50mg의 비타민 K_1을 근육 및 피하 또는 정맥에 주사로 투여한다. 이것은 최소한 5시간 정도 지속해 주어야 한다.
- 와파린을 먹은 것을 안 후 곧바로 치료를 하면 빠르게 회복될 수 있다. 그러나 체온이나 혈압이 저하되면 회복이 느려지고 죽을 수도 있다. 혈액응고시간 등을 측정하면서 그 후의 치료법을 생각해 낸 후 실행한다.

메타알데히드 중독

- 이 물질은 쥐약뿐만 아니라 달팽이, 민달팽이, 단자충 등의 구제제로도 널리 사용되고 있다. 일반적인 원예점에서는 액제, 과립제, 분무제 등으로 시판되고 있으며 토양이나 식물에 직접 살포한다.
- 이 약제 때문에 죽은 달팽이나 민달팽이가 잎 표면에 붙어 있는 것을 알아채지 못하고 먹거나 이것이 죽기 전에 들어간 먹이를 동물이 먹게 되면 중독이 일어난다.

증 상

- 처음에는 침 흘림, 운동 장애, 비정상적인 흥분, 근육 경련 등의 증상이 보이다. 그러나 이 약제가 체내에 들어간 후 1~2시간이 경과하면 동물은 서 있을 수 없게 되고 의식을 잃고 호흡곤란에 빠진다. 혈중 산소가 부족하여 청색증 등의 반응을 보이고 사망한다. 섭취량이 적은 경우에는 자연스럽게 회복될 수도 있다.

치 료

- 심한 근육경련이 일어난 경우에는 사이어미럴(thiamyral)이나 펜토바비톤(pentobarbitone) 등으로 전신마취시킨 후 위세정을 해 주어야 한다. 또한 포도당이나 하트만액 등을 장시간 동안 정맥에 점적해 줄 필요가 있다. 또한 호흡곤란이나 혈액순환 관리도 필요하다.

3 제초제 중독

■ 위험한 비소계, 페놀계 제초제

이것은 농약 중독의 일종이다. 제초제로서 이용되는 약품에는 피피리지니움계, 트리아계, 요소계, 유기비소계 , 페놀계 등이 있으며 종류에 따라서는 개나 고양이 등의 동물에게 강한 독성을 나타낸다. 제초제에 중독된 걸린 개나 고양이를 자주 볼 수 있다. 제초제가 살포된 곳을 걸은 동물이 자신의 다리나 몸의 표면에 붙은 것을 핥아 중독 된다.

증 상

- 제초제가 동물의 체내에 들어가면 위나 장에 강한 자극을 주어 구토나 복통 및 피가 섞인 설사 증세를 보이다. 그 결과 동물은 탈수 증상을 일으켜 쇠약해지고 때에 따라서는 호흡부전 , 순환부전에 빠져 사망할 수도 있다.

원 인

- 비소가 함유된 제초제를 개가 핥으면 비소는 소화관으로 흡수되고, 만약 피부에 묻으면 피부를 통해 직접 체내로 흡수된다. 비소는 구연산 산화효소 포스파타아제(phosphatase) 등의 활성을 방해해 조직의 기능을 억제한다. 그리고 페놀은 단백질을 응고시켜 세포를 파괴시키기 때문에 신경이 파괴된다.

치료 · 예방

치료방법

• 비소중독이 걸린 경우 보통 BAL(dimercaprol)을 4~5시간마다 투여한다. 이 약은 체내의 비소를 제거하는 기능을 가지고 있다. 그리고 수액(체액의 보급)이 필요한다. 호흡, 맥박, 혈압, 체온 등에 항상 주의를 기울여 혈액과 소변의 상태를 확인하면서 3~5일 정도 집중적으로 치료해야 한다. 다른 제초제일 경우에도 동일한 치료를 실시하며, 또한 황산 아트로핀이나 팜 등의 유기인계 해독제 등의 사용도 고려한다.

예방법

• 산책길에 잡초 등의 일부가 말라 있는 장소가 있을 경우에는 제초제 살포가 의심되므로 동물이 그러한 곳에 들어가지 못하도록 주의를 기울인다.

4 중금속 중독

■ **중금속이 애견의 체내로 들어간 경우 중대한 사태가 일어날 가능성이 높다.**
문제가 되는 중금속의 예로는 납, 철, 수은, 안티몬(antimony)제, 비소, 훅화물, 인, 탈륨 등을 들 수 있다. 이 중 쥐약이나 살충제, 제초제 등에 함유된 비소, 훅화물, 인 화합물 등은 대부분 제조 혹은 사용이 드문 편이지만 지속적인 주의가 필요하다(비소에 대해서는 제초제 항목을 참조).

납중독

• 흔히 볼 수 있는 제품 중 납이 사용되고 있는 것으로는 낡은 페인트, 배터리, 납땜, 리놀륨(바닥재), 외장재 등을 들 수 있다. 그리고 특이한 것으로는 수렵용의 산탄 총의 총알도 있다. 사냥꾼의 오발로 총탄이 개의 체내에 남아 있거나, 체내에 총탄이 들어가 있는 새나 짐승을 먹어서 위 속에 납으로 된 총알이 남아 있는 경우, 조금씩 납이 녹아 납중독을 일으킬 수도 있다.

증 상

• 납중독의 증상은 소화기계와 신경계에서 나타난다. 복통, 구토, 설사를 비롯 간질과 같은 경련 발작이 반복적으로 일어난다. 혈액검사를 하면 빈혈, 유핵 적혈구

출현, 호염기구의 출현 등이 확인된다. X선검사를 해 보면 체내에 납이 관찰되는 경우가 가끔 있는데 오랜 기간 동안 납에 노출되었을 경우에는 대퇴골 등 장골의 성장선 상에 비정상적인 그림자가 보이는 경우도 있다.

치료 · 예방

치료방법

- 납이 소화기나 근육 혹은 지방 조직의 내부에 들어가 있다는 것이 확인되면 수술 등을 통해 제거하는 것이 가장 적절한 방법이다. 그리고 혈액에 큰 이상이 보여지거나 경련 등 신경 증상이 심한 경우에는 EDTA 칼슘제를 처방하여 납을 체외에 배출시키도록 한다. 칼슘제는 5%의 포도당으로 용해하여 1dl당 1g 이하의 농도로 하여 정맥주사로 투여한다. 이 치료로 혈액이 정상으로 돌아가는 것이 확인되거나 경련이 안정되어 가면 서서히 치료를 멈춘다.

예방법

- 애견의 생활 환경 속에 낡은 배터리나 페인트, 리놀륨 등 중금속 중독의 원인이 되는 것을 방치해 두지 않도록 한다.

중독을 일으켰을 때 응급 처치

가정에서도 잘못 먹거나 피부에 닿았을 때 중독을 일으킬 우려가 있는 것은 매우 많다. 살충제, 세제, 페인트, 용제, 신나, 건전지, 가솔린, 가구광택제 등이 그것이다. 이런 것들로 인해 중독을 일으킨 경우 보호자가 할 수 있는 응급 처치를 살펴보겠다.

① 동물이 중독을 일으킬 우려가 있는 물질을 먹거나 물질에 피부가 닿았을 경우 그 제품의 라벨에 응급 처치에 대한 설명이 있으면 그에 따른 설명이 없는 경우는 그 물질의 종류에 따라 처치를 실시한다.

산, 알칼리, 석유화학제품인 경우

먹었을 경우 억지로 토하게 해서는 안 된다. 피부에 묻었을 경우에는 조심스럽게 물로 흘려 씻어 낸다.

기타 물질의 경우

먹었을 때에는 토하게 하는 약을 사용해 토하게 한다. 토하게 하는 약으로는 과산화수소수(옥시돌. 스푼으로 1~2잔을 토할 때까지 준다), 진한 소금물 등을 사용한다. 그 후 우유나 물, 활성탄 등을 먹인다.

피부에 묻었을 때는 물로 흘려 씻어 낸다.

② 동물을 서둘러 동물병원에 데리고 간다. 그 때 개가 마시거나 접한 것의 용기나 상자를 지참해 수의사가 재빠르고 올바른 조치를 취할 수 있도록 한다.

단 토하게 하는 약 등은 평소부터 준비해야 하며 처치에 익숙하지 않으면 적절한 행동을 취할 수 없다. 중독 치료는 일분 일초가 중요하므로 무리해서 가정 응급 처치를 실시하려고 시간을 소비하는 것보다는 서둘러 동물 병원에 데리고 가는 편이 현명하다.

애견을 위한 상비약과 구급함

애견이 상처를 입거나 갑자기 병에 걸렸을 때를 위해 사람용과는 별도로 상비약 등을 넣어 구급함을 준비해 두면 좋다.

벤 상처 등을 소독할 때에는 사람용 소독약을 사용할 수 있다. 그러나 그 외의 약은 수의사에게 상담하여 동물 용 약을 준비해 두는 것이 좋다. 실제로 동물병원에서도 항생물질, 스테로이드약(항염증약) 등 여러 가지 사람의 약이 동물 치료용으로 처방되고 있으나 설령 사람용 약이라고 해도 투약 양이나 투여 간격을 동물의 체질 및 체중에 맞추는 등 처방법이 다르다.

상비약으로 준비해 둘 것은 소독 · 살균약, 안약, 귀약, 구충제, 피부용 연고, 정장제, 변비약, 지사제 등이 있다. 구급함 속에는 체온계, 앞이 편평한 안전한 핀셋과 가위, 동물용 손톱깎이, 탈지면, 거즈, 붕대, 면봉, 크고 작은 타월 및 비닐 봉투 등도 준비 해 두면 유사시에 적절하게 사용할 수 있다.

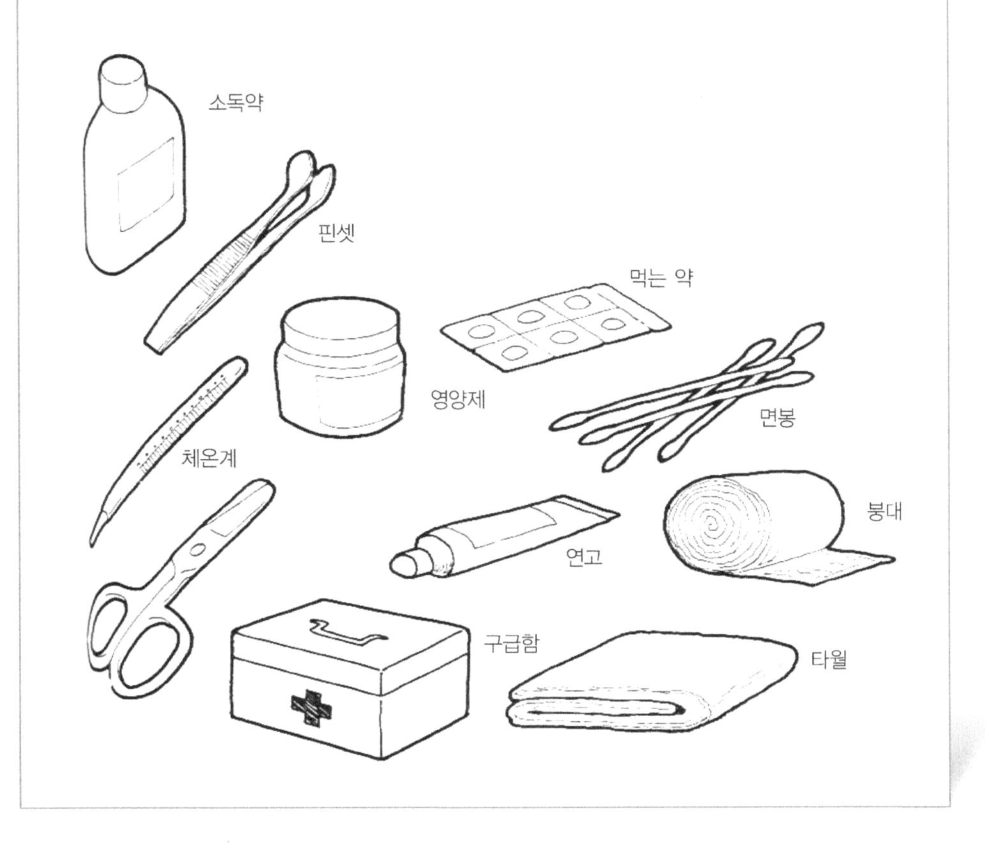

제24장 애완동물 질환의 검사

사람은 건강진단이나 각종 검사 등으로 여러 가지 검사를 경험한다.
동물도 역시 몇 가지 방법으로 몸의 상태를 검사할 수 있으며 소량의 혈액이나 대소변으로 각종 질환을 밝혀낼 수 있다.
임상 검사는 자신이 아프다는 것을 말로 할 수 있는 사람보다 말을 할 수 없는 동물에게 더욱 중요할 지도 모른다.

제24장 애완동물 질환의 검사

소변검사

소변검사는 소변의 성분으로 동물의 신체 이상을 밝히는 검사이다. 신장을 비롯하여 신체 어느 부위에 이상이 있으면 체내에 불필요한 것이 소변과 함께 배설되지 않거나 배설되지 않아야 할 것이 소변과 함께 나오기도 한다. 소변의 색깔이나 양, 배설 횟수 등에 이상이 있는 경우에 소변검사를 실시한다.

검사에 사용되는 소변은 일반적으로는 자연 배뇨 중의 중간 소변을 채취하나, 경우에 따라 요도카테터(도뇨관(導尿管), 요도에 얇은 관을 통과시켜 소변을 흡입함), 혹은 방광천자(체외에서 방광에 주사를 찔러 소변을 흡입함)로 채취한 소변을 사용하기도 한다.

1 요비중 검사

1. 목적

- 소변의 비중을 측정하여 소변의 농도 및 신장 기능 장애 여부를 알아보는 검사이다.

2. 방법

- 요의 비중을 측정하는 계량 눈금이 있는 굴절계를 이용한다.

3. 검사결과

- 정상적인 요비중은 1.015~1.045이다. 심부전이나 당뇨병인 경우에는 소변

이 과잉 농축되어 정상치보다 높게 나타난다. 만성 신염이나 자궁축농증, 요붕증인 경우에는 신장의 소변을 농축하는 능력이 저하되어 정상치보다 낮게 나타난다.

2 요단백 검사

1. 목적

- 소변 중에 단백 유무로 신장이나 요도의 이상을 알아보는 검사이다.

2. 방법

- 요검사 스틱을 소변 속에 넣어 변색 상태에 따라 판정한다.

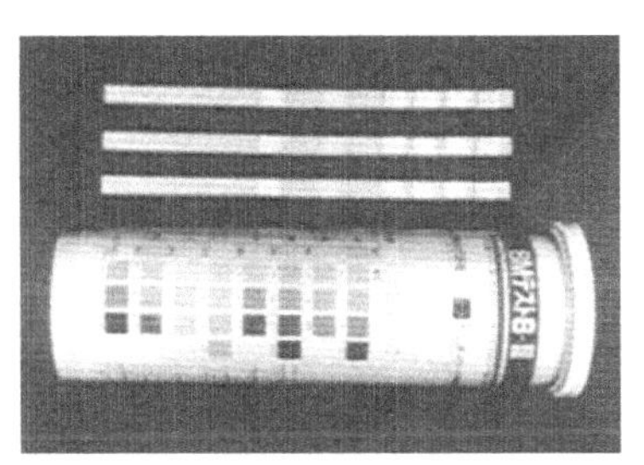

▲ 요검사 스틱. 단백 양의 차이가 색의 변화로 나타난다.

3. 검사결과

- 심한 운동 후 등에는 생리적 단백뇨가 나올 수도 있다. 질환의 징후를 나타내는 단백뇨는 다음과 같습니다.
  ① 신전성 단백뇨 – 울혈성심부전, 복강내 종양, 복수 등 때문에 이차적으로 발생한 신장 장애 때문에 생긴 단백뇨이다.
  ② 신성단백뇨 – 사구체신염, 간질성 신염, 신증후군 등 신장 질환에서 나타나는 단백뇨이다.
  ③ 신후성 단백뇨 – 요관, 방광, 요도 등의 출혈이나 염증에 걸린 단백뇨이다.

3 요당 검사

1. 목적

- 당뇨병을 진단하기 위한 검사이다.

2. 방법

- 요검사 스틱을 소변 속에 넣어 변색 상태에 따라 판정한다.

3. 검사결과

- 정상적인 동물인 경우 당은 신장의 사구체로 여과된 후 세뇨관에서 재흡수되므로 소변 속에서는 나오지 않는다. 그러나 일반적으로 혈당치가 180(단위는 1dl 중의 mg수=mg/dl) 이상이면 소변 중 당이 검출된다. 당뇨가 검출되면 혈당치도 측정한다.
- 고혈당 당뇨는 진성 당뇨증, 급성 수염, 부신피질기능항진증(쿠싱증후군)인 경우 나타나며 정상적인 혈당치에서 나오는 당뇨는 속발성 신성 당뇨증 및 선천성 신장증일 때 나타난다.

4 요 잠혈 반응 검사

1. 목적

- 소변 속의 적혈구를 검출하여 요도의 이상을 확인하는 검사이다.

2. 방법

- 소변 속에 요검사 스틱을 넣어 판정한다. 요검사 스틱은 예민하여 눈에 보이는 혈뇨 및 혈색소뿐만 아니라 극히 소량의 잠혈뇨로도 감지 가능하다.

3. 검사결과

- 적혈구가 파괴되지 않고 소변에 들어 있는 것을 혈뇨라 하며 적혈구가 파괴되어 그 결과 유리된 혈색소가 소변 속으로 잠입한 것을 혈색소뇨라 한다. 혈뇨는 방광염, 요도염, 요도결석, 전립선염, 신염이 걸렸을 때에 나타난다. 또한 혈색소뇨는 렙토스피라증 및 양파중독에서 나타난다.

5 빌리루빈뇨

1. 목적

- 황달의 조기 발견에 도움이 되는 검사이다.

2. 방법

• 요검사 스틱을 소변 속에 넣어 판정한다.

3. 검사결과

• 간장 및 담즙계 장애가 있으면 혈액중의 빌리루빈이라 불리는 물질이 증가(고빌리루빈혈증)하여 소변으로 빌리루빈이 배출된다. 이러한 빌리루빈뇨는 고빌리루빈 혈증 및 황달증상으로 이어지므로 황달의 조기 발견에 도움이 된다.

[표 1] 건강한 개의 소변

검사 항목	정상 소견	검사 항목	정상 소견
양	28~47ml/kg/일	잠혈	±
색	황색	적혈구	0~5(1시야 중)
혼탁도	투명	백혈구	0~5(1시야 중)
비중	1.015~1.045	상피 세포	가끔 섞임
pH	1.5~8.5	원주(円柱)	거의 보이지 않음
단백	(-) ~ ±	지방적	거의 없음
당	(-)	결정	(-)
케톤(ketone) 체	(-)	세균	(-)
빌리루빈(bilirubin)	±		

6 요침사(尿沈渣) 검사

1. 목적

• 요단백 및 요잠혈 등을 알아보기 위해 소변검사로 이상이 있을 때 소변 속의 침전물(침사)을 현미경으로 보는 검사이다.

2. 방법

• 신선한 소변을 원심관에 넣어 원심분리기를 거친 후 침사를 현미경으로 관찰한다.

3. 검사결과

- 정상 소변은 원심분리기에 의한 침사량은 극히 적은 량이며 검출되는 침사는 소수의 백혈구와 상피세포 등이다. 이에 반해 질환이 요도 결석인 경우에는 적혈구가 많이 관찰되며 요도감염증인 경우에는 백혈구가, 또한 신염인 경우에는 원주상의 세포 덩어리가 다수 관찰된다. 방광에 종양이 있을 때는 종양세포가 검출되기도 한다.

2절 분변검사

동물의 분변검사는 소화관의 염증이나 이상 또는 장내 기생충 여부를 확인할 수 있는 검사이다.

검사에 사용되는 분변은 자연스럽게 배설된 변 혹은 장내에 있는 분변을 채변막대나 손가락을 사용하여 채취한 것을 사용한다.

먼저 육안으로 검사한다. 색, 냄새, 모양 등을 확인한다. 또한 분변 속에 이물(목재, 비닐, 털 등)이 있는지 여부도 확인한다. 때때로 분변 속에 장내 기생충(회충, 조충)이 확인되는 경우도 있다.

1 빌리루빈과 유로빌린(urobilin)체의 검사

1. 목적

- 분변 속에 빌리루빈과 유로빌린체의 유무에 따라 황달이 발생하고 있는지 여부를 확인하는 검사이다.

2. 방법

- 빌리루빈의 유무는 분변을 물에 녹인 것을 그멜린(gmelin) 시약 위에 떨어뜨려 판정한다. 유로빌린체는 엄지 윗부분 크기 정도의 분변을 슐레신저(schlesinger) 시약 5ml에 잘 녹여 5분 후 여과지에 여과시켜 색으로 판정을

한다.

3. 검사결과

- 정상일 때 장관 내에 배설된 빌리루빈은 장내 세균으로 환원되어 유로빌린체로 변하므로 빌리루빈은 마이너스(−)가 되고 유로빌린체는 플러스(+)로 변한다.
- 그러나 용혈성 황달인 경우에는 빌리루빈과 유로빌린체 모두가 증가한다. 또한 간성 황달인 경우에는 담즙의 분비가 줄고 유로빌린체도(±)가 된다. 폐색성 황달인 경우에는 담즙 배설이 감소 혹은 소실되어 유로빌린체도 (±)~(−)가 된다.

2 기생충검사

1. 목적

- 분변 속의 기생충 및 알을 통해 기생충 감염 여부를 판정하는 검사이다.

[그림 1] 분변 검사로 발견되는 것

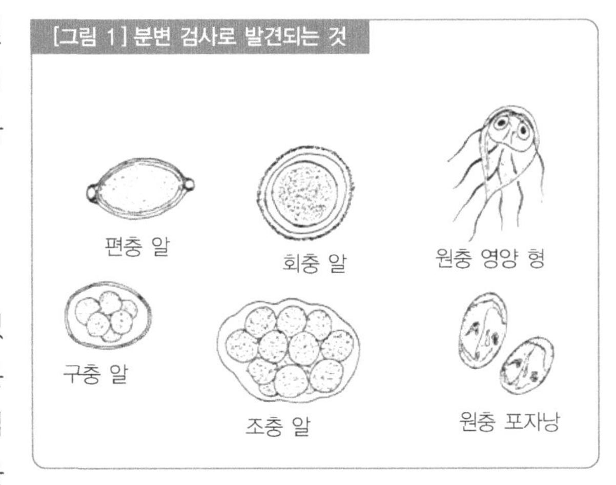

2. 방법

- 직접법과 집란법이 있으며 둘 다 신선한 분변을 검사한다. 직접법은 문자 그대로 변을 직접 현미경으로 보는 방법이다. 집란법에는 부유법과 침전법이 있다.
- 부유법은 비중이 큰 시약(액체)에 분변을 녹여 비중이 가벼운 충란 등을 띄워 현미경으로 검사한다. 침전법은 충란을 용액 속에 침전시켜 검출하는 방법이다.

3. 검사결과

- 직접법으로는 장 트리코모나스 및 지알디아(giardia, 편모충)의 영양형을 검출할 수 있다. 부유법으로는 구충, 편충, 회충 등 선충란 및 일부 조충란, 이

소스포라(isospora) 및 톡소플라즈마(toxoplasma) 등 원충 포자낭(몸의 표면에 튼튼한 막을 분비하여 활동 휴지 상태에 들어간 것), 낭포체(oocyst, 접합체)가 검출된다. 침전법으로는 비중이 무거운 흡충, 조충, 분선충의 충란과 유충이 검출된다(그림 1).

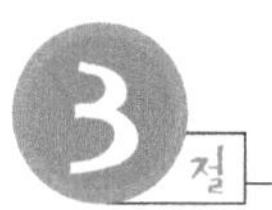

혈액검사

동물의 질환을 진단하는 임상검사 중에서 가장 중요한 검사이다. 혈액은 전신을 순환하고 있기 때문에 몸의 어딘가에 이상이 생기면 혈액의 성분도 영향을 받게 된다.

혈액검사에는 적혈구 및 백혈구를 확인하는 일반 혈액검사와 간장 및 신장 등 장기의 움직임을 확인하는 생화학검사가 있다. 동물의 증상에 알맞게 검사 항목을 구성하여 시행한다.

1 일반 혈액검사(CBC)

1. 목적

- 적혈구, 백혈구 및 혈소판을 확인하는 검사이다.

2. 방법

- 혈구계산판을 사용하는 방법과 동물용 자동 혈구계산기를 이용하는 방법이 있다.

3. 검사결과

① 적혈구수(RBC)

- 정상 개의 1입방mm 중 적혈구수는 55만~85만이다. 설사, 구토, 다뇨로 탈수를 일으킨 경우에는 적혈구수가 증가하는 한편, 빈혈인 경우에는 적혈구수가 감소된다.

② 백혈구수(wBC)

- 정상 개의 1입방mm 중 백혈구 수는 6,000~17,000이다. 스트레스, 감염, 체내 이물, 염증, 백혈병 등인 경우에는 백혈구 수가 증가되는 한편, 비타민 결핍, 방사선 영향, 바이러스감염증(파보바이러스성 장염) 등인 경우에는 백혈구가 감소한다.

③ 헤마토크리트(hematocrit ; ht)

- 혈액의 농도(농축도)이다. 혈액을 혈구성분과 액체성분으로 나누었을 때 적혈구의 용적이 몇 %인가를 나타낸다. 정상 개는 37~54%이다. 헤마토크리트 수치가 상승한 경우에는 탈수증을 나타내며, 하강한 경우는 빈혈을 나타낸다.

④ 헤모글로빈(혈색소=Hb)

- 헤모글로빈은 적혈구에 함유된 혈색소가 산소를 운반하는 데 중요한 역할을 한다. 정상 개의 헤모글로빈 수치는 12~18(단위는 1dl 중 g 수 =g/dl)이다. 이 수치가 높은 경우에는 탈수 증상을 보이고 낮은 경우에는 빈혈 증상을 보이다.

⑤ 혈소판

- 혈소판은 지혈작용을 한다. 정상 개는 1입방mm 당 20만~40만개이다. 혈소판은 외상 등으로 출혈이 생긴 경우 혈액을 응고시키는 역할을 하므로 혈소판이 감소하면 출혈이 잦아지기 쉽고 점막 및 피부에 반점 모양 출혈이 보인다.

⑥ 혈액상

- 백혈구 종류(분획)의 증감에 따라 질환을 진단하는 검사이다. 동물의 체내에 세균이나 이물이 침입하면 혈액 중의 백혈구가 증가한다. 백혈구는 상세하게 호중구, 호산구, 호염기구, 단핵구, 림프구로 나뉜다(표 2 참조).
- 이 5가지의 비율을 분획으로 나타낸 것을 백혈구 백분율(혈액상)이라 하며 백혈구 100개 속에 각 종류의 백혈구가 차지하는 비율을 %로 나타낸다(표 3 참조).

[표 2] 혈구의 종류

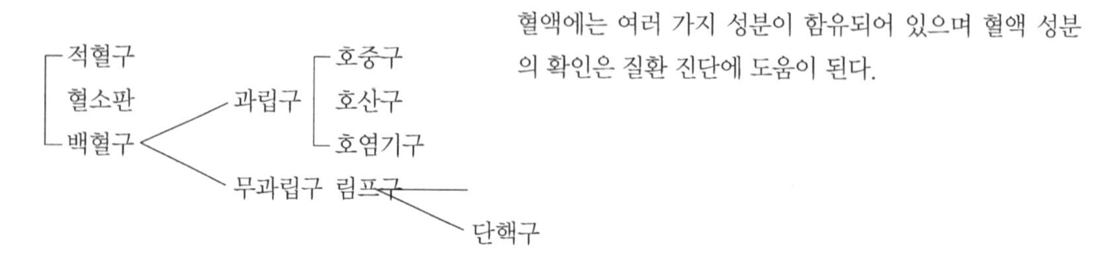

혈액에는 여러 가지 성분이 함유되어 있으며 혈액 성분의 확인은 질환 진단에 도움이 된다.

[표 3] 백혈구의 혈액상 검사결과 진단

	정상	증가한 경우 예측할 수 있는 질환	감소한 경우 예측할 수 있는 질환
호중구	60~80%	요독증, 당뇨병, 납 · 수은 중독	골수질환, 바이러스감염증
림프구	12~30% 감염증,	림프성백혈병, 갑상선기능항진증, 만성 개 전염성간염 등 바이러스 감염증 (기타 스테로이드약 주사)	디스템퍼(distemper) 및
단핵구	3~9%	만성 질환, 단핵구성백혈병	급성 감염증
호산구	2~10%	기생충 감염, 알러지 질환	스트레스, 쿠싱증후군
호염기구	거의 없음	특별히 없음	특별히 없음

2 혈액의 생화학검사

1. 목적

- 생화학검사로 간장, 신장, 췌장 등의 움직임을 확인한다.

2. 방법

- 현재로서는 동물전용 검사기계가 개발되어 소량의 혈액으로도 각종 검사를 할 수 있다.

3. 검사결과

① 총빌리루빈(T-Bil)

- 정상 개의 수치는 0.1~0.6(단위는 dl 중 mg 수=mg/dl)이다. 혈청 빌리루빈 수치가 비정상적으로 높으면 피부나 점막에 황달이 나타난다.

② 혈장 총단백(토탈 프로틴=TP)

- 혈장 총단백은 거의 알부민과 글로블린으로 이루어져 있다. 정상 개의 수치는 6~8(단위는 1dl 중 g수=g/dl)이다. 설사나 구토로 인한 탈수, 만성 간장 질환, 림프육종 등인 경우에는 이 수치가 높아진다(고단백혈증).
- 한편 식이 섭취량이 부족하거나 신장장애(신질환) 등으로 단백손실이 일어난 경우나 출혈, 화상, 복수 등인 경우에는 이 수치가 낮아진다(저단백혈증).

③ 혈당치(glu)

- 정상 개의 혈당치는 60~110이다. 식후나 마취시 일시적으로 고혈당이 될 수도 있다. 그러나 당뇨병, 갑상선기능항진증, 부신피질기능항진증(쿠싱증후군) 등에 걸린 경우에는 지속성 고혈당이 나타난다. 또한 저혈당은 인슐린 과잉 투여, 췌장질환, 갑상선기능저하증 등일 때에 나타나기도 한다.

④ 혈중 요소질소(BUN)

- 요소질소는 신장의 사구체로 여과되어 소변을 통해 배설된다. 때문에 신장의 배설기능이 악화되면 혈중요소질소의 농도가 높아진다. 정상 개의 수치는 10~20(mg/dl)이다.
- 고질소혈증은 신장장애, 요결석, 탈수, 쇼크 등인 경우에 나타나는 한편, 저질소혈증은 간장 기능에 장애가 있을 때나 단백질 섭취량이 부족한 경우에 나타난다.

⑤ 크레아티닌(creatinine ; cre)

- 크레아티닌이란 체내에 에너지로 사용되는 단백질의 노폐물이다. 크레아티닌은 혈액을 통하여 신장의 사구체로 여과되어 소변을 통해 배설된다. 정상 개의 수치는 0.6~1.2mg/dl이다. 고크레아티닌혈증은 신장 장애, 요결석, 탈수, 쇼크 등에서 나타난다.
- 신장 기능 정상 여부를 확인에 있어 각종 질환으로 변화된 혈중요소질소(bUN) 검사 보다 임상적인 의의가 크다고 하겠다.

⑥ 트랜스아미나제(transaminase ; GPT 및 GOT)

- 동물 체내의 장기에서는 여러 가지 효소가 만들어진다. 효소는 체내의 화학 반응을 용이하게 하는 촉매로서의 역할을 가진다. 그 중 2종류의 트랜

스아미나제(아미노트랜스페라제라고도 한다. 그 경우 GPT는 ALT, GOT는 AST로 표기한다)는 몸의 중요한 구성 요소인 아미노산을 만든다. GPT의 량은 GOT에 비해 적으며 가장 많은 간장에서도 GOT의 1/3 정도이다.

- GPT의 양은 간장 세포가 변성하거나 괴사한 때에 민감하게 변화하므로 간장 · 담도계 질환의 진단에 빠져서는 안 될 검사이다. 또한 GOT는 심근(심장을 수축시키는 근육), 간장, 골격근, 신장 등에 많이 존재하며 이들 세포에 이상이 생기면 GOT도 이상을 보이다.
- 정상 개의 수치는 GPT가 15~70(1l 당 국제 단위=IU/l)이며 GOT는 10~50(상동)이다. 개가 개전염성간염, 중독성간장애, 폐색성 황달, 급성 수염, 렙토스피라증 등에 걸리면 GPT와 GOT 수치가 상승한다.

⑦ 알칼리포스파타제(ALP)

- ALP는 대부분의 장기에 함유되어 있는 효소이다. 혈청 중 ALP는 주로 간장, 뼈, 소장에서 유출되므로 간장을 거쳐 담즙을 통해 배설된다. 정상 개의 수치는 20~150IU/l이다. ALP는 간장에서 십이지장에 도달한 담즙의 유출 경로 이상, 뼈 질환, 스테로이드약 투여 등의 때에 상승한다.

⑧ 총콜레스테롤(t-Cho)

- 체내의 콜레스테롤은 간장에서 합성된 것이 대부분인데 일부는 식이로 섭취된 후에 흡수된 것이기도 한다. 대부분의 콜레스테롤은 그 형태 그대로 혹은 담즙으로 변화한 후에 간장에서 장을 통해 배설된다.
- 정상 개의 콜레스테롤 수치는 81~157mg/dl이다. 콜레스테롤 수치가 비정상적으로 높은 고콜레스테롤혈증은 간장 · 담도계 질환, 내분비질환, 지질 대사이상, 신장질환 등을 나타낸다.
- 이에 반해 콜레스테롤 수치가 비정상적으로 낮은 저콜레스테롤혈증은 영양실조, 에디슨병, 간경변, 간장 종양 등일 때에 나타난다.

⑨ 트리글리세라이드(triglyceride)

- 중성지방 중 하나이다. 정상 개의 수치는 10~42mg/dl이다. 트리글리세라이드 수치의 상승은 당뇨병, 비만, 담즙울체, 쿠싱증후군, 신증후군(nephrotic syndrome), 수염 등일 때에 나타난다.
- 또한 에디슨병, 영양실조, 간경변 등일 때는 이 수치가 감소한다.

⑩ 전해질(미네랄)

- 체중의 60%는 수분이며 체액으로서 몸 속에 존재한다. 체액 속에는 세포에 없어서는 안될 전해질(칼슘, 인, 나트륨, 칼륨, 염소)과 비전해질(포도당, 요소)가 있다. 체액 속의 전해질은 생명 활동을 유지하기 위하여 각각이 균형 상태에서 일정한 농도를 유지한다. 전해질의 이상은 다음과 같은 증상일 때에 나타난다.

칼슘

- 칼슘의 정상 수치는 8.8~11.2mg/dl이다. 비타민 D 과잉증, 내분비 질환, 림프육종, 골종양 등인 경우에는 혈액 중의 칼슘량이 비정상적으로 올라가는 고칼슘혈증이 나타난다. 한편 비타민D 결핍증, 저알부민혈증, 신질환, 산후마비 등일 때에는 저칼슘혈증이 나타난다.

인

- 정상 수치는 2.5~5.0mg/dl이다. 혈액 중 인의 양이 비정상적으로 많은 고림프혈증은 신장 및 요도의 질환, 내분비질환, 골종양, 비타민 D과잉 투여 등일 때에 나타난다. 저인혈증은 비타민 D 결핍, 호흡불량증후군 등일 때에 나타난다.

나트륨

- 정상 수치는 135~147(단위는 ml등량=mEq/l)이다. 나트륨 양이 지나치게 많은 고나트륨혈증은 쿠싱증후군, 식염중독 등일 때에 나타난다. 한편 저나트륨혈증은 설사, 구토, 신질환, 복수, 대량 설사 등인 경우에 나타난다.

칼륨

- 정상 수치는 3.5~5.0(ml등량)이다. 혈액 중 칼륨의 양이 지나치게 많은 고칼륨혈증은 신부전, 요결석, 요관폐색일 때에 발생하고 특히 칼륨이 10~12(ml등량)를 넘으면 치명적이다. 이에 반해 저칼륨혈증은 설사, 구토, 쿠싱증후군 등일 때에 나타난다.

염소

- 정상 수치는 95~125(ml등량)이다. 고염소혈증은 탈수, 의원성(링거 등의

대량 보급) 등일 때에 나타난다. 저염소혈증은 심한 구토, 신부전 등일 때에 나타난다.

동물 혈액의 생화학검사

검사 항목	정상치	예측할 수 있는 질환 · 원인
총 빌리루빈	0.1~0.6mg/dl	고: 황달, 용혈, 담관 폐쇄, 간염
혈장 총단백	6~8g/dl	고: 탈수, 만성 간장 질환, 림프육종 저: 신장 질환, 단백 흡수 불량, 출혈, 화상, 복수
혈당치	60~110mg/dl	고: 당뇨병, 갑상선기능항진증, 쿠싱증후군 저: 인슐린 과잉 투여, 췌장 질환, 갑상선기능저하증
혈중 요소질소	10~20mg/dl	고: 신장장애, 요결석, 탈수, 쇼크 저: 간장장애, 단백 결핍
크레아티닌	0.6~1.2mg/dl	고: 신장장애, 요결석, 탈수, 쇼크
GPT	15~20IU/dl	고: 간세포 변성 · 괴사, 개전염성간염, 중독성 간장애, 폐색성 황달, 급성 수염, 렙토스피라증
GOT	10~80IU/dl	고: 심근 · 골격근의 이상, 간세포의 변성 · 괴사, 개 전염성 간염, 중독성 간 장애, 황달, 급성 수염, 렙토스피라증
알칼리포스파타제	20~150mg/dl	고: 담즙 유출 경로 이상, 뼈 질환, 부신피질 스테로이드약 투여
총콜레스테롤	81~159mg/dl	고: 간장 · 담도계 질환, 내분비질환, 지질대사 이상 저: 영양 실조, 에디슨병, 간경변, 간장 종양
트리글리세라이드	10~42mg/dl	고: 당뇨병, 비만, 쿠싱증후군, 신증후군 저: 에디슨병, 영양실조, 간경변
칼슘	8.8~11.2mg/dl	고: 비타민 D 과잉, 내분비질환, 림프육종, 뼈의 종양 저: 비타민 D 결핍, 저알부민혈증, 신장 질환
인	2.5~5.0mg/dl	고: 신장질환, 내분비질환, 뼈의 종양, 비타민 D 과잉 저: 비타민 D 결핍, 호흡불량증후군
나트륨	135~147mg/dl	고: 쿠싱증후군, 식염중독, 이뇨제 투여 저: 설사, 구토, 신장질환, 복수, 대량 설사
칼륨	3.8~5.0mg/dl	고: 신부전, 요결석, 요관폐색, 용혈, 쇼크, 설사 저: 설사, 구토, 쿠싱증후군, 배설량 증가
염소	9.5~12.5mg/dl	고: 탈수, 의원성(링거 등의 대량 투여) 저: 심한 구토, 신부전, 이뇨제 투여

3 혈액 기생충검사

1. 목적

- 혈액 중에 필라리아(filaria)가 기생하는 심장사상충 검사는 혈액을 채혈하여 시행한다.

2. 방법

- 직접법으로는 채혈한 혈액을 직접 현미경을 통해 확인한다. 필터집중법은 채혈한 혈액을 용혈시킨 후 구멍 크기가 8마이크론인 필터로 여과시켜 마이크로필라리아(필라리아의 유충)의 유무를 확인하는 방법이다.
- 두 방법 모두 필라리아의 오컬트(occult) 감염(필라리아 성충이 기생하는데 수컷이나 암컷만 단성 기생하여 혈액 속에 그 유충인 마이크로필라리아가 나타나지 않는 상태)에는 마이크로필라리아는 검출되지 않는다. 그래서 최근에는 면역학적 검사법으로 필라리아 성충 항원(성충이 항원으로 작용함)을 검출하여 판정하는 방법을 시행하고 있다.

3. 검사결과

- 개에게 필라리아가 대량으로 기생하는 경우에는 직접법으로 실제 활동하고 있는 마이크로필라리아를 관찰할 수 있다. 그러나 소수밖에 기생하지 않는 경우에는 보지 못하고 놓칠 위험이 있다.
- 이에 반해 필터 집중법은 오컬트 감염을 제외하고는 거의 100% 가까운 확률로 검출할 수 있다. 항원 항체법은 오컬트 감염을 포함하여 모든 것을 판정할 수 있으므로 정확한 진단이 가능한다.

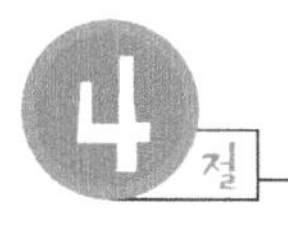

4절 X선검사

일반적인 진료에서 X선검사는 중요한 검사 중 하나이다. X선검사는 골절 및 탈구 등 정형외과 질환뿐만 아니라 심장 및 간장, 신장 등 각종 장기의 크기와 형태의 확인, 흉수, 복수의 정도의 확인, 폐 상태 평가, 임신 진단, 종양 진단 등에 널리 이용된다.

1 두부 X선검사

1. 목적

- 교통사고 등으로 인한 두개 및 경추의 손상, 턱골절, 탈구 혹은 귀 또는 코의 이상 등을 검사한다.

2. 방법

- 환부에 따라 여러 가지 체위로 촬영한다.

3. 검사결과

- 단순 촬영으로는 두개골 골절 · 함몰, 턱골절 · 탈구, 경추의 이상 및 이들 부위의 종양을 판정할 수 있다.

2 흉부 X선검사

1. 목적

- 흉추 · 호흡기계, 순환기계, 식도이상 등이 나타날 경우에 검사한다.

2. 방법

- 일반적으로는 애견을 횡와위(옆으로 눕힘)로 고정하고 배 쪽에서 등 쪽을 향해 X선 촬영(vD상)하고, 몸의 횡방향에서 영상(측면(lateral) 상)을 촬영한다.

3. 검사결과

- 단순 촬영으로는 골격계 이상(척수 이상, 늑골 골절 등), 호흡기계 이상(폐렴, 기관지염, 폐수종, 폐종양, 기흉 등), 순환기계 이상(심비대, 심장사상충증 등) 그리고 식도확장증(거대식도증)을 판정할 수 있다.

3 복부 X선검사

1. 목적

- 소화관 통과 장애, 소화관내 이물, 변비, 만성 설사, 간장과 신장의 이상, 결석, 임신, 종양 등을 검사한다.

2. 방법

- 일반적으로는 동물을 옆으로 뉘어(횡와위), 배 쪽에서 등 쪽의 VD상과 몸의 옆 방향 측면상을 촬영한다.

3. 검사결과

- 소화관내 X선로 투과되지 않는 이물 여부, 가스가 쌓여 있는지 여부, 간장과 신장의 비대, 신결석, 임신, 종양 등을 판정할 수 있다.

4 허리 X선검사

1. 목적

- 골반골절, 고관절 이상을 검사한다.

2. 방법

- 일반적으로는 동물을 옆으로 뉘어 배 쪽에서 등 쪽의 VD상과 몸의 옆 방향 측면상을 촬영한다.

3. 검사결과

- 골반골절, 고관절탈구, 고관절형성부전, 대퇴골골절을 판정할 수 있다.

5 사지 X선검사

1. 목적

• 다리 골절 및 탈구, 종양 등을 검사한다.

2. 방법

• 환부에 따라 여러 가지 방향에서 촬영한다.

3. 검사결과

• 앞뒤 다리의 장골 골절, 탈구, 관절 염증, 골육종 등을 판정한다.

6 조영법을 이용한 검사

1. 목적

• 단순 X선로 영상이 확실하지 않고 진단이 힘든 경우에는 조영제(체내에서 X선를 잘 흡수하게 하거나 반대로 잘 투과하게 하는 물질)을 이용, X선 영상의 대비를 확실하게 하여 판정하기 쉽게 만든다.

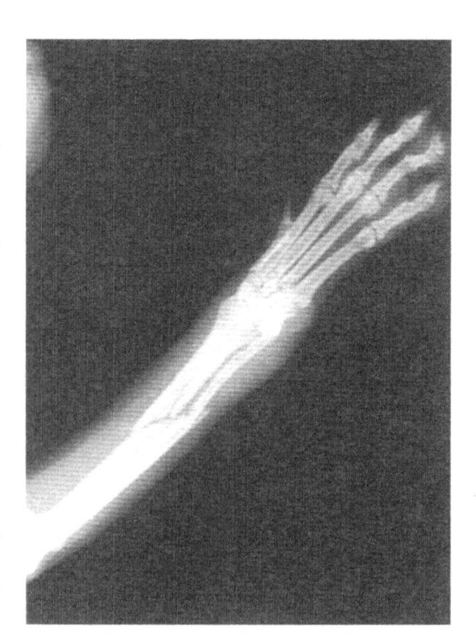

▲ 앞발에 골절을 입은 개의 X선 사진

2. 방법

• 소화관 조영법으로는 바륨을 사용한다. 방광 조영제로는 양성 조영(x선 흡수를 좋게하는 조영제를 이용한 촬영) 및 이중 조영(카테터)을 이용하여 방광의 내부를 비운 후 조영제를 주입하고 공기를 넣은 후 X선로 봄)을 한다.

• 신장조영을 할 때에는 정맥으로 조영제를 주입한다. 병상에 따라 척수 조영 또는 심장 혈관 조영을 시행하기도 한다.

3. 검사결과

- 소화관계에서는 X선를 투과하게 하는 이물의 존재, 염증, 종양 등을 판정할 수 있다.
- 방광 조영으로는 종양 및 폴립(polyp), 결석 등을 판정할 수 있다. 정맥으로 조영제를 주입한 요로조영으로는 조영제 배설 속도에 따라 신장의 움직임을 판정할 수 있다.
- 척수조영으로는 압박이 일어나는 척수의 부위를 알 수 있다. 또한 심장 혈관 조영으로는 선천성 심장질환 및 혈관 이상을 판정할 수 있다.

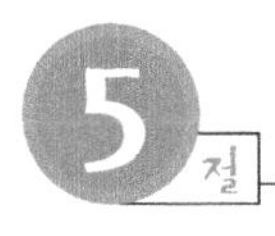

심전도 검사

심전도는 심장 근육이 수축할 때마다 발생하는 작은 활동 전류의 변화를 도형으로 기록한 것이다. 심전도 파장의 모양으로 많은 정보를 알 수 있는데 심전도만으로 진단하는 것은 아니다. 다른 검사(청진을 비롯한 일반 검사, X선검사, 혈액검사 등)와 함께 종합적으로 판정한다.

1. 목적

- 심장의 형태적 변화(심장 비대) 및 부정맥을 진단할 때 사용한다.

2. 방법

- 현재 개발되어 있는 동물용 자동 해석 장치가 달린 심전계로 간단히 검사할 수 있다. 동물의 오른쪽 앞발, 왼쪽 앞발, 왼쪽 뒷발에 전극을 연결하여 동물이 안정된 상태로 유지한 후 검사한다.

3. 검사결과

- 심전도 파장 모양으로 심장의 선천성 기형(동맥관개존증, 심방 · 심실 중격결손증, 폐동맥 협착증, 팔로사징 등) 및 후천적 질환(심장사상충증, 승모판폐쇄부전, 심근증 등), 그리고 부정맥, 방실블록, 심방세동 등을 판독할 수 있다.

심전도를 이용한 진단

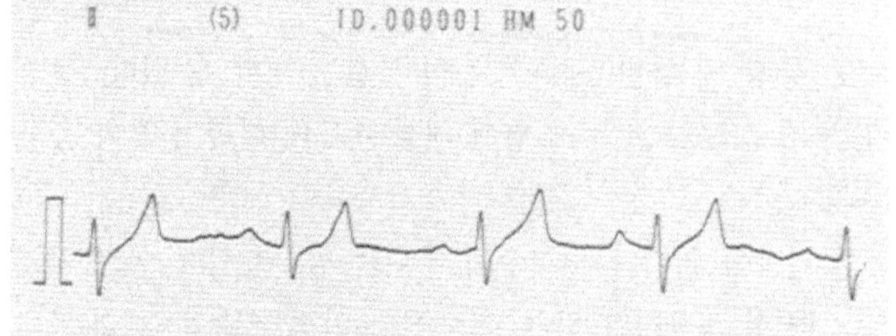

★ 1세 이하…발육 부전, 운동 기피, 호흡 촉박, 청색증, 다혈구혈증 등 이 있으면 선천성 심질환을 의심함

★ 2세 이상

[진단 포인트]

① F증 중기 이후…복수(+), 폐성심

② 선천성 심질환(vSD. PS, 팔로 사징, PDA)

[치료 포인트]

〈이뇨제〉…라식스(lasix), 2mg/kg, 경구, 1일 2회

〈디기탈리스제〉…디곡신(digoxin), 0.009mg/kg, 경구, 1일 2회

〈관동맥확장제〉…초산 이소소바이드(isosorbide), 0.1mg/kg, 1일 3회

▲ 위 개 심전도에서 심박 이상이 발견된다. 아래는 그 데이터를 기준으로 컴퓨터가 자동으로 낸 코멘트 중 일부이다.

6절 X선 CT와 MRI 검사

X선 CT 검사란 컴퓨터 단층촬영장치를 이용하여 애견의 몸의 횡단면에 약 1cm 마다 X선를 적용하여 알 수 있는 정보를 컴퓨터로 해석하여 횡단면(단층)의 화상을 합성하여 체내의 상태를 확인하는 검사이다.

또한 MRI(자기공명진단장치) 검사는 체내의 수소 원자핵이 함유한 약한 자기를 외부의 강력한 자기 및 전파로 흔들어 원자 핵의 상태를 화상화하는 방법이다.

최근 X선 CT 검사와 MRI 모두 작은 동물의 진료, 특히 진단이 힘든 뇌나 척수 질환 진단에 자주 사용된다. 단 기계가 고가이므로 현재로서는 대학병원이나 일부 대형 동물병원에만 설치되어 있다.

1. 목적

• 두개골 내부 출혈, 종양 유무, 척수 질환, 뼈나 연골의 이상, 복강장기의 종양 유무 등의 진단에 사용된다.

▲ X선 CT의 모양.

2. 방법

• 동물을 전신마취시킨 후 진단 장치에 고정하여 검사한다.

3. 검사결과

• 두개골 내부 및 각종 기관의 출혈, 종양의 유무, 추간판 허니아(hernia, 탈장) 등의 선명한 필름 화상을 확인할 수 있다. 이것을 보고 이상과 질환을 진단한다.

7절 초음파검사

최근에는 소동물용 초음파진단 장치가 개발되어 많은 질환 증세 진단에 사용되고 있다. 초음파장치는 무침습(체내에 이물을 침입시키지 않음)·무해라는 커다란 이점을 가지고 있어 나이가 많이 든 동물이나 임신중인 동물에게 안심하고 사용할 수 있다.

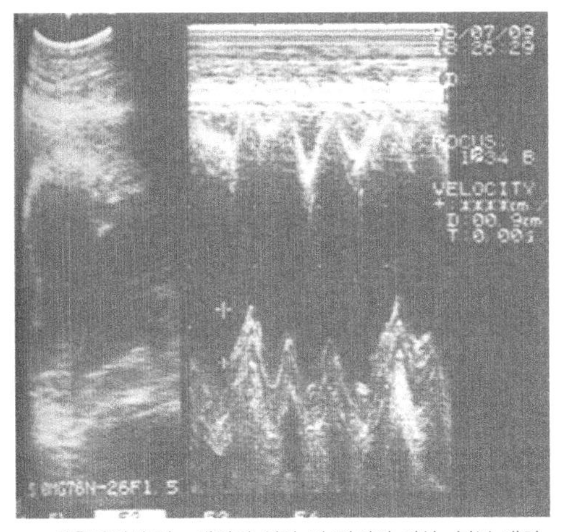

▲ 초음파검사로는 애견의 심장 및 장기의 이상, 복부 내의 복수 및 출혈, 태아의 상태 등을 확인한다. 이것은 심장 사상충증인 개의 심장을 검사한 사진이다.

1. 목적

• 심장 및 복강 내 장기의 형태 이상을 보는 형태적 진단, 심장의 실제 움직임을 보는 기능적

진단, 복강 내의 복수 및 출혈 진단, 임신진단 등에 널리 사용된다.

2. 방법

- 검사 부위의 털을 제거하고 젤을 바른 후 초음파를 발신 · 수신하는 탐촉자(probe, 전자 측정기)를 피부 위에서 미끌미끌하게 움직이면서 검사한다.

3. 검사결과

- 심장에서는 판막질환, 심장사상충증, 심근증 등을 알아낼 수가 있다. 간장에서는 지방간, 울혈간, 간경변, 종양 등의 검사를 할 수 있다. 담도계에서는 담석, 담낭염 등을, 신장에서는 낭포성 질환, 결석, 수신증, 신석회화 등을 방광에서는 종양, 방광 아토니(atony) 등을 확인할 수 있다. 또한 자궁에서는 임신, 태아사 등을 판정할 수 있다.

애견질병학

1판 1쇄 발행 2006년 03월 05일
1판 15쇄 발행 2024년 08월 01일
저　　자 김남중 외 6인
발 행 인 이범만
발 행 처 **21세기사** (제406-2004-00015호)
경기도 파주시 산남로 72-16 (10882)
Tel. 031-942-7861　　Fax. 031-942-7864
E-mail : 21cbook@naver.com
Home-page : www.21cbook.co.kr
ISBN 978-89-8468-183-0

정가 30,000원